国家“十二五”规划重点图书
中国地质调查局
青藏高原1：25万区域地质调查成果系列

中华人民共和国

区域地质调查报告

比例尺　1∶250 000

林芝县幅

（H46C003003）

项目名称：1∶25万林芝县幅区域地质调查
项目编号：200113000063
项目负责：尹光侯　苏学军
图幅负责：尹光侯
报告编写：尹光侯　陈应明　苏学军　包俊跃
侯世云　吕　勇　段图玺　张家云
刘　志　肖　玲
编写单位：云南省地质调查院
单位负责：李建华（院长）

中国地质大学出版社
ZHONGGUO DIZHI DAXUE CHUBANSHE

内容提要

本报告是中国地质调查局国土资源大调查青藏高原南部空白区基础地质调查与研究的最新成果，属1:25万区域地质调查实测区填图类型，按新一代地质填图总体要求，充分应用新的地质理论及实现地质成果全方位向社会提供服务等作为指导思想，以丰富的实际资料为依据，系统地叙述了区内地层及沉积岩、岩浆岩、变质岩、地质构造与演化、矿产资源、旅游资源及区域地质环境等区域地质调查成果。

1:25万区域地质调查，首次在雅鲁藏布江结合带内朗县吉登许超基性岩中新获得辉石^{40}Ar-^{39}Ar同位素等时线年龄995.94±12.70Ma、辉石年龄谱视年龄T_p=997.38±1.23Ma，为雅鲁藏布江缝合带蛇绿岩的形成环境与时代及构造演化提供了新的基础资料；新发现元古代变质超基性岩、寒武纪片麻状花岗岩，为研究冈底斯岩浆岩带的形成、演化提供了重要新资料；依据在林芝县贡嘎南变质岩中获Sm-Nd同位素模式年龄1509Ma和^{40}Ar-^{39}Ar同位素等时线年龄949±6.49Ma，及米林县雪嘎村东南尼池帮嘎变质岩中获Sm-Nd同位素等时线年龄1182±150Ma和模式年龄1814Ma、1372Ma两组，从而确定调查区元古代结晶基底的存在；米林县雅鲁藏布江南公路白过多第四纪古人类遗迹林芝智人*Homo sapiens*古人类化石头盖骨牙齿等的新发现，及在岗嘎大桥—派乡公路巴嘎村东北第四系更新统5级阶地上新发现的石斧，为研究青藏高原第四纪地质作用和古环境古气候变化规律及青藏高原古人类活动提供了珍贵资料；首次在冈底斯陆块和高喜马拉雅基底逆冲带米林县余松普，及米林等地发现麻粒岩、榴辉岩、榴闪岩类等，为雅鲁藏布江结合带和冈底斯陆块、南迦巴瓦构造带的进一步研究提供了珍贵的基础资料。

调查区共发现金、铜、钼、铁、钨、铬、钛、绿柱石（海蓝宝石）、水晶、电气石（碧玺）、刚玉、石榴石（紫牙乌）、岫岩玉、白云母、透闪石、粘土、大理岩（汉白玉）、花岗岩、片麻岩、蛇纹岩、高铝矿物（蓝晶石、红柱石、夕线石）、石墨、地下热水、地下水、砂、砾建筑原材料等矿产地63处，其中55处为新发现；划分出了2个成矿带及3个成矿亚带，圈定出了4个找矿远景区。首次将本区旅游资源划分为尼洋河流域（Ⅰ）和雅鲁藏布江流域（Ⅱ）两个风景名胜区。划分为自然景观和人文景观两大类；依据景观的成因、状态和作用等，划分为①地学景观、②地史遗迹、③水文景观、④运动疗养休闲度假、⑤天象景观、⑥生物景观类和人文景观类基本类型、⑦人文景观、⑧民族风情、⑨土特产品9类123处景点，以及矿物岩石、地质构造遗迹、古人类遗迹、岩洞、化石、地质景观、冰川、峡谷、瀑布、登山地、观赏林、古树名木、珍禽异兽、古迹摩崖石刻、宗教寺庙、藏寨及磨房、民族风情、民族艺术与文化及习俗等24种。

本报告公开出版，可供科学研究、矿产资源勘查、旅游资源与登山、探险、教学、科学考察及国民经济建设有关部门参考。

图书在版编目（CIP）数据

中华人民共和国区域地质调查报告．林芝县幅（H46C003003）：比例尺1:250 000/尹光候等著．—武汉：中国地质大学出版社，2013.11

ISBN 978-7-5625-3215-6

Ⅰ.①中…
Ⅱ.①尹…
Ⅲ.①区域地质-地质调查-调查报告-中国②区域地质-地质调查-调查报告-林芝县
Ⅳ.①P562

中国版本图书馆CIP数据核字（2013）第234065号

中华人民共和国区域地质调查报告
林芝县幅（H46C003003）：比例尺1:250 000

尹光候　等著

责任编辑：李　晶　　　　责任校对：代　莹

出版发行：中国地质大学出版社（武汉市洪山区鲁磨路388号）　　邮政编码：430074
电　　话：（027）67883511　　传　　真：67883580　　E-mail：cbb@cug.edu.cn
经　　销：全国新华书店　　http://www.cugp.cug.edu.cn

开本：880mm×1230mm 1/16　　字数：614千字　印张：15.75　图版：17　插页：5　附图：1
版次：2013年11月第1版　　印次：2013年11月第1次印刷
印刷：武汉中远印务有限公司　　印数：1—1500册

ISBN 978-7-5625-3215-6　　定价：480.00元

前　言

青藏高原包括西藏自治区、新疆及青海省南部、四川省西部和云南省西北部，面积达260万km^2，是我国藏民族聚居地区，平均海拔4500m以上，被誉为“地球第三极”。青藏高原是全球最年轻的高原，记录着地球演化最新历史，是研究岩石圈形成演化过程和动力学的理想区域，是“打开地球动力学大门的金钥匙”。

青藏高原蕴藏着丰富的矿产资源，是我国重要的资源后备基地。青藏高原是地球表面的一道天然屏障，影响着中国乃至全球的气候变化。青藏高原也是我国主要大江大河和一些重要国际河流的发源地，孕育着中华民族的繁生和发展。开展青藏高原地质调查与研究，对于推动地球科学研究、保障我国资源战略储备、促进边疆经济发展、维护民族团结、巩固国防建设具有非常重要的现实意义和深远的历史意义。

1999年国家启动了“新一轮国土资源大调查”专项，按照温家宝总理“新一轮国土资源大调查要围绕填补和更新一批基础地质图件”的指示精神。中国地质调查局组织开展了青藏高原空白区1∶25万区域地质调查攻坚战，历时6年多，投入3亿多，调集25个来自全国省(自治区)地质调查院、研究所、大专院校等单位组成的精干区域地质调查队伍，每年近千名地质工作者，奋战在世界屋脊，徒步遍及雪域高原，完成了全部空白区158万km^2共112个图幅的区域地质调查工作，实现了我国陆域中比例尺区域地质调查的全面覆盖，在中国地质工作历史上树立了新的丰碑。

青藏高原1∶25万H46C003003(林芝县幅)区域地质调查项目，由云南省地质调查院承担，工作区位于藏东南地区。目的是通过对调查区进行全面的区域地质调查，应用造山带综合地层学、构造地质学、岩浆动力学和盆山耦合的理论与方法，综合运用遥感地质、地球物理、地球化学等多手段，充分利用前人的调查成果，按照《1∶250 000区域地质调查技术要求(暂行)》、《青藏高原艰险地区1∶250 000区域地质调查技术要求(暂行)》及有关规范、指南，合理采用填图方法，划分测区的构造单元，对不同的地质构造单元采用不同的填图方法和技术路线，对测区进行全面的区域地质调查，并根据测区的实际情况，辅以矿产地质、地质生态环境的综合调查。

(1)通过系统区域地质调查，查明各大类岩石或地质体的岩石组合类型、时空分布；在此基础上划分构造单元，建立各单元岩石地层系统。

(2)查明测区原划分为“二叠系”的地层时代、层序和沉积盆地性质；调查测区原划分为“三叠系”朗杰学群的特征，及与墨脱幅的南迦巴瓦岩群的关系。

(3)对林芝花岗岩进行解体，划分谱系单位，并查明岩浆活动期次；对岩体边缘变质岩进行变质相带划分，研究混合岩性质、类型及特点。

(4)查明主要断裂、褶皱的形态规模、组合样式及运动学标志，调查雅鲁藏布江缝合带东延的问题及表现形式，研究主要构造带的俯冲、走滑、拆离三位一体叠合及动力学机制，探讨区域构造演化。注意各类矿产资源和地质生态环境的综合调查。

(5)按照填图带专题的原则，重点解剖雅鲁藏布江构造带“蛇绿混杂岩”的组合类型、形成时代，进而探讨板块构造的拼合、裂解过程及其构造动力学机理及与之有关的构造、岩浆活动、变质作用和成矿作用规律。

H46C003003(林芝县幅)地质调查工作时间为2001—2003年,累计完成地质填图面积为16 128km²,实测剖面244km,路线剖面86.5km。地质路线2950km,检查路线150km。采集种类样品4199件,全面完成了设计工作量。

主要成果有:基本查明了调查区的地层分布;将原"旁多群"解体为松多岩群、诺错组、来姑组和蒙拉组;基本查明了岩浆岩的时空分布特点;在系统研究变质岩岩石学、矿物学、年代学、岩石化学、原岩建造、变质相、变质相系等基础上,将区内的变质岩划分出9个变质岩(亚)带;系统搜集了区内褶皱、断层、韧性剪切带等丰富的地质构造资料,进行了较详细的构造变形研究,基本查清了区域构造格架;对区内进行了系统的遥感地质解译,为提高图幅质量起到了一定的作用;在前人工作的基础上,全区共发现金、铜、钼、钛、钨、绿柱石、刚玉、石墨等矿产地或矿化信息63处,其中55处为新发现;重视了本区各类旅游景点的调查,并对未来区内旅游资源的开发提出了合理的建议。

2004年4月,中国地质调查局成都地质调查中心组织专家对项目进行最终成果验收,评审认为,成果报告资料齐全,工作量达到(或超过)设计规定,技术手段、方法、测试样品质量符合有关规范、规定。报告章节齐备,论述有据,在地层、岩浆岩、变质岩及构造,以及矿产资源、旅游资源等方面取得了较突出的进展和重要成果,反映了测区地质构造特征和现有研究程度,经评审委员会评议,一致通过该项目报告评审,成果报告被评为优秀级。

参加报告编写的主要有尹光侯、陈应明、苏学军、包俊跃、侯世云、吕勇、段国玺、张家云、刘志、肖玲。由尹光侯统一编纂定稿。

先后参加野外工作的还有段德华、苏学军、黄建国、邓志祥、杨淑胜、洪有琪、孙贵荣、尹银寿、赵庆红、胡清华、张留清、张富金、杜德寿、杨崇德、胡休才、刘启和、杨位民、李四平、戴庚荣、翁晋川、刘卫东、尚勇、甘云、刘家华、邓曙光、丁敏聪等。在整个项目实施和报告编写过程中,得到潘桂棠、夏代祥、丁俊、王全海、秦建华、王大可、王立全、秦德厚、王宇、包钢、曹德斌、刘鸿飞等专家指导和帮助。谨此一并表示诚挚的谢意。

为了充分发挥青藏高原1:25万区域地质调查成果的作用,全面向社会提供使用,中国地质调查局组织开展了青藏高原1:25万地质图的公开出版工作,由中国地质调查局成都地质调查中心与项目完成单位共同组织实施。出版编辑工作得到了国家测绘局孔金辉、翟义青及陈克强、王保良等一批专家的指导和帮助,在此表示诚挚的谢意。

鉴于本次区域地质调查成果出版工作时间紧、参加单位较多、项目组织协调任务重以及工作经验和水平所限,成果出版中可能存在不足与疏漏之处,敬请读者批评指正。

"青藏高原1:25万区调成果总结"项目组

2010年9月

目　　录

第一章 绪 论

第一节 交通位置、自然地理与经济

一、位置与交通

测区位于我国青藏高原南部、西藏自治区东南部雅鲁藏布江中下游大拐弯西侧，北与1∶25万嘉黎县幅(H46C002003)、南与1∶25万扎日区幅(H46C004003)、西与1∶25万泽当镇幅(H46C003002)、东与1∶25万墨脱县幅(H46C003004)相邻；地处东经93°00′00″～94°30′00″，北纬29°00′00″～30°00′00″，面积16 128km²，是世界上神秘而奇特的北纬30°纬线地区之一。行政区划属林芝地区工布江达县、林芝县、米林县、朗县、墨脱县和山南地区加查县所辖(图1-1)。

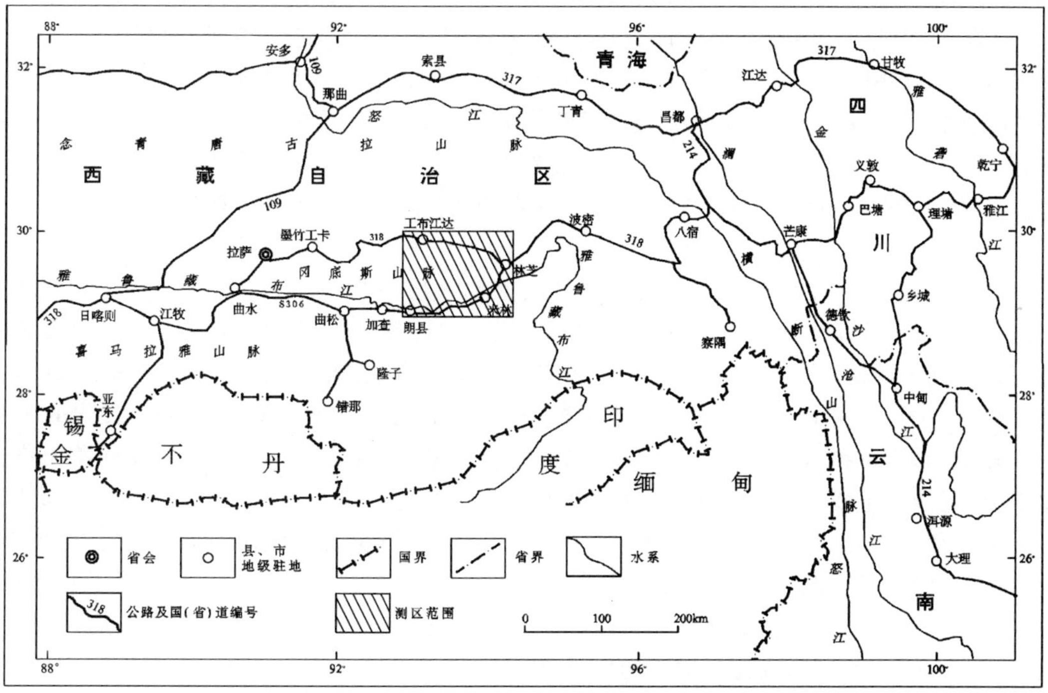

图1-1 调查区交通位置图

区内除有主干公路沿尼洋河318线国道公路东西向穿越图区和南部沿雅鲁藏布江S306线林(芝)泽(当)省道公路通过测区，以及县乡村、林区一般公路外，中部及广大高山区、游牧场为稀疏分布的崎岖小道，全靠马、牦牛和人力运输，交通总体不便。

二、自然地理与经济

测区地处青藏高原南部西藏“一江两河”(雅鲁藏布江、拉萨河和尼洋河)东部。自北向南念青唐古拉山、冈底斯山和喜马拉雅山脉呈近东西走向延展，尼洋河和雅鲁藏布江蜿蜒其间，构成了举世闻名的高原雪山峡谷地貌。区内一般海拔多在4000m以上，5000m以上的山峰比比皆是，其中海拔6000m以上的山峰有6座以上，山岳冰川地貌十分发育(图版Ⅰ-1、Ⅰ-2)。在尼洋河、雅鲁藏布江等河谷地带，海拔多为2900～3300m，河谷内风景优美，气候宜人，自然资源丰富，素有“西藏绿宝石”之称。区内最高海拔位于工布江达县境内错拉果峰，高达6286m，最低海拔位于东南隅喜马拉雅山脉南麓，仅为1440m，相对高差达4846m，属高山深切割地区。

区内水系发育，呈树枝状由西向东流，雅鲁藏布江及其支流尼洋河属印度洋水系。以冈底斯山脉分水岭为界，可分为北部尼洋河流域和南部雅鲁藏布江流域。尼洋河次级支流主要有泥曲、罗结曲、错曲、巴河、克拉曲等；雅鲁藏布江次级支流有比扑曲、里龙扑曲、玉松普曲、纳伊普曲、雪嘎普曲、帮宗普、巴嘎普曲等。均属高山河流和山地河流，落差大，水流湍急，蕴藏着丰富的水资源和水能资源。高山地带，冰川湖泊星罗棋布(图版Ⅰ-3)，湖泊周围水草丰美，是藏族牧民夏季优良的天然牧场地(图版Ⅰ-4)。

测区处于低纬度高原气候区，受印度洋湿润气候的影响，雨量充沛，气候变化无常，垂直分带显著。夏季山顶冰雪辉映，山下百花飘香，有“一山有四季，十里不同天”的特点。区内以高原温带半湿润季风气候区为主，亚热带、温带及寒带并存的多种特殊季风气候区。据林芝地区气象局近年来的气象资料(2001年)，年平均气温9.1℃，最高气温30.3℃，平均最高气温17.0℃，最低气温为－6.2℃，平均最低气温5.5℃，5月中旬—10月中旬为雨季，雨季降水量430.7mm，旱季降水量44.9mm。本区初霜期10月下旬，终霜期为次年4月下旬。林芝县、工布江达县气候温和，雨量充沛，年无霜期为175天，年日照时数为2022小时，年降水量为654mm；米林县年无霜期为170天，年降水量为600mm；朗县气候干湿季分明，雨水集中，无霜期长，日照充足，年日照时数为2000～2500小时之间，年降水量为600mm左右，集中在5月—9月，多为夜雨；墨脱县气候属喜马拉雅山东侧亚热带湿润气候区，雨量充沛，无霜期340天，年日照时数2000小时以下，年降水量为2000mm左右；加查县气候属高原温带半干旱季风气候区，光照充足，辐射强烈，蒸发量大，年温差小而日温差较大，无霜期短，雨季降水集中，冬春季干燥多风，年日照时数为2750小时，无霜期为149天，年降水量为493mm。区内自然灾害频繁，安全隐患多；常见的自然灾害有洪涝、干旱、泥石流、霜冻、冰雹、风沙、滑坡、地震等。野外地质作业时间以4月—10月较为适宜。

测区人烟稀少，居民多集中居住于江河两岸及公路沿线的乡村、城镇(图版Ⅰ-5)，广大高山区为无人区，仅有少量季节性牧场。居民以藏族为主，部分汉族、门巴族、珞巴族等，是一个多民族聚居的地区。区内重要城镇有高原明珠八一镇、林芝县城、工布江达县城、米林县城、朗县县城等。其中八一镇是林芝地区行署驻地，位于尼洋河畔(图版Ⅰ-5)，海拔2900～3000m，是林芝地区政治、经济、文化的中心；西距拉萨市400多千米，距雅鲁藏布江与尼洋河交汇处30余千米，川藏公路318线国道和林泽公路S306线省道在此交会，是西藏重要的交通枢纽，特别是随着米林飞机场的建设，交通贸易和通信更加便利，是藏东南物资集结与贸易中心，是西藏东南部的新兴重镇。区内经济农、林、牧、副四业为一体是当地经济的传统产业。近年来，在我国改革开放政策的推动下，以八一镇为重点，在沿海福建、广东等省市的大力援助下，各县、乡的市政建设、交通、邮电通信、工农业、商业和旅游业、教育、文化、卫生等建设发展日新月异，商业和旅游业已蓬勃兴起，成为本地迅速发展的新兴经济部门。工业有电力、交通运输业、加工业、建材、藏药、手工业及乡镇企业等；名特产品主要有畜产品、冬虫夏草、松茸、贝母、麝香、熊胆、天麻、野三七、猴头菇、灵芝、苹果、核桃和高原鱼类等；已为西藏全区经济建设和改革开放的最前列。种植业农作物主要有冬小麦、春小麦、青稞、油菜、玉米、荞麦、土豆、豌豆、蚕豆、麻、辣椒、白菜、萝卜等。区内高山牧场、谷地、林间草场牧场，水草丰盛，为西藏牧区之一。畜牧业主要饲养牦牛、犏牛、黄牛、绵羊、山羊、马、驴、骡、猪等，牦牛能在高原雪山上长途驮运，被誉为“高原之舟”。

测区自然资源丰富，并有着得天独厚的地质矿产资源。植物从亚热带到寒带均有生长，是生物多样性最典型的地区之一，堪称生物基因库，素有“绿色宝库”之称，是全国最大的原始森林区之一。植物资源中仅高等植物就有1000多种，主要观赏植物有杜鹃(图版Ⅰ-6)、兰花(图版Ⅰ-7)、龙胆、“垫状点地梅”(图版Ⅱ-1)等；主要林木种类有巨柏(西藏古柏)(图版Ⅱ-2)、桑树(图版Ⅱ-3)、红豆杉、冷杉、云杉、高山松、华山松、高山栎、杨桦、柳树等；药用植物灵芝、冬虫夏草、野三七、天麻、茯苓、雪山一枝蒿、红景天、贝母、党参、手掌参、雪莲花（图版Ⅱ-4）等；食用菌资源有松茸、银耳、金耳、木耳、猴头、鸡油菌等；经济林木和水果有苹果、梨、核桃、桃、石榴、西瓜、草莓等，林芝苹果产量居西藏第一，品质优良，所产核桃为贡品等。野生动物资源有黑熊、马熊、狗熊、金钱豹、雪豹、鹿、猴子、香獐、水獭、猞猁、野牦牛、黄羊、羚羊、盘羊、野猪和鸟类等。区内已发现矿产资源有金、铜、钼、铁、钨、铬、钛、绿柱石（海蓝宝石）（图版Ⅱ-5）、水晶、电气石、刚玉、石榴石（紫牙乌）（图版Ⅱ-6）、岫岩玉、白云母、透闪石、粘土、大理岩（汉白玉）、花岗岩、片麻岩、蛇纹岩、蓝晶石类矿物（图版Ⅱ-7）、石墨、地下热水、砂、砾石建筑原材料等。水能资源、旅游资源：这里有著名的雅鲁藏布江、工布地区人民的母亲河、“神女的眼泪”——尼洋河及其流域的景区和景点，林芝巨柏、古桑树、藏东南最辉煌的布久乡喇嘛岭寺、历史悠久的阿沛·阿旺晋美的故乡——阿沛村、高等学府西藏农牧学院、朗县城内朗堆庄园（十三世达赖家族居所）、南伊珞巴新村和原始森林、扎西绕登寺等，还有得天独厚的地理区位、众多的山川河流，复杂的地形地貌，遮天蔽日的原始森林和雪山草地，里龙等地雅鲁藏布江边的沙丘链等引人入胜的、独特的自然、人文地理和丰富的生态自然景观，独特的地质构造与矿产，令中外科学家向往考察和研究的神秘地区，是我国西部大开发战略最具前景的资源富集区，是世界上集旅游观光、登山、探险、攀岩、漂流、森林氧吧、科学考察为一体的较好场所。

第二节 目标任务要求

1:25 万林芝县幅（H46C003003）区域地质调查，系中国地质调查局新一轮国土资源大调查青藏高原南部空白区基础地质调查与研究而下达的区域地质调查项目之一。旨为提高青藏高原基础地质工作水平，解决一批国际瞩目的重大地质问题，提高我国地学研究的国际地位，服务于国民经济与社会可持续发展以及西部大开发战略实施的项目。

中国地质调查局 2001 年 1 月 19 日，下达了西藏 1:25 万林芝县幅（H46C003003）、扎日区幅（H46C004003）区域地质调查项目任务书，任务书编号 60101153005，项目编号 200113000063，由云南省地质调查院负责实施。2002 年，中国地质调查局将其调整为青藏高原南部空白区基础地质调查与研究子项目，任务书编号基[2002]002-17，项目编号 200113000063，实施单位为成都地质矿产研究所，具体承担单位为云南省地质调查院。

总体目标任务：“应用造山带综合地层学、构造地质学、岩浆动力学和盆山耦合的理论与方法，综合运用遥感地质、地球物理、地球化学等多手段，充分利用前人的调查成果，按照《1:250 000 区域地质调查技术要求（暂行）》、《青藏高原艰险地区 1:250 000 区域地质调查技术要求（暂行）》及有关规范、指南，合理采用填图方法，划分测区的构造单元，对不同的地质构造单元采用不同的填图方法和技术路线，对测区进行全面的区域地质调查，并根据测区的实际情况，辅以矿产地质、地质生态环境的综合调查。”具体要求如下。

（1）通过系统区域地质调查，查明各大类岩石或地质体的岩石组合类型、时空分布；在此基础上划分构造单元，建立各单元岩石地层系统。

（2）查明测区原划分为“二叠系”的地层时代、层序和沉积盆地性质；调查测区原划分为“三叠系”朗杰学群的特征，及与 1:25 万墨脱县幅的南迦巴瓦群的关系。

（3）对林芝花岗岩进行解体，划分谱系单位，并查明岩浆活动期次；对岩体边缘变质岩进行变质相带划分，研究混合岩性质、类型及特点。

（4）查明主要断裂、褶皱的形态规模、组合样式及运动学标志，调查雅鲁藏布江缝合带东延的问题及表现形式，研究主要构造带的俯冲、走滑、拆离三位一体叠合及动力学机制，探讨区域构造演化。注意各类矿产资源和地质生态环境的综合调查。

(5) 按照填图带专题的原则，重点解剖雅鲁藏布江构造带“蛇绿混杂岩”的组合类型、形成时代，进而探讨板块构造的拼合、裂解过程及其构造动力学机理及与之有关的构造-岩浆活动、变质作用和成矿作用规律。

(6) 完成1∶25万区域地质调查填图面积16 128km^2。编制1∶25万地质图、区域地质调查报告及专题报告；提交1∶25万林芝县幅区域地质图ARC/INFO图层格式的数据光盘和MAPGIS数据格式的光盘及图历簿、报告文字数据盘各一套，遥感解译数字影像图及数据光盘。

(7) 工作年限：2001年1月—2003年12月。2003年5月提交图幅野外验收成果，2003年12月提交最终验收成果。项目总经费概算为346万元。

第三节　地质矿产调查历史与研究程度

解放前为地质空白区。解放后自1951年开始，中国科学院、西藏地质局综合普查大队等单位相继在测区开展过工作(图1-2，表1-1)。1951—1953年，中国科学院以李璞专家为首的首批进藏考察队，沿318线国道公路进行1∶50万西藏东部地质矿产调查；1973—1976年，中国科学院青藏高原综合科学考察队沿公路进行科学考察；1974—1979年，西藏地质局综合普查大队进行1∶100万拉萨幅区域地质调查，正式拉开了该区地学研究序幕，其成果填补了地学研究空白，初步建立了地层层序和区域构造格架，为以后开展区调、科研和找矿及地方经济开发利用与发展提供了基础地质资料；1993—1996年，潘桂棠、陈智梁、李兴振等进行了东特提斯地质构造形成演化野外路线专题考察研究。1985年以来，地学界为探讨雅鲁藏布江地区地质科学又做了大量工作，并出版了专著、文章及其他地质科学考察成果等。

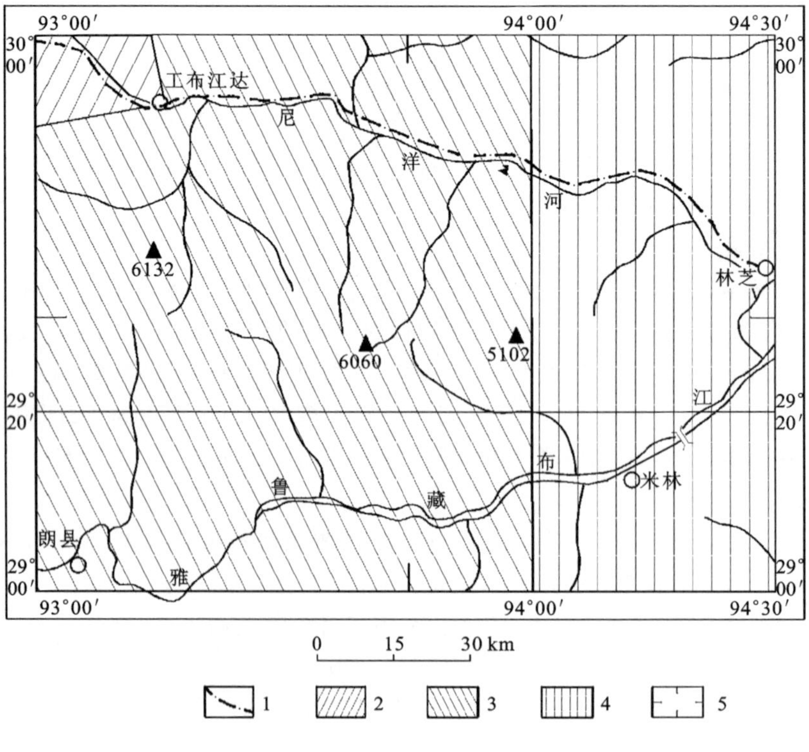

图1-2　1∶25万林芝县幅地质矿产研究程度图

1. 1∶50万地质矿产调查路线；2. 1∶100万煤矿地质调查；3. 1∶20万工布江达幅、朗县幅化探；4. 1∶20万林芝幅、米林幅化探；5. 1∶100万区域地质调查、1∶150万青藏高原研究、西藏区域地质研究、1∶100万重力调查等

表 1-1 调查区地质研究史

序号	工作时间	工作单位与作者	工作性质	主要成果
1	1951—1953 年	中国科学院李璞等	路线地质	1:50 万西藏东部地质矿产调查资料
2	1962 年	西藏自治区地质局拉萨地质队	路线地质	1:100 万拉萨地区路线找煤地质报告
3	1967 年	西藏地质大队第一地质队	路线地质	西藏朗县鲁见沟超基性岩体铬铁矿地质报告
4	1973—1976 年	中国科学院青藏高原综合科学考察队	科学考察	青藏高原科学考察丛书:西藏地层、西藏岩浆活动和变质作用等
5	1974—1979 年	西藏自治区地质局综合普查大队	区域调查	1:100 万拉萨幅区域地质调查报告
6	1983—1984 年	西藏自治区地质矿产局第二地质大队	路线地质	1:20 万加查—林芝地质矿产调查报告
7	1988 年	中国地质科学院成都地质矿产研究所	专题研究	1:150 万青藏高原及邻区地质图及说明书
8	1989 年	西藏自治区地质矿产局地质科学研究所	专题研究	1:150 万西藏板块构造-建造图及说明书
9	1989 年	中国地质科学院	地质专报	喜马拉雅岩石圈构造演化西藏地层
10	1989—1990 年	西藏自治区地质矿产局第二地质大队	普查找矿	西藏自治区朗县鲁见沟超基性岩体铬铁矿普查找矿地质报告
11	1992—1994 年	西藏自治区地质矿产局区域地质调查队	区域化探	1:20 万工布江达幅、朗县幅地球化学图说明书(水系沉积物测量)
12	1993 年	西藏自治区地质矿产局	地质专报	西藏自治区区域地质志
13	1993—1996 年	潘桂棠、陈智梁、李兴振等	专题研究	东特提斯地质构造形成演化
14	1997 年	西藏自治区地质矿产局	地层清理	西藏自治区岩石地层
15	1996—2001 年	成都地质矿产研究所潘桂棠等	专题研究	喜马拉雅东部大拐弯地区地壳形变、深部过程与高原隆升关系研究
16	2001 年	甘肃省地质矿产勘查开发局物探队	区域化探	1:20 万林芝幅、米林幅地球化学图说明书(水系沉积物测量)
17	2001 年	陕西省地质矿产勘查开发局地质调查院	重力调查	1:100 万拉萨幅区域重力调查
18	2002 年	潘桂棠、李兴振、王立全等	专题研究	青藏高原及邻区大地构造单元初步划分《地质通报》

上述历年来进行的基础地质矿产调查、普查找矿及地质科学研究考察工作，积累了较为系统的地质矿产资料，为本区开展 1:25 万区域地质调查奠定了较好的基础。1:25 万林芝县幅区域地质调查工作，在前人研究的基础上，获得了较为丰富的基础地质矿产等成果，为今后在雅鲁藏布江地区开展科研和找矿及地方经济建设等提供了较为丰富的基础地质矿产资料。

第四节 任务完成情况及质量评述

一、任务完成情况

测区为中比例尺填图空白区，属 1:25 万实测区填图类型。根据任务书和设计书及《1:25 万区域地质调查技术要求(暂行)》，1:25 万林芝县幅区域地质调查工作分以下 5 个阶段进行。

1. 野外工作前期准备阶段

2001 年 1—4 月。在经过一段时间的准备工作之后，项目工作 3 月正式启动，主要开展了前人资料的收集、阅读和分析研究，对遥感资料进行初步解译，组织人员学习交流、岗位培训，请专家介绍调查区地质概况，找出存在的重点和难点地质问题，编制地质草图等，制定生产任务计划和布置野外工作。

2. 野外踏勘与地质试填图及设计编审阶段

2001 年 5 月—2002 年 4 月。2001 年 5—9 月，进行野外地质、矿产踏勘与试填图、测制部分剖面和初步遥感解译成果查证；10—12 月，编写图幅设计书。设计于 2001 年 12 月 5 日提交，中国地质调查局西南地区项目管理办公室于同年 12 月 20—22 日在云南省昆明市审查通过。2002 年 1—4 月，项目组根据设计评审批复意见进行了修改，并对 2001 年野外工作进行了室内资料整理和质量检查。

3. 野外调查阶段

2002 年 5—9 月，全面开展地质填图扫面、实测地质剖面、矿产踏勘、地质路线检查、灾害地质、生态地质、旅游地质资源调查。收集了较为丰富的野外第一手资料。

4. 野外资料验收与野外补课阶段

2002 年 10 月—2003 年 5 月，全面整理各项野外实际资料，样品成果加注，编制各种图件、表格，编写矿（化）点踏勘检查简报、建立各类卡片，进行野外资料验收前的综合整理与质量检查和编目，编制野外地质图和实际材料图，编写 1:25 万野外区域地质调查简报。

2003 年 6 月 17—19 日，中国地质调查局西南项目办以潘桂棠研究员为验收组长的 7 人验收组，在云南省大理市对 1:25 万林芝县幅区域地质调查项目进行野外资料验收。经专家组评审认为：“1:25 万林芝县幅区域地质调查经过两年半的艰苦工作，取得了十分丰富的第一手资料，完成了任务书和设计书规定的任务，同意通过野外资料验收，补做一定野外工作，转入室内最终报告编写”，对项目组野外工作原始资料评定为优秀级。

2003 年 7—8 月，云南省地质调查院组织专家组和项目野外检查补课组一起进行了野外实地现场检查和补课，其成果以云地调[2003]40 号《关于对西藏 1:25 万林芝县幅区域地质调查项目野外检查的意见》上报主管部门。

5. 最终成果报告编写阶段

2003 年 9—12 月，项目组按照野外资料验收要求及意见，补送了部分岩矿、化学分析、同位素测年样品和外检样品。在各种资料综合整理的基础上，多次组织全体人员对图幅内主要地质构造、矿产问题进行深入讨论。在统一认识的基础上，项目组根据《1:25 万区域地质调查技术要求》，按项目技术人员业务特长分工负责，作了统一部署安排，编制报告详细提纲。云南省地调院区调主管也多次莅临指导、检查。2003 年 12 月底完成报告送审稿、数字化地质图编制。2004 年 4 月 5—7 日，中国地质调查局于云南省昆明市进行了地质调查项目成果报告评审验收，评定为优秀级。根据任务书和设计，1:25 万林芝县幅区域地质调查共完成实物工作量见表 1-2，图 1-3。

表 1-2　1:25 万林芝县幅实物工作量一览表

工作项目		单位	设计数	完成数	工作项目	单位	设计数	完成数
填图面积	1:25 万	km^2	14 628	14 628	多项化学分析	件	30	105
	遥感解译		16 128	16 128	硅酸盐分析		90	134
	1:1万			22	稀土分析	件	90	134

续表 1-2

工作项目		单位	设计数	完成数
实测剖面	地层	km/条	89.897/16	144.673/29
	岩体		86.793/5	99.343/5
路线(简测)剖面		km/条	65/4	86.54/7
地质	填图路线	km	2550	2950
	检查路线			150
地质观测点		个		2176
重砂	河流	件		1
	人工重砂	件	30	60
基岩半定量光谱		件	30	151
化石	大化石	件	30	119
	孢粉	件	20	28
	牙形刺	件	15	4
	放射虫	件		2
岩矿鉴定	薄片	件	2400	3162
	光片		5	
	定向薄片		15	7
	粒度分析		10	10

工作项目		单位	设计数	完成数
微量元素		件	90	134
X衍射分析		件	10	15
电子探针		件	20	43
同位素测年	Rb-Sr	条	2	5
	U-Pb	件	5	3
	Sm-Nb	条	3	3
	^{40}Ar-^{39}Ar法（单矿物）	件	3	2
稳定同位素	硫	件	1	2
	氧、铅	件	26	氧 34
				铅 8
宝玉石鉴定		件		2
包体测温		件	15	18
古地磁		块	210	155
流体包裹体鉴定		件	15	15
陈列		件		3708
矿点检查	踏勘	个		63
	重点			2
	新发现			55
重砂异常检查		个		1

二、质量评述

为了确保图幅质量，项目组严格按照中国地质调查局《1:25万区域地质调查技术要求(暂行)》及地质调查项目管理制度和技术与质量管理的要求，不断学习运用当代地质科学领域中的新理论、新技术、新方法，“源头创新”及提高调查成果的科技含量，发挥调查成果的社会效益，从传统地质工作向以“地球系统科学”为核心内容的现代地质工作转变，求真务实，树立创新意识、精品意识、开放意识，及突出基础性、公益性、学术性、实用性特色。为了实现地质工作为国民经济和社会发展的多功能、全方位服务工作思想，工作中充分利用高新技术全球卫星定位系统技术(GPS)、遥感信息系统技术(GS)和地理信息系统技术(GIS)，为确保野外资料的准确性，提供了高科技的技术保证。

工作中，项目组十分重视区调工作质量，自始至终坚持质量检查制度，强化项目技术与质量管理工作，确保项目质量，提高成果水平。野外现场工作期间，国土资源部副部长兼中国地质调查局局长寿嘉华(图版Ⅱ-8)，西藏1:25万区调专家组夏代祥、王义昭、李才，中国地质调查局成都地质调查中心丁俊博士，拉萨工作站黄伟、李国梁高级工程师，项目单位领导杨夕辉教授级高级工程师，云南省地质调查院包钢高级工程师，曹德斌教授级高级工程师和项目技术顾问彭兴阶高级工程师，总工办主任侯世云高级工程师等莅临野外工作区指导、检查工作和慰问。室内资料整理中，各级部门定期或不定期对项目进行检查，加强项目全过程质量控制与技术指导，强化质量监督，在肯定项目工作质量的同时，帮助找出了存在的问题和提出改进措施。此外，为了加深对本区地质矿产规律的认识，提高图区的研究程度和成果质

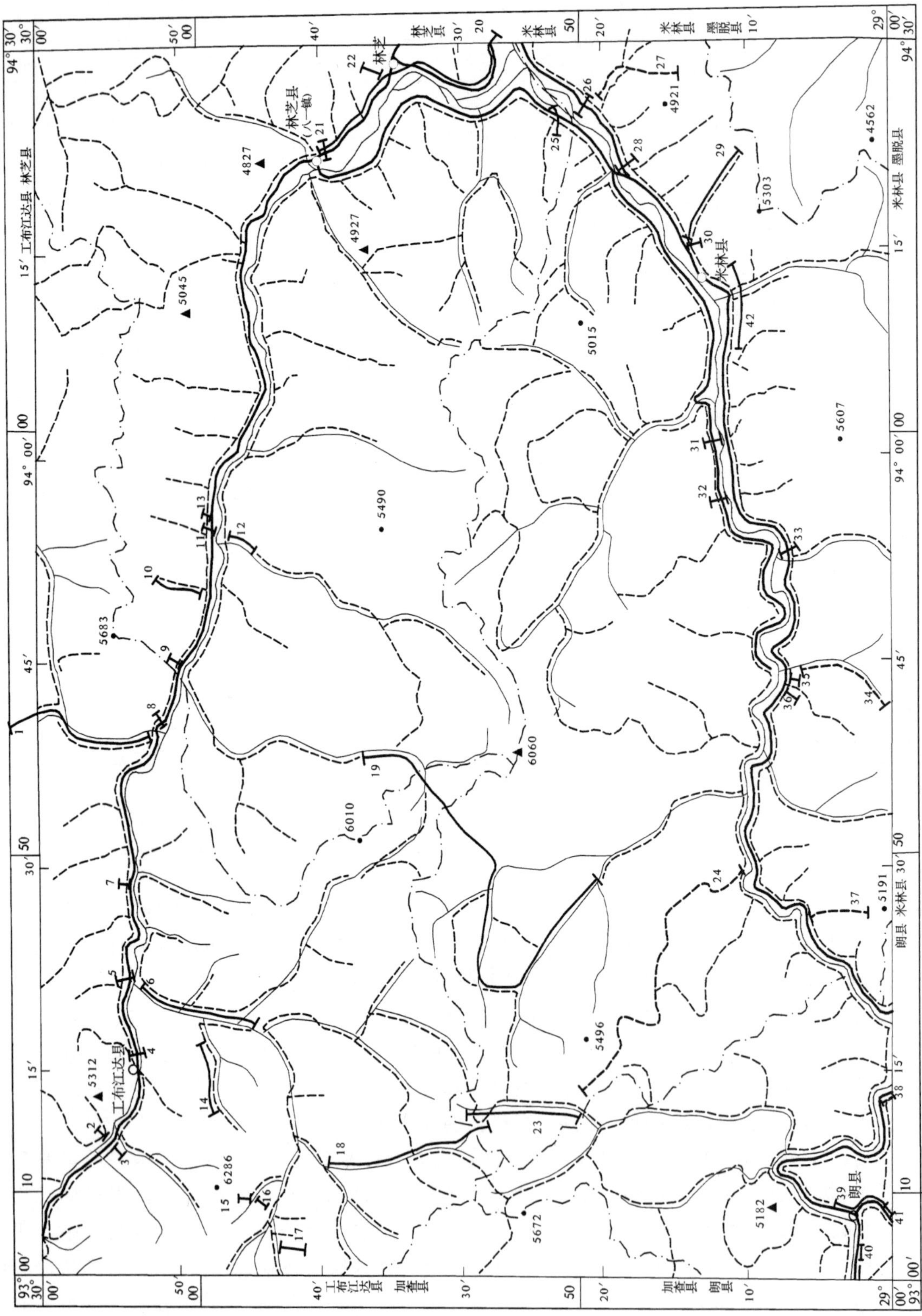

填图路线　实测剖面及编号　路线(简测)剖面及编号

图1-3　1∶25万林芝县幅路线密度与剖面分布位置图

量,工作者不断地学习运用当代地质科学领域中的新理论、新技术、新方法,项目组多次与外单位和项目组内进行图幅地质矿产问题学术交流、讨论会,提高技术人员业务素质。在中国地质调查局组织的项目野外资料验收和地质调查项目成果报告评审验收中,项目地质调查资料和成果报告质量均被评为优秀级。

野外地质调查所使用的工作地形图系中国人民解放军总参谋部测绘局 1974 年、1980 年、1983 年第一版 1:10 万地形图和 1983 年第一版 1:5万地形图;1:25 万地理底图采用国家基础地理信息中心提供的 1:25 万地理底图空间数据库数据,由云南省地质调查院信息中心所编制;野外地质定点定位是地质填图的基础,工作中野外空间定位定点采用小博士高精度手持 GPS(Global Positioning System)全球卫星定位系统;1:25 万地质图采用数字化地质图工作流程和技术要求编制;上述质量符合精度要求。

各类样品分析测试鉴定由云南地矿资源股份有限公司滇西分公司实验室承担化学分析、薄片、光谱半定量分析、宝玉石鉴定;牙形刺、部分薄片和薄片外检由云南省地调院区域地质调查所分析鉴定;孢粉分别为中国科学院南京地质古生物研究所和成都地质矿产研究所分析鉴定;硅酸盐、稀土、微量、电子探针、X 衍射分析分别由云南省地质矿产勘查开发局中心实验室、滇西分公司实验室、湖北省武汉地质实验研究所(武汉综合岩矿测试中心)、中国科学院地质与地球物理研究所分析;人工重砂、河流重砂为云南省地调院区域地质调查所和云南省地质矿产勘查开发局第三地质大队分析鉴定;Rb-Sr、Sm-Nb、^{40}Ar-^{39}Ar、U-Pb 同位素测年由中国科学院地质与地球物理研究所承担;古地磁为成都地质矿产研究所分析测试;硫、铅、氧同位素、包体测温由中国地质调查局同位素地球化学开放研究实验室宜昌地质矿产研究所承担。上述各单位分析测试鉴定成果质量均符合国家规定的地质样品分析要求。

1:25 万林芝县幅区域地质调查,得到了中国地质调查局拉萨工作站、西藏林芝地区行政公署及各县、乡、村人民政府、人民解放军边防部队和当地各族人民的大力支持和帮助;受到了西藏 1:25 万区调专家组夏代祥、王义昭、李才教授级高级工程师,云南省地调院秦德厚教授级高级工程师和包钢处长及区调主管曹德斌教授级高级工程师,成都地质矿产研究所博士生导师潘桂棠和罗建宁研究员,雍永源研究员,中国地质调查局成都地质调查中心王大可教授级高级工程师和王全海处长教授级高级工程师及丁俊博士、技术顾问彭兴阶高级工程师等人的指导和帮助;参加野外调查工作的还有段德华、黄建国、邓志祥、杨淑胜、洪有琪、孙贵荣、尹银寿、赵庆红、胡清华、张留清、张富金、杜德寿、杨崇德、胡休才、刘启和、杨位民、李四平、戴庚荣、翁晋川、尚勇、甘云、刘家华、邓曙光、丁敏聪、刘卫东等。谨此一并表示诚挚的谢意。

第二章　地层及沉积岩

测区地层发育经历了从元古宙至第四纪达18亿年以上地球漫长的地质发展演变历史时期。显生宙(PH)至元古宙(PT)地层均有出露，沉积类型多样，是一个具有特色的地层分布区。主要出露元古宇、前奥陶系、石炭系—二叠系、侏罗系及第四系，另有少量新元古界—寒武系和古近系—新近系，面积约7801.4km^2，占调查区总面积的48.37%。

区内地层区划属藏滇地层大区，以雅鲁藏布江结合带北界断裂茄子弄—滚没—色苏断裂为界，北部属冈底斯—腾冲地层区拉萨—察隅地层分区工布江达地层小区和卧龙—林芝地层小区，南部属喜马拉雅地层区雅鲁藏布江地层分区、康马—隆子地层分区和高喜马拉雅地层分区(图2-1)。

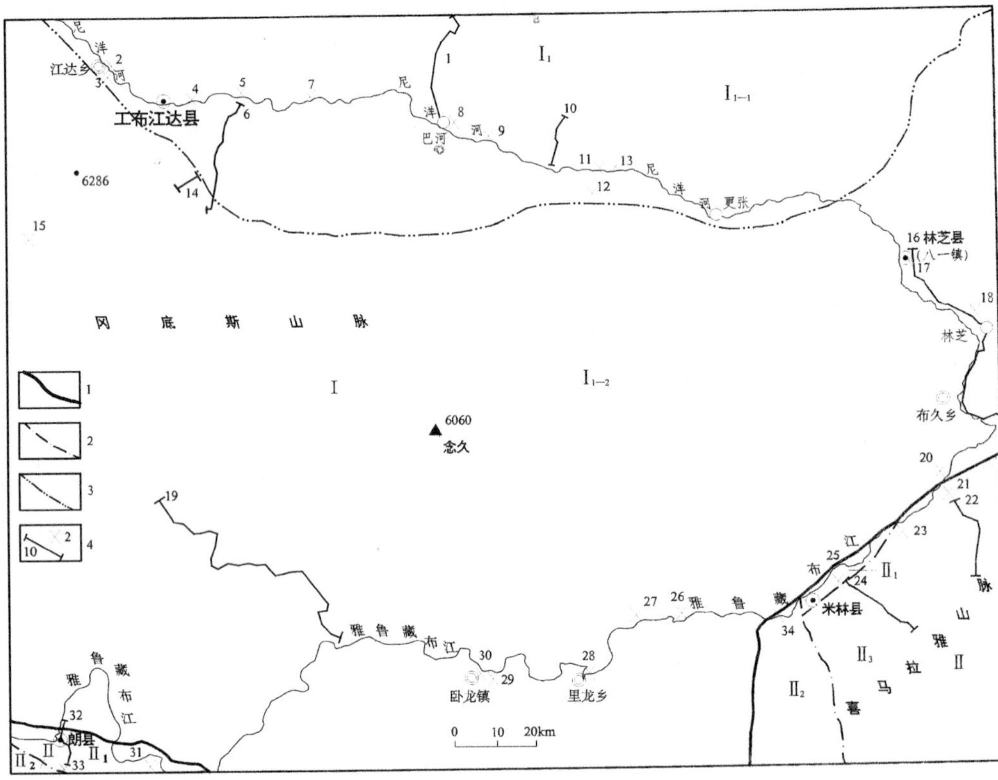

图2-1　1∶25万林芝县幅地层区划及剖面位置图

1.地层区界线；2.地层分区界线；3.地层小区界限；4.剖面位置及编号；Ⅰ.冈底斯—腾冲地层区；Ⅰ$_1$.拉萨—察隅地层分区；Ⅰ$_{1-1}$.工布江达地层小区；Ⅰ$_{1-2}$.卧龙—林芝地层小区；Ⅱ.喜马拉雅地层区；Ⅱ$_1$.雅鲁藏布江地层分区；Ⅱ$_2$.康马—隆子地层分区；Ⅱ$_3$.高喜马拉雅地层分区

通过测区地层的调查研究，在前人资料与成果研究的基础上，以沉积岩区、变质岩区填图新方法、全国地层多重划分对比(清理)研究(54)《西藏自治区岩石地层》(1997)和《喜马拉雅及邻区岩石地层单元划分与岩石地层序列表》(青藏高原研究中心，2003)为指导，结合邻区1∶20万、1∶25万区调资料进行。除第四纪沉积外，测区共划分出正式岩石地层单位6个组、1个群；构造岩层单位3个岩组、2个岩群和5个非正式岩石地层单位2个段、2个亚群、1个混杂岩带(表2-1)。对第四纪地层进行了成因地层、地貌地层、生物地层、年代地层、磁性地层等特征与属性的综合研究。调查区属实测区填图类型，全区共实测地层剖面144.673km/29条、路线简测地层剖面56.533km/5条，总长201.206km，达到每一地层单元在一个地层区有1～2条实测剖面控制(表2-2)。

表 2-1 1:25 万林芝县幅岩石地层、构造-地(岩)层单位序列表

地层区划 / 岩石地层 / 年代地层			藏滇地层大区				
			喜马拉雅地层区			冈底斯—腾冲地层区	
			高喜马拉雅地层分区	康马—隆子地层分区	雅鲁藏布江地层分区	拉萨—察隅地层分区	
						卧龙—林芝地层小区	工布江达地层小区
界	系	统	地层名称符号厚度	地层名称符号厚度	地层名称符号厚度	地层名称符号厚度	地层名称符号厚度
新生界	第四系	全新统	风积 (Qh^{eol}) >5m				
			洪积 (Qh^{pl}) >30.17m				
			冲积 (Qh^{al}) >255.72m				
		更新统	洪积 (Qp^{pl}) >10m				
			冲积 (Qp^{al}) >129.37m				
			冰水堆积 (Qp^{gfl}) >5m				
			冰川堆积 (Qp^{gl}) >149.11m				
			湖积 (Qp^{l}) >123m				
	新近系	中新统				大竹卡组 E_3N_1d >314.17m	
	古近系	渐新统					
中生界	白垩系	上统			朗县混杂岩 KL: fw>1071.96m		
		下统			β>170.28m		
	侏罗系	上统			ν>200m	多底沟组 J_3d >600~1228.46m	
		上统—中统			Σ10~>770m	叶巴组 $J_{2-3}y$: 二段 $J_{2-3}y^2$ >2894.58m	
						一段 $J_{2-3}y^1$ >2 212.10m	
		下统			Ca>354.69m		
	三叠系						
上古生界	二叠系—石炭系	上二叠统					蒙拉组 P_3m >1855.85m
		下二叠统—上石炭统					来姑组 C_2P_1l >935.14~>1624.94m
		下石炭统					诺错组 C_1nc >799.63~>2389.15m
下古生界	寒武系			肉切村岩群 Pt_3 R. >4074.58m			松多岩群 AnOS. >6847.22m
新元古界—中元古界	震旦系—中元古界		南迦巴瓦岩群 Pt_{2-3} Nj.: b 亚群 $Pt_{2-3}Nj.^b$ >5915.27m			念青唐古拉岩群 $Pt_{2-3}N.$	真巴岩组 $Pt_{2-3}\hat{z}.$ >1320.74m~>7078.78m
			a 亚群 $Pt_{2-3}Nj.^a$ >6484.62m				贡嘎岩组 $Pt_{2-3}g.$ >1459.30m~>6140.91m
							八拉岩组 $Pt_{2-3}b.$ >4363.15m~>8671.71m

——整合 ----平行不整合 ~~~~角度不整合 ……接触关系不明 ══断层接触

表 2-2　1∶25 万林芝县幅实(简)测地层剖面一览表

编号	剖面名称	代号	比例尺	长度(km)	剖面地质点
1	工布江达县巴河镇中—新元古代念青唐古拉岩群贡嘎岩组—晚二叠世蒙拉组实测剖面	$Pt_{2-3}g.$、$Pt_{2-3}\hat{z}.$、C_1nc、C_2P_1l、P_3m、$K_1\eta\gamma\beta$、$E_3\gamma\pi$	1∶5000	21.37	LZ5711—5716
2	工布江达县伍楼岗第四纪全新世冲积实测剖面	Qh^{al}	1∶2000	0.076	LZ5024—5025
3	工布江达县金村前奥陶纪松多岩群火山岩实测剖面	AnOS.、Qh^{al}	1∶200	0.131	LZ5026
4	工布江达县帕朗萨北(尼洋河北)第四纪全新世冲积、洪积实测剖面	Qh^{al}、Qh^{pl}	1∶200	0.045	LZ5022—5023
5	工布江达县峡龙镇嘎丁村第四纪全新世冲积、洪积实测剖面	Qh^{al}、Qh^{pl}	1∶200	0.079	LZ5020
6	工布江达县仲沙乡达叶—仲沙前奥陶纪松多岩群实测剖面	AnOS.、C_2P_1l、$J_{2-3}y^1$、$J_{2-3}y^2$	1∶5000	18.735	LZ5009—5015
7	工布江达县林达村(尼洋河北)第四纪全新世冲积实测剖面	Qh^{al}	1∶500	0.231	LZ5021
8	工布江达县吖当村第四纪全新世冲积实测剖面	Qh^{al}	1∶5000	2.17	LZ5723—5726
9	林芝县百巴镇畜巴晚石炭世—早二叠世来姑组实测剖面	C_2P_1l	1∶200	0.15	LZ5717—5718
10	林芝县百巴镇果园新村晚石炭世—早二叠世来姑组实测剖面	C_2P_1l、P_3m	1∶5000	4.80	LZ5707—5708
11	林芝县百巴镇雪巴农场第四纪全新世冲积实测剖面	Qh^{al}	1∶1000	0.21	LZ5201
12	林芝县百巴镇则弄早石炭世诺错组实测剖面	C_1nc	1∶5000	3.12	LZ5701—5704
13	林芝县百巴镇雪巴农场东第四纪全新世—更新世冲积实测剖面	Qp^{al}、Qh^{al}	1∶5000	1.93	LZ5719—5722
14	工布江达县仲沙乡锅村中侏罗—晚侏罗世叶巴组二段简测剖面	$J_{2-3}y^2$	1∶1000	6.503	LZ258—263
15	工布江达县八勒果中侏罗世—晚侏罗世叶巴组一段实测剖面	$J_{2-3}y^1$	1∶5000	3.542	LZ5050—5051
16	林芝县八一镇毛纺厂第四纪更新世湖积—全新世冲积实测剖面	Qp^l、Qh^{al}	1∶2000	2.578	LZ5420—5421
17	林芝县普拉镇八拉—金星村中—新元古代念青唐古拉岩群实测剖面	$Pt_{2-3}b.$、$Pt_{2-3}g.$、$Pt_{2-3}\hat{z}.$、$\epsilon M\gamma o$、$E_1\eta\gamma\beta$	1∶10 000	44.973	LZ5001—5008
18	林芝县普拉镇真巴中元古—新元古代念青唐古拉岩群真巴岩组实测剖面	$Pt_{2-3}\hat{z}.$	1∶5000	3.70	LZ5414—5417
19	米林县卧龙镇直美弄中—新元古代念青唐古拉岩群简测剖面	$Pt_{2-3}b.$、$Pt_{2-3}g.$、$\epsilon M\gamma o$、$K_1\gamma\delta o$、$K_1\eta\gamma\beta$	1∶10 000	23	LZ5319—5342
20	林芝县坡扎第四纪更新世冲积—全新世冲积实测剖面	Qp^{al}、Qh^{al}	1∶2000	2.871	LZ5418—5419

续表 2-2

编号	剖面名称	代号	比例尺	长度(km)	剖面地质点
21	米林县羌纳乡塘嘎第四纪更新世冲积—全新世冲积实测剖面	Qp^{al}、Qh^{al}	1:2000	2.01	LZ5509—5510
22	米林县羌纳乡巴嘎村中元古—新元古代南迦巴瓦岩群简测剖面	$Pt_{2-3}Nj.^{a}$、$Pt_{2-3}Nj.^{b}$	1:5000	14.98	LZ5511—5523
23	米林县米林镇党纽窝第四纪更新世湖积、冲积—全新世冲积实测剖面	Qp^{l}、Qp^{al}、Qh^{al}	1:2000	2.817	LZ5524—5525
24	米林县雪嘎村中元古—新元古代南迦巴瓦岩群实测剖面	$Pt_{2-3}Nj.^{a}$、KL	1:5000	13.39	LZ5501—5505
25	米林县雪嘎村农场第四纪更新世冲积实测剖面	Qp^{al}	1:200	0.098	LZ5006
26	米林县米林镇嘎那朗雅鲁藏布江北第四纪全新世冲积实测剖面	Qp^{al}	1:2000	1.485	LZ5528—5529
27	米林县扎西绕登乡康沙第四纪更新世冰川堆积—全新世冲积实测剖面	Qp^{gl}、Qh^{al}	1:2000	2.018	LZ5526—5527
28	米林县里龙乡第四纪更新世冲积—全新世冲积实测剖面	Qp^{al}、Qh^{al}	1:2000	1.531	LZ5507—5508
29	米林县卧龙镇卧龙村第四纪更新世冲积—全新世冲积实测剖面	Qp^{al}、Qh^{al}	1:1000	0.25	LZ5303—5304
30	米林县卧龙镇斜觉第四纪更新世冲积—全新世冲积实测剖面	Qp^{al}、Qh^{al}	1:500	0.14	LZ5301—5302
31	米林县洞嘎镇八龙浦白垩纪朗县混杂岩简测剖面	KL、$K_2\gamma o$	1:2000	2.10	LZ5362、5351
32	朗县朗村白垩纪朗县混杂岩实测剖面	KL、E_3N_1d	1:2000	7.643	LZ5356—5361
33	朗县拉多乡吉登许白垩纪朗县混杂岩实测剖面	KL	1:5000	2.58	LZ5231—5232
34	米林县米林镇米林—比定浦新元古代—寒武纪肉切村岩群路线剖面	$Pt_3\in R.$	1:5000	9.95	LZ2527—2845

第一节　中元古代—新元古代地层

测区中—新元古代地层为最老结晶基底，经多期区域变质作用、岩浆活动的改造，变质变形极为强烈，是测区地壳演化与古陆、古洋变迁的直接记录，属非史密斯地层类型。该套地层采用构造-地(岩)层填图方法、构造-岩层-事件法进行划分对比研究，依据其发育程度、岩性特征、地质年龄、构造环境等，以近东西向雅鲁藏布江结合带为界，北部为冈底斯—腾冲地层区拉萨—察隅地层分区的念青唐古拉岩群($Pt_{2-3}N.$)，南部为喜马拉雅地层区高喜马拉雅地层分区南迦巴瓦岩群($Pt_{2-3}Nj.$)。

一、拉萨—察隅地层分区

念青唐古拉岩群($Pt_{2-3}N.$)，出露于朗县拉日芝—林芝、北图边工布江达县雪卡—洞比等地一带，东西、北均延入邻幅，幅内分布面积约 3280.4km^2。为一套分布广泛且厚度巨大的由片麻岩、变粒岩、斜长角闪(片)岩及片岩、大理岩和麻粒岩等组成的中深变质岩系。

(一) 地层划分简史

区内地层划分简史见表 2-3。

表 2-3　念青唐古拉岩群划分沿革对比表

中国科学院李璞(1953)	西藏自治区地质局1:100万拉萨幅区调(1979)	中国科学院地研究所尹集祥(1984)	西藏自治区地质矿产局《西藏自治区区域地质志》(1993)	西藏自治区地质矿产局《西藏自治区岩石地层》(1997)	成都地质矿产研究所1:25万墨脱县幅区调(2003)	成都地质矿产研究所青藏高原及邻区1:150万地质图及说明书(2004)	本书1:25万林芝县幅区域地质调查(2004)	
前寒武纪波密片麻岩 AnЄ	时代不明混合岩(H)	变质中生代波密杂岩(Mz)	时代不明波密—察隅变质杂岩带	未做清理	前震旦纪念青唐古拉岩群 AnЄ*Nq*	前寒武系念青唐古拉岩群(Pt_{2-3})	中—新元古代念青唐古拉岩群 $Pt_{2-3}N.$	真巴岩组($Pt_{2-3}\hat{z}.$)
								贡嘎岩组($Pt_{2-3}g.$)
								八拉岩组($Pt_{2-3}b.$)

本次工作根据区域上 2000—2003 年完成的西部 1:25 万当雄县等幅区调成果,对区内该套变质杂岩剖面及其变质变形特征和层序划分对比作了较深入的研究,提供预选层型剖面;并依据岩性组合、剖面结构和同位素地质年龄,结合区域地层对比,沿用念青唐古拉岩群,将时代定为中元古代—新元古代,并进一步划分为八拉岩组($Pt_{2-3}b.$)、贡嘎岩组($Pt_{2-3}g.$)、真巴岩组($Pt_{2-3}\hat{z}.$)3 个岩组。

(二) 构造岩层单位特征

念青唐古拉岩群($Pt_{2-3}N.$)出露于雅鲁藏布江结合带以北,为冈底斯山的结晶基底岩系。以林芝县普拉镇八拉—金星村正层型剖面,林芝县普拉镇真巴、米林县卧龙镇直美弄和工布江达县巴河为副层型剖面分述如下。

1. 林芝县普拉镇八拉—金星村念青唐古拉岩群($Pt_{2-3}N.$)正层型剖面(图 2-2)

剖面位于林芝县普拉镇八拉—金星村地带,坐标(为 GPS 定位,后同)为东经 94°30′54″,北纬 29°27′01″,高 2940m,交通较为方便。剖面为正层型剖面,控制了区内念青唐古拉岩群 3 个岩组。

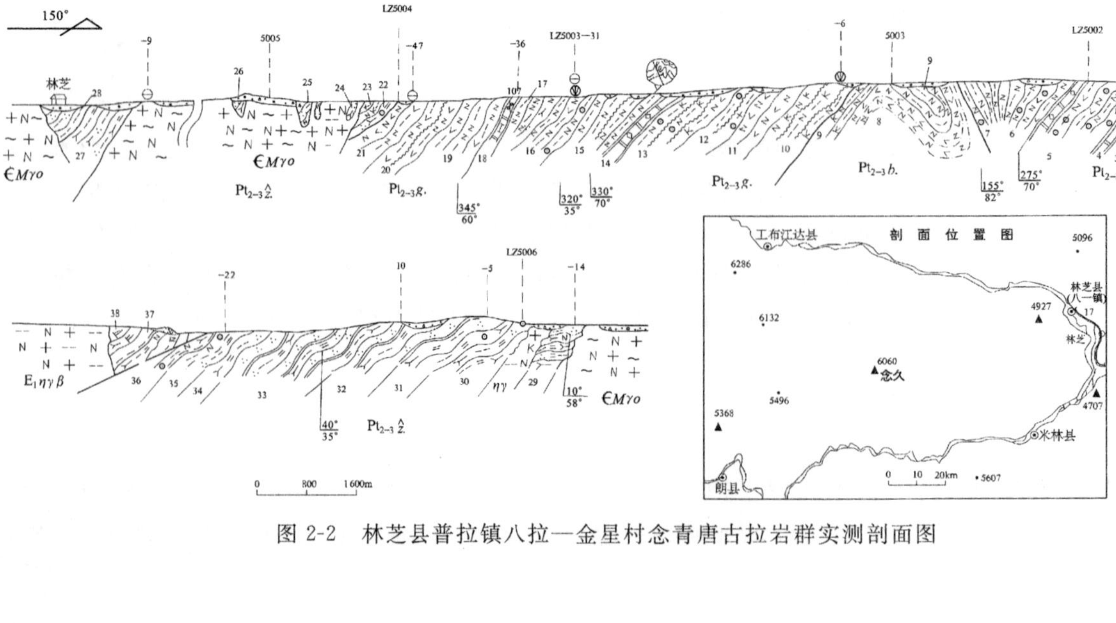

图 2-2　林芝县普拉镇八拉—金星村念青唐古拉岩群实测剖面图

念青唐古拉岩群($Pt_{2-3}N.$)真巴岩组($Pt_{2-3}\hat{z}.$)　(未见顶)　总厚度>7078.78m

38. 灰色含蓝晶夕线石榴二云片岩、网结状含蓝晶石榴夕线二云石英片岩，夹少量黑云片岩；顶被古近纪古新世中—细粒黑云斜长花岗岩($E_1\eta\gamma\beta$)侵入破坏　>218.53m
37. 浅灰色含石榴黑云斜长变粒岩、黑云斜长片麻岩与含石榴夕线二云斜长片麻岩不等厚互层　>1045.80m

═══════ 断层接触 ═══════

36. 灰色含石榴含夕线黑云斜长片麻岩与灰色含石榴黑云石英片岩互层　>79.51m
35. 浅灰色含石榴黑云斜长变粒岩，夹少量灰色黑云片岩　98.69m
34. 浅灰色二云石英片岩、二云夕线石英片岩及夕线二云片岩不等厚互层　247.45m
33. 灰色含夕线二云石英片岩、含石榴夕线二云片岩，夹浅灰色二长二云片岩　601.35m
32. 灰色、浅灰色含夕线二云石英片岩，二长夕线二云母片岩，夹线痕状夕线二云石英岩，含黑云石英岩、二长浅粒岩　412.59m
31. 灰色二云夕线石英片岩、含石榴夕线二长二云石英片岩，夹浅灰色斜长石二云石英片岩　507.44m
30. 灰白色巨晶大理岩，夹细晶大理岩、黑云母片岩；为大理岩含矿层　415.99m
29. 灰色斜长角闪黑云片岩，夹夕线长石二云片岩，顶部被含黑云二长花岗岩脉侵入破坏　1032.89m
28. 浅灰色含夕线二云石英片岩与灰色黑云石英片岩互层，被寒武纪片麻状花岗岩侵入破坏　736.49m
27. 灰色黑云石英片岩、黑云片岩(被寒武纪片麻状黑云斜长花岗岩侵入破坏)　111.66 m
26. 灰色夕线长石二云石英片岩、含石榴夕线斜长片麻岩，夹少量灰白色透辉粗晶大理岩残留体，被寒武纪片麻状黑云斜长花岗岩侵入破坏　738.77m
25. 灰白、灰色黑云夕线石英片岩，斜长变粒岩，含石榴夕线斜长二云石英片岩不等厚互层　446.35 m
24. 灰白色石英片岩、含石榴斜长黑(二)云石英片岩、夕线石榴二云石英片岩(呈残留体状)　25.10 m
23. 灰白色含石榴黑云二长片麻岩，被寒武纪片麻状黑云斜长花岗岩侵入破坏　147.40 m
22. 灰白、灰色含石榴夕线斜长二(黑)云石英片岩，夹黑云斜长片麻岩　>212.77 m

═══════ 韧性剪切断层接触 ═══════

贡嘎岩组($Pt_{2-3}g.$)　总厚度>5021.49m

21. 深灰色角闪黑云斜长片麻岩　>320.04m
20. 浅灰色黑云角闪花岗质片麻岩、黑云斜长花岗质片麻岩　551.66 m
19. 灰色黑云斜长片麻岩、含斜黝帘石角闪黑云斜长片麻岩、黑云角闪斜长片麻岩　515.92 m
18. 深灰色斜长角闪片岩，夹 3 层分别厚 1、1.5 和 8 m 的灰白色透闪透辉大理岩　64.64 m
17. 灰色黑云夕线石英片岩、含石榴黑云斜长片麻岩　416.96m
16. 灰色含石榴黑云角闪斜长片麻岩、角闪黑云斜长片麻岩及黑云斜长片麻岩、黑云角闪斜长片麻岩互层，夹黑云角闪斜长变粒岩、黑云斜长角闪岩、含石榴黑云斜长片麻岩。获角闪石 ^{40}Ar-^{39}Ar 同位素等时线年龄值为 949.00±6.49Ma，角闪石年龄谱视年龄 T_p=946.29±0.81Ma，T_{tg}=904.74±18.1Ma；Sm-Nd 同位素 T_{DM}模式年龄值：1509Ma、1397Ma、1231Ma、1178Ma、910Ma、693Ma、335Ma　212.15m
15. 灰色黑云斜长花岗质片麻岩、石榴黑云斜长片麻岩，夹黑云斜长片麻岩　768.43 m
14. 灰白色粗晶大理岩　149.46 m
13. 浅灰色黑云二长花岗质片麻岩、黑云斜长花岗质片麻岩、含石榴黑云二长花岗质片麻岩，夹少量黑云角闪斜长片麻岩　726.85 m
12. 灰白色黑云花岗质片麻岩、含石榴二长浅粒岩互层　308.13 m
11. 灰白、灰色含黑云角闪斜长片麻岩，夹黑云斜长角闪片麻岩　499.78 m
10. 浅灰、灰白色黑云二长花岗质片麻岩；花岗质片麻岩全岩铅同位素表面年龄值为 4.3Ma　>487.47m

═══════ 韧性剪切断层接触 ═══════

八拉岩组($Pt_{2-3}b.$)　总厚度>4363.15m

9. 灰色斜长角闪片麻岩、黑云角闪斜长片麻岩、黑云(斜)二长片麻岩，夹少量片麻状黑云长英初糜棱岩　>887.87m

8. 深灰色斜长角闪岩、黑云斜长角闪岩，夹绢英岩化云斜煌斑岩；局部夹有厚 15cm 粗晶大理岩	＞36.96m
══════ 断层接触 ══════	
7. 灰色片麻状黑云长英质初糜棱岩、二云长英质糜棱岩	＞197.99m
6. 灰、浅灰色石榴黑云角闪斜长片麻岩，斜长角闪片麻岩，二云斜长片麻岩不等厚互层	1856.13m
5. 灰色片理化含石榴斜黝帘石角闪岩、石榴斜黝帘石角闪斜长片麻岩互层，顶部为一层厚 1.31m粗晶大理岩；距底厚 108.26m 处片麻岩破碎带中含 Cu4.35%、Au0.16×10^{-6}	899.74m
4. 灰黄色白云石透辉矽卡岩、透闪透辉矽卡岩、条痕状斜辉绿泥硅镁石岩	111.34m
3. 上部灰色含石榴绿泥斜黝帘石斜长片麻岩，夹片理化含石榴斜黝帘石角闪岩；下部灰色含石榴二云角闪斜长片麻岩、含石榴绿泥斜黝帘石斜长片麻岩，夹少量乳白色大理岩	266.59m
2. 乳白色条带状大理岩，条带宽 0.5～1.5cm	6.05m
1. 灰色含石榴二云透辉斜长片麻岩、斜长角闪片麻岩、黑云斜长片麻岩，夹厚 14.81m 墨绿色片理化角闪（片）岩	＞100.48 m

（未见底）

2. 林芝县普拉镇真巴念青唐古拉岩群（$Pt_{2-3}N.$）副层型剖面（图 2-3）

剖面位于林芝县普拉镇真巴村东北的真弄巴水冲沟，坐标为东经 94°27′21″，北纬 29°35′03″，高 3000m，在 318 国道之北附近地带，交通较方便。剖面仅控制真巴岩组。

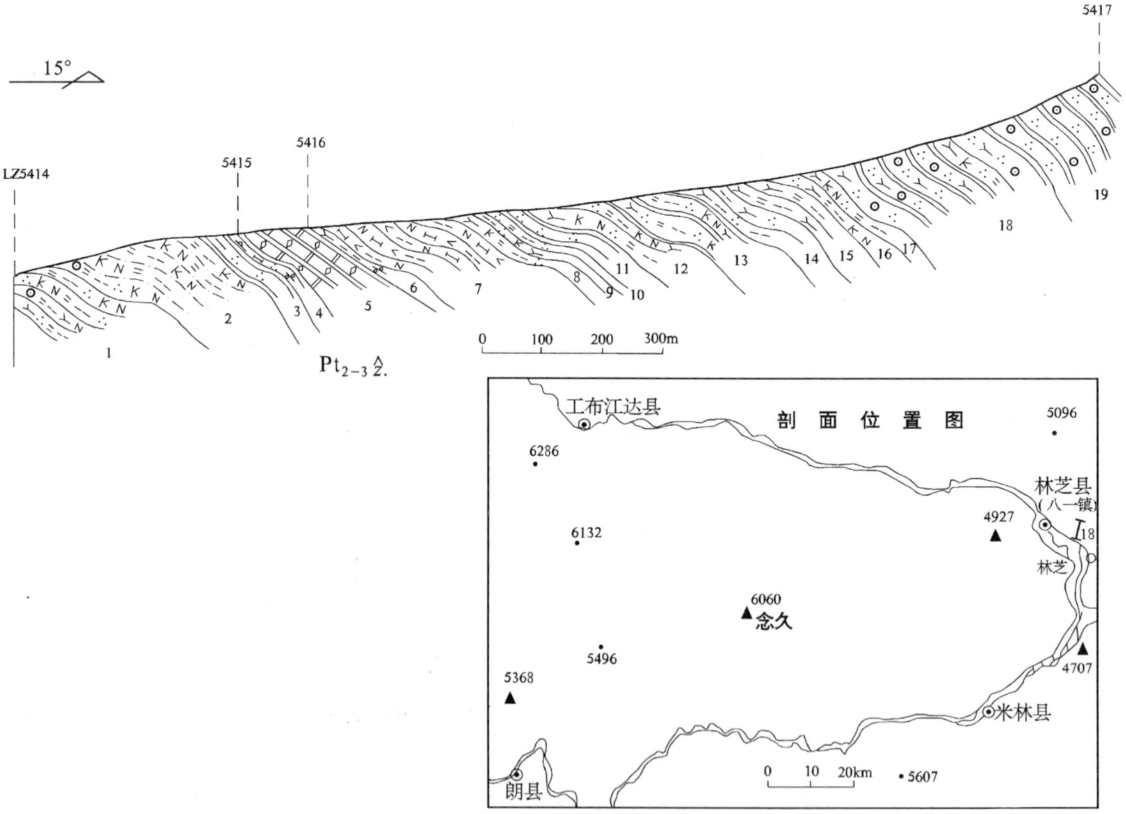

图 2-3　林芝县普拉镇真巴真巴岩组实测剖面图

念青唐古拉岩群（$Pt_{2-3}N.$）真巴岩组（$Pt_{2-3}\hat{z}.$）　　**总厚度＞2707.09m**

19. 浅灰、灰白色中粒含石榴石英岩，局部夹含夕线二云石英片岩；顶部浅灰色中—粗粒含二云二长石英岩	＞352.44m
18. 上部浅灰色中粒含夕线石石榴石二云石英岩，夹含夕线石钾长二云石英片岩；中—下部浅灰、灰白色中—粗粒含夕线石石榴石石英岩	276.81m
17. 灰、浅灰色夕线二长二云石英片岩与中粒含夕线二云石英岩互层	62.12m

16. 灰黄色夕线二长二云石英片岩　41.30m
15. 浅灰色夕线二云片岩、夕线二长二云石英片岩　90.48m
14. 浅灰、灰色含夕线黑云石英片岩，局部见宽 30～100cm 后期伟晶岩脉切穿贯入　93.32m
13. 浅灰色含夕线二云二长石英岩　66.96m
12. 上部灰、深灰色含夕线二长二云石英片岩；下部浅灰色含夕线二长二云石英片岩　255.86m
11. 浅灰色石英岩　54.21m
10. 浅灰色二云石英片岩　22.50m
9. 灰色夕线钾长黑云石英片岩、夕线二长二云石英片岩　82.50m
8. 浅灰色夕线钾长二云石英片岩　100.81m
7. 灰、浅灰色含辉石角闪黑云斜长变粒岩、黑云二长变粒岩；上部见宽 40cm 的伟晶岩脉较发育　362.51m
6. 灰色透闪红柱石黑云片岩，红柱石矿物含量 15%～18%　13.87m
5. 上部白色中—粗粒方解石大理岩，夹少量 5～10cm 灰绿色黑云斜长透辉透闪石片岩，顶为浅黄色粗粒方解石大理岩；中部灰白、白色中—粗粒方解大理岩，夹少量 5～8cm 灰绿色黑云斜长透辉透闪石片岩；下部浅灰、白、浅黄白色中—粗粒方解大理岩，距底厚 53m 处见宽 1～1.5m 的中—粗粒黑云二长花岗岩脉顺层侵入。为大理岩含矿层　337.11m
4. 浅灰、浅褐黄色粗粒含符山透辉透闪石英岩　11.47m
3. 浅灰、浅褐黄色粗粒含透闪石英岩　63.06m
2. 中—上部浅灰、灰黄、灰色二云二长变粒岩，局部石英脉小透镜体富集；下部灰、浅灰色含石榴二云二长变粒岩，伟晶岩脉和长英质脉体较发育　291.45m
1. 中—上部灰、浅灰色为夕线二长二云石英片岩；下部浅灰、灰色含石榴夕线钾长二云石英片岩与夕线二长二云石英片岩不等厚互层，沿片理厚 0.1～4cm 的透镜状长英质脉体发育　>128.31m

3. 米林县卧龙镇直美弄念青唐古拉岩群（$Pt_{2-3}N.$）副层型剖面（图 2-4）

剖面位于米林县卧龙镇直美弄沟—加仓国垭口，坐标为东经 93°28′22.8″，北纬 29°13′39.2″，高 4050m，有简易公路与省道 S306 的卧龙镇相接，里程约 25km。剖面控制图幅西部贡嘎岩组和八拉岩组。

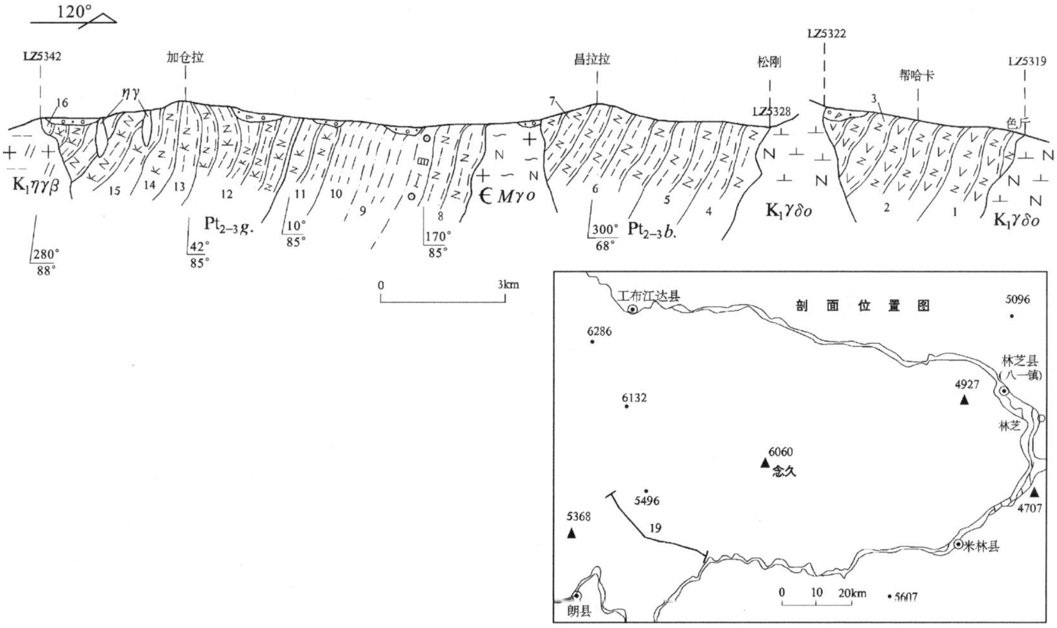

图 2-4　米林县卧龙镇直美弄念青唐古拉岩群简测剖面图

念青唐古拉岩群（$Pt_{2-3}N.$）贡嘎岩组（$Pt_{2-3}g.$）　总厚度>6140.91m

16. 灰白—灰黄色条纹条带状细粒黑云二长片麻岩；底部灰白色细粒二长花岗岩脉贯入，顶部被黑云二长花岗岩（$K_1\eta\gamma\beta$）侵入破坏　>1000.60m

15. 灰白色黑云二长片麻岩，底部灰白色细粒二长花岗岩脉贯入　＞843.67m
14. 灰白—灰黄色黑云二长片麻岩　175.72 m
13. 灰白—浅灰黄、灰黄色条纹条带状细粒黑云二长片麻岩　609.32m
12. 灰白—灰黄色条纹条带状细粒黑云二长片麻岩　838.32m
11. 灰白—浅灰黄色条纹条带状细粒黑云二长片麻岩　446.62m
10. 灰白—浅灰黄色变粒岩　135.52m
9. 灰黄—灰白色条纹条带状变粒岩，距底部厚 20.15m 处为灰绿—浅灰—鸭蛋绿色条纹条带状石榴石方柱石透辉石变粒岩　738.84m
8. 灰—灰白色黑云斜长片麻岩，底部被寒武纪片麻状黑云斜长花岗岩侵入破坏　＞1352.30m

═══════ 韧性剪切断层接触 ═══════

八拉岩组（$Pt_{2-3}b$.）　**总厚度＞8671.71m**

7. 灰—灰白、浅灰色条带状黑云斜长片麻岩、细粒黑云斜长片麻岩，夹少量变粒岩；底部获片麻岩 Sm-Nd 同位素 T_{DM}模式年龄值：870Ma、797Ma、604Ma、484Ma、453Ma、384Ma、365Ma；全岩铅同位素表面年龄值为 52.8Ma；顶部被灰—灰白色片麻状角闪黑云二长花岗岩侵入破坏　＞355.53m
6. 灰—灰白色细粒黑云斜长片麻岩，夹灰色变粒岩；发育小褶皱构造　1381.99m
5. 灰—灰白色细粒黑云斜长片麻岩　940.12m
4. 灰—灰白色（含角闪单斜辉石）黑云斜长片麻岩，底部被早白垩世中粒英云闪长岩侵入破坏　＞1200.79m
3. 灰白色中—粗粒斜长角闪片麻岩、角闪斜长片麻岩，夹斜长角闪岩、条带状斜长角闪岩、条带状细粒黑云斜长角闪片麻岩；顶部被早白垩世细—中粒英云闪长岩侵入破坏　＞1341.98m
2. 灰—灰白色条带状斜长角闪片麻岩、角闪斜长片麻岩　1759.74m
1. 灰白—浅灰色粗粒角闪斜长片麻岩，未见底；被早白垩世细粒英云闪长岩侵入破坏　＞1691.56m

4. 工布江达县巴河镇巴河念青唐古拉岩群（$Pt_{2-3}N$.）副层型剖面（图 2-5）

剖面位于工布江达县巴河镇巴河—朱拉曲地带，坐标为东经 93°40′14″，北纬 30°01′55″，高 3415m，有简易公路与国道 318 线的巴河镇相接，交通方便。剖面控制了贡嘎岩组上部、真巴岩组的下部。

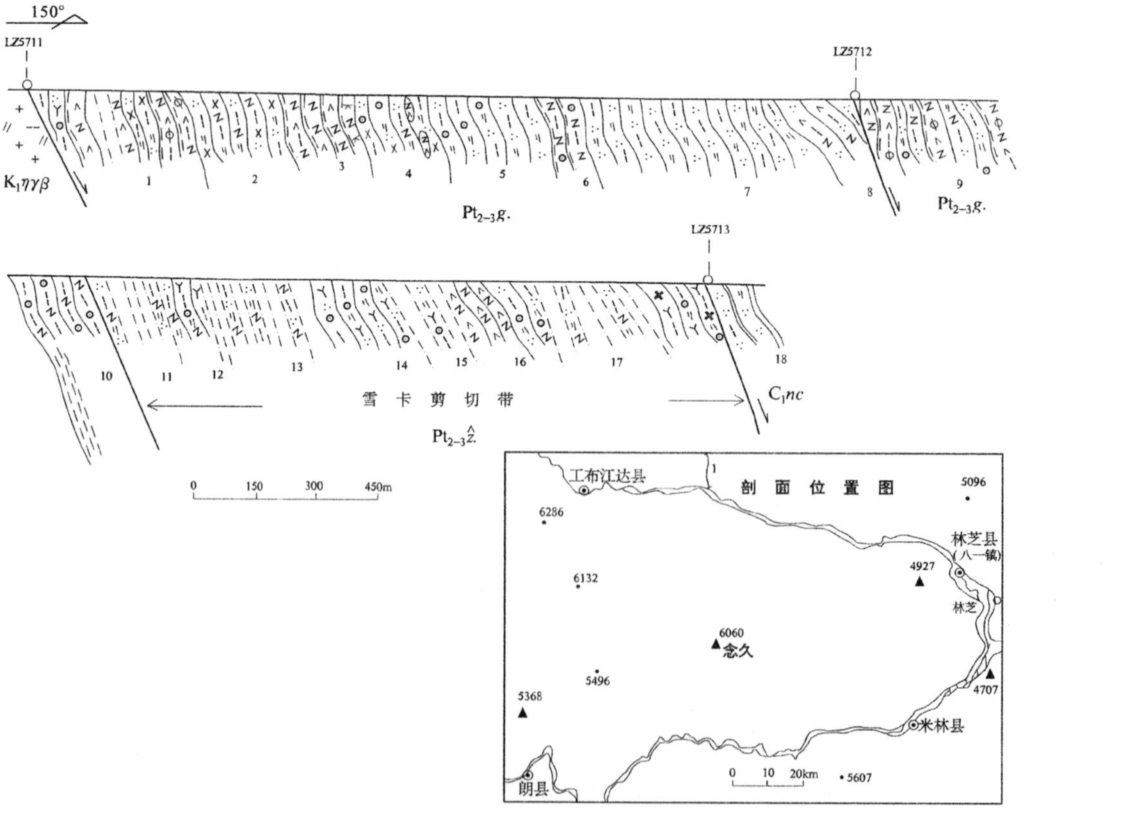

图 2-5　工布江达县巴河镇念青唐古拉岩群实测剖面图

上覆地层：早石炭世诺错组($C_1 nc$)

═══ 断层接触 ═══

真巴岩组($Pt_{2-3}\hat{z}.$)	**总厚度>1320.74m**
17. 顶部灰色夕线十字石榴二云片岩；上部灰黑色含十字夕线石榴二云石英片岩，夹灰白色含夕线含石榴二云石英片岩；中部灰色片状长石二云石英糜棱岩；下部浅灰色含石榴石长石二云石英片岩	>445.35m
16. 灰黑色片状含夕线含石榴二云石英糜棱岩，其中见有顺片理方向展布大小1～2m的斜长角闪岩构造透镜体	79.14m
15. 灰黑色片状含夕线含石榴二云石英糜棱岩，其中见有少量灰黑色角闪黑云片岩夹层	133.05m
14. 灰黑色含夕线含石榴二云石英片岩	201.95m
13. 灰、灰黄色片状含石榴长石二云石英糜棱岩、片状长石二云石英糜棱岩，有少量浅灰色含石榴长石二云石英片岩构造残留体	163.98m
12. 上部灰黑色含夕线石榴长石二云糜棱岩，夹二云石英片岩；下部灰色二云长石石英片岩	89.24m
11. 灰色、浅灰色片状二云长英质糜棱岩	106.53m
10. 灰色石榴富长石黑云片岩	>101.50m

═══ 韧性剪切断层接触 ═══

贡嘎岩组($Pt_{2-3}g.$)	**总厚度>1459.30m**
9. 上部灰黑色黑云斜黝帘石角闪斜长片麻岩、灰色含石榴二云石英片岩，顶为黑云斜黝帘石角闪斜长片麻岩；中部灰黑色黑云斜黝帘石角闪斜长片麻岩、灰色糜棱岩化含石榴二云石英片岩，片岩中发育石英脉小透镜体；下部灰黑色黑云斜黝帘石角闪斜长片麻岩。片麻岩中沿片麻理发育断续状长英质条带	>247.19m

═══ 断层接触 ═══

8. 灰色含角闪黑云长石石英片岩	>42.85m
7. 上部灰黑色二云石英片岩；中部灰色含二云石英片岩；下部灰色二云石英片岩，发育石英脉小透镜体	239.13m
6. 上部灰、灰黄色含石榴含红柱石长石黑云石英片岩；下部灰色石榴黑云斜长片麻岩	165.09m
5. 上部灰、灰黑色二云石英片岩；下部灰黑色石榴二云石英片岩	170.95m
4. 上部灰黑色糜棱岩化红柱石长石石英片岩，有少量灰黑色黑云角闪斜长片麻岩构造透镜体；下部灰黄色含石榴石红柱石长石二云石英片岩	79.96m
3. 上部灰色、灰白色黑云二长片麻岩；下部灰黑色黑云角闪斜长片麻岩	164.64m
2. 灰色、灰黄色红柱石长石二云石英片岩	193.11m
1. 上部灰黑色黑云斜黝帘角闪斜长片麻岩；下部灰紫色石榴夕线斜长黑云石英片岩，灰黑色片状长石二云石英糜棱岩、红柱石二云石英片岩，其中见有斜长角闪片麻岩构造块体。底部出露不全，与白垩纪早世灰白色中粒黑云二长花岗岩($K_1\eta\gamma\beta$)呈断层接触	>156.38m

上述剖面由东到西，从南到北基本控制了测区中—新元古代念青唐古拉岩群。

八拉岩组($Pt_{2-3}b.$)：东起尼洋河与雅鲁藏布江交汇处林芝县八拉村附近，向西沿雅鲁藏布江两岸的米林县岗嘎大桥—扎西绕登—玉松，直至朗县大周塘一带，长逾140km，南北宽10～22km，面积约1177.1km^2。叠置假总厚度>4363.15～>8671.71m。

主要岩石有角闪透辉石岩、黑云角闪片岩、斜长角闪片岩、角闪斜长片麻岩、斜长角闪变粒岩、角闪斜长变粒岩和少量黑云变粒岩、石榴绿泥石斜黝帘石斜长片麻岩、大理岩、含榴斜黝帘角闪黑云石英片岩、含磁铁石英岩等。尼洋河与雅鲁藏布江交汇处黑云石榴角闪片岩、黑云石榴角闪斜长片岩及黑云石榴斜长片麻岩增多，在卧龙镇作许至玉松一带，斜长角闪岩中常含超基性麻粒岩和基性—中基性麻粒岩的残留体或残块（图版Ⅲ-1），大小为几厘米至几十厘米不等，与围岩过渡，界线不清，也有的长几米至十几米，宽几十厘米至几米。超基性麻粒岩有紫苏角闪透辉麻粒岩、紫苏角闪麻粒岩（图版Ⅲ-2）；基性—中基性麻粒岩有紫苏透辉角闪斜长麻粒岩、紫苏角闪斜长麻粒岩、含黑云紫苏角闪斜长麻粒岩，具变晶结构，斜方辉石常有透辉石、角闪石、黑云母反应边。

斜长角闪质岩石化学成分表明与世界上典型玄武质科马提岩富 MgO、高 CaO、低 TiO_2、K_2O、高 CaO/Al_2O_3 比值等特征相近。岩石微量元素中除 Sc 高于泰勒克拉克值，Rb、Sr、Zr、Nb、Ba、Hf、Th、U、V、Cr、Co、Ni、Cs、Cu、Pb、Zn、Li、Ti 的平均值均低于泰勒克拉克值。岩石的稀土含量及配分型式具有重稀土含量曲线平直，稀土总量较变形橄榄岩明显偏高，δEu 为 0.98，与南非的巴伯顿不贫铝的科马提岩的稀土配分型式相同。原岩建造为一套富钠质基性—中酸性火山岩及少量碎屑岩、碳酸盐岩建造，并含有少量基性—超基性麻粒岩（科马提岩）及花岗质岩石。

贡嘎岩组（$Pt_{2-3}g.$）：主要分布于八拉岩组北侧，西起加仓国一带向东沿冈底斯山脊南侧的巴家下—峨塘带状分布，直至林芝县贡嘎村附近，长约 125km，南北宽 10～23km，面积近 1119km²。此外，在工布江达县雪卡—罗巴一带北侧图外也有分布。在米林县卧龙镇直美弄出露叠置假厚度大于 6140.91m，林芝县八拉村附近叠置假厚度大于 5021.49m，雪卡以北叠置假厚度大于 1459.30m。以韧性断裂与八拉岩组接触。

主要岩石有黑云角闪斜长片麻岩、黑云斜长角闪片麻岩、黑云斜长片麻岩、花岗质片麻岩、石榴黑云二长片麻岩、石英岩，夹蓝晶夕线黑云石英片岩、透闪透辉大理岩。在西部加仓国一带灰白—浅灰黄色石英岩增多，北图边雪卡地区二云石英片岩、黑云石英片岩增多，在东部天坡龙—多果—打马伦—峨塘一带，长约 40km，宽 2～10km，面积约 230km² 的半环状地带，混合岩化强烈，发育各类混合岩，呈北东向带状产出，与围岩呈逐渐过渡关系（图版Ⅲ-3）。混合岩中常见黑云斜长片麻岩、花岗质片麻岩、黑云二长片麻岩、片岩的残留体。脉体和基体清晰可辨，前者约占岩石的 50%～80%。

混合岩常见眼球状混合岩、条纹条痕状混合岩、条带状混合岩及均质混合岩等。有露头尺度混合花岗岩→均质混合岩（图版Ⅲ-4）→阴影（条痕）状混合岩→条带状混合岩（图版Ⅲ-5）的变化。原岩为一套富钠质基性—中酸性火山岩及碎屑岩、碳酸盐岩建造。

真巴岩组（$Pt_{2-3}\hat{z}.$）：主要分布于图区贡嘎岩组北侧，沿冈底斯山脊及其南坡的曼朗错、恰多错—多堆等地呈断续的大面积残块状展布于花岗岩中，及带状分布于结果堆巴—重达，直至尼洋河东岸林芝真巴一带，断续长 110km，南北宽 10～25km，北图边工布江达县雪卡—罗巴一带亦有出露，长 67km，南北宽 2.5km，出露面积约 984.3km²。在林芝县普拉镇出露较宽，最大叠置假厚度达 7078.78m 以上，在工布江达县巴河剖面上仅出露叠置假厚度大于 1320.74m。以韧性断裂与贡嘎岩组接触。

主要岩石为一套含蓝晶夕线石榴二云片岩、含夕线石榴二云石英片岩、含十字夕线石榴二云石英片岩、二云石英片岩、黑云石英片岩、含蓝晶夕线黑云石英片岩，夹黑云斜长片麻岩、角闪黑云片岩、石榴斜长变粒岩、大理岩。在真巴—金星地区大理岩和石英岩夹层增多，而雪卡一带未见大理岩和石英岩。原岩为一套巨厚的海相砂泥质岩夹碳酸盐岩建造。

（三）时代讨论

林芝县普拉镇八拉—金星剖面斜长角闪岩中获 Sm-Nd 模式年龄：693Ma、910Ma、1397Ma；角闪石 ^{40}Ar-^{39}Ar 年龄 1417Ma、1282Ma、944Ma、559Ma、231Ma（表 2-4）。米林县昌拉拉黑云斜长片麻岩中获 Sm-Nd 同位素 T_{DM}模式年龄值：870Ma、797Ma、604Ma、484Ma、453Ma、384Ma、365Ma，1∶20 万下巴淌幅据西藏水利电力勘察设计院在沃卡电站坝址 1993 年 U-Pb 年龄 1920Ma。1∶20 万通麦幅、波密幅的迫隆乡 Sm-Nd 年龄为 2296±63Ma，Rb-Sr 年龄为 1868±146Ma；波弄贡斜长角闪岩中获 Sm-Nd 年龄 2178±12Ma 和 1453±14Ma。上述同位素年龄地质时代几乎跨越了整个元古代，结合区域地质背景分析念青唐古拉岩群原岩时代可能为中—新元古代，但不排除有古元古代或更老的可能。

表 2-4　1:25 万林芝县幅念青唐古拉岩群^{40}Ar-^{39}Ar快中子活化地质年龄数据表

加热阶段	加热温度(℃)	$(^{40}Ar/^{39}Ar)m$	$(^{36}Ar/^{39}Ar)m$	$(^{37}Ar/^{39}Ar)m$	$(^{38}Ar/^{39}Ar)m$	^{39}Ark $(10^{-12}mol)$	$(^{40}Ar^*/^{39}Ark)$ $\pm1\sigma$	$^{39}Ark\%$	视年龄 $(t\pm1\sigma Ma)$
1	420	95.932	0.0675	2.0801	0.167 56	1.714	76.33±0.084	3.86	1282.05±78.29
2	540	20.476	0.0357	1.3210	0.0803	3.894	10.08±0.008	8.76	231.27±3.15
3	660	42.588	0.0546	2.6471	0.139 49	2.755	26.78±0.021	6.20	559.01±11.66
4	780	63.703	0.0462	4.1100	0.174 99	2.498	50.55±0.040	5.62	942.04±30.88
5	880	58.026	0.0263	3.9094	0.161 84	3.516	50.73±0.034	7.91	944.62±26.61
6	980	57.325	0.0232	5.3279	0.159 88	3.975	51.09±0.033	8.95	949.83±26.22
7	1060	55.555	0.0177	4.9320	0.131 11	5.202	50.89±0.030	11.7	946.84±24.14
8	1140	53.779	0.0116	4.8908	0.111 91	7.953	50.91±0.028	17.9	947.22±22.52
9	1220	54.545	0.0139	4.9315	0.124 47	6.612	50.99±0.029	14.8	948.36±23.35
10	1320	55.769	0.192	4.7155	0.136 53	4.809	50.65±0.030	10.8	943.39±24.37
11	1460	109.90	0.078 12	7.6628	0.292 18	1.476	88.00±0.1128	3.32	1417.14±111.37

注：样品编号 LZ5003-31-2—LZ5003-312-4，样品名称角闪石，样品重量 $W=0.2116g$，照射参数 $J=0.013\ 562$。测试单位：中国科学院地质与地球物理研究所 Ar-Ar 法定年实验室；测定仪器：英国 RGA-10 气体源质谱仪（VSS 公司）；$\lambda=5.543E^{-10}$/年；分析测定者：桑海清、王英兰。

二、高喜马拉雅地层分区

本区中—新元古代地层出露于雅鲁藏布江大拐弯腹地南迦巴瓦地区一带，西起图幅东南隅的米林县珞巴村—来果桥伸展断裂之东，雅鲁藏布江南岸喜马拉雅山脉北米林县打盖日山—雪嘎如戈山—巴嘎山口、东姆浦和喜马拉雅山脉南墨脱县境内，出露面积约 920km²。为喜马拉雅陆块最东端古老的结晶基底岩系，称为南迦巴瓦岩群（$Pt_{2-3}Nj.$），由一套片麻岩、变粒岩、斜长角闪（片）岩及片岩、大理岩等组成的结晶基底岩系。

（一）地层划分简史

地层划分简史见表 2-5。本书在前人工作基础上，依据岩性组合、原岩建造、变质程度、变形样式及接触关系等，参考 1:25 万墨脱县幅划分，将其变质较浅、变形强烈，并含（蛇绿）混杂岩部分划入朗县混杂岩（KL），时代置于白垩纪；中深变质杂岩部分划为中—新元古代南迦巴瓦岩群（$Pt_{2-3}Nj.$），并进一步划分为 a 亚群（$Pt_{2-3}Nj.^{a}$）、b 亚群（$Pt_{2-3}Nj.^{b}$），其间为韧性剪切断层接触。

表 2-5　南迦巴瓦岩群划分沿革对比表

<table>
<tr><th>西藏综合普查大队1:100万拉萨幅(1979)</th><th colspan="3">郑锡澜、常承法(1979)</th><th colspan="2">张旗等(1981)、尹集祥(1984)</th><th colspan="3">甘肃省地质矿产局区调队1:20万通麦幅波密幅(1995)</th><th colspan="2">《西藏自治区岩石地层》(1997)</th><th colspan="2">潘桂棠和罗建宁(2001)青藏高原研究中心(2002)</th><th colspan="3">成都地质矿产研究所1:25万墨脱县幅区调(2003)</th><th colspan="3">本书1:25万林芝县幅区调(2004)</th></tr>
<tr><td rowspan="4">时代不明混合岩</td><td rowspan="4">三叠系</td><td rowspan="4">南迦巴瓦岩群</td><td rowspan="2">阿尼桥组</td><td colspan="2"></td><td>白垩系</td><td colspan="2">各登组</td><td colspan="2"></td><td colspan="2"></td><td>中生界</td><td>雅鲁藏布江结合带</td><td>若干构造混杂岩片</td><td>白垩纪</td><td colspan="2">朗县混杂岩KL</td></tr>
<tr><td rowspan="3">前震旦系</td><td rowspan="3">南迦巴瓦岩群</td><td rowspan="3">前震旦系</td><td rowspan="3">南迦巴瓦岩群</td><td>阿尼桥片岩组</td><td rowspan="3">前震旦系</td><td rowspan="3">聂拉木群</td><td rowspan="3">前寒武系</td><td rowspan="3">南迦巴瓦岩群</td><td rowspan="3">新元古界</td><td rowspan="3">南迦巴瓦岩群</td><td>派乡含大理岩片麻岩</td><td rowspan="3">中元古代—新元古代</td><td rowspan="3">南迦巴瓦岩群</td><td>b亚群</td></tr>
<tr><td rowspan="2">派区组多雄拉组</td><td rowspan="2">多雄拉片麻岩组</td><td>多雄拉混合岩</td><td rowspan="2">a亚群</td></tr>
<tr><td>直白含高压麻粒岩片麻岩</td></tr>
</table>

（二）构造岩层单位特征

南迦巴瓦岩群（$Pt_{2-3}Nj.$）为一个地区性地层单位，代表喜马拉雅山脉南迦巴瓦峰一带的基底结晶岩系。由于图区大部分受地域条件等限制，该套地层实测剖面不全，利用邻区资料修改与补充。

1. 米林县雪嘎村南迦巴瓦岩群（$Pt_{2-3}Nj.$）实测层型剖面（图 2-6）

剖面位于米林县米林镇雪嘎村东南雪嘎浦一带，坐标为东经 94°21′36″，北纬 29°10′35″，高 3420m，有 S306 线省道公路到米林县城，向东沿雅鲁藏布江有到派乡的公路直达雪嘎村，里程有 27km，交通较方便。为调查区内南迦巴瓦岩群（$Pt_{2-3}Nj.$）正层型剖面，控制了南迦巴瓦岩群 a 亚群。

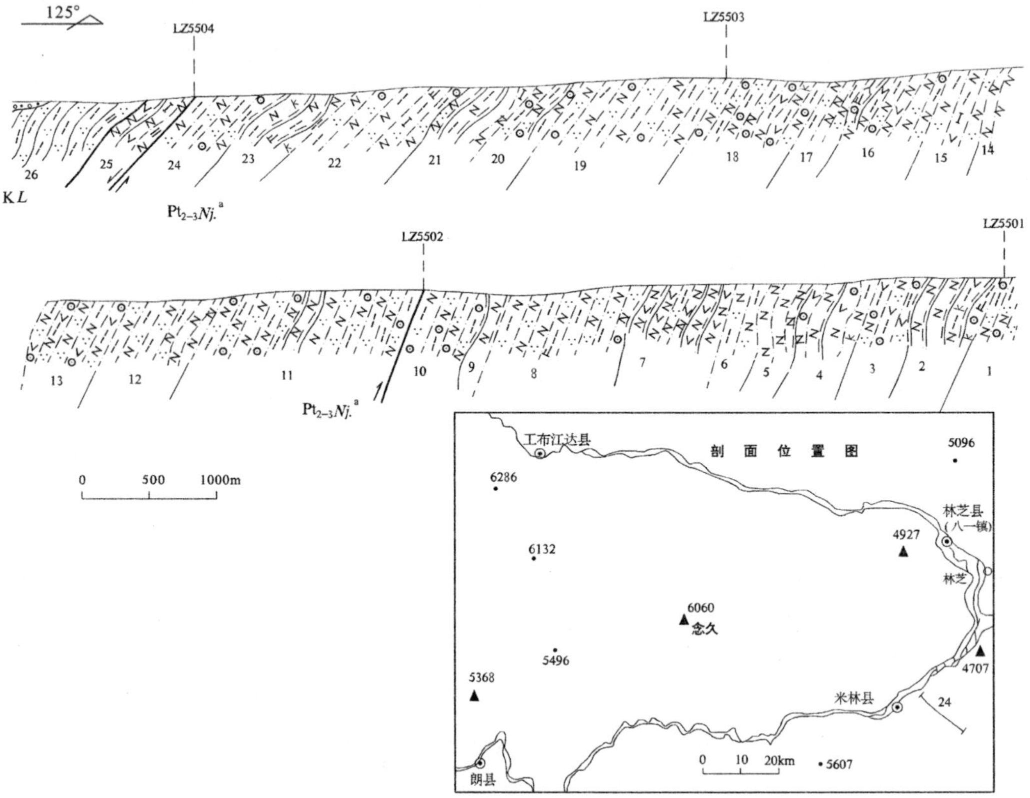

图 2-6　米林县雪嘎村南迦巴瓦岩群实测剖面图

上覆地层：白垩纪朗县混杂岩（KL）

═══════ 剥离断层接触 ═══════

南迦巴瓦岩群 a 亚群（$Pt_{2-3}Nj.^a$）　　**总厚度>6484.62m**

24. 灰、浅灰色、夹灰黑色眼球片麻状含石榴黑云长英质糜棱岩，片麻状黑云长英质初糜棱岩　80.25m
23. 灰白、灰、灰黑色黑云二长片麻岩，蓝晶石黑云斜长片麻岩　56.20m
22. 灰白、灰色片麻状含石榴黑云长英质初糜棱岩，片麻状含蓝晶石夕线石黑云长英质糜棱岩，片麻状黑云长英质糜棱岩　94.90m
21. 灰、灰白色眼球状含石榴黑云斜长片麻岩，黑云斜长片麻岩，斜长透辉角闪片麻岩，石榴黑云角闪二长片麻岩，黑云斜长变粒岩，透辉斜长变粒岩，角闪斜长片麻岩，片麻状黑云长英质初糜棱岩，夹灰绿色方柱透辉钙榴岩，片麻状含石榴蓝晶石长英质初糜棱岩　61.83m
20. 中上部灰色片麻状含石榴长英质糜棱岩；下部灰色含石榴黑云斜长片麻岩　387.58m
19. 灰白、灰色片麻状黑云长英质糜棱岩，片麻状含石榴黑云长英质糜棱岩；在片麻状含石榴黑云长英质糜棱岩中获全岩 Pb 同位素表面年龄值 1242Ma　177.00m

18. 灰一白、灰黑色片麻状含石榴黑云长英质初糜棱岩，中下部夹含石榴黑云角闪二长变粒岩　354.43m
17. 灰黑、灰色黑云长英质糜棱岩，长英质糜棱岩　102.41m
16. 灰、灰黑色片麻状含石榴黑云长英质初糜棱岩，长英质糜棱岩，夹少量角闪斜长变粒岩，黑云角闪斜长片麻岩及片麻状含蓝晶石榴夕线长英质糜棱岩　277.90m
15. 灰黑、灰色片麻状黑云长英质糜棱岩，长英质糜棱岩，夹斜长黑云透辉角闪片麻岩　153.42m
14. 灰白色斜长变粒岩　33.73m
13. 灰黑、灰色片麻状含石榴角闪黑云长英质糜棱岩，长英质糜棱岩　335.25m
12. 灰白、灰色片麻状黑云长英质糜棱岩，底部灰白色斜长变粒岩　302.84m
11. 灰、灰白色片麻状含石榴黑云长英质糜棱岩，片麻状黑云长英质糜棱岩夹少量斜长变粒岩　>669.72m

断层接触

10. 灰黑、灰、灰白色片麻状夕线石榴黑云长英质糜棱岩，片状石榴黑云糜棱岩，局部夹斜长片麻岩　>443.98m
9. 灰白色黑云长英质糜棱岩　132.70m
8. 灰、灰白、灰黑色片麻状含石榴黑云长英质糜棱岩，片麻状石榴长英质糜棱岩，眼球片麻状含石榴蓝晶黑云长英质糜棱岩，黑云长英质糜棱岩　707.85m
7. 灰、灰黑色斜长角闪片麻岩，斜长透辉角闪片麻岩，含石榴斜长透辉角闪片麻岩，局部夹5～15m黑云长英质糜棱岩；获Sm-Nd法同位素等时线年龄值1182±150Ma　547.21m
6. 灰色眼球片麻状黑云长英质糜棱岩　218.22m
5. 灰色斜长变粒岩，中部夹片麻状含石榴黑云长英质糜棱岩　251.03m
4. 灰、灰白色黑云二长变粒岩，含石榴角闪斜长变粒岩，中下部夹斜长片麻岩　399.39m
3. 灰白色片麻状含石榴黑云角闪长英质初糜棱岩、含石榴角闪长英质初糜棱岩　195.84m
2. 上部灰、灰白色斜长片麻岩，中部灰、灰黑色黑云角闪二长片麻岩与黑云角闪二长变粒岩互层，下部灰黑色石榴蓝晶黑云钾长片麻岩，黑云角闪二长变粒岩　428.33m
1. 灰白、灰色片麻状含石榴黑云长英质糜棱岩，片麻状含石榴黑云长英质初糜棱岩。底出露不全　>72.61m

2. 米林县羌纳乡巴嘎村南迦巴瓦岩群（$Pt_{2-3}Nj.$）简测剖面（图 2-7）

剖面位于米林县羌纳乡巴嘎村东南德贡曲—巴嘎普曲，坐标为东经94°27′42″，北纬29°14′18″，高3520m，有S306线省道公路至米林县城，向东米林—派乡公路通过巴嘎村，交通较方便。为测区内南迦巴瓦岩群（$Pt_{2-3}Nj.$）副层型剖面，剖面控制了南迦巴瓦岩群a亚群和b亚群。

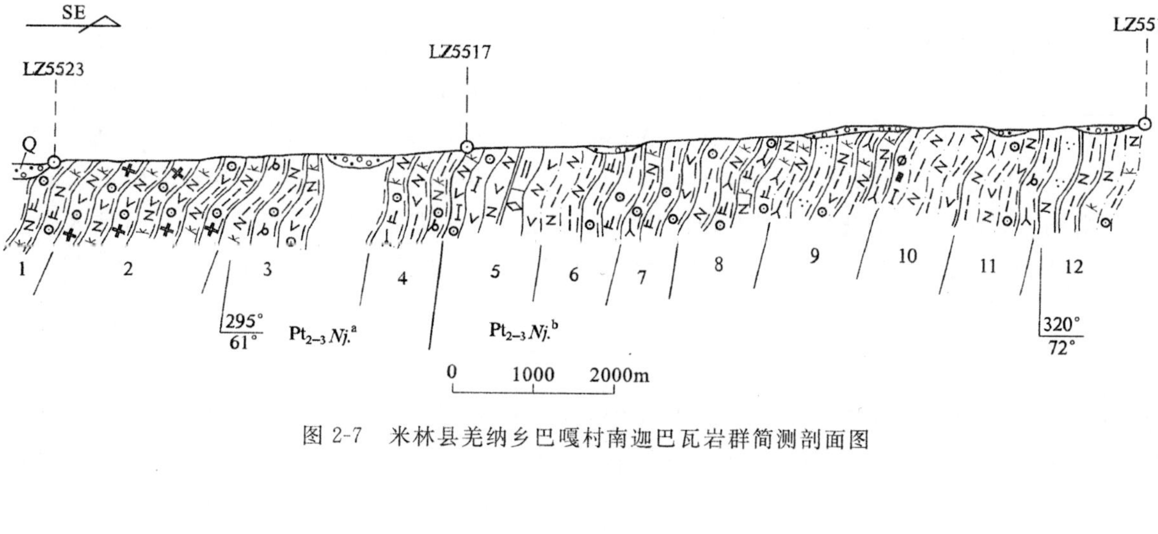

图 2-7　米林县羌纳乡巴嘎村南迦巴瓦岩群简测剖面图

南迦巴瓦岩群 b 亚群($Pt_{2-3}Nj.^{b}$)	**总厚度>5915.27m**
12. 灰、灰白色含石榴黑云二长变粒岩，黑云变粒岩，长石石英岩；出露不全	>971.42m
11. 褐灰、灰、杂色眼球状夕线黑云二长片麻岩，含透辉石榴黑云角闪斜长变粒岩	690.08m
10. 灰、灰黄、灰绿色含角闪斜长变粒岩，含透辉绿帘方柱黑云变粒岩	743.24m
9. 褐灰、浅灰、深灰色夕线黑云二长片麻岩，含石榴角闪黑云二长片麻岩	1226.08m
8. 灰白、深灰色含蓝晶石榴夕线黑云二长片麻岩，石榴黑云斜长片麻岩	545.46 m
7. 灰、深灰、深灰绿色含蓝晶石榴黑云二长片麻岩，含辉石角闪黑云石榴片麻岩(榴闪岩)，含夕线石榴黑云二长片麻岩，夹少量黄褐色含蓝晶石榴二长变粒岩	332.50m
6. 灰色蓝晶石榴黑云片麻岩、黑云斜长变粒岩	689.13m
5. 深灰绿、灰绿杂色斜长角闪片岩，中长透辉石榴角闪片麻岩(榴闪岩)，夹厚约 2～3m 浅褐黄色白云母大理岩	>717.36m
══════ 韧性剪切断层接触 ══════	
南迦巴瓦岩群 a 亚群($Pt_{2-3}Nj.^{a}$)	**总厚度>5129.88m**
4. 浅褐黄、灰、灰绿色眼球状、条带状含石榴黑云二长片麻岩，黑云角闪二长片麻岩，含夕线蓝晶石榴黑云二长片麻岩，夹少量浅灰绿色条带状黑云透辉角闪斜长片麻岩	>979.34m
3. 灰色眼球状石榴角闪黑云二长片麻岩、条带状黑云二长片麻岩，夹眼球状含石榴黑云二长片麻岩	1056.46m
2. 灰、灰白色含十字石榴角闪黑云二长片麻岩，夹少量灰白色石榴角闪黑云二长片麻岩	2292.53m
1. 浅褐灰色石榴蓝晶二云二长变粒岩，出露不全	>801.55m

南迦巴瓦岩群 a 亚群($Pt_{2-3}Nj.^{a}$)：在米林县路巴村东、嘎村—巴嘎村一带分布较宽，假厚度大于6484.62m；在米林县羌纳乡巴嘎村剖面假厚度大于 5129.88m。主要为一套含蓝晶斜长片麻岩、变粒岩、钙硅酸盐岩及少量大理岩、斜长角闪(片)岩、中长透辉石榴角闪片麻岩(榴闪岩、榴辉岩、麻粒岩)的包体或透镜体(图版Ⅲ-6)的岩石组合，显示了中压麻粒岩相、局部为高压麻粒岩相变质的特点。岩石大多经过了剪切作用，发育石榴黑云角闪长英质糜棱岩、长英质糜棱岩和糜棱岩化。与上覆地层以剥离断层和白垩纪朗县混杂岩及新元古代—寒武纪肉切村岩群接触。

南迦巴瓦岩群 b 亚群($Pt_{2-3}Nj.^{b}$)：在米林县巴嘎村剖面出露假厚度大于 5915.27m。主要为一套含石榴蓝晶夕线二长片麻岩、含蓝晶石榴黑云二长片麻岩、黑云斜长变粒岩、大理岩组合；其中夹有少量榴闪岩(1～2)cm×(10～20)cm 的包体或透镜体。包体与围岩界线明显，并与片麻理一致，显示了角闪岩相—中高压麻粒岩相变质的特点。

由于变质变形强烈，南迦巴瓦岩群岩石中糜棱岩化和混合岩化十分发育，原岩组构和物质组分发生了彻底变化，故原岩恢复较困难。其岩石化学成分大致与中国的中酸性岩类相似(黎彤，1962)，Al_2O_2、Fe_2O_3、FeO、MgO、CaO 偏高，Na_2O、K_2O 偏低；岩石微量元素中除 Rb、U、Cu、Zn 高于泰勒克拉克值外，Sc、Zr、、Ba 、Sr、Nb、Hf、Th、V、Cs、Pb、Sn、W、Be、Li、Ti、Ga 的平均值均低于泰勒克拉克值；Rb、Zr、Ba、Sr、W、Be 等在花岗质片麻岩中富集，Hf、Th、U、V、Cu、Pb、Zn 在黑云斜长片麻岩中稳定。依据南迦巴瓦岩群的岩石组合、岩石化学及岩石地球化学特征，恢复 a 亚群的原岩建造可能为一套含火山—碎屑岩夹碳酸盐岩建造；b 亚群其原岩建造可能为含基性火山—中酸性火山岩-碎屑岩夹碳酸盐岩建造。

(三) 时代讨论

南迦巴瓦岩群中所获同位素年龄最早为张振根(1987)用 Rb-Sr 等时线法测得 749.38±37.22Ma 年龄值；1∶20 万波密幅(1995)在多雄拉片麻岩中获得 Rb-Sr 等时线年龄 961±139Ma；成都地质矿产研究所

(1997)在派乡的直白布弄隆获得石榴蓝晶夕线二长片麻岩中锆石 U-Pb 法同位素年龄值 1312±16Ma；1:25 万墨脱县幅(2003)在米林县丹娘乡东南花岗质片麻岩获锆石 U-Pb 法同位素年龄值 525～553Ma，在米林县派乡东北直白透镜状斜长角闪岩中获角闪石 Ar-Ar 法坪年龄 575.20±5.24Ma 和等时线年龄值 582±11.24Ma 的变质年龄；2001 年我单位在米林县雪嘎村斜长透辉角闪片麻岩中采获 Sm-Nd 等时年龄 1182±150Ma，模式年龄 1300Ma 和 1800Ma 两组(表 2-6)。根据上述年龄资料，综合区域情况分析，其原岩时代为中—新元古代，不排除更老时代的可能。

表 2-6　1:25 万林芝县幅 Sm-Nd 同位素分析测试数据表

样品编号	岩石名称	Sm ($\times10^{-6}$)	Nd ($\times10^{-6}$)	$^{147}Sm/^{144}Nd$	$^{143}Nd/^{144}Nd$	2sigma	Ep(0)	$F_{Sm/Nd}$	T_{chur}	T_{DM}	(49/147)m	(50/144)m
LZ5501-17-1	斜长角闪片麻岩	2.66	10.16	0.1583	0.512 540	0.000 015	−1.9	−0.20	390	1372	10.9780	0.493 49
LZ5501-17-2	斜长角闪片麻岩	2.75	10.38	0.1603	0.512 377	0.000 012	−5.1	−0.19	1091	1814	10.2436	0.463 18
LZ5501-17-3	斜长透辉角闪片麻岩	2.99	8.71	0.2074	0.512 667	0.000 010	0.6	0.05	414	4607	9.609 16	0.491 72
LZ5501-17-4	斜长透辉角闪片麻岩	3.28	9.49	0.2090	0.512 740	0.000 014	2.0	0.06	1260	4345	9.037 00	0.524 23
LZ5501-17-5	斜长透辉角闪片麻岩	3.60	10.55	0.2067	0.512 660	0.000 013	0.4	0.05	337	4466	8.371 55	0.485 23
LZ5501-17-6	含石榴斜长透辉角闪片麻岩	3.67	10.89	0.2038	0.5126 56	0.000 013	0.4	0.04	389	3792	8.501 83	0.489 00
LZ5501-17-7	含石榴斜长透辉角闪片麻岩	3.55	10.75	0.1994	0.512 656	0.000 009	0.4	0.01	1008	3071	8.576 80	0.480 17

分析测试单位：中国科学院地质与地球物理研究所；样品分析在 Sm-Nd 同位素超净实验室完成；年龄采用 ISOPLOT 软件计算；日期：2003 年 1 月 10 日。

第二节　前奥陶纪松多岩群

调查区前奥陶纪地层松多岩群(AnOS.)，集中分布于工布江达县城—德青贡巴—达叶一带，夹持于江达—麦村断裂和决村—白间断裂之间呈北西向展布，面积约 325km²；为一套层间紧闭褶皱和走向断裂发育、变质程度达绿片岩相的区域变质岩系，缺底无顶，出露厚度大于 6847.22m。

1:100 万拉萨幅(1979)将其划归上二叠统(P_2)，《西藏自治区区域地质志》(1993)将其归属为石炭纪旁多群(C*pn*)，《西藏自治区岩石地层》(1997)和“青藏高原研究中心”(2001)将其划为诺错组($C_1 nc$)和来姑组($C_2P_1 l$)。向西延入邻区 1:20 万下巴淌幅(1994)工布江达县松多—加兴乡一带。松多岩群系青海省区调综合地质大队 1993 年新创名的岩石地层单位，划为前奥陶纪松多岩群，本文沿用在工布江达县仲沙乡达叶所测的有代表性剖面。

工布江达县仲沙乡达叶前奥陶纪松多岩群(AnOS.)实测剖面(图 2-8)

剖面位于工布江达县城东约 11km 的仲沙—达叶村，坐标为东经 93°18′31″，北纬 29°45′01″，高 3630m，有公路从 318 线国道公路向南经过剖面仲沙至达叶，交通较方便。

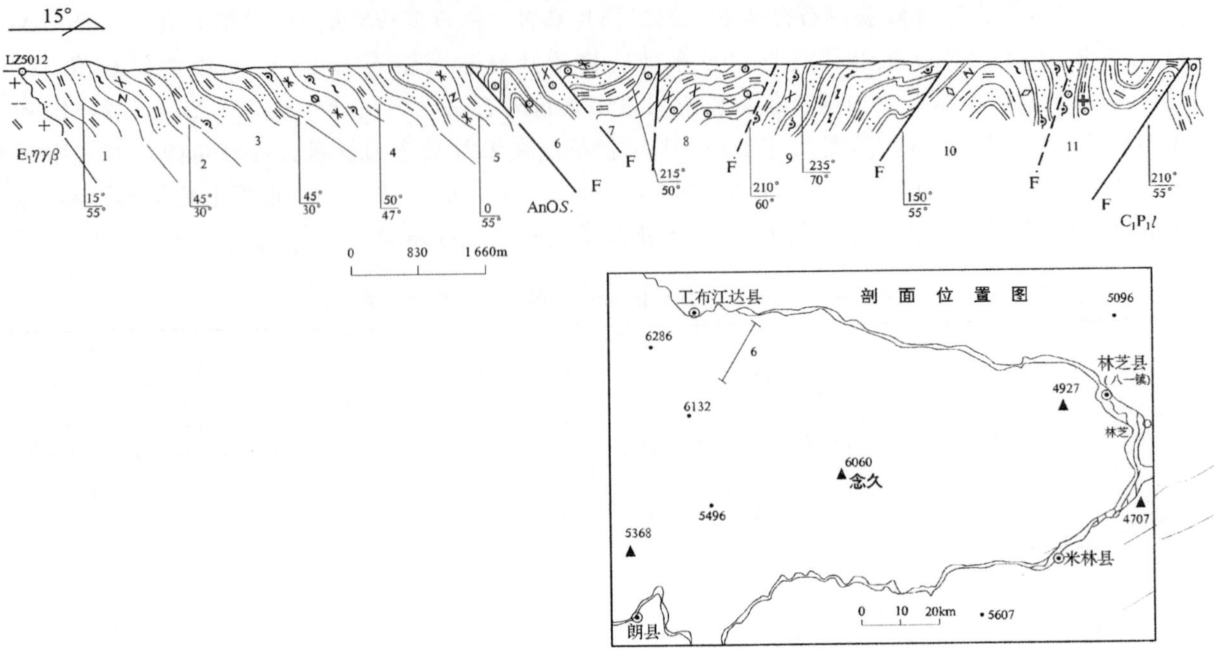

图 2-8　工布江达县仲沙乡达叶前奥陶纪松多岩群实测剖面图

上覆地层：晚石炭世—早二叠世来姑组（C_2P_1l）

══════　断层接触　══════

前奥陶纪松多岩群（AnOS.）　　　　　　　　　　**总厚度＞6847.22m**

11. 灰色中厚层状含堇青石榴石英岩、石英岩，夹少量深灰色十字石榴二云片岩、石榴二云片岩、二云片岩　＞1185.95m

10. 灰、浅白色厚层状石英岩，含堇青石英岩，夹深灰、灰色二云片岩，石榴二云片岩，二云石英片岩，偶夹钠长方解绿泥片岩　＞1012.93m

══════　断层接触　══════

9. 灰、浅灰色含堇青红柱石石英岩，石榴石英岩与二云片岩，含石榴二云片岩互层，局部夹浅灰色透闪石片岩、含堇青黑云石英片岩　＞622.47m

8. 灰色细粒薄层—中层状石英岩，夹少量深灰色薄层状含石榴二云片岩，局部夹斜长角闪岩　＞283.53m

══════　断层接触　══════

7. 灰色石英岩、含红柱石榴石英岩，夹少量深灰色含红柱石榴炭质白云母片岩、含红柱石榴二云片岩、二云石英片岩，偶夹灰绿色斜长角闪片岩　＞237.77m

══════　断层接触　══════

6. 灰色薄层状石英岩、含榴石英岩与深灰色二云片岩、含红柱石榴二云片岩互层，局部夹灰绿色阳起片岩　＞110.24m

══════　断层接触　══════

5. 灰、黄灰色细粒石英岩与深灰色二云片岩，二云石英片岩互层，局部夹灰绿色阳起石片岩　＞689.47m

4. 灰色含堇青石英岩、石英岩、灰绿色绿帘阳起片岩、绿帘钠长阳起片岩、深灰色二云片岩、堇青二云片岩夹灰色黑云石英片岩组合　840.63m

3. 灰、黄灰、灰白色二云石英片岩，含堇青二云石英片岩，夹少量深灰、紫灰色二云片岩　707.81m

2. 灰、黄灰、灰紫色白云母石英片岩，含红柱二云石英片岩，夹少量黄灰、深灰、灰绿色二云片岩、白云母片岩、绿泥钠长片岩、石英岩　449.84m

1. 灰、浅紫灰、紫红色白云母石英片岩夹灰绿色钠长方解绿泥片岩，绿帘钠长透闪石片岩。花岗岩侵入，未见底　＞706.58m

上述剖面显示松多岩群是一套岩性单一的石英岩、二云片岩、含石榴堇青十字石片岩，夹较多绿片岩（变中基性火山岩）的结晶片岩为主的变质地层。其南与中—晚侏罗世叶巴组（$J_{2-3}y$）断层接触，北与石炭纪—早二叠世地层断层接触。与西邻1∶20万下巴淌幅（1994）的工布江达县松多—加兴一带松多岩群岔萨岗岩组（AnO*c*）相当。从区内岩性组合、岩石化学、岩石地球化学特征，恢复原岩为碎屑岩、泥质岩，夹中—基性火山岩建造。

据西邻1∶20万下巴淌幅资料（1994），在工布江达县加兴乡岔萨岗牛场松多岩群石英片岩中获Rb-Sr同位素年龄值507.71±28.07Ma、墨竹工卡县羊日岗乡恰扎松多牛场南部松多岩群绿片岩中获Sm-Nd法466.4Ma（变质年龄）和1516Ma同位素等时线年龄值，其同位素年龄介于奥陶纪—中元古代之间，将其时代暂定为前奥陶纪；与同一构造带的波密—察隅一带震旦纪雅久组（Z*y*）和滇西高黎贡山一带的公养河群（*Z*G.）相当。

第三节　新元古代—寒武纪肉切村岩群

新元古代—寒武纪肉切村岩群（$Pt_3\epsilon R.$）仅出露于米林县米林—大莫谷热、来果桥一带，夹持于路巴村—来果桥基底剥离断层和比丁浦主剥离断层之间，面积约181.3km²。为一套变形强烈（图版Ⅲ-7、Ⅲ-8）、变质程度达高绿片岩相由片岩类组成的中浅变质岩系，假厚度大于4075.11m。

1∶100万拉萨幅（1979）将其划归为上三叠统郎杰学组（T_3l），2001年中国科学院王二七认为属三叠系。通过项目研究，认为该套地层与南迦巴瓦岩群和郎杰学岩群均有明显的差别，而与1∶25万扎日区幅米林县切当拉—隆子县饶让一带的新元古代—寒武纪地层肉切村岩群（$Pt_3\epsilon R.$）相当，故对比为新元古代—寒武纪肉切村岩群。现以米林县米林—比丁浦路线剖面为代表将其特征描述如下。

西藏米林县米林—比定浦肉切村岩群（$Pt_3\epsilon R.$）路线剖面（图2-9）

剖面位于米林县城西约5km米林—比定浦S306线省道公路南侧，坐标为东经94°11′16″，北纬29°11′46″，高2950m。

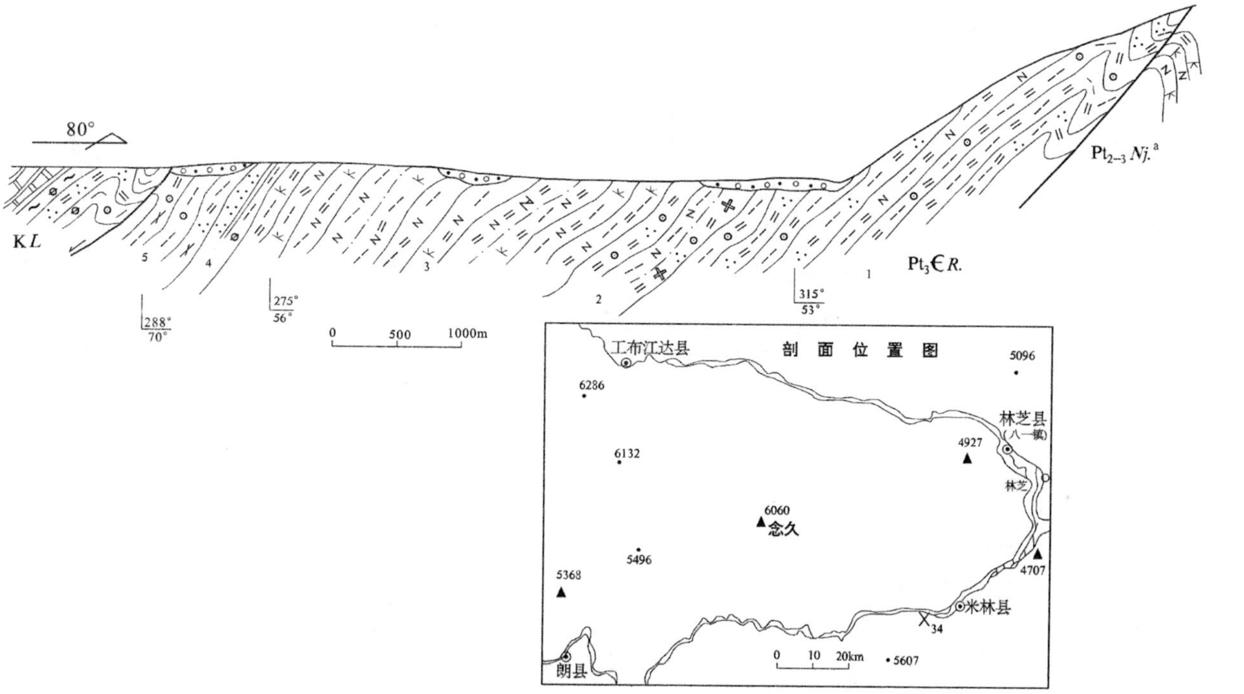

图2-9　米林县米林—比定浦肉切村岩群路线剖面图

上覆地层：朗县混杂岩(*KL*)绿片岩、硅质(石英片)岩、大理岩、变质砂板岩组合

═══════ 主剥离断层接触 ═══════

新元古代—寒武纪肉切村岩群($Pt_3\in R.$)　　**总厚度>4075.11m**

5. 灰色含红柱二云石英片岩、含红柱石榴二云石英片岩　　>710.45m

4. 浅灰色含白云母石英岩与灰色角闪绿帘黑云片岩3:1互层　　166.38m

3. 灰色二(斜)长二云片岩，夹黑云变粒岩　　1401.86m

2. 灰白色十字石榴白云母片岩、石榴白云母片岩，夹深灰色黑云斜长变粒岩　　440.75m

1. 灰色二云片岩、二云石英片岩、石榴二云片岩，夹斜长二云片岩　　>1355.67m

═══════ 基底剥离断层接触 ═══════

下伏地层：南迦巴瓦岩群($Pt_{2-3}Nj.$)糜棱岩

由上述剖面看出，肉切村岩群是一套岩性单一的结晶片岩为主的浅变质岩系，其间发育次级剥离断层和褶叠层。因与下伏南迦巴瓦岩群和上覆朗县混杂岩、早白垩世石英闪长岩之间均为剥离断层接触，为一受滑脱构造夹持的构造岩层单位(岩群)。在南邻1:25万扎日区幅米林县切当拉—隆子县饶让一带，该套岩石由灰、灰黑色二云片岩、二云石英片岩、黑云石英片岩、含炭质石榴二云片岩、含石榴二云石英片岩、灰绿色斜长角闪片岩、角闪绿泥片岩、斜长方解绿泥片岩、方解绿泥片岩、大理岩，夹少量斜长角闪变粒岩、斜长绿泥片岩组成的中浅变质岩系组成，其原岩为海相含火山岩-细碎屑岩建造。

区域上肉切村岩群与南迦巴瓦岩群相伴产出，在南延1:25万扎日区幅饶让角闪片岩中获^{40}Ar-^{39}Ar等时线年龄921.17±1.3Ma；西南延在亚东地区，刘国惠(1985)获肉切村岩群锆石U-Pb年值龄686Ma，其上覆地层含头足类化石 *Dicoactinoceras*、*Sactoceras robayashii*，将其时代置于新元古代—寒武纪。

第四节　石炭纪—二叠纪地层

该地层集中分布于工布江达县嘎丁—林芝县更张等地一带尼洋河及其沿岸，东西向带状分布，面积约$2324.4km^2$，占图区地层总面积的30%。为一套缺底无顶，层间紧闭褶皱和走向断裂发育的变质砂岩、板岩组成的浅变质地层。依据岩石组合特征及少量孢粉划分为早石炭世诺错组(C_1nc)、晚石炭世—早二叠世来姑组(C_2P_1l)及晚二叠世蒙拉组(P_3m)，属工布江达地层小区。

一、地层划分简史

区内地层划分简史见表2-7。项目依据岩性组合及所含孢粉、虫迹化石等特征，与1:20万八宿幅雅则乡来姑村石炭系—二叠系层型剖面对比，自下而上划分为诺错组(C_1nc)、来姑组(C_2P_1l)、蒙拉组(P_3m)，并在原石炭系—二叠系分布区分解出念青唐古拉岩群($Pt_{2-3}N.$)和松多岩群($AnOS.$)。

表2-7　石炭系—二叠系划分沿革对比表

<table>
<tr><td colspan="2">研究单位
年代地层</td><td>中科院
李璞
(1955)</td><td>西藏综合
普查大队
(1979)</td><td>《西藏自治区
区域地质志》
(1993)</td><td>《西藏自治区
岩石地层》
(1997)</td><td>青藏高原
研究中心
(2001)</td><td>本书
(2003)</td></tr>
<tr><td rowspan="3">二叠系</td><td>上统</td><td rowspan="3"></td><td rowspan="2">上二叠统
P_2</td><td rowspan="5">旁多群
Cpn</td><td rowspan="2"></td><td rowspan="2"></td><td>蒙拉组 P_3m</td></tr>
<tr><td>中统</td><td></td></tr>
<tr><td>下统</td><td></td><td rowspan="2">来姑组
C_2P_1l</td><td rowspan="2">来姑组
C_2P_1l</td><td rowspan="2">来姑组
C_2P_1l</td></tr>
<tr><td rowspan="2">石炭系</td><td>上统</td><td rowspan="2">太昭系</td><td rowspan="2"></td></tr>
<tr><td>下统</td><td>诺错组
C_1nc</td><td>诺错组
C_1nc</td><td>诺错组
C_1nc</td></tr>
</table>

二、岩石地层单位特征

（一）剖面描述

1. 工布江达县巴河镇巴河石炭系—二叠系正层型剖面(图 2-10)

剖面位于工布江达县连巴村—巴河镇，坐标为东经 93°40′08″，北纬 29°57′52″，高 3360m，318 线国道公路巴河镇—错高湖经过剖面，交通方便。

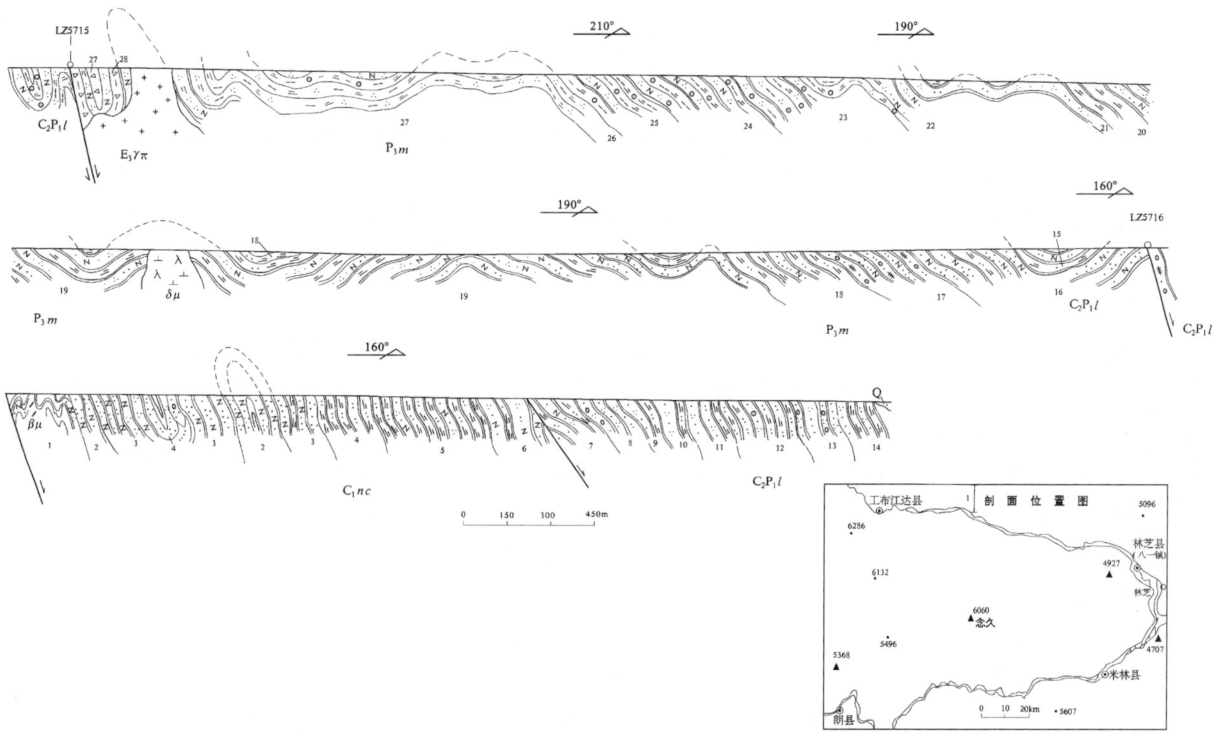

图 2-10　工布江达县巴河镇石炭系—二叠系实测剖面图

上二叠统蒙拉组(P_3m)	**(未见顶)**	**总厚度＞1855.85m**

28. 灰白色厚层—块状长石石英岩与灰黑色含石榴长石二云片岩不等厚互层，两者厚度比为 3∶1～4∶1；背斜核部后期花岗斑岩体($E_3\gamma\pi$)侵入　＞40.04m
27. 灰、深灰色中层状片状含二云石英岩与灰黑色二云石英片岩不等厚互层　85.09m
26. 灰黑色石榴二云石英片岩、千枚状石榴二云片岩；其中见有灰白色透镜化含二云长石石英岩夹层　133.33m
25. 深灰色千枚状石榴二云片岩，与灰色中层含二云长石石英岩不等厚互层，厚度比为 4∶1～3∶1，每个互层厚 1.2～1.5m　179.52m
24. 灰白、浅灰色中厚层状含石榴含二云长石石英岩与深灰色千枚状石榴二云片岩近等厚互层，每个互层厚约 1.5～1.8m，膝折现象发育　251.79m
23. 浅灰、灰白色中厚层状含石榴含黑云石英岩，夹少量灰黑色千枚状石榴二云石英片岩　99.56m
22. 灰、深灰色中厚层状变质中—细粒长石石英砂岩，灰、深灰色石榴二云石英片岩，夹少量灰黑色千枚状石榴白云母石英片岩　108.02m
21. 灰色、浅灰色、浅灰白色厚层—块状片理化变质中—细粒长石石英砂岩，片理化变质细粒石英砂岩，变质含石榴细粒石英砂岩，与深灰色粉砂质绢云板岩呈不等厚互层，厚度比为 5∶1～4∶1，每个互层厚 2～2.2m；砂岩发育平行层理　28.65m

20. 深灰色粉砂质绢云板岩，夹变质细粒石英砂岩条带　66.86m

19. 灰色厚层—块状具平行层理变质中—细粒长石石英砂岩、变质细粒石英砂岩与深灰色绢云板岩、粉砂质板岩组成的层序，厚度比为 2∶1～3∶1，每个互层厚约 1.5～1.8m。其中见有灰白色蚀变石英闪长玢岩脉沿背斜转折贯入　479.56m

18. 深灰色千枚状粉砂质绢云板岩，夹少量灰色块状变质细粒长石石英砂岩；在剖面之西巴母果采获 *Leiotriletes* sp.，*Punctatisporites minutus* Kosanke 等(图版Ⅳ-1、Ⅳ-2)　195.57m

17. 深灰、灰黑色片理化变质含泥砾砂砾质石英砂岩(图版Ⅳ-3)，片理化变质中—细粒石英砂岩，夹深灰色粉砂质绢云板岩，砂泥比为 4∶1～3∶1，每个层序厚 1～1.2m。砂岩底部具冲刷侵蚀界面　187.86m

---------------- 平行不整合接触 ----------------

上石炭统—下二叠统来姑组(C_2P_1l)　**总厚度＞1624.94m**

16. 浅灰、灰白色厚层状具平行层理变质中—细粒长石石英砂岩与深灰色粉砂质绢云板岩组成的层序，其厚度比为 2∶1～3∶1，每个层序厚约 1.5m　202.12m

15. 深灰色粉砂质绢云板岩与灰黑色中层状片理化变质中—细石英砂岩(图版Ⅳ-4)呈不等厚互层，每个互层厚 0.8～1m，泥砂比为 2∶1～3∶1　＞75.80m

══════ 断层接触 ══════

14. 灰黑色薄层—中层状片理化变质中—细粒石英砂岩与深灰色白云石斑点绢云板岩近等厚互层，其中夹有少量灰白色厚层—块状变质中—细粒石英砂岩随机产出　＞159.30m

13. 灰黑色块状变质中—细粒石英砂岩(图版Ⅳ-5)—深灰色薄板状粉砂质绢云板岩组成的层序，砂泥比为 2∶1，每个层序厚 1.5～2m；砂岩中具有少量石英质砂岩砾石，砾石大小在 1～2cm 之间　205.87m

12. 深灰色绢云粉砂质板岩，灰白色厚层含泥岩砾石变质细粒长石石英砂岩及含砾板岩(图版Ⅳ-6、Ⅳ-7)，底部具侵蚀界面　290.20m

11. 灰、浅灰、灰白色中厚层—中层状变质中—粗粒石英砂岩与深灰色白云石斑点含粉砂质绢云板岩不等厚互层，每个互层厚 0.6～0.7m，砂泥比为 5∶1　146.46m

10. 灰色厚层—块状具平行层理变质中—粗粒石英砂岩(图版Ⅳ-8)，与灰黑色粉砂质绢云板岩不等厚互层；每个互层厚 2～3m，砂泥比为 10∶1　112.83m

9. 灰、浅灰色中厚层—中层状变质中—粗粒石英砂岩(图版Ⅴ-1)，与深灰色白云石斑点含粉砂质绢云板岩不等厚互层，每个互层厚约 0.8～0.9m，砂泥比为 5∶1　118.31m

8. 灰色厚层—块状具平行层理变质不等粒石英砂岩、灰黑色粉砂质绢云板岩，厚度比为 5∶1；底部为厚 2～3m 薄层状变质石英质砂砾岩，砾石成分以石英和石英岩为主，砾径大小在 0.5～2cm 之间，分选性差，为次滚圆状　153.86m

7. 上部灰、灰绿紫色薄层—中层变质中—细粒长石石英砂岩与深灰色粉砂质绢云板岩呈韵律性互层产出，每个互层厚约 0.15m；下部灰色中层变质中—细粒长石石英砂岩与深灰色粉砂质绢云板岩互层，每个互层厚 0.3～0.9m，砂泥比为 5∶1～2∶1　＞160.19m

══════ 断层接触 ══════

下石炭统诺错组(C_1nc)　**总厚度＞1003.60m**

6. 灰、浅灰色块状具平行层理变质细—中粒长石石英砂岩，变质不等粒长石石英砂岩，见少量深灰色粉砂质绢云板岩，砂岩底部见侵蚀界面　＞189.82m

5. 深灰色含石榴黑云斑点粉砂质绢云板岩，夹灰色中层状变质细粒长石石英砂岩随机产出　481.27m

4. 上部浅灰色厚层—块状具平行层理变质中—细粒石英砂岩、深灰色薄层状片理化变质不等粒石英砂岩(图版Ⅴ-2)；下部浅灰、肉红色块状变质中—细粒石英砂岩，与灰黑色黑云绢云粉砂质板岩、黑云粉砂质板岩不等厚互层，每个互层厚 4～5m，厚度比为 5∶2∶1　58.88m

3. 深灰色黑云粉砂质板岩、具水平层理薄层状变质细粒石英砂岩　　184.08m

2. 灰白色厚层—块状具平行层理变质细粒长石石英砂岩，夹少量深灰色片理化变质中—细粒石英砂岩、粉砂质绢云板岩　　30.85m

1. 灰色中层片理化变质中—细粒长石石英砂岩（图版Ⅴ-3）与深灰色粉砂质黑云绢云板岩、黑云绢云粉砂质板岩不等厚互层，每个互层厚约 1.2～1.5m，砂泥比为 6∶1～2∶1。背斜核部为灰绿色蚀变角闪辉绿玢岩侵入　　>58.70m

═══════　断层接触　═══════

上石炭统—下二叠统来姑组（C_2P_1l）：灰色中厚层片理化变质中—细粒长石石英砂岩与深灰色黑云绢云粉砂质板岩不等厚互层

2. 林芝县百巴镇果园新村上石炭统—下二叠统来姑组实测剖面（图 2-11）

剖面位于林芝县百巴镇 318 线国道公路之北那嘎弄巴—果园新村，坐标为东经 93°50′42″，北纬 29°51′02″，高 3800m，从 318 线国道公路至剖面有简易公路通行，交通较方便。

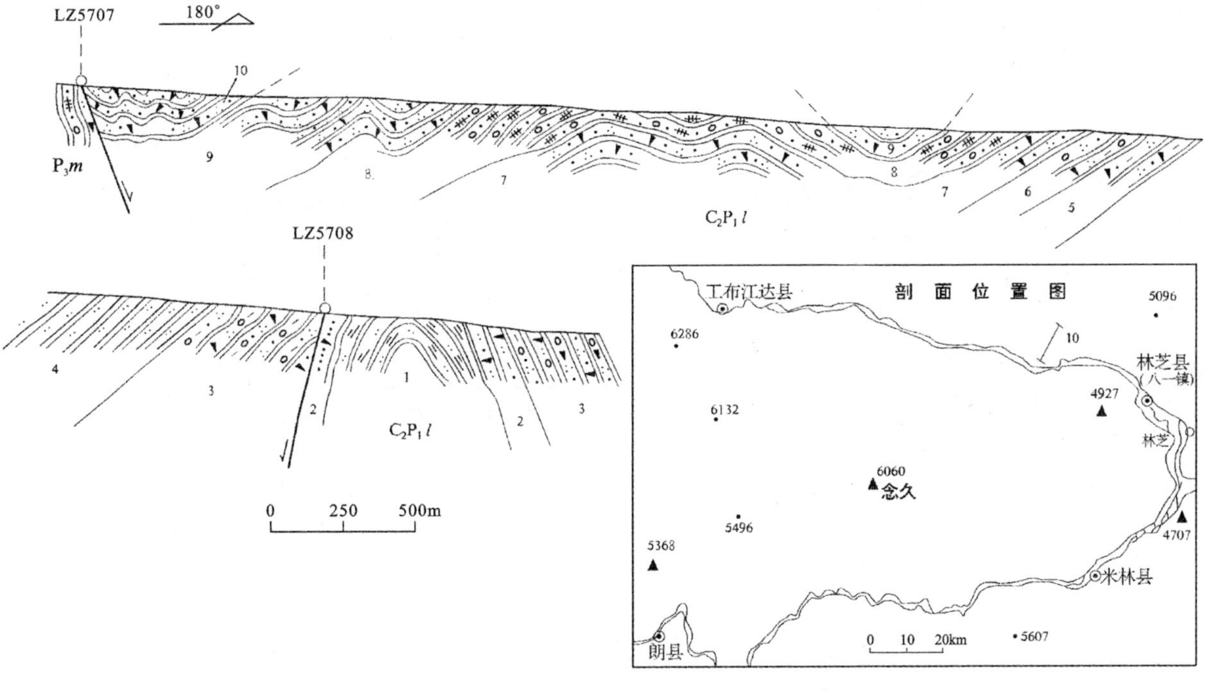

图 2-11　林芝县百巴镇果园新村上石炭统—下二叠统来姑组实测剖面图

上覆地层：上二叠统蒙拉组（P_3m）

═══════　断层接触　═══════

上石炭统—下二叠统来姑组（C_2P_1l）　　**总厚度>1288.50m**

10. 灰、浅灰色中层状变质中细粒含岩屑石英砂岩，深灰色含云母粉砂质板岩组成的基本层序；厚度比为 3∶1～2∶1，从下往上，板岩含量增多；砂岩中发育平行层理　　>35.81m

9. 灰白色厚层—块状变质中细粒石英砂岩，硅化变质中—细粒含长石石英杂砂岩，发育平行层理，夹少量灰白色厚层—块状石英质砾岩　　340.36m

8. 灰色块状—厚层变质复成分砂砾岩，含泥屑泥砾岩屑石英砂岩及灰白色中厚层具平行层理变质含石榴岩屑石英砂岩　　87.06m

7. 灰白色中厚层变质中细粒含长石石英杂砂岩，具平行层理　　56.96m

6. 灰色薄层含泥砾变质中粒岩屑砂岩、灰白色中层变质中细粒含岩屑石英砂岩、灰色含云母粉砂质板岩组成的层序，每个层序厚 2～3m，三者厚度比为 1∶5∶1　　70.38m

5. 深灰色中层变质含泥屑细粒岩屑石英砂岩、灰色粉砂质绢云板岩组成的层序，每个层序厚约 1.5m，厚比 2∶1～3∶1　　82.65m

4. 深灰色含云母粉砂质板岩，其中见有少量灰白色中厚层变质细粒岩屑石英砂岩夹层；砂岩底部见侵蚀界面　　271.48m

3. 灰色薄层状变质含泥屑泥砾中细粒岩屑石英砂岩、浅灰色厚层具平行层理变质细粒含岩屑石英砂岩、灰色薄层状含云母粉砂质板岩组成的层序，每个层序厚约 2m，三者厚度比为 1∶5∶2　　>184.11m

═══════ 断层接触 ═══════

2. 灰黑色厚层—块状变质细粒岩屑砂岩、浅灰色中层状具纹层粉砂质绢云板岩，厚度比为 2∶1～1∶1；砂岩中含少量砾石，大小为 3～5cm，多呈棱角状，成分为砂岩，含量小于 5%　　>52.65m

1. 深灰色粉砂质绢云千枚岩，夹少量灰色中层状变质细粒砂岩　　>107.04m

3. 林芝县百巴镇则弄下石炭统诺错组（C_1nc）实测剖面（图 2-12）

剖面位于林芝县百巴镇尼洋河南侧龙得，坐标为东经 93°52′55″，北纬 29°45′17″，高 3250m，从八一镇沿尼洋河南侧向西至龙得，有公路相通，交通较方便。

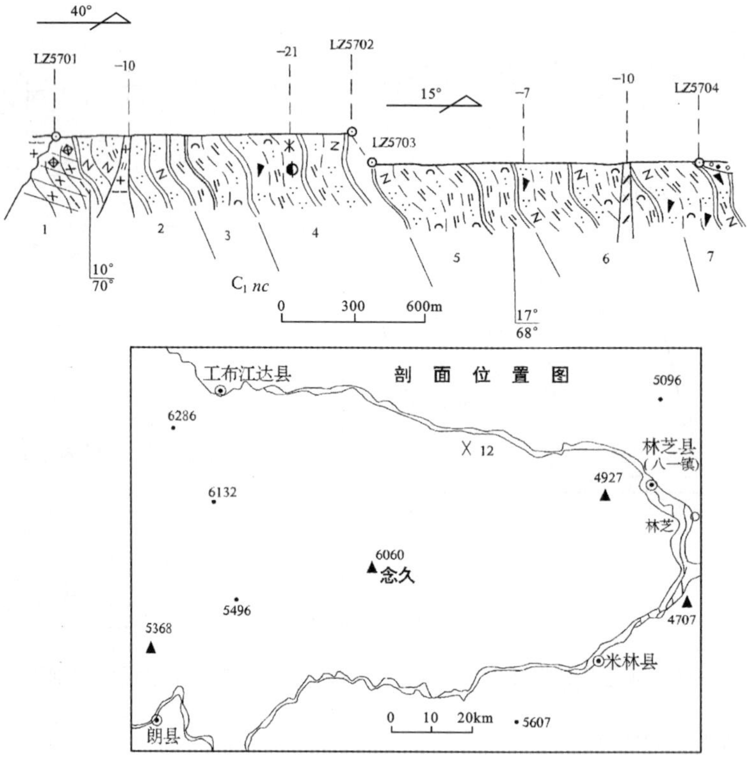

图 2-12　林芝县百巴镇则弄诺错组实测剖面图

下石炭统诺错组（C_1nc）　　**总厚度>2389.15m**

7. 上部灰色厚层状变质细粒含长石绢云石英杂砂岩与灰黑色炭质绢云千枚岩不等厚互层，厚度比为 5∶1，每个互层约 3m；中部深灰色含长石绢云石英杂砂岩与灰、浅灰色中层细粒变质含长石石英砂岩近等厚互层，每个互层厚约 2.5～3m；下部深灰色含炭质粉砂质绢云千枚岩，夹少量块状变质中细粒含长石石英杂砂岩，厚度比为 6∶1，单层厚 8～10m　　>252.32m

6. 上部灰黑色含炭质粉砂质绢云千枚岩与浅灰色中层状变质细粒含长石英杂砂岩不等厚互层，每个互层 2～2.5m，泥砂比近 4∶1～2∶1；中部深灰色条带状含炭质粉砂质绢云千枚岩，条带厚 0.2～0.3cm；下部灰黑色粉砂质绢云千板岩与浅灰色厚层变质中细粒含长石石英砂岩呈不等厚互层，每个互层厚 2～3m，泥砂比为 2∶1　　614.65m

5. 深灰色含炭质粉砂质绢云千枚岩与灰色中厚层变质含长石石英砂岩呈不等厚互层，每个互层厚约 3～4m，泥砂比为 4∶1　535.58m
4. 上部灰色中厚层变质细粒石英杂砂岩、含长石石英砂岩与深灰色粉砂质绢云千枚岩组成的基本层序，每个层序厚 2～3m，砂泥比为 2∶1；中部深灰色粉砂质绢云千枚岩与浅灰色中薄层状含阳起斜黝帘石变质石英砂岩厚 3～4m 互层，砂泥比 1∶4；下部灰黑色中厚层状含泥屑泥砾变质中细粒石英杂砂岩，夹少量深灰色炭质绢云千枚岩组成的层序，每个层序厚约 2～2.5m，砂泥比为 5∶1～4∶1　522.92m
3. 灰黑色中层变质石英粉砂岩与含炭质粉砂质绢云千枚岩韵律互层，单互层厚 1.2～1.5m　151.20m
2. 灰色厚层—中层—中薄层状变质中细粒长石石英砂岩，呈向上变薄的层序，有的层序顶部见绢云千枚岩，每个层序厚 2～2.5m；底部有灰白色细粒二云二长花岗岩脉穿插　103.10m
1. 灰、浅灰色中层—厚层状变质细粒石英砂岩与深灰色粉砂质绢云千枚岩组成韵律性层序，每个韵律厚 3～5m，厚度比为 2∶1～5∶1；上部夹条带状透辉黝帘石榴矽卡岩、斑点状砂质绢云板岩；底部灰、深灰色刚玉红柱石黑云母角岩（区内仅有的刚玉矿点）和变质石英砂岩，被黑云二长花岗岩侵入，出露不全　＞209.38m

（二）岩石地层特征综述

1. 下石炭统诺错组（C_1*nc*）

诺错组为尹集祥等 1984 年创名于八宿县然乌乡雅则—来姑村诺错北；《西藏自治区岩石地层》（1997）定义为指夹持于下伏松宗群灰岩与上覆来姑组含砾板岩之间的一套板岩和碳酸盐岩地层；本书沿用。区内未见底，以不含碳酸盐岩和厚度较大及化石稀少区别于建组剖面。岩性组合较单一，为一套深灰色粉砂质绢云千枚岩、板岩与变质中细粒石英（杂）砂岩不等厚互层（图版Ⅴ-4），砂岩底部具冲刷侵蚀界面；每个韵律厚 1.2～1.5m，直至 3～4m，砂泥比为 1∶1～5∶1；向上变质砂岩增多。北部雪卡厚度＞799.63m～＞1003.60m，南部百巴镇则弄厚度大于 2389.15m。其总体沉积层序可与八宿县然乌乡雅则—来姑村剖面诺错组对比（图 2-13）。

2. 上石炭统—下二叠统来姑组（C_2P_1*l*）

来姑组由来姑群演变而来，由四川省第三区测队 1974 年将松宗—日东一带一套以碎屑岩为主夹火山岩和少量碳酸盐岩的地层命名为中上石炭统来姑群，创名剖面为八宿县雅则—来姑；1997 年《西藏自治区岩石地层》正式将指夹于下伏诺错组细碎屑岩夹灰岩与上覆洛巴堆组灰岩之间的一套以含砾板岩为特征的地层命名为来姑组（C_2P_1*l*），时代为晚石炭世—早二叠世早期；本书沿用。区内以不含火山岩及化石稀少区别于建组剖面。岩性主要为一套灰、深灰色变质含泥砾、含砾长石石英砂岩，厚层块状长石石英砂岩（图版Ⅳ-4）与含砾粉砂质绢云板岩、含砾板岩不等厚旋回，或长石石英砂岩与含砾粉砂质绢云板岩不等厚互层，夹变质石英质砂砾岩、大理岩，砂岩底部见冲刷侵蚀界面；每个韵律厚 0.5～3m，最薄 10～15cm，砾∶砂∶泥为1∶5∶2，砂泥比为 2∶1～5∶1，最大 10∶1。下与诺错组整合接触。巴河剖面上厚度＞935.14m～＞1624.94m，百巴镇果园新村剖面厚度大于 1288.50m。其总体沉积层序可与八宿县然乌乡雅则—来姑村剖面来姑组对比。

3. 上二叠统蒙拉组（P_3*m*）

蒙拉组为徐宪等 1982 年创名于墨竹工卡县门巴区德忠乡日布雄沟剖面，并以剖面附近的蒙拉山命名为蒙拉群；成都地质矿产研究所张正贵 1985 年将其改称为蒙拉组；1997 年《西藏自治区岩石地层》将晚二叠世蒙拉组（P_3*m*）定义为岩性为碎屑岩夹少量灰岩的一套地层体，含微体化石；2004 年《1∶150 万青藏高原及邻区地质图说明书》将仅分布在堆龙德庆，为一套巨厚的浅变质硅质碎屑岩夹碳酸盐岩厚3000m的地层划为蒙拉组（P_3）；本书沿用。主要岩性为片理化变质中—细粒石英砂岩、绢云板岩、千枚状粉砂质绢云板岩、绢云千枚岩、石英岩组合。工布江达县东北巴母果附近板岩中采获晚二叠世孢粉：微小斑点三缝孢 *Punctatisporites minutus* Kosanke，光面三缝孢未定种 *Leiotriletes* sp.；巴河剖面上厚度大于 1855.85m。岩性组合和沉积层序与墨竹工卡县门巴区德忠的蒙拉组对比。

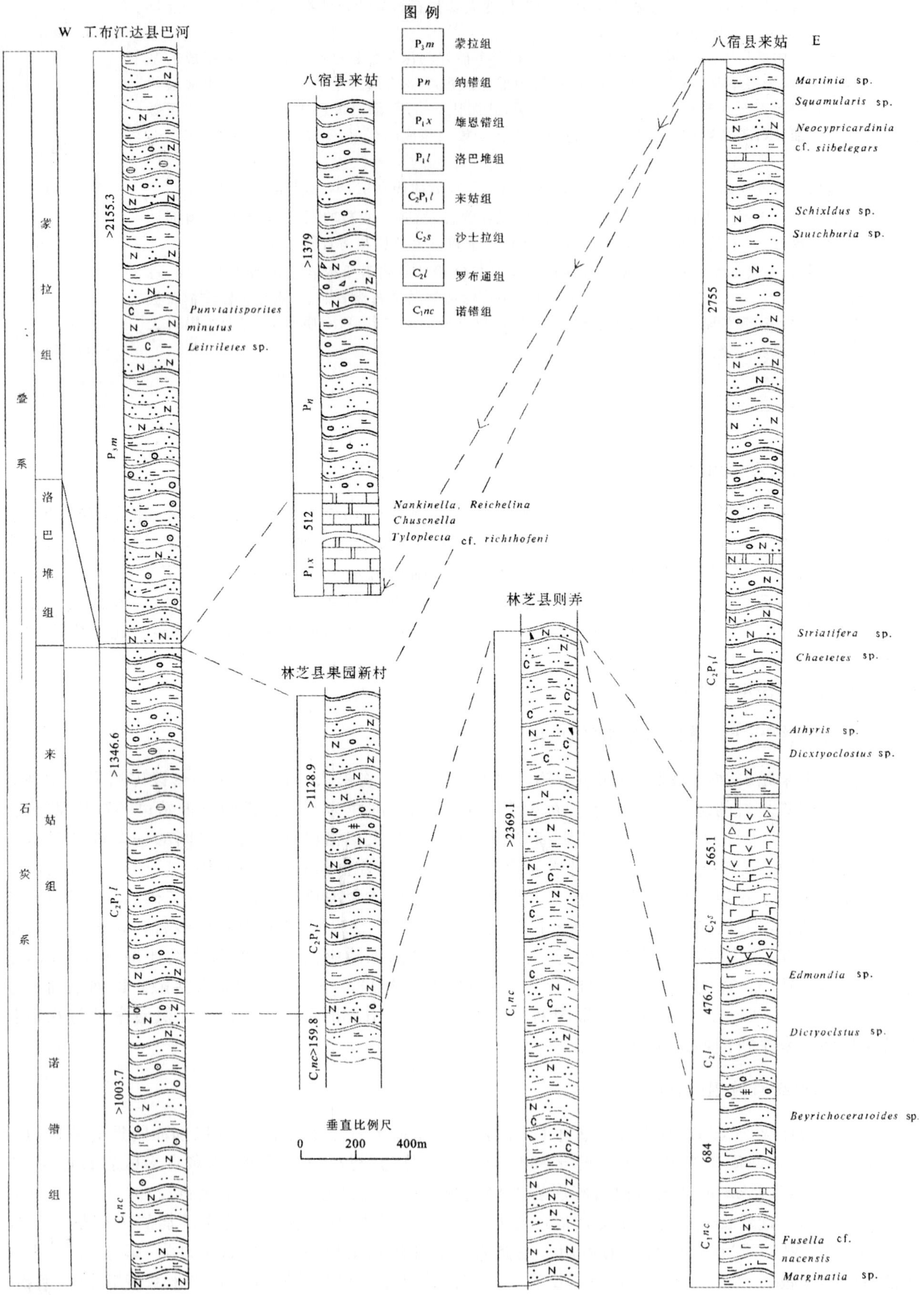

图 2-13　测区及邻区石炭系—二叠系柱状对比图

三、沉积层序与沉积环境

区内石炭系—二叠系，其间多不连续和缺底无顶，露头较差，且遭到一定程度的变质与变形。现仅大致恢复其沉积层序和沉积环境讨论如下。

1. 诺错组(C_1nc)

诺错组未见底，地层厚度＞799.63m～＞2389.15m。岩性组合较单一并在区内变化不大，基本层序可划分为 6 种类型(图 2-14)，自下而上为：

A_1类型：出露于下部，由灰色中—厚层变质中—细粒长石石英砂岩与深灰色斑点状粉砂质绢云板岩组成 4 个类型相同的向上粒度变细韵律性退积型基本层序，每个层序厚 2～5m，砂泥岩厚度比由下到上从 5∶1减少到 2∶1，板岩增多。

B 类型：在 A_1类型之上至 300m，由浅灰色厚层—块状到中—薄层变质中—细粒长石石英砂岩组成向上层理变薄退积型基本层序，每个层序厚 2～2.5m，砂岩层厚由下到上变薄，有层序顶部见绢云千枚岩。

C 类型：300～464m，由深灰色、灰黑色中层变质石英粉砂岩或中层状变质条带状砂质绢云板岩与含炭质粉砂质绢云千枚岩组成 3 个类型相同的加积型基本层序，每个层序厚 1.2～1.5m，向上千枚岩增多。

以上 3 种类型基本层序加积—退积，组成了第一个海侵体系域(TST)中晚期的浅海沉积，代表海平面上升半旋回。C 类型顶部薄层状，厚约几十米的炭质绢云千枚岩具还原环境沉积的凝缩段(CS)性质，属最大海泛期产物，包含了最大海泛面(mfs)。

D 类型：出露于下部 C 类型之上和中上部，由灰黑色含炭质粉砂质绢云千枚岩与灰黑色、深灰色含泥屑含泥砾中层变质中细粒长石石英砂岩，或深灰色、灰黑色粉砂质绢云千枚岩与浅灰色中层变质细粒(长石)石英砂岩组成向上粒度变粗进积型—不显旋回性和粒度的加积型基本层序，每个层序厚 1.5～3m，多在 2～3m，千枚岩从下到上增多，局部变为泥夹砂，砂泥厚度比由下到上从 1∶2～1∶4。为高水位体系域(HST)浅海陆棚沉积。其中下部 464～790m 内的 D 类型构成第一个高水位体系域(HST)浅海环境进积型沉积，代表海平面下降半旋回。

A_2类型：在 D 类型之上，厚达 200m，由灰色、灰白色中厚层—块状变质含长细粒石英砂岩与深灰色粉砂质绢云千枚岩组成加积型—退积型基本层序，每个层序厚 2～3m，砂泥岩厚度比为 2∶1。为海平面相对上升时期。

E 类型：在 A_2类型之上组成近 300m 厚(位于上部 D 类型之下)，由深灰色、灰黑色含炭质粉砂质绢云千枚岩、粉砂质绢云千枚岩组成不显旋回性和粒度及层理无明显变化加积型基本层序，随机夹灰白色中薄层状变质含长石细粒石英砂岩，局部与深灰色粉砂质绢云千枚岩组成 4∶1～5∶1的层序，每个层序厚 1～1.5m，向上炭质减少，粉砂质、泥质增多。

由 A_2 和 E 两种类型基本层序的加积—退积型基本层序组成了第二个海侵体系域(TST)半旋回浅海沉积。A_2类型底部砂岩底界为 SB_2 界面，亦是代表 TS 界面；E 类型顶部 10 余米的粉砂质绢云千枚岩具还原环境沉积的凝缩段(CS)性质，属最大海泛期产物，包含了最大海泛面(mfs)。

F 类型：为最上部沉积，由灰色中—厚层变质细粒含长石石英砂岩，或灰黑色炭质绢云千枚岩与灰色中—厚层变质细粒含石英杂砂岩组成 3 个类型相同的向上粒度变粗、层理变厚的进积型基本层序，每个层序厚 2～2.5m。砂岩顶部发育波痕(图版Ⅴ-5)。

由 1300m 以上，近 1070m 厚的 D、E 和 F 三种类型基本层序加积—进积，组成第二个高水位体系域(HST)浅海陆棚沉积。其中有次级海平面的上升与下降(动荡)，沉积环境由浅海到深海转换。

诺错组层序显示了海进→海退→海进→海退两个三级旋回层序，代表向上变深沉积盆地序列。

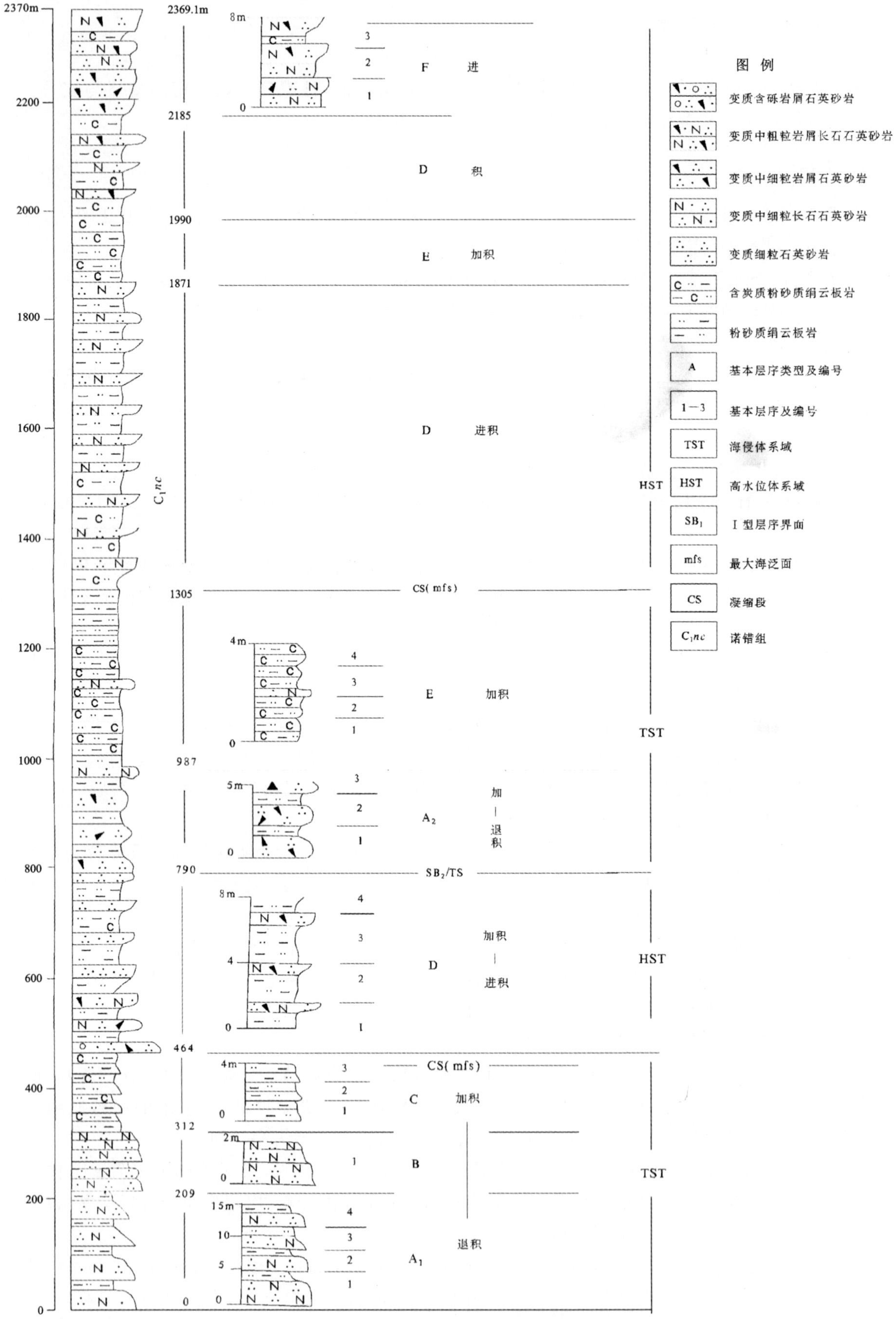

图 2-14　林芝县百巴镇一带早石炭世诺错组沉积层序图

2. 来姑组(C_2P_1l)

来姑组的厚度>935.14m～>1624.94m。岩性在区内变化不大，基本层序可划分为5种类型(图2-15)，自下而上为：

A类型：在下部，由灰色薄层状变质含泥屑含砾中细粒岩屑石英杂砂岩—浅灰色厚层状变质细粒含岩屑石英砂岩与灰色含绢云粉砂质板岩组成3个向上粒度变细旋回性退积型基本层序，部分缺失下部含砾杂砂岩；每个层序厚1～2m，最小15cm，砾砂泥岩厚度比为1∶5∶2，总体砂岩较多；沉积厚度达314m。含泥屑含砾岩屑石英杂砂岩，砾石、岩屑成分以石英、砂岩及泥岩为主，磨圆和分选中等，大小1～2cm，含量小于25%，可能属泛滥平原侧向—垂向加积沉积，构成低水位体系域(LST)。

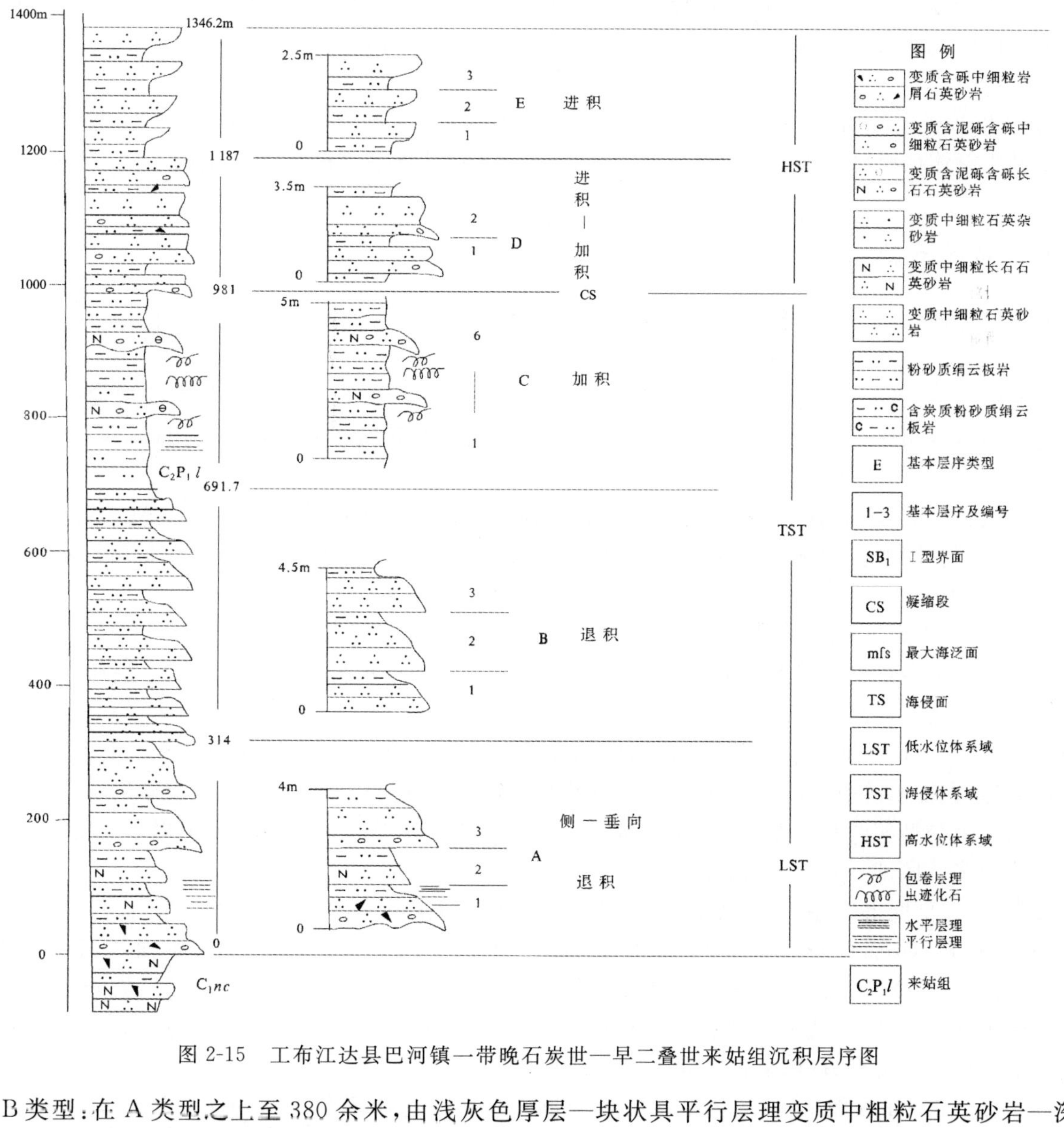

图2-15　工布江达县巴河镇一带晚石炭世—早二叠世来姑组沉积层序图

B类型：在A类型之上至380余米，由浅灰色厚层—块状具平行层理变质中粗粒石英砂岩—深灰色含白云石斑点粉砂质绢云板岩组成向上层理变薄不等厚互层退积型基本层序，每个层序厚0.8～3m，砂岩层厚由下到上由厚变薄，砂泥岩厚度比由下到上从5∶1→10∶1→5∶1；沉积厚度达380m。初期构成海侵体系域(TST)相对海平面上升期，层序中上部存在远源浊积岩的基本层序——鲍马序列cde段(图版Ⅴ-6)深海沉积。

C类型：出露于中部B类型之上，由深灰色粉砂质绢云板岩组成加积型基本层序，每个层序厚0.5～0.8m。板岩中偶见滑移和重力成因的包卷层理(图版Ⅴ-7)及虫迹，显示浊积岩鲍马序列cde段特征。

其中随机夹灰色薄层状变质含泥屑含砾中细粒岩屑石英杂砂岩，为水下河谷密度流堆积。总体为深海沉积。

B、C两种类型基本层序退积—加积，组成了海侵体系域（TST）深海大陆斜坡—深海盆地沉积。B类型底部中粗粒砂岩结构成熟度低显示了浊流沉积特征；C类型顶部绢云板岩具还原环境沉积特征。

D类型：在C类型之上，由灰色薄层状变质石英质砾岩—灰色块状变质中细粒石英砂岩—深灰色绢云粉砂质板岩组成旋回性进积—加积型基本层序，单层序厚1.5～2m，砂岩层厚由下到上变厚和增多，砂泥岩厚度比由下到上从2∶1→3∶1；砾石成分复杂、大小1～2cm，显示陆源砾质高密度浊流沉积特征，属深海沉积。

E类型：出露于最上部，由深灰色粉砂质绢云板岩与灰色中薄层变质中细粒含长石石英砂岩组成3个类型相同向上变粗、变厚的不等厚互层进积型基本层序，单层序厚0.8m±。由下到上砂岩变厚，泥岩变薄，粒度变粗。

由D和E类型的加积—进积，组成了高水位体系域（HST），沉积厚度达360m以上，为深海沉积。

来姑组总体构成了低水位体系域→海侵体系域→高水位体系域的较为完整的一个Ⅰ型三级旋回层序。

3. 蒙拉组（P_3m）

蒙拉组无顶，厚度大于1855.85m。岩性变化不大，基本层序可划分为5种类型（图2-16），自下而上为：

A类型：由灰色厚层—块状变质石英岩—深灰色含石榴长石二云片岩组成3个类型相同的不等厚互层退积型基本层序。单层序厚1.3～2.5m，砂泥岩厚度比由下到上从3∶1～5∶5，总体砂岩较多；沉积厚度达438m。

B_1类型：在A类型之上，由深灰色千枚状含石榴二云片岩与灰白色中厚层—块状（长石）石英岩组组成4个类型相同的向上粒度由细变粗不等厚互层进积型基本层序，单层序厚1.5～2.5m，砂泥厚度比由下到上从1∶1～1∶5。

C类型：B_1类型之上至250余米。由浅灰—灰黑色夹变质细粒石英条带绢云板岩、二云石英片岩（C_1），或灰、深灰色中厚层状变质中细粒长石石英砂岩，偶夹千枚状片岩的加积型基本层序（C_2），C_1中含炭质和孢粉化石（图版Ⅳ-1、Ⅳ-2）；单层序厚0.5～1m。

以上从B_1和C类型基本层序组成高水位体系域（HST）沉积。沉积厚度达575m以上。

D类型：在剖面的中上部，由灰色厚层—块状具平行层理变质中—细粒长石石英砂岩—深灰色绢云板岩组成4个类型相同的不等厚互层退积型基本层序，每个层序厚1.5～1.8m，砂泥岩厚度比2∶1～3∶1，总体砂岩较多。底部界面具冲刷面。

E类型：在剖面上部，由深灰色片理化含泥砾砂砾质石英砂岩—灰色变质中—细粒长石石英砂岩为主，夹少量粉砂质绢云板岩组成向上粒度由粗变细退积型基本层序，砂岩底部具侵蚀面，每个层序厚1～1.2m。底部与C_1类型之间存在次级海侵（TS）界面。

上述D→C_1→E→D四种类型基本层序退积—加积，构成海侵体系域（TST）沉积（图2-16），其中可能包含有次级或再海侵事件，沉积厚度达1000m以上。

B_2类型：在剖面顶部，由深灰色粉砂质绢云板岩与灰黑色中层状变质中—细粒石英砂岩组成向上粒度由细变粗、层理由薄变厚进积型不等厚互层基本层序，每个层序厚0.8～1m，泥砂岩厚度比从2∶1～3∶1。

蒙拉组构成海侵→高水位体系域→海侵→高水位体系域的两个不完整Ⅱ型三级旋回层序。

调查区内石炭系—二叠系，大致伴随着沉积盆地的沉陷和相对海平面的上升，沉积了石炭纪诺错组（C_1nc）和来姑组（C_2P_1l）、晚二叠世蒙拉组（P_3m）为代表的向上变深序列，为浅海—深海盆地。

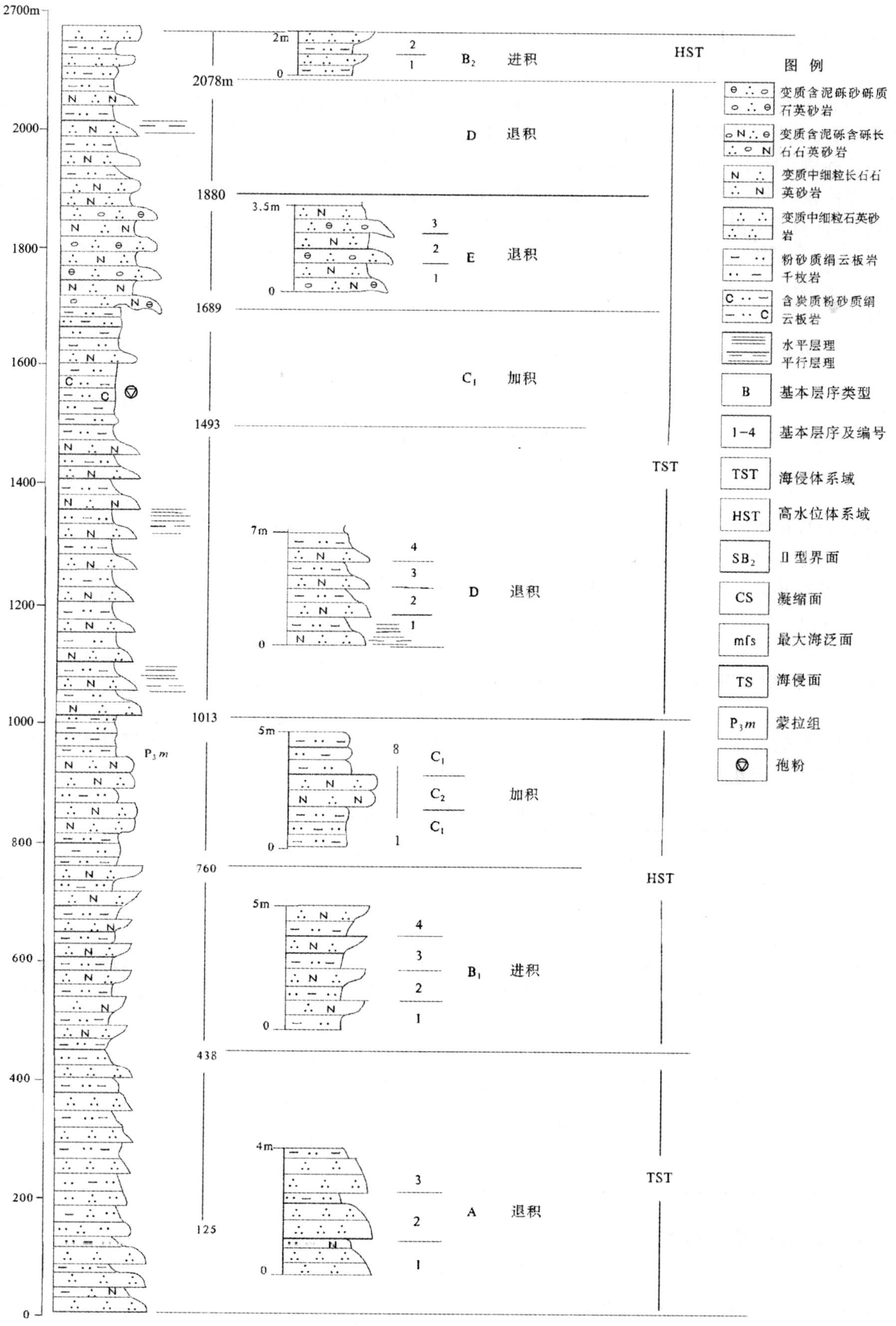

图 2-16　工布江达县巴河一带晚二叠世蒙拉组沉积层序图

四、地层时代讨论

区内石炭系—二叠系一直未获得化石，历来对其时代归属众说纷纭。项目组曾多次组织专人进行寻找采集，仅在工布江达县巴母果附近板岩中采获晚二叠世孢粉和虫迹。其中 *Leiotriletes* sp.（图版Ⅳ-1）见于湖南长沙跳马涧上二叠统龙潭组中，*Punctatisporites minutus*（图版Ⅳ-2）则产于湖南邵东县保和堂上二叠统龙潭组及河南平顶山二叠系中，而岩石组合与墨竹工卡县门巴区德忠乡日布雄沟的上二叠统蒙拉组基本相同，故将其划分对比为晚二叠世蒙拉组（P_3m），为晚二叠世吴家坪期。蒙拉组之下的一套“含砾板岩”砂板岩组合，其特征与八宿雅则一带的来姑组（C_2P_1l）相似，故其时代可能与之相当，为晚石炭世—早二叠世早期的沉积。整合于来姑组之下，与八宿县雅则一带的含腕足类 *Fusella* cf. *tornacensis*、*Marginatia* sp.，苔鲜虫 *Fenestella* cf. *donaica* 及菊石 *Beyrichoceratoides* sp. 等的诺错组相似的一套细碎屑岩系地层为早石炭世哈斯塔尔期 Hastarian—布里干特期 Brigantian 沉积，相当于我国的岩关阶—大塘阶。

第五节　侏罗纪地层

在区内仅出露中—上侏罗统，划为中—晚侏罗世叶巴组（$J_{2-3}y$）和晚侏罗世多底沟组（J_3d）。在区内西图边的工布江达县司马朗曲—巴朗曲、安布朗曲、沙锅及朗县席浪店嘎西侧沙玛拉等地一带的花岗岩基中呈残留顶盖状产出，西与 1:20 万下巴淌幅的叶巴组（$J_{2-3}y$）、多底沟组（J_3d）相连，区内面积约 460.1km²，为一套中酸性火山岩—碎屑岩和碳酸盐岩地层。

一、地层划分简史

根据“青藏高原研究中心”(2002)意见和 1:20 万下巴淌幅(1994)划分，将调查区侏罗纪地层划为中—晚侏罗世叶巴组和晚侏罗世多底沟组（表 2-8）。

表 2-8　中—上侏罗统划分沿革对比表

<table>
<tr><td>1:100 万
拉萨幅
(1979)</td><td>中国科学院王乃文
(1983)</td><td>《西藏自治区区域地质志》
(1993)</td><td colspan="2">1:20 万下
巴淌幅
(1994)</td><td>《西藏自治区岩石地层》
(1997)</td><td colspan="2">1:5万拉木幅巴木幅巴洛幅普隆岗幅等
(2000)</td><td>青藏高原
研究中心
(2002)</td><td colspan="2">本书
(2003)</td></tr>
<tr><td>多底沟群
($J_{2-3}d$)</td><td>多底沟组
($J_{2-3}d$)</td><td>多底沟群
($J_{2-3}d$)</td><td colspan="2">多底沟组
(J_3d)</td><td>多底沟组
($J_{2-3}d$)</td><td colspan="2"></td><td>多底沟组
(J_3d)</td><td colspan="2">多底沟组
(J_3d)</td></tr>
<tr><td rowspan="6">上三叠统叶巴组(T_3y)</td><td rowspan="6">上白垩统
叶巴组
(K_2)</td><td rowspan="6">查曲浦群
($T_{1-2}ch$)</td><td rowspan="6">叶巴组</td><td rowspan="2">三段
$J_{2-3}y^3$</td><td rowspan="6">查曲浦组
($T_{1+2}ch$)</td><td rowspan="6">叶巴组
J_2</td><td rowspan="2">三段</td><td rowspan="6">叶巴组
($J_{2-3}y$)</td><td rowspan="6">叶巴组</td><td rowspan="3">二段
$J_{2-3}y^2$</td></tr>
<tr></tr>
<tr><td rowspan="2">二段
$J_{2-3}y^2$</td><td rowspan="2">二段</td></tr>
<tr><td rowspan="3">一段
$J_{2-3}y^1$</td></tr>
<tr><td rowspan="2">一段
$J_{2-3}y^1$</td><td rowspan="2">一段</td></tr>
<tr></tr>
</table>

二、岩石地层单位特征

（一）中—晚侏罗世叶巴组（$J_{2-3}y$）

1. 工布江达县仲沙乡八勒果叶巴组一段（$J_{2-3}y^1$）实测剖面（图 2-17）

剖面位于工布江达县仲沙乡的多青岗西南八勒果沟，坐标为东经 93°01′50″，北纬 29°41′44″，高

4950m，有公路从 318 线国道公路向南经过仲沙至达叶，达叶向西—多青岗牛场—八勒果沟需步行，交通不便。

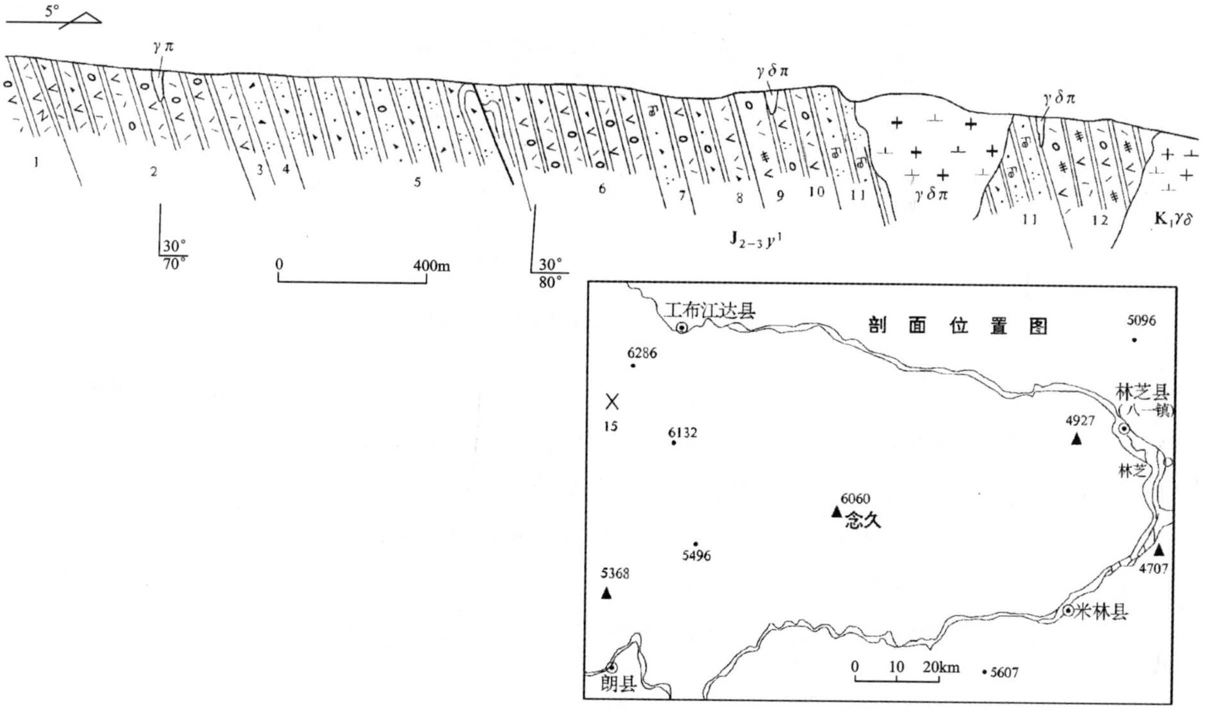

图 2-17　工布江达县仲沙乡八勒果叶巴组一段实测剖面图

叶巴组一段($J_{2-3}y^1$)　　　（未见顶）　　　**总厚度>2212.10m**

12. 深灰绿色块状片理化变质英安流纹岩。底部花岗闪长斑岩脉贯入，顶部花岗闪长岩($K_1γδ$)侵入破坏　>245.50m
11. 浅灰、灰紫、灰绿、紫红色变质石英质碎斑—碎粒岩，底部夹少量变质石英质碎粒岩；中部蚀变花岗闪长斑岩脉侵入　232.40m
10. 灰绿色蚀变英安流纹岩、碎粒岩化英安质火山角砾岩　56.00m
9. 浅灰、灰绿色碎岩粒化英安质火山角砾岩；顶部蚀变花岗闪长斑岩脉贯入　61.80m
8. 浅灰色碎粒岩化英安质火山角砾岩　159.00m
7. 灰紫、紫红色褐铁矿化变质石英质碎粒岩　37.70m
6. 浅灰、灰绿色碎粒岩化英安流纹岩、糜棱岩化英安流纹岩、变质碎粒岩　305.80m
5. 灰白、浅灰色块状含石英质细—中粗砾变质碎砾—碎斑岩屑砂岩、变质石英岩质碎斑复成分砂砾岩　512.30m
4. 浅灰、灰色变质细—中粒石英杂砂岩　79.20m
3. 灰绿色块状蚀变英安流纹岩　44.50m
2. 浅灰、灰绿色变质英安流纹岩；中上部花岗斑岩脉贯入　431.60m
1. 灰白、灰绿色变质英安流纹岩、斜长流纹岩　>46.30m

（未见底）

2. 工布江达县仲沙乡锅村叶巴组二段($J_{2-3}y^2$)简测剖面(图 2-18)

剖面位于工布江达县仲沙乡锅村锅普，坐标为东经 93°12′32″，北纬 29°47′18″，高 4510m，有公路从 318 线国道公路向南至仲沙乡德庆村，然后德庆村—锅村—锅普需步行，交通不便。

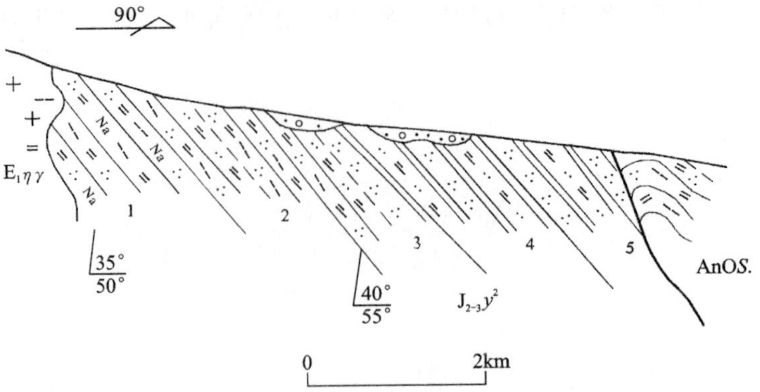

图 2-18　工布江达县仲沙乡锅村叶巴组二段简测剖面图

叶巴组二段($J_{2-3}y^2$)	(未见顶)	**总厚度＞2894.58m**
5. 灰、浅灰色中层状变质石英砂岩。与前奥陶纪松多岩群(AnOS.)呈断层接触		＞82.96m
4. 灰、深灰色粉砂质绢云板岩，夹灰—灰白色中—薄层状变质细粒石英砂岩		698.78m
3. 灰—灰白色中层状变质细粒石英砂岩，夹二云石英片岩，及深灰色粉砂质绢云千枚岩		372.98m
2. 灰色二云石英片岩、深灰色绢云千枚岩		506.13m
1. 灰色钠长二云石英片岩、二云片岩，与古近纪古新世二云二长花岗岩侵入接触		＞493.73m

(二) 晚侏罗世多底沟组(J_3d)

该组整合于中—晚侏罗世叶巴组火山岩之上，为一套大理岩，夹少量板岩、砂岩，仅分布于图区西部边缘，其西延与1∶20万下巴淌幅多底沟组相连。该套地层受花岗岩破坏强烈，露头较差，未获化石，故未测有剖面控制。现以桑日县白堆乡错扎朗和加查县崔久乡机隆朗多底沟组实测剖面分述如下。

1. 桑日县白堆乡错扎朗晚侏罗世多底沟组(J_3d)实测剖面

剖面位于桑日县白堆乡错扎朗，青海省区调综合地质大队1993年6月实测。

上覆地层：林布宗组(J_3K_1l)千枚状含粉砂泥质板岩

——— 整合接触 ———

多底沟组(J_3d)	**总厚度 1228.46m**
7. 深灰色中厚层状泥晶灰岩，夹黑色薄层状泥质板岩	48.18m
6. 灰白色厚层角砾状含内碎屑泥晶灰岩，夹灰色生物屑灰岩，产双壳类：*Lopha* sp. nov. indet. 珊瑚：*Montlivaltia* sp.	147.87m
5. 深灰色块层状角砾状粉晶灰岩，夹灰黑色厚层状生物碎屑灰岩，产双壳类：*Lopha* sp. nov. indet.	197.68m
4. 深灰色厚层状内碎屑泥晶灰岩，夹同色角砾状灰岩	208.26m
3. 青灰色厚层状泥晶灰岩，夹灰色薄层状砂质钙质板岩，有一青灰色蚀变斜长花岗斑岩脉侵入。板岩中产双壳类：*Lopha* sp. nov. indet.	288.34m
2. 灰色中厚层状蚀变玄武安山岩，夹灰色千枚状粉砂质泥质板岩，板岩中产双壳类：*Lopha* sp. nov. indet.	97.38m
1. 灰黑色厚层状泥晶灰岩，夹同色薄层状砂屑灰岩，产层孔虫：*Cladocoropsis mirabilis* Felix	240.75m

——— 整合接触 ———

下伏地层：叶巴组($J_{2-3}y$)三段

2. 加查县崔久乡机隆朗晚侏罗世多底沟组(J_3d)实测剖面

剖面位于加查县崔久乡机隆朗，系青海省区调综合地质大队 1993 年 6 月实测，为多底沟组辅助剖面。

上覆地层：林布宗组(J_3K_1l)深灰色板状含炭质绿泥绢云母千枚岩

——— 整合接触 ———

多底沟组(J_3d)	**总厚度 507.38m**
3. 深灰色块层状泥晶灰岩，产虫迹：*Keckia* sp.，*Planolites* sp.	127.26m
2. 灰色中厚层状泥晶灰岩	187.74m
1. 深灰色中层片理化含内碎屑泥晶灰岩	192.38m

——— 整合接触 ———

下伏地层：中—晚侏罗世叶巴组($J_{2-3}y$)三段

（三）地层特征综述

1. 中—晚侏罗世叶巴组($J_{2-3}y$)

由于岩体的侵吞及断裂的破环，分布较为零星，划分为两个岩性段。

一段($J_{2-3}y^1$)：变质英安流纹岩、流纹岩、英安岩、变质流纹英安岩、变质安山岩、英安质凝灰熔岩、火山碎屑岩、变质复成分砾岩、砂砾岩、石英砂岩、绢云板岩，夹少量大理岩，未见底，厚度大于 2 212.10m。显示出海侵期浅海环境下含中—酸性火山喷发沉积产物，与西部邻区的日多地层小区叶巴组一段厚度和岩性相近，仅碎屑粒度变大、变质加深和缺少化石(图 2-19)。

二段($J_{2-3}y^2$)：为灰、浅灰色中层状变质石英砂岩 、深灰色粉砂质绢云板岩、深灰色绢云千枚岩、灰色二云石英片岩、钠长二云石英片岩、二云片岩组合，由上至下从板岩→千枚岩→片岩，逐渐加深，与一段整合过渡，厚度大于 2894.58m。为高水位期浅海环境下细碎屑沉积产物，相当于西邻日多地层小区叶巴组二、三段(图 2-19)。但岩性变化大，由西部邻区的中性火山(碎屑)岩到东部的测区内变为细碎屑岩，岩石普遍变质程度加深达片岩级；显示出西部邻区火山岩发育，东部测区火山岩不发育，与区域地质特征一致。

2. 晚侏罗世多底沟组(J_3d)

该组仅分布于图幅西缘加查县比朗—朗县比那、席浪店嘎西侧沙玛拉一带，呈残留顶盖分布于花岗岩基中，岩性主要为一套薄层状大理岩，夹板岩、砂岩，出露厚度 600m 以上。向西至邻幅 1∶20 万下巴淌幅桑日县白堆乡一带出露较全，为一套厚达 1228.46m 的碳酸盐岩，颜色为灰—深灰色，中层—块状居多，主要岩性为泥晶灰岩、含内碎屑泥晶灰岩及少量板岩，产双壳类、珊瑚及层孔虫、虫迹等，属浅海沉积环境台地碳酸盐岩相沉积。

三、地层时代讨论

区内叶巴组($J_{2-3}y$)和多底沟组(J_3d)均未获古生物化石。西部邻区 1∶20 万下巴淌幅(1994)在桑日县白堆乡错扎朗剖面上叶巴组板岩中获双壳类 *Pronoella* (*Gythemon*) sp.、*Cuneigervillia* sp.、*Protocardia* sp.、*Protocardia stricklandi*、*Entolium* sp.、*Lopha costata*、*Nuculana* (*Dacryomya*) *lacryma*、*Isoqnomon* sp.，钙藻类 *Cymopolia* sp.、*Macroporella* sp.、*Trinocladus* sp.，虫迹 *Pelecypodichnus* sp.、*Lockeia* sp.、*Chondrites* sp.、*Acanthorhaphe* sp.、*Gyrichnites* sp. 等；在工布江达县加兴

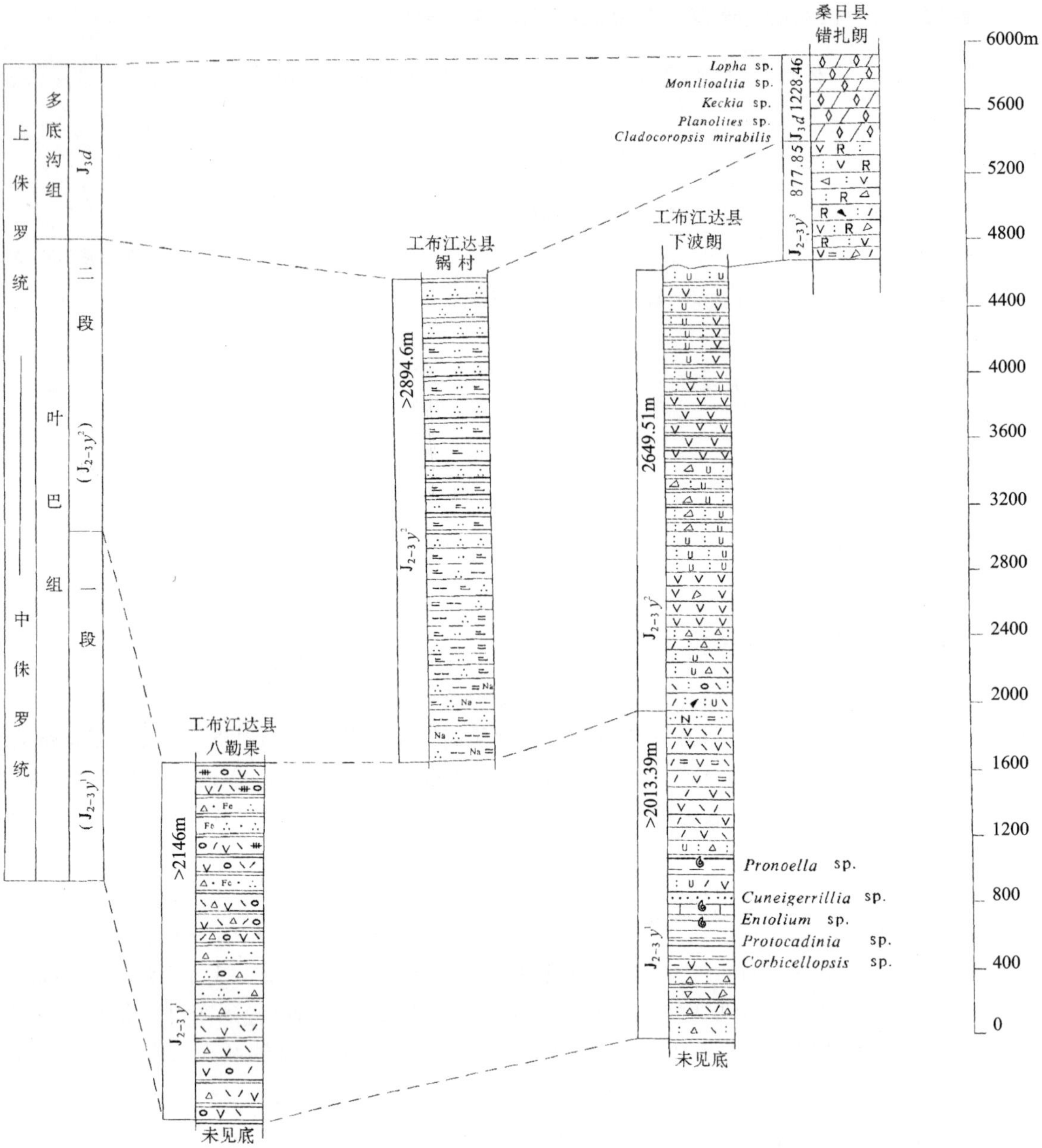

图 2-19　叶巴组、多底沟组区域柱状对比图

乡下波朗剖面叶巴组板岩中产双壳类 *Pronoella*(*Gythemon*) sp.、*Cuneigervillia* sp.、*Entolium* sp.、*Protocardia* sp.、*Corbicellopsis* sp.。其中双壳类 *Cuneigervillia* 和 *Pronoella*(*Gythemon*)是欧洲侏罗系中的特有属，而亚属 *Gythemon* 的时代则仅限于欧洲中侏罗统；以 *Protocardia stricklandi* 为代表的双壳类动物群，*Protocardia stricklandi* 原见于英国中侏罗世的大鲕状灰岩、并在欧洲中侏罗统中很常见，也是缅甸南瑶群、云南和平乡组、青海雁石坪地区的雀莫错组等中侏罗统中的重要分子，其他种属 *Lopha costata*、*Nuculana*(*Dacryomya*) *lacryma*、*Astarte* cf. *compressiuscula* 也都是英国中侏罗世的大鲕状灰岩的组成分子，因此，该双壳类动物群无疑应为中侏罗世代表，可能为巴柔期 *Bajocian*—巴通期 Bathonian；钙藻类 *Cymopolia* sp.、*Macroporella* sp.、*Trinocladus* sp. 时代为中侏罗世；虫迹 *Lockeia* sp.、*Gyrichnites* sp. 等地质时代也为中侏罗世。

综上所述，叶巴组所含生物面貌显示出典型的中侏罗世色彩，但在含化石层位之上，尚有 2000m 以上的哑地层，晚侏罗世多底沟组平行不整合覆于其上，据此将叶巴组的地质时代划归中—晚侏罗世较为适宜，多底沟组划归晚侏罗世。

第六节 白垩纪朗县混杂岩

该混杂岩为新建构造-岩石地层单位。呈条带状分布于图幅西南隅朗县—洞嘎镇一带，在图幅东部的米林—巴嘎雅鲁藏布江沿岸，呈残片、残块状断续分布。西延至加查县和乃东县泽当一带，称罗布莎蛇绿岩群(1:20 万加查幅)和泽当蛇绿岩群(1:20 万泽当幅)，往南延入 1:25 万扎日区幅，图幅内出露面积约 87.5km^2。

一、混杂岩剖面结构

朗县朗村白垩纪朗县混杂岩实测剖面(图 2-20)

剖面位于朗县朗村—吉登许，起点在林芝八一镇—泽当—拉萨 S306 线省道公路上，坐标为东经 93°04′33″，北纬 29°03′33″，高 3190m，为区内白垩纪朗县混杂岩正层型剖面。朗县—白路村—杰堆村公路经过剖面，交通方便。

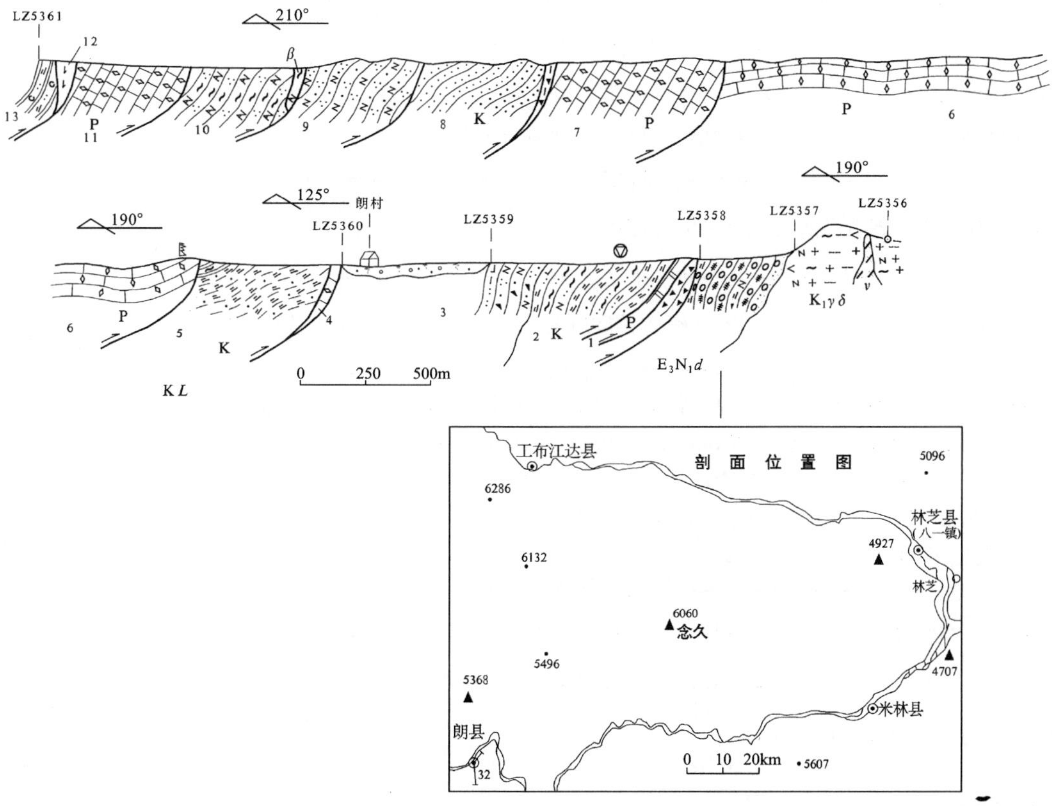

图 2-20 朗县朗村朗县混杂岩实测剖面图

白垩纪朗县混杂岩(*KL*) **总厚度＞2740.43m**

13. 灰黑色含炭质粉砂质绢云板岩。未全 ＞27.96m

═══════ 断层接触 ═══════

12. 上部灰绿、绿色弱纤闪石化单辉辉石岩，绿帘角闪岩，透闪石化—绿泥石化单辉辉石岩，强纤闪石—透闪石化单辉辉石岩，沿走向尖灭再现；下部灰绿色钠长—绿帘—角闪片岩，北与大理岩断层接触。边部具片理化、碎裂岩化及硅化。为一构造岩片 岩片宽＞10～45m

══════════ 断层接触 ══════════

11. 灰、浅灰色中—厚层状中细晶结晶灰岩，局部具条带状。为一构造岩片 >221.85m

══════════ 断层接触 ══════════

10. 灰绿—灰黄色绿泥钠长石英片岩，底部绿—灰绿色碳酸盐化绿帘钠长绿泥片岩，挤压变形和小型片褶发育，为一构造岩片 >170.28m

══════════ 断层接触 ══════════

9. 灰、灰绿色、灰黄色变质细—中粒长石石英砂岩，发育同斜褶皱 >274.01m

══════════ 断层接触 ══════════

8. 灰、灰黄色变质砂岩，黄灰、灰绿色中细粒变质砂岩，夹灰—灰绿色绿帘—绿泥石英角岩；岩石中常见以 S_1 面理形成的同斜褶皱，底部为挤压破碎带 >239.09m

══════════ 断层接触 ══════════

7. 灰、灰白色条纹状结晶灰岩，岩石中发育牵引小褶皱 >354.69m

══════════ 断层接触 ══════════

6. 灰、灰白色中—厚层状结晶灰岩，灰岩中产牙形刺：? *Diplognathodus augustus* Igo，*D. lanceolatus* Igo，Gen. et sp. indet. A.，时代为 P_{1-2}。为一构造岩片 >327.60m

══════════ 断层接触 ══════════

5. 灰、深灰色钙质板岩，泥质板岩，灰黄色砂质绢云千枚岩，粉砂质绢云千枚岩，夹片理化—炭化含砂质泥质结晶灰岩、深灰、灰色结晶灰岩或细晶灰岩透镜体 >358.73m

══════════ 断层接触 ══════════

4. 深灰、灰色含砂屑结晶灰岩。为一构造岩片 >9.55m

══════════ 断层接触 ══════════

3. 灰、灰绿色变质长石石英杂砂岩，含钙质粉砂质绢云板岩，夹绿泥板岩。泥质板岩 >341.64m

══════════ 断层接触 ══════════

2. 灰色钙质—粉砂质绢云板岩、千枚岩，灰绿、绿色绿泥板岩，绿泥千枚岩，夹变质长石石英杂砂岩。绢云千枚岩中获孢粉 *Pinuspollenites elongus*，*P. labdacus* cf. *maximus*，*Cedripites* sp.，*Piceites* sp.，*Piceaepollenites gigantean*，*Poldocarpidites* cf. *amplus*，*Paleoconiferus* sp.，*Erlianpollis* sp.，*Brevimonosulcites* sp.，*Triporopollenites* sp.（图版Ⅴ-8，图版Ⅵ-1～Ⅵ-8，图版Ⅶ-1～Ⅶ-5） >371.59m

══════════ 断层接触 ══════════

1. 灰色中—薄层状大理岩，夹灰色板状绢云石英粉砂岩。为一构造岩片 >43.44m

══════════ 断层接触 ══════════

渐新世—中新世大竹卡组（E_3N_1d）

二、混杂岩特征

朗县混杂岩由单辉辉石岩、绿帘角闪石岩岩片，厚度为 10～>770m；二叠纪碳酸盐岩片（PCa），厚度为 9.55～>354.69m；火山岩岩片（T_3—$J_2\beta$），厚度>170.28m；白垩纪复理石岩片（K*fw*），厚度大于 1071.96m 等岩片（块）混杂堆积构成。各岩片（块）间均呈断层接触，边缘发育小型脆韧性剪切带，并与白垩纪基质一起揉皱变形，岩石强烈糜棱岩化。其中普遍发育斜向矿物拉伸线理和水平褶纹线理、拖曳褶皱、雁行状排列的构造透镜体、小型脆韧性断裂及其夹持的岩块相互叠覆，构成雅鲁藏布江蛇绿一构造混杂带东延的一部分。

（1）单辉辉石岩、绿帘角闪石岩岩片（Σ、ν）：呈大小不等、强烈变形的构造透镜状岩片（块）体群断续产出，单个岩片10余米至几百米不等；无冷凝边，与周围均为断层接触，延伸不远即尖灭，显示构造侵位"无根"岩体特征。主要岩石包括蛇纹岩、片状滑石蛇纹岩、蛇纹石化斜辉辉橄岩、二辉辉橄岩和纤闪石化单辉辉石岩、绿帘角闪石岩等。岩石中含铬尖晶石。因动力变质辉石出现变形双晶、扭折带和波状消光等。

在朗县吉登许闪石化变辉石岩中获^{40}Ar-^{39}Ar辉石等时线年龄995.94±12.70Ma、辉石年龄谱视年龄T_p=997.38±1.23Ma、T_{tg}=958.30±19.2Ma(表2-9)，形成于中元古代晚期或更老。

(2) 二叠纪碳酸盐岩片(PCa)：为灰、深灰色薄—中厚层状结晶灰岩，条纹条带状结晶灰岩，大理岩及条纹条带状大理岩，含牙形刺 *Diplognathodus augustus* Igo，*D. lanceolatus* Igo，Gen. et sp. indet. A.，其时代可能为早—中二叠世。

表2-9　1∶25万林芝县幅朗县混杂岩(*KL*)^{40}Ar-^{39}Ar快中子活化地质年龄数据表

加热阶段	温度℃	$(^{40}Ar/^{39}Ar)_m$	$(^{36}Ar/^{39}Ar)_m$	$(^{37}Ar/^{39}Ar)_m$	$(^{38}Ar/^{39}Ar)_m$	^{39}Ark (10^{-12}mol)	$(^{40}Ar*/^{39}Ark)\pm1\sigma$	^{39}Ark%	视年龄 $(t\pm1\sigma)$Ma
1	400	131.18	0.0857	1.7776	0.189 99	1.622	106.2±0.1560	3.49	1609.97±166.72
2	500	20.088	0.0355	1.2411	0.104 73	3.917	9.755±0.010	8.43	224.16±3.35
3	600	45.661	0.0550	2.1994	0.180 50	2.733	29.68±0.025	5.88	610.36±14.69
4	700	68.095	0.0476	4.3001	0.223 80	2.428	54.60±0.047	5.23	999.76±37.42
5	800	61.621	0.0270	4.0357	0.183 78	3.424	54.14±0.038	7.37	993.41±30.90
6	900	60.396	0.0198	3.9776	0.141 58	4.673	55.04±0.035	10.0	1005.94±28.94
7	1000	60.714	0.0238	4.3382	0.174 40	3.885	54.22±0.037	8.36	994.44±29.95
8	1080	58.536	0.0162	4.8270	0.135 77	5.688	54.31±0.033	12.2	995.79±27.23
9	1160	56.969	0.0121	4.2398	0.119 69	7.617	54.24±0.031	16.4	994.75±25.70
10	1240	58.208	0.0149	6.5533	0.140 67	6.189	54.58±0.033	13.3	999.53±27.23
11	1360	63.333	0.0333	6.8142	0.230 00	2.770	54.33±0.042	5.96	995.96±33.95
12	1500	104.53	0.101 56	5.4439	0.290 62	1.479	75.38±0.1026	3.18	1270.53±94.29

注：样品编号LZ3529-1，样品名称辉石，样品重量W=0.2204g，照射参数J=0.013 562。测试单位：中国科学院地质与地球物理研究所Ar-Ar法定年实验室；测定仪器：英国RGA-10气体源质谱仪(VSS公司)；$\lambda=5.543E^{-10}$/年；分析测定者：桑海清、王英蘭。

(3) 火山岩片(T_3—$J_2\beta$)：为变中基性火山岩、绿片岩等组成，呈较大的变形构造岩片、岩块状产出，宽40～100m不等。岩石基本未保留原岩结构构造，为灰绿—灰黄色绿泥钠长石英片岩、绿—灰绿色碳酸盐化绿帘钠长绿泥片岩、灰绿色绿帘—绿泥片岩等，边缘发育小型脆韧性剪切带等。据1∶20万加查幅Rb-Sr同位素等时线年龄值173.27±10.90Ma和1∶20万泽当幅Rb-Sr同位素等时线年龄值168.24±11.03Ma、215.57±20.68Ma，将其时代置于晚三叠世—中侏罗世。

(4) 复理石基质(*fw*)：由灰色钙质—粉砂质绢云板岩、泥质板岩、绿泥板岩、灰黄色砂质绢云千枚岩、粉砂质绢云千枚岩、绿泥千枚岩及绿片岩(图版Ⅶ-6)，夹片理化—炭化含砂质泥质结晶灰岩、深灰、灰色结晶灰岩或细晶灰岩透镜体、变质长石石英杂砂岩等组成，具明显复理石韵律(图版Ⅶ-7)。在朗县北林芝八一镇—泽当—拉萨S306线省道公路上，于绢云千枚岩中获孢粉 *Pinuspollenites elongus*、*P. labdacus* cf. *maximus*、*Cedripites* sp.、*Piceites* sp.、*Piceaepollenites gigantean*、*Poldocarpidites* cf. *amplus*、*Paleoconiferus* sp.、*Erlianpollis* sp.、*Brevimonosulcites* sp.、*Triporopollenites* sp.(图版Ⅴ-8，图版Ⅵ-1～Ⅵ-8，图版Ⅶ-1～Ⅶ-5)；其中松粉属 *Pinuspollenites*，云杉粉属 *Piceaepollenites*，罗汉松粉属 *Poldocarpidites*，雪松粉属 *Cedripites* 是侏罗纪、白垩纪地层中的常见分子。结合组合中出现的二连粉属 *Erlianpollis*(见于我国华北、东北的早白垩世地层中)，短单沟粉属 *Brevimonosulcites*(见于湖北宜昌窑湾下白垩统五龙组)，三孔粉属 *Triporopollenites*(白垩纪早期)，将其时代置于白垩纪。

另在朗县洞嘎镇东八龙浦一带，见一由变质基底岩系组成的岩片，厚度大于1615.22m，岩性为灰绿色白云母绿帘绿泥片岩，深灰绿色含石榴角闪绿泥石英片岩，灰色角闪斜长片麻岩，深灰、暗绿、灰色钠长绿帘绿泥片岩等，夹少量灰、灰绿色绿泥二长石英岩。

上述各岩片岩石普遍遭受不同程度的变质变形改造，如碎裂岩化、糜棱岩化、蛇纹石化、软玉化、滑石菱镁矿化、绿泥石化、绢云母化及铬、镍及铁矿化。依据前人区域地质资料和本区地质特征分析，区内(蛇绿)混杂岩可能不是"失踪的大洋壳"残片，而是小洋盆环境下形成的产物。

三、混杂岩时代讨论

通过项目调查与研究，结合近年西部邻区地质成果资料分析，对混杂岩的有关时代讨论如下。

(1) 西延1:20万泽当幅(1994)泽当蛇绿岩群，顶部硅质岩中放射虫主要种属有 *Paronaella* sp.，*Hsuam* sp.，*Crucella* sp.，*Alievium* sp.等，中国科学院南京古生物研究所王玉净研究员认为，其化石组合时代为 J_3—K_1；在泽当泥砂质混杂岩的燧石岩块中产有 *Copnuchosphoaera* sp.，*Betraccilum* sp.，*Pseudostylosphaera* sp.等，其时代为 T_{2-3}；在泽当蛇绿岩群枕状玄武岩中获2条Rb-Sr等时年龄：靠近下部层位中同位素年龄值为215.57±20.68Ma，上部层位为168.24±11.03Ma，时代为 T_3—J_2。

(2) 西延邻区1:20万加查幅(1995)罗布莎蛇绿岩群上部枕状玄武岩中获Rb-Sr同位素等时线年龄值为173.27±10.90Ma，时代为 J_2。

(3) 在调查区朗县混杂岩的基质部分—炭质绢云千枚岩中新获时代为 K_1 古孢粉；在混杂灰岩岩块中新获时代为 P_{1-2} 牙形刺。

综上所述，朗县混杂岩形成的时代，可能为晚侏罗世—早白垩世。其中含 T_{2-3} 放射虫燧石岩块、含 P_{1-2} 牙形刺的大理岩等岩块、元古代变质基底岩系的块体等，据其产出特征，可能是被构造混杂卷入的早期不同环境、不同时代的产物，暂将其置于白垩纪。

第七节　渐新世—中新世大竹卡组

该组在区内仅呈条带状分布于图幅西南隅，茄子弄—滚没断裂以北的朗县茄子下—公布—坡纳—够屋一带，面积约16.9km²，占图区地层总面积0.01%。主要为一套紫红、灰绿、灰色复成分砾岩、砂砾岩，砂岩、粉砂岩、泥岩，厚度大于314.17m；北侧不整合覆于早白垩世花岗闪长岩之上，南侧被白垩纪朗县混杂岩(*KL*)推覆，向西延入1:20万加查幅。

1:100万拉萨幅(1979)将其划为古近纪诺布沙群(E*lb*)；《西藏自治区区域地质志》(1993)及《西藏自治区岩石地层》(1997)将西侧相邻措勤—申扎分区的该套地层时代置于渐新世—中新世，首建大竹卡组(E_3N_1d)，而在拉萨—察隅分区内又将其划为渐新世日贡拉组(E_3r)和中新世芒乡组(N_1m)。图区本套地层在空间分布上与西部的罗布莎群直接相连，且岩性相似，实为同物异名地层，故将其统一划归为大竹卡组。

一、岩石地层单位特征

朗县朗村渐新世—中新世大竹卡组(E_3N_1d)实测剖面(图2-21)

剖面位于朗县之北，林芝八一镇—泽当—拉萨S306线省道公路上，坐标为东经93°04′38″，北纬29°04′01″，高3200m，八一镇—朗县—拉萨公路经过剖面，交通方便。

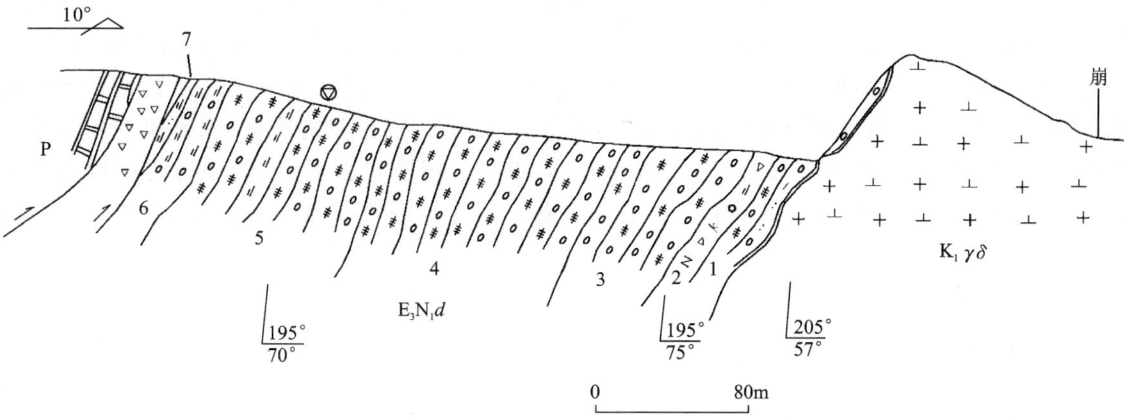

图 2-21　朗县朗村渐新世—中新世大竹卡组实测剖面图(剖面位置见图 2-20 编号 32)

渐新世—中新世大竹卡组(E_3N_1d)　　　　总厚度＞314.17m

7. 灰色含砂质绢云硅质板岩。断层破坏,出露不全　　＞9.68m

6. 灰、灰黄色含砾绢云千枚岩,砾石成分为石英、燧石,砾径 2～5mm　　22.14m

5. 灰、灰绿色复成分砾岩,夹少量厚 2m 砂砾岩和厚 0.8m 板岩;由下至上砾石含量减少,砾石成分为花岗岩、板岩、脉石英、燧石等,砾径一般 2～＞10cm。绢云板岩大砾石或老地层块体中获孢粉:*Triporoletes* cf. *reticulatus*　　63.86m

4. 灰绿色复成分砾岩,砾岩成分主要为二长花岗岩、玄武岩、千枚岩、板岩等　　125.26m

3. 灰绿色复成分砾岩,砾石含量占 80%以上　　71.79m

2. 灰、灰绿色绢云母化—硅化钾长(质)碎裂岩,见闪长质和斜长质糜棱岩砾石碎块　　8.39m

1. 灰色、灰紫色变质砂砾岩,变质含砾泥质粉砂岩(花岗岩原地风化沉积),夹粉砂质绢云板岩　　13.05m

～～～～～～～　沉积不整合接触　～～～～～～～

下伏岩石:早白垩世花岗闪长岩

大竹卡组岩性为灰紫色、灰绿色、灰色变质复成分砾岩(图版Ⅶ-8),夹粉砂质绢云板岩,顶部为灰、灰黄色含砾绢云千枚岩、含砂质绢云硅质板岩,岩石一般均遭受浅变质作用,未见顶,底部沉积不整合在冈底斯火山—岩浆弧早白垩世花岗闪长岩体之上(图 2-22,图版Ⅷ-1);东侧洞嘎一带夹砂砾岩。

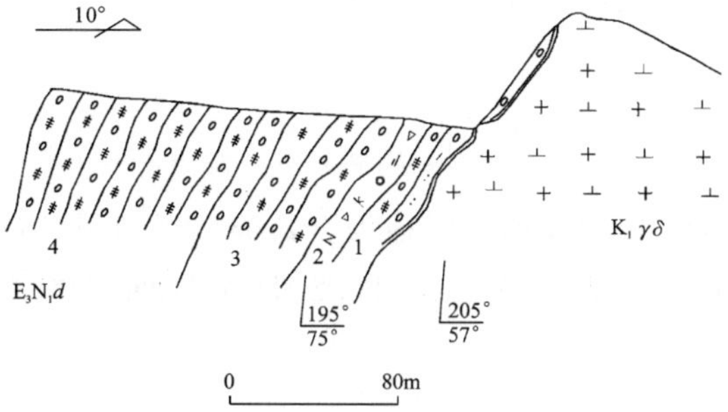

图2-22　朗县朗村大竹卡组与早白垩世花岗闪长岩接触关系素描图

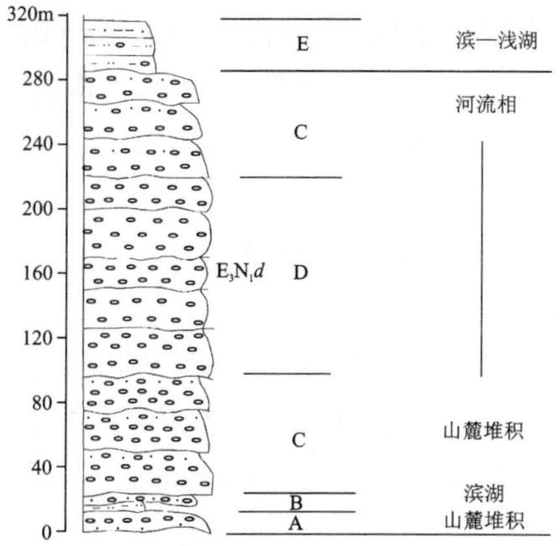

图 2-23　朗县朗村大竹卡组沉积层序图

复成分砾岩的颜色多样,砾石成分复杂,有二长花岗岩、玄武岩、千枚岩、板岩、灰岩、火山碎屑岩、脉石英等;大小悬殊,一般 2～20cm,最大可达 100～300cm;砾石含量一般占 50%～60%,最高达 80%以上;磨圆度较差,具挤压变形。

大竹卡组严格受喜马拉雅期雅鲁藏布江复合断裂带发育的狭长断陷盆地控制。以陆相粗碎屑岩为主，沉积速度快，磨圆度差，层理多被变形面理破坏，为一套以山麓堆积为主的山间磨拉石建造，具河流—湖泊沉积体系特征，可见5种类型基本层序(图2-23)。底部发育变质含砾泥质粉砂岩和粉砂质绢云板岩组成的向上变细退积型山麓堆积A类型，厚3～5m，砂岩底部具冲刷面，及砂砾岩不显旋回性加积型滨湖相B类型；中部发育变质砾岩—含砂砾岩加积—退积型C类型，或变质砾岩的砾石含量减少的加积—退积型D类型，构成山麓—河流相沉积；顶部为含砾绢云千枚岩组成的不显旋回性加积型滨—浅湖相E类型。

二、地层时代讨论

区内大竹卡组在朗县北公路上绢云板岩大砾石或块体中采获孢粉 *Triporoletes* cf. *reticulatus*，该种孢子见于江西贵溪县中白垩统周店组和湖北宜昌下白垩统五龙组中，鉴定者认为发现的孢子网眼很大，壁也厚，它出现的时间可能较早。西部邻区的加查县加查兑、朗县子隆乡和曲松县罗弄巴等地，该套地层不整合覆于早白垩世花岗闪长岩。西藏地质二大队(1975)在曲松县罗布莎一带于中上部粉砂岩中获双壳类 *Sphaerium* aaf. *rivicolum* Lamarck(N_1)，腹足类 *Planorbis* cf. *rotundata* Brong(E_3—N_1)、*Gyraulus* sp. (E_3—N_1)、cf. *Limbata*(*Deshayes*)(E_3—N_1)、*Planorbarius* sp. (E_3—N_1)、*Bithynia* sp. (E_3—N_1)，轮藻 *Rhabdochara* sp. (E_3)、*Amblyochara* sp. (E_3)，植物 *Palmocarpon* sp. (E_3—N_1)、*Rhododendron*? sp.；下部粉砂岩中获双壳类 *Acuticosta* sp. (N_1)，腹足类 *Gyraulus* sp. (E_3—N_1)、*Amnicola* sp. (E_3—N_1)、*Bithynia* sp. (E_3—N_1)，轮藻 *Tectochara* sp. (E_3)、*Croftiella* sp. (E_3)，植物 *Palmocarpon* sp. (N)等化石。1∶20万加查幅(1995)在康金拉一带的粉砂岩中获双壳类 *Charophyta* gen. et sp. indet(E_3)，在曲阿弄巴粉砂岩中获植物 *Quercus* cf. *tofina*(N_1)。因此，将大竹卡组时代置于渐新世—中新世。

第八节　第四纪地质

测区地势山高谷深，中部冈底斯山脉东段横亘全区，主脊山峰一线海拔多在5000m以上，西部工布江达县西南错拉果一带无名峰海拔最高达6286m，中部次高为念久峰6060m。著名的雅鲁藏布江流经冈底斯山南侧，尼洋河流经冈底斯山北侧，与雅鲁藏布江汇合于林芝，汇合处河谷最低海拔为2916m。南—东南为喜马拉雅山脉，东南隅喜马拉雅山脉南麓为图幅内最低点，海拔仅1440m。具地形高差大，切割剧烈等特点。因此，第四纪沉积规模较小，分布零星，现代冰川较发育。

一、第四纪地层

该地层主要分布于尼洋河、雅鲁藏布江河谷、高山坡地及冰蚀谷地等。其类型以湖积、冰川堆积、冰水堆积、冲积、洪积和风积为主，兼具混合特征。划分为更新世、全新世地层(不含现代冰期冰川堆积物)，出露面积大于2000km²。

(一) 更新世湖积堆积物(Qp^l)

更新世湖积堆积物见于属林芝古湖泊的林芝县城和八一镇毛纺厂等地，及属米林古湖泊(陈万勇，1980)的雅鲁藏布江下游党纽窝，及其支流玉松台上游、纳伊普曲拉帮等地一带。现以林芝县城砖瓦厂、八一镇毛纺厂和米林县党纽窝剖面为代表讨论如下。

1. 林芝县城砖瓦厂第四纪更新世湖积—全新世冲积实测剖面(图 2-24)

剖面位于林芝县城西南砖瓦厂,坐标为东经 94°28′33″,北纬 29°33′32″,高 2950～3090m,林芝—米林县贡母公路通过剖面,交通方便。据陈万勇(1980)林芝县建筑公司砖瓦厂地质剖面修测而成。

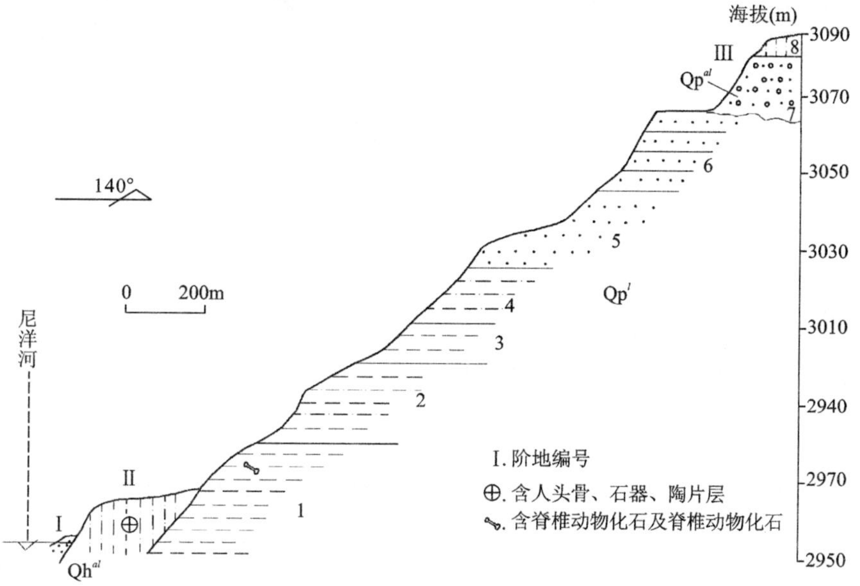

图 2-24　林芝县城砖瓦厂更新世湖积—全新世冲积实测剖面图(据陈万勇修测,1980)

全新世冲积堆积物(Qh^{al})　　**总厚度 2～10m**

9. 黄色砂土层,为浅黄色黄砂土和细砂组成;在砂土中见到云母矿物小片,局部地方见有黄褐色铁染现象;在黄色粉砂土中发现林芝人头骨和石器、陶片等。为尼洋河Ⅱ级阶地堆积物　　2～10m

～～～～～～～～ 角度不整合接触 ～～～～～～～～

更新世冲积堆积物(Qp^{al})　　**总厚度 7～13m**

8. 黄色亚砂土层;地表为黄褐色风化土壤层,含有现代腐殖质层　　2～3m
7. 黄色细砾—大砾砂砾石层;砾石成分以花岗岩为主,次为石英岩等,砾径最大为 20cm,一般 7～10cm,小者为 0.5cm,砾石磨圆度好,多呈椭圆形;具平行层状构造。为尼洋河Ⅲ级阶地河流相堆积物　　5～10m

～～～～～～～～ 角度不整合接触 ～～～～～～～～

更新世湖积堆积物(Qp^{l})　　**总厚度＞123m**

6. 黄色细砂层;具明显的水平层理,沿层理含有同心状铁质结核　　30m
5. 黄色中粗砂层;以黄色中粗砂为主,中间夹粉砂层,发育有小交错层理(图版Ⅷ-2)　　20m
4. 黄灰色相间的粉砂层,具明显的水平层理　　15m
3. 深灰色粘土层,为质地很细的湖泥;向上含砂质增高,并有灰白色相间细层理　　10m
2. 黄色粉砂层,夹有灰色、黄色粘土层;粘土层每层厚 10～15cm;具明显的微层理构造　　20m
1. 灰色水平层理粘土层,夹有粉砂层;局部含有黄色铁染现象,具季节性细层理,及发育后期小断层(图版Ⅷ-3)。陈万勇等曾采获脊椎动物化石野牛 *Bibos* sp. 和古藤本植物化石,另在下部古藤本植物化石经^{14}C 年龄测定距今≥36 000 年　　＞28m

2. 林芝地区八一镇毛纺厂第四纪更新世湖积—全新世冲积实测剖面(图 2-25)

剖面位于林芝县八一镇尼洋河东侧,坐标为东经 94°21′05″,北纬 29°39′58″,高 3000m,有便道相通。

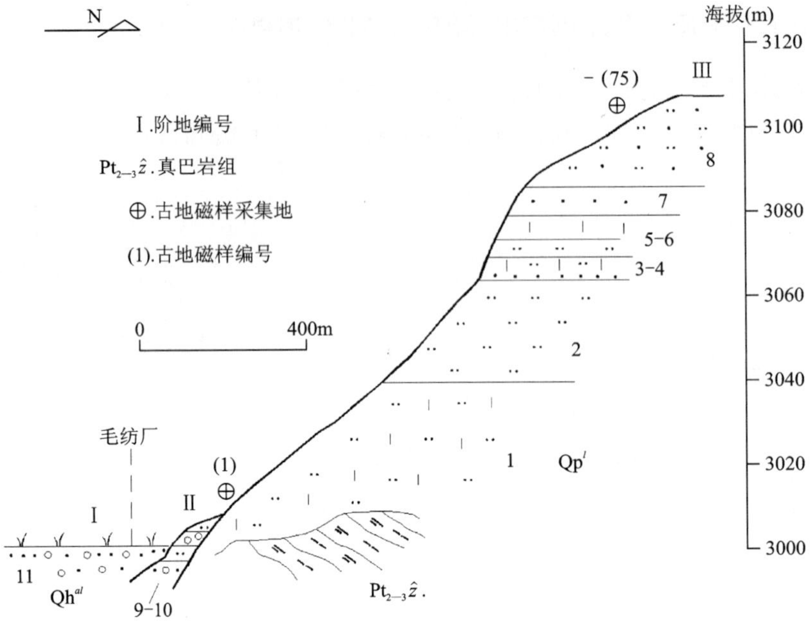

图 2-25　林芝地区八一镇毛纺厂更新世湖积—全新世冲积实测剖面图

全新世冲积堆积物(Qh^{al})　**总厚度>9.40m**

11. 灰、黄色中砾砂砾石层；砾石成分复杂为石英岩、片麻岩、花岗岩等，砾径一般5～10cm，分选性较好，砾石磨圆度以次圆状为主，少量次棱角状，表面光滑；砾石含量85%，砂质含量15%，固结差。尼洋河Ⅰ级阶地　>5.00m

10. 浅褐黄色单层厚1～3cm砂砾石层和浅灰色单层厚4～10cm粘土质粉砂层构成由粗至细的韵律层序。为尼洋河Ⅱ级阶地堆积物　2.00m

9. 黄色中砾砾石层与砂质层构成2个由粗至细的韵律层序，具二元结构；砾石单层厚20cm，砂质单层厚60～100cm。为尼洋河Ⅱ级阶地堆积物　>2.40m

~~~~~~~~~~~~ 角度不整合接触 ~~~~~~~~~~~~

更新世湖积堆积物(Qp^{l})　**总厚度>99.00m**

8. 浅灰黄色块状粉砂质砂层，成分单一，固结程度差。顶部为耕植土层庄稼地、植被覆盖。为尼洋河Ⅲ级阶地堆积物　21.80m

7. 浅灰黄色与浅灰色砂质层相间等厚互层，二者层厚10～30cm，具水平层理　8.00m

6. 浅灰色与灰黄色亚粘土层韵律互层，具条纹条带状水平层理，条纹条带厚2～3mm；局部夹有暗褐黄色水平条带；底部浅黄色粉砂层，局部含砂质透镜体　4.00m

5. 上部—中部浅灰、浅灰黄色粉砂质粘土层，局部断续分布砂质透镜体；下部浅灰黄色厚层状粉砂质粘土层与暗灰色厚层状粘土层构成沉积韵律(图版Ⅷ-4)，浅灰黄色厚层状粉砂质粘土层单层厚1.8m，暗灰色厚层状粘土层单层厚0.6m　8.00m

4. 浅灰白色中层状砂质层与灰黄色薄层状粉砂层构成沉积韵律；前者单层厚24cm；后者成分单一，单层厚10cm　1.00m

3. 浅灰黄色中层状砂质层与灰黄色厚层状粉砂质粘土层构成沉积韵律；前者单层厚25cm；后者单层厚60cm　0.80m

2. 浅灰黄色粉砂层，局部沿水平层理方向有厚1～2cm透镜体砂砾石层，砾石砾径为2～5mm；水平纹层发育　25.10m

1. 上部—中部浅灰色夹浅褐黄色粘土质粉砂层，局部有厚1～2mm褐铁矿条纹顺层断续产出，水平纹层发育；下部浅灰黄色粘土层，成分较纯，胶结紧密，单层厚8～12cm　>30.30m
~~~~~~~~~~~~

3. 米林县党纽窝第四纪更新世湖积—全新世冲积实测剖面(图 2-26)

剖面位于米林县米林镇岗嘎大桥东侧,雅鲁藏布江南岸党纽窝,坐标为东经 94°20′21″,北纬 29°18′50″,高 2930m,S306 线省道公路米林县岗嘎大桥—派乡公路经过剖面,交通较方便。

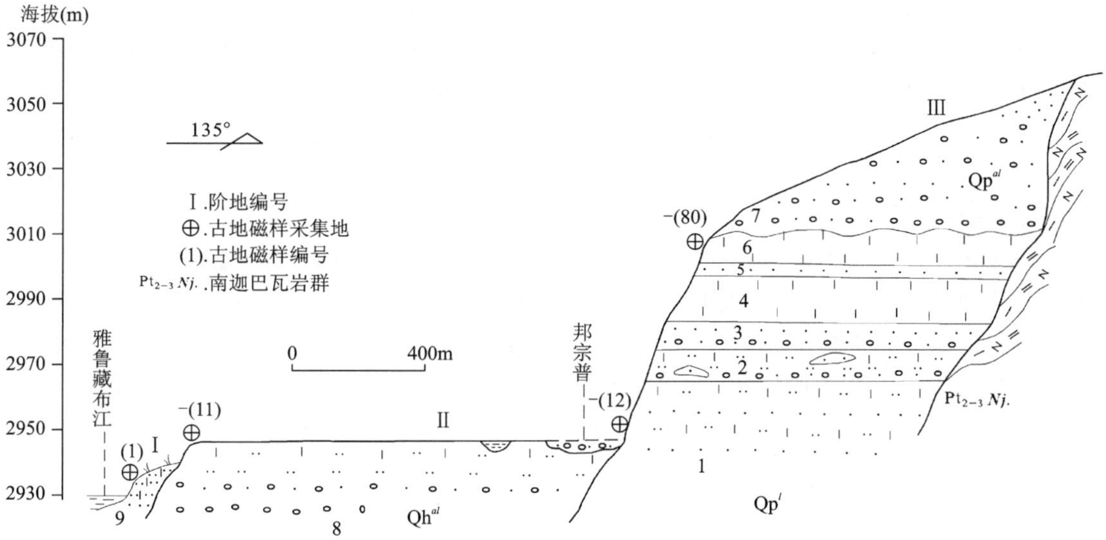

图 2-26 米林县党纽窝第四纪更新世湖积—全新世冲积实测剖面图

全新世冲积堆积物(Qh^{al}) **总厚度>16.03m**

9. 灰色细砂、粉砂层、粘土质松散堆积,发育水平纹层。为雅鲁藏布江Ⅰ级阶地堆积 >9.74m

8. 灰色砾石、砂质层,砾石成分复杂为花岗岩、片麻岩、变粒岩等,砾径一般 2~10cm,个别达 15~20cm,砾石含量 75%,砾石磨圆度呈次椭圆—扁圆状,分选性较好;上部地表为厚 80cm 粉砂、粘土质层。为雅鲁藏布江Ⅱ级阶地堆积物 >6.29m

~~~~~~~~ 角度不整合接触 ~~~~~~~~

更新世冲积堆积物(Qp^{al}) **总厚度>52.31m**

7. 灰、褐灰色砂砾石层,砾石成分复杂为糜棱岩、片麻岩、石英岩等,砾径一般 2~15cm,大者达 25~35cm,砾石含量 70%,砾石磨圆度多呈次圆状 >52.31m

~~~~~~~~ 角度不整合接触 ~~~~~~~~

更新世湖积堆积物(Qp^{l}) **总厚度>61.14m**

6. 灰色粘土层,发育水平层理;地貌形成陡崖 7.19m

5. 灰黄色中细粒砂质层 3.60m

4. 灰色粘土层,发育水平层理;可作砖、瓦原料 14.39m

3. 浅灰黄色砂砾石层与砂层不等厚互层,组成向上变细层序,接触面起伏状;砂砾石层厚 50~60cm,砾石成分以糜棱岩、片麻岩、石英岩为主,砾径一般 0.2~2cm,个别达 4cm,砾石含量 55%~60%,砾石磨圆度多呈次圆状;砂层厚 80~100cm 7.91m

2. 灰、灰黄色粉砂质粘土与细砾石层、砂质层组成向上变细层序;细砾石层厚 20cm,向上过渡为砂质,砾石成分以石英为主,少量变质岩,砾石磨圆度呈次圆—圆状,显正粒序;粉砂质粘土厚约 200cm,见水平纹层,并局部含有砂、砂砾透镜体 10.79m

1. 灰、灰黄色砂质与粉砂质粘土组成向上变粗层序。砂质层中发育沙纹层理、槽状交错层理,单层厚 12cm;粉砂质粘土单层厚 5~6cm,底部见褐铁矿化薄膜,为层序底部,近水平堆积。粉砂质粘土中产孢粉:水龙骨科 Polypodiaceae,水龙骨科比较种 *Polypodium* cf. *niponicum*,云南铁杉比较种 *Tsuga* cf. *yunnanensis*,松属未定种 *Pinjus* sp.(图版Ⅷ-5~Ⅷ-8,图版Ⅸ-1) >17.26m

更新世湖积物分布高程2950～3108m，为林芝县第四纪盆地的主要组成部分。堆积厚度在八一镇毛纺厂大于99m，林芝县城砖瓦厂剖面厚度大于123m，一般将其划分为湖泊深水相和湖滨浅水相。①湖泊深水相：薄层状粘土层为主，下部粘土含量高，向上砂性增大，逐渐过渡为黄色细砂。具水平层理，沉积物颗粒较细，分选性好，具明显灰白相间季节性韵律状纹层。②湖滨浅水相：为黄色中粗粒砂夹薄层状砂质粘土层等。分选性和磨圆度好。发育小交错层理，形成于有小的流水作用的湖滨环境。林芝盆地湖积粘土矿物几乎都由鳞片状水云母和假六方形板状高岭石组成。反映在温暖湿润气候下沉积。据陈万勇(1980)湖积物下部古藤本植物^{14}C年龄为3.6Ma，时代属晚更新世早期。

米林湖积物在纳伊普曲及尼洋河与雅鲁藏布江汇合的党纽窝等地分布高程2930～3005m，堆积厚度在米林县党纽窝大于61.14m。堆积物为湖泊深水—浅水相薄层状粘土、灰黄色中细粒砂质、粉砂质粘土沉积，胶结紧密-疏松状。

本次在林芝地区八一镇毛纺厂和米林县党纽窝剖面湖积物中分别采获古地磁标本75件和80件，经成都地质矿产所测试(测试仪器为美国SCHONSTEDT仪器公司的SSM-2A磁通门旋转磁力仪)，其极性仅相当于国际第四系极性年表中布容正向极性带的顶部，下部分别为1或2个反向极性亚带，其余为正极性；反映沉积历史不大于4Ma。此外，在米林县党纽窝剖面底部粘土中产孢粉：Polypodiaceae、*Polypodium* cf. *niponicum*、*Tsuga* cf. *yunnanensis*、*Pinus* sp.，时代属晚更新世。

（二）更新世冰川堆积物(Qp^{gl})

更新世冰川堆积物包括冰川堆积(Qp^{gl})和冰水堆积(Qp^{gfl})。划为晚更新世早、晚两个阶段冰川堆积物，相当于米林(白玉)和错高湖(珠西)两个冰期的冰川堆积。

米林县扎西绕登乡康沙第四纪更新世冰川堆积-全新世冲积实测剖面(图2-27)

剖面位于米林县扎西饶登乡康沙村东侧的雅鲁藏布江边，坐标为东经93°57′15″，北纬29°11′46″，高2940m，终点坐标为东经93°56′34.7″，北纬29°12′32.5″，高3100m，米林县岗嘎大桥—康沙村有公路相通，交通方便。

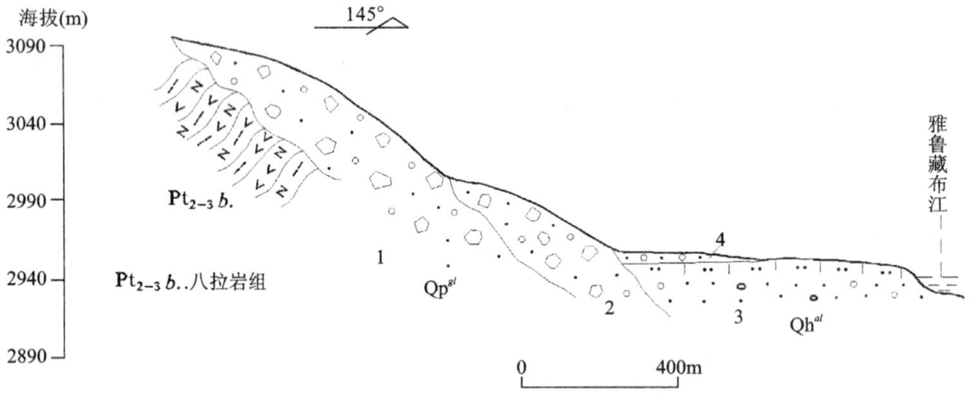

图2-27　米林县扎西绕登乡康沙更新世冰川堆积—全新世冲积实测剖面图

全新世冲积堆积物(Qh^{al})　**总厚度＞14.01m**

4. 灰、浅灰色细砂层，粉砂层与粉砂质粘土层组成，局部见砂砾石层透镜体分布；细砂层、粉砂层厚约25cm，胶结松散，粉砂质粘土层单层厚0.5～0.8cm；砂砾石层砾石成分复杂，为石英、变质岩、花岗岩等，砾石含量40%～50%，砾石大小为0.2～1cm，个别达3cm，砾石磨圆度呈次棱角—次圆状，分选性差，松散状胶结。为Ⅰ级阶地堆积物　＞3.40m
3. 灰色粗砾石层、巨砾石、砂质堆积，砂质为中、粗粒呈松散；砾石成分复杂，以石英、花岗岩为主，砾石含量约70%，砾石大小为0.2～15cm，部分达20～60cm，最大达100cm，砾石磨圆度呈次棱角—次圆状　10.61m

～～～～～～～～～～　角度不整合接触　～～～～～～～～～～

更新世早阶段冰川堆积物（Qp^{gl}）　　总厚度＞149.11m

2. 灰色巨砾、漂砾石、砂土混杂堆积；砾石成分复杂，以花岗岩、闪长岩、石英为主，砾石大小为 20～120cm，个别砾石达 200cm，砾石磨圆度呈次棱角状—次圆状　　47.51m

1. 灰色、褐黄色巨砾、漂砾石、砂土混杂堆积；砾石成分复杂，以花岗岩、闪长岩、石英为主，砾石大小 20～120cm，少量达 200～350cm，砾石磨圆度呈次棱角状—次圆状　　＞101.60m

～～～～～～～～～～　角度不整合接触　～～～～～～～～～～

下伏地层：中—新元古代八拉岩组黑云斜长角闪岩

早阶段（白玉冰期）冰川堆积物，为雅鲁藏布江北岸米林县扎西绕登乡的足鲁、色拉普、涌波屈热等地冰碛，分布高程在 2955～3800m，厚度大于 149.11m。

晚阶段（珠西冰期）冰川（冰水）堆积物，有工布江达县错高湖上游罗结曲—林芝县拉木曲上游曲忠木牛场等地一带，分布高程在 4000m 以上；形成冰碛垅、鼓丘、台地、陡崖等，冰川堆积物形态保存不好。沉积物以砾、漂砾、砂砾、泥砾层为主；砾、砂、泥土混杂堆积，无分选性，砾石大者达 2m，小至 2～5cm，呈次棱角状、棱角状；胶结紧密-疏松状；厚度大于 50m。

冰水堆积物分布于米林县纳伊普曲上游东姆浦一带，分布高程在 3200～3700m，形成冰水冲积扇、冰砾阜、冰槽谷等地貌。堆积物由冰川融化褐黄、灰黄色砂质粘土、砂砾石等堆积而成，具一定分选和韵律变化，厚度大于 5m。

（三）更新世冲积堆积物（Qp^{al}）

更新世冲积堆积物分布于尼洋河及雅鲁藏布江下游地段及其支流较为宽缓谷地。因后期河流侵蚀，多呈Ⅲ、Ⅳ级河流阶地，为当地居民集居的村舍和耕地。

1. 林芝县百巴镇雪巴农场东第四纪更新世—全新世冲积实测剖面（图 2-28）

剖面位于林芝县百巴镇雪巴农场之东尼洋河北侧，坐标为东经 93°55′45″，北纬 29°48′09″，高 3240m，318 线国道公路经过剖面，交通方便。

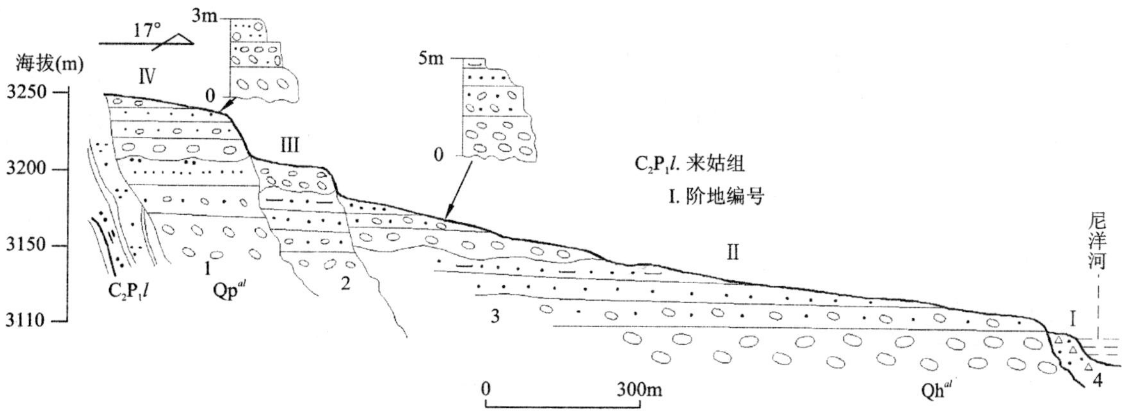

图 2-28　林芝县百巴镇雪巴农场东更新世—全新世冲积实测剖面图

全新世冲积堆积物（Qh^{al}）　　总厚度＞86.33m

4. 灰色河床滞留砾石堆积。砾石成分复杂，多为石英岩、花岗岩、石英砂岩等，砾径一般为 10～20cm，最大＞30cm，具定向性和分选性，砾石叠瓦状排列倾向南西，砾石磨圆度呈次圆状等。为Ⅰ级阶地堆积物　　＞3.79m

3. 灰色砾石层、砂砾石层、含砾砂层和粉砂质粘土组成的层序，层序厚 2～3m；发育河道滞留砾石和心滩细碎屑堆积，并发育单向斜层理—大型槽状交错层理—平行层理—水平层理，底部具冲刷界面；砾石成分复杂，以石英岩、石英砂岩、花岗岩等为主，砾径大小在 10～20cm 之间，砾石磨圆度呈次棱角—次圆状，为砂泥质松散胶结。为Ⅱ级阶地堆积物和庄稼耕植层　82.54m

～～～～～～～　角度不整合接触　～～～～～～～

更新世冲积堆积物（Qp^{al}）　**总厚度＞68.78m**

2. 上—中部由两个厚 4～6m 的辫状河层序组成；主要为灰黄色、灰色砾石层—砂砾层—含砾砂层—粉砂质粘土层组成，四者厚度比为 1∶2∶3∶1，发育单向斜层理、大型交错层理和平行层理，底部具冲刷界面。下部灰黄色砾石层、砂砾层—含砾砂层—粉砂质粘土层组成的辫状河层序，每个层序厚 2～3m，侵向加积粗碎屑和垂向加积的细碎屑物的厚度比为 3∶1～4∶1，发育大型槽状交错层理—单向斜层理—平行层理—水平层理，底部具冲刷界面。为Ⅲ级阶地堆积物　21.72m

1. 上部灰色、灰黄色砂砾石层—含砾砂层—砂土，夹少量粉砂质粘土层组成的辫状河层序，三者厚度比为 1∶2∶2，每个层序厚 3～4m，发育大型槽状交错层理—单向斜层理—平行层理，底具冲刷界面；砾石成分复杂，多为石英岩、变质岩屑石英砂岩和花岗岩等，砾径一般 10～20cm，具分选性，颗粒由粗逐渐变细之粒序性正序层理，砾石磨圆度多呈次圆状，由细小砾石和砂泥质松散胶结。下部灰、灰黄色砾石层—砂砾石层—含砾砂层组成的辫状河层序，三者厚度比为 1∶2∶2，每个层序厚 3～4m，底部具冲刷界面；砾石成分复杂，以石英岩、变质中细粒岩屑石英砂岩、花岗岩为主，另少量基性火山岩等，砾径一般 10～20cm，具定向性和分选性，砾石磨圆度多呈次圆状，由砂泥质和细小砾石松散胶结。为Ⅳ级阶地堆积物　＞47.06m

下伏地层：早二叠世—晚石炭世来姑组

尼洋河谷更新世冲积堆积物，主要分布于工布江达县以东河段，分布高程在 3180～3250m 之间，形成不对称凸岸堆积Ⅲ、Ⅳ级阶地及以上高阶地、多级平台（图版Ⅸ-2），成为林芝地区主要村舍和耕地分布区。以林芝县百巴镇雪巴农场和砖瓦厂剖面为代表，沉积物以砾石层、砂层为主，松散状胶结；尼洋河谷更新世冲积堆积由西向东，厚度变薄。

2. 米林县羌纳乡塘嘎第四纪更新世—全新世冲积实测剖面（图 2-29）

剖面位于米林县雅鲁藏布江南岸的羌纳乡塘嘎村东侧，坐标为东经 94°24′49″，北纬 29°21′56″，高 2930m，米林县岗嘎大桥—派乡公路经过剖面，交通方便。

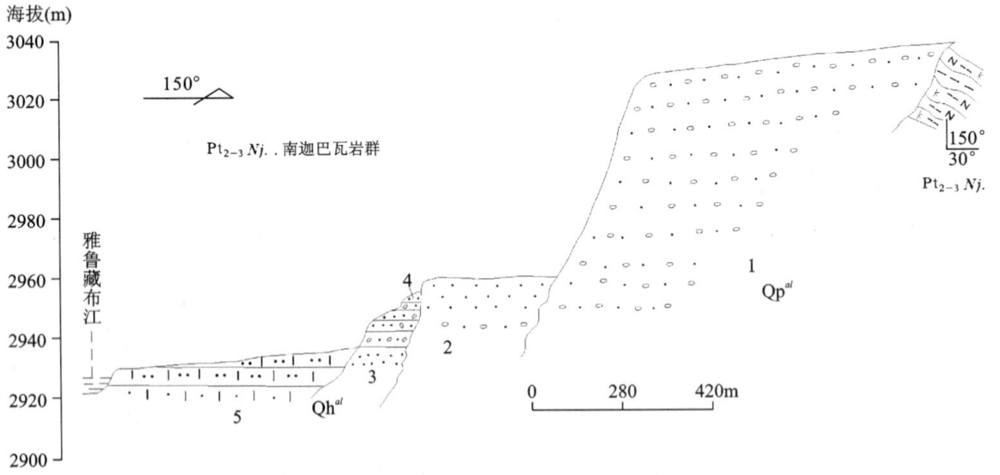

图 2-29　米林县羌纳乡塘嘎更新世—全新世冲积实测剖面图

全新世冲积堆积物（Qh^{al}）　**总厚度＞20.44m**

5. 浅褐灰色粘土、亚粘土、粘土质砂土层，下部为厚度大于 0.5m 的褐黑灰色粘土层；组成雅鲁藏布江Ⅰ级阶地堆积物；为当地庄稼地用土层。Ⅰ级阶地高出现代江水面 13m，阶地面宽约 600m，分布海拔 2927～2940m　＞7m

4. 浅黄灰色细砂土，夹细砂砾石层，砾石成分复杂为石英、片岩等，砾径一般 2～5cm，砾石磨圆度呈次圆状、圆状，胶结疏松，为Ⅱ级阶地堆积物。Ⅱ级阶地高出现代江水面 21.72m，阶地面宽约 100m 8.72m

3. 浅黄灰色细砂砾石、细砂土；砾石成分复杂为石英、片岩等，砾径一般 3～8cm，砾石磨圆度呈次圆状、圆状，胶结疏松，为Ⅲ级阶地堆积物。Ⅲ级阶地高出现代江水面 25.5m，阶地面宽约 31m 3.78m

2. 浅黄灰、灰黄色细砂土、粘土质砂土的Ⅳ级阶地堆积物；为当地庄稼地与村庄房屋用土层的土地资源。Ⅳ级阶地高出现代江水面 85.5m，阶地面宽 488.39m 0.94m

～～～～～～ 角度不整合接触 ～～～～～～

更新世冲积堆积物（Qp^{al}） 总厚度＞82.03m

1. 褐色砂砾石堆积，砾石成分复杂为变粒岩、片麻岩、石英岩、片岩等，砾径一般 2～25cm，个别达 75cm 以上，砾石磨圆度呈次圆—圆状，砾石表面光滑，砂土质胶结较紧密坚实。为Ⅴ级高阶地堆积物。Ⅴ级阶地高出现代江水面 125.5m，阶地面宽 764.79m，分布海拔 3010～3050m ±。Ⅴ级高阶地平台上见 10 枚形态各异的石斧，石斧长 13～＞23cm，下部宽 8～12cm，用变质岩类变粒岩、花岗岩类岩石打制而成（图版Ⅸ-3） ＞82.03m

3. 米林县里龙乡第四纪更新世—全新世冲积实测剖面（图 2-30）

剖面位于米林县里龙乡东北雅鲁藏布江南侧，坐标为东经 93°52′35″，北纬 29°07′53″，高 2950m，S306 线省道公路经过剖面，交通方便。

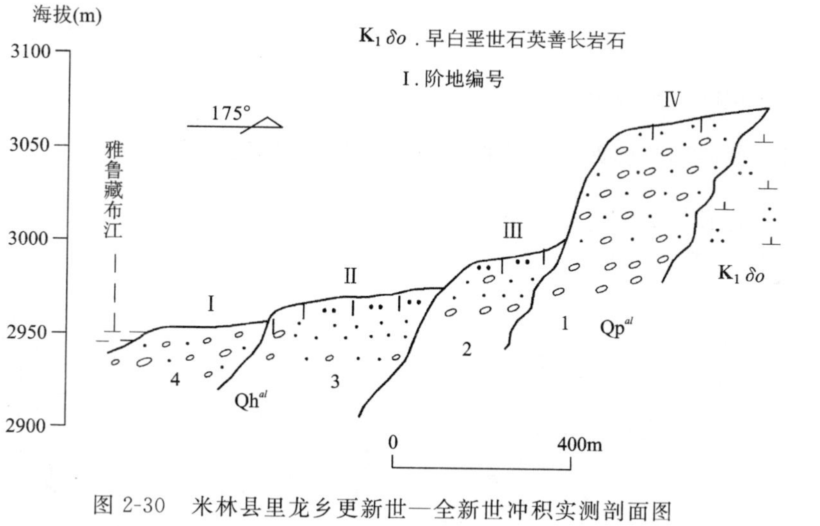

图 2-30 米林县里龙乡更新世—全新世冲积实测剖面图

全新世冲积堆积物（Qh^{al}） 总厚度＞18.91m

4. 砂、砾石滩，以砾石为主；砾石成分为石英、变质岩、花岗岩等；砾石大小不等，为 0.2～22cm，砾石磨圆度好，呈次圆—扁圆状。为Ⅰ级阶地堆积物 ＞6.67m

3. 灰色细砂层、粉砂质粘土层组成，细砂层厚 5～7cm，粘土层厚 1～2cm，见不连续平行条纹；顶部具浮土层；为Ⅱ级阶地堆积物近水平产出 12.24m

～～～～～～ 角度不整合接触 ～～～～～～

更新世冲积堆积物（Qp^{al}） 总厚度＞102.52m

2. 灰色中、细粒砂、砂土层，局部见细砾石透镜，地表为浮土层。为Ⅲ级阶地堆积物 20.19m

1. 灰色砾石、砂砾、砂堆积，以砾石为主，含量 60%～70%。砾石成分复杂，为变质砂岩、板岩、花岗岩、石英等，砾径 0.5～25cm，向上变粗，砾石磨圆度好，呈次圆—扁圆状，砾石向 260°倾斜；砂质为中粗粒，磨圆度好。为Ⅳ级阶地堆积物 ＞82.33m

下伏岩石：早白垩世石英闪长岩

雅鲁藏布江河谷更新世冲积堆积，主要分布里龙以东河段两岸及其支流河谷中，高程在3000～3100m之间。形成不对称凸岸Ⅲ、Ⅳ级阶地堆积(图版Ⅸ-4)。沉积物以砾石层、砂砾、砂层为主，夹粉砂、粘土层；胶结紧密—疏松状。雅鲁藏布江河谷更新世冲积堆积由西向东，在米林县卧龙镇剖面上厚度大于129.37m，卧龙镇斜觉剖面厚度大于81.19m，里龙乡剖面厚度大于102.52m，雪嘎村农场剖面厚度大于55.37m，党纽窝剖面厚度大于52.31m，羌纳乡塘嘎村剖面厚度大于82.03m，林芝县坡扎剖面厚度大于99.5m。在米林县巴嘎村东北高阶地上新采获石斧(图版Ⅸ-3)。

整个更新世冲积堆积物中，常堆积3～5m厚的砾石层。砾石砾径一般10～20cm，最大可达20～>75cm。砾石呈次圆—扁圆状，有的呈叠瓦状排列，绝非附近搬运而来，是在较大水动力条件，经长途以拖滚方式搬运而来。表明尼洋河、雅鲁藏布江流域有过相当温湿、降水量相当大的一段气候时期。

(四) 更新世洪积堆积物(Qp^{pl})

更新世洪积堆积物见于雅鲁藏布江、尼洋河一些支流谷地及其汇合河口处，多数因分布范围有限，1∶25万地质图中未予全表示。其中规模较大者有林芝地区八一镇哂登—尼西等地。以洪积裙为其独特的地貌形态，叠置在晚更新世冲积堆积物之上。堆积物成分以附近地基岩岩性为主，由砾石、砂砾、砂土等组成，砾石成分复杂，砾径多为20～50cm，大者达200～500cm，砾石磨圆度均呈棱角状、次棱角状，无分选性；胶结紧密—疏松状；堆积厚度大于10m。据其与晚更新世冲积的叠置关系，时代为晚更新世晚期。

(五) 全新世冲积堆积物(Qh^{al})

全新世冲积堆积物的分布与更新世冲积堆积物分布一致。

1. 工布江达县帕朗萨西北第四纪全新世冲积—洪积实测剖面(图2-31)

剖面位于工布江达县帕朗萨村西北尼洋河北侧，坐标为东经93°16′50″，北纬29°53′23″，高3380m，在318线国道公路附近，交通方便。

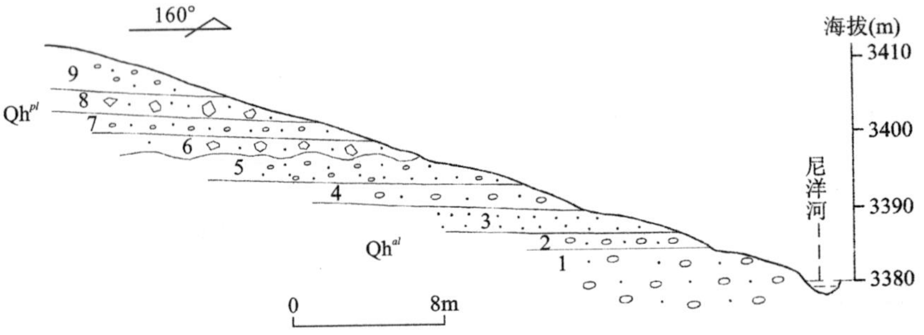

图2-31　工布江达县帕朗萨西北第四纪全新世冲积—洪积实测剖面图

全新世洪积堆积物(Qh^{pl})　　**总厚度>11.74m**

9. 灰、灰黄色细砾—中砾砂砾石层，砾石成分复杂为片岩、花岗岩、石英岩、砂岩等，砾石大小为0.5～4cm，砾石含量约50%，磨圆度呈次棱角—次圆状，分选性差，胶结松疏　　>3.71m

8. 灰色大砾—中砾砾石层，砾石成分复杂以花岗岩、石英岩、片岩、砂岩为主，砾石大小不一，大者达25cm，小者为2～3cm，砾石含量约50%，磨圆度呈次棱角—棱角状，分选性差，胶结松散状　　2.47m

7. 灰色细砾—中砾砂砾石层，砾石成分复杂为片岩、花岗岩、石英岩、砂岩等，砾石大小为0.5～4cm，砾石含量40%～50%，磨圆度呈次棱角—棱角状，分选性差，胶结松散　　2.47m

6. 灰色大砾—中砾砾石层，砾石成分复杂以片岩、花岗岩为主，少量为石英岩质，砾石大小不一，大者达30cm，小者3cm，砾石磨圆度呈次棱角—棱角状，分选性差　　3.09m

～～～～～～～～～　角度不整合接触　～～～～～～～～～

全新世冲积堆积物（Qh^{al}）　　　**总厚度>16.07m**

5. 灰、灰白色中砾砾石层，夹灰黄色粗砂层。砾石成分复杂为花岗岩、石英质、片岩等，砾径一般5～6cm，少量1cm，砾石含量约45%以上，砾石磨圆度呈次圆—圆状，分选性较好，砾石表面光滑，胶结较松散状　　3.71m
4. 灰、灰白色中砾卵石层，砾石成分复杂为花岗岩、砂岩质、石英质、片岩等，砾石大小一般为8cm，砾石磨圆度呈次圆—圆状，分选性较好，砾石表面光滑，松散状砂质胶结　　3.09m
3. 灰、灰黄色粗砂层，粗砂成分以石英、长石为主，少量云母，分选性较好　　3.09m
2. 灰、灰白色细砾砾石层，砾石成分复杂，以花岗岩、石英质、片岩为主，含少量砂岩等，砾径大小0.2～2cm，一般1cm，砾石磨圆度呈次圆—圆状，分选性较好，砾石表面光滑，松散状砂质胶结　　2.47m
1. 灰白色中砾卵石层，砾石成分复杂为花岗岩、片岩、石英砂岩等，砾石大小3～18cm，一般为10cm，定向排列，砾石磨圆度呈次圆—圆状，分选性较好，砾石表面光滑，松散状砂质胶结。古水流方向90°～100°　　>3.71m

2. 米林县卧龙镇卧龙村第四纪更新世—全新世冲积实测剖面（图2-32）

剖面位于米林县卧龙镇卧龙村东北S306线省道公路南侧，坐标为东经93°43′03″，北纬29°07′36″，高3000m，林芝县八一镇—泽当S306线省道公路在剖面北侧通过，交通较方便。

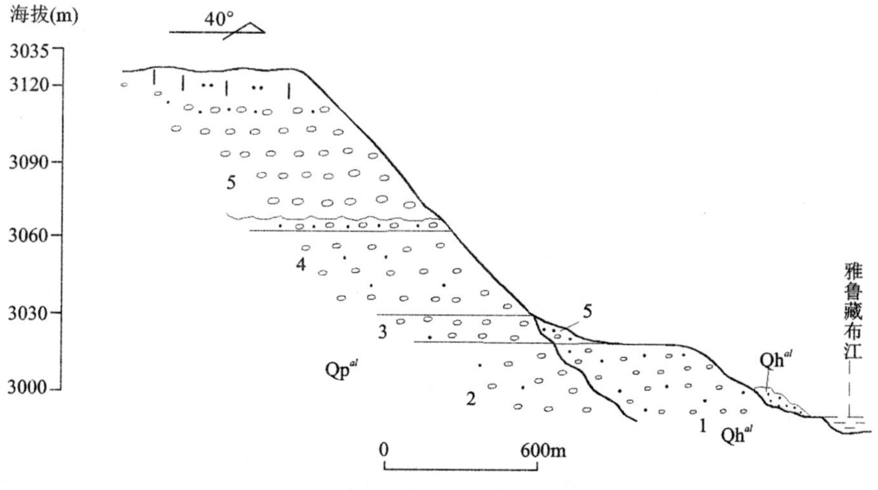

图2-32　米林县卧龙镇卧龙村更新世—全新世冲积实测剖面图

全新统冲积堆积物（Qh^{al}）　　　**总厚度>30m**

6. 灰白、浅灰色砂砾石松散堆积；砾石成分复杂，有灰白色黑云母花岗岩、片麻状花岗岩、灰色砂质板岩、白色石英等，砾石磨圆度好，分选性差，砂泥质胶结　　>30m

～～～～～～～～～　角度不整合接触　～～～～～～～～～

更新世冲积堆积物（Qp^{al}）　　　**总厚度>129.37m**

5. 灰色砾石层；砾石成分为灰白色中—粗粒黑云母花岗岩等，砾石大小一般10～20cm，砾石含量约80%，砾石磨圆度较好呈浑圆状，分选性差　　62.23m
4. 灰、灰白色砂砾石层；砾石成分为灰白色黑云母花岗岩等，砾径0.2～4.5cm，砾石含量35%～40%，粗砂及粘土含量50%以上，砾石磨圆度呈浑圆状，无选性，不显层理　　1.41m
3. 灰色砾石层；砾石成分以花岗岩为主，砾径5～25cm不等，砾石磨圆度较好呈浑圆状，分选性差，胶结物为粗砂质　　38.89m
2. 灰白色砂砾石层；砾石成分以花岗岩为主，砾径2～5cm不等，砾石磨圆度好呈浑圆状，略显分选性及水平层理，胶结物为粗砂质和粘土　　8.72m

1. 灰白色砾石层；砾石成分复杂为花岗岩等，砾径 3～20cm 不等，砾石磨圆度呈次棱角状—浑圆状，分选性差 >18.12m

尼洋河及其支流河谷全新世冲积堆积物，分布高程在 3150～3396m，形成Ⅰ、Ⅱ级阶地堆积、河漫滩及冲积平原等地貌。堆积物以杂色细卵石层、砾石、砂砾石、砂土、粘土质砂、砂质粘土、灰褐色腐殖土层，胶结疏松。区域上由西向东，堆积物在工布江达县伍楼岗剖面上厚度大于 65.66m，金村剖面厚度大于 40.34m，帕朗萨剖面厚度大于 16.07m，峡龙镇嘎丁村剖面厚度大于 21.73m，林达村剖面厚度大于 50.52m，巴河镇叮当村剖面厚度大于 255.72m，百巴镇雪巴农场剖面厚度大于 59.20m，百巴镇雪巴农场东剖面厚度大于 86.33m 等。工布江达县畜巴村尼洋河北侧新获孢粉：铁线蕨属 *Adiandium*，水龙骨科 Polypodiaceae，米林县白过多新发现第四纪古人类遗迹林芝智人 *Homo sapiens* 头盖骨牙齿化石等（图版Ⅸ-5、Ⅸ-6），在林芝县尼西获孢粉：蒿属 *Artemisia*，胡桃粉属未定种 *Juglanspollenites* sp.（图版Ⅸ-7）；另中国科学院古脊椎动物与古人类研究所陈万勇等在林芝盆地尼洋河低阶地黄色粉砂、细砂土层中采获林芝人头骨和石器、陶片等，其时代属全新世。

雅鲁藏布江及其支流河谷全新世冲积物，分布高程 2920～3130m，形成Ⅰ、Ⅱ级堆积阶地、河漫滩及冲积平原等地貌。堆积物杂色砾石、砂砾、砂土、粘土质砂、砂质粘土、灰褐色腐殖土层等，胶结疏松。区域上冲积堆积物由西向东，在米林县卧龙镇剖面上厚度大于 30m，卧龙镇斜觉剖面厚度大于 50m，里龙乡剖面厚度大于 18.91m，扎西绕登乡康沙剖面厚度大于 14.01m，嘎那朗雅鲁藏布江北剖面厚度大于 61.22m，党纽窝剖面厚度大于 16.03m，羌纳乡塘嘎村剖面厚度大于 20.44m，林芝县坡扎剖面厚度大于 148.30m。

（六）全新世洪积堆积物（Qh^{pl}）

全新世洪积堆积物见于雅鲁藏布江、尼洋河少量支流谷地及其汇合河口处。其中分布范围较大者有米林县扎西绕登曲的罗补绒、工布江达县帕朗萨、峡龙镇嘎丁村等地。以洪积裙、洪积扇为其独特的地貌形态，叠置于晚更新世河床冲积物上。堆积物以近地基岩岩性为主，由砾石、砂砾、砂土等组成，砾石成分复杂，砾径多为 3～50cm，大者达 200cm，砾石磨圆度均呈棱角状、次棱角状，无分选性，胶结疏松。堆积物在工布江达县帕朗萨北剖面上厚度大于 11.74m，峡龙镇嘎丁村剖面厚度大于 30.17m，扎西绕登乡罗补绒厚度大于 2.5m。据其与晚更新世冲积的叠置关系，时代为全新世晚期。

（七）全新世风积堆积物（Qh^{eol}）

全新世风积堆积物集中分布于雅鲁藏布江河谷沿岸朗县卒金多、米林县甲格、麦村、甲帮村—里龙、堆米村—章达村、林芝县布久乡等地一带，高程 2900～3100m。风积堆积物主要以浅灰、灰、浅灰黄色细砂为主，厚度大于 5m。风积堆积地貌类型有沙丘、沙垅、沙地、沙包、新月形沙丘等（图版Ⅸ-8，图版Ⅹ-1、Ⅹ-2），其中以沙丘分布较广，覆盖于第四纪全新世冲积堆积物（Qh^{al}）之上。

二、第四纪冰川

区内第四纪冰川遗迹发育，为西藏东南部岗日嘎布古冰川遗迹和现代冰川的主要发育地区之一。

（一）冰期划分与对比

区内海拔 5000m 以上的地带多为终年积雪区，主要集中在图区西部，其中规模较大集中分布者有工布江达县错拉果（6286m）、林芝县与米林县交界念久峰（6060m）、喜马拉雅山脉的谢拉岗（5287m）、米林县与墨脱县交界 5076m 高地等，面积约 153.8km^2，各类冰川侵蚀地貌尤为发育。依据中国科学院青藏高原综合科学考察队 1986 年出版的《西藏冰川》和《西藏自治区区域地质志》(1993)，可将区内冰川划分出晚更新世冰期和全新世冰期（表 2-10）。

表 2-10　第四纪冰期划分与对比简表

时代	《西藏冰川》（中科院青藏高原综合科学考察队）（1986）			《西藏自治区区域地质志》（1993）	本书 1:25万林芝县幅区域地质调查（2003）	
	珠穆朗玛峰地区			藏东地区		
全新世	冰后期	现代	现代冰川长 20km，雪线 6200～5800m，末端 5000m 以上	澜沧江Ⅰ级冲积阶地	现代	雪线 4500m 以上现代冰川
		绒布德小冰期	距现代冰川末端 2.2km，海拔 5100m 的绒布德终碛		新冰期	现代冰川末端终碛，角锋、刃脊、冰斗、冰湖
		亚里期	聂拉木北亚里石灰华台地		尼洋河（亚里）间冰期	风化剥蚀洪积、冲积Ⅰ、Ⅱ级阶地
晚更新世	珠穆朗玛	绒布寺阶段	海拔 5000m 的绒布寺终碛	珠西冰碛	错高湖（珠西）冰期	错高湖、拉木曲、作拉错等冰碛，海拔 4000～4300m
		间阶段	中级冰水台地	褐土	雪巴间冰期	雅鲁藏布江、尼洋河谷洪积、冲积Ⅲ、Ⅳ级阶地
		基龙寺阶段	海拔 4780m 的基龙寺残破终碛	白玉冰碛	白玉冰期	涌波屈热冰碛垅，海拔 2955～3800m

（二）冰川特征

1. 白玉冰期

该期冰川见于雅鲁藏布江北岸米林县扎西绕登乡的足鲁、色拉普、涌波屈热等地，分布海拔 2955～3800m。因受新构造抬升作用，为冰碛垅、鼓丘台地陡崖等。米林县涌波屈热尾碛、侧碛垅，呈长条冰碛垅状，长大于 6km，宽 0.5～1km，高 40～150m。该冰期冰蚀作用较为强烈，在工布江达县泥曲、林芝县克拉曲及米林县扎西绕登曲等主河之两侧支沟的入口处，形成悬谷地貌和冰蚀陡崖（图 2-33）。

冰期之后，区内气候转暖，处于风化剥蚀为主的雪巴间冰期阶段，遂有雅鲁藏布江、尼洋河谷洪积扇和冲积谷地Ⅲ、Ⅳ级阶地堆积物的形成。

2. 错高湖（珠西）冰期

该期冰川以工布江达县错高湖上游罗结曲、林芝县曲忠木牛场、作拉错冰碛垅，及米林县纳伊普曲上游东姆浦冰水冲积扇、冰槽谷为代表。冰川遗迹有拉木曲侧碛、底碛，呈长条冰碛垅状，长大于 20km，宽 1～2km，高 60～150m，分布海拔 4000～4300m，形成冰川 U 形谷；尤其是罗结曲的支沟布弄冰川 U 形谷、侧碛、终碛（图 2-34，图版Ⅹ-3）最为特征；米林县东姆浦冰水堆积物，分布于喜马拉雅山脉北 5076m 高地一带，海拔 3200～3700m；雅鲁藏布江支流纳伊普曲上游东姆浦一带，形成冰水冲积扇、冰砾阜、冰槽谷地貌。冰蚀地貌较为发育，角峰、刃脊、冰斗、漂砾、冰川湖（图版Ⅹ-4、Ⅹ-5）等常见。

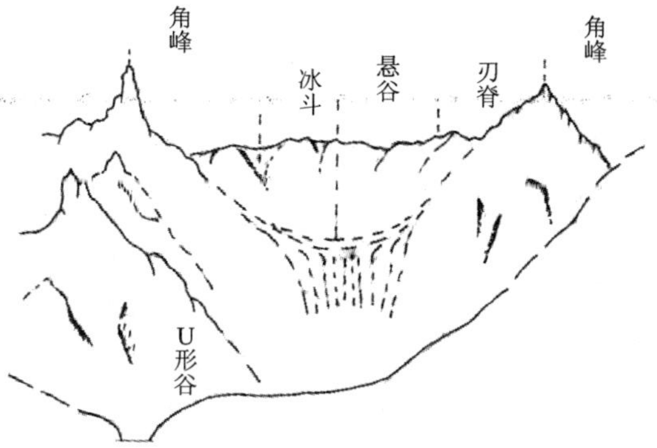

图 2-33　麦村悬谷素描图

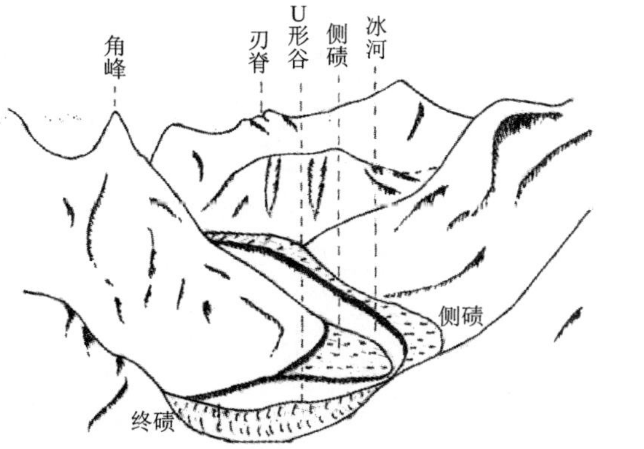

图 2-34　罗结曲布弄 U 形谷素描图

冰期之后，进入尼洋河（亚里）间冰期。以风化剥蚀为主，冰碛地带棕色土壤化，多为现代植被覆盖。在雅鲁藏布江、尼洋河谷形成Ⅰ、Ⅱ级冲积阶地堆积，及其支流入口处的洪积扇和冲积谷地等。

3. 新冰期

该期冰川主要分布于现代冰川末端、小规模的突出部位或冰舌末端，冰雪和融冰及其携带混合物终碛。以底碛或中碛为主，部分为尾碛。分布海拔 4300m 以上，以冈底斯山脉的念久峰和错拉果、喜马拉雅山脉谢拉岗、5076m 高地为代表。角峰、刃脊、冰斗及套叠冰斗、冰川湖发育（图版Ⅹ-6）。

4. 现代冰期

该期冰川表现为现代冰川—冰雪混合体。雪线 4500m 以上，多为典型、完美的冰川地质遗迹分布，并以之为中心向外散射，形成一系列突出冰舌、冰体等。一般面积几平方千米至几十平方千米，其中较大者有 10～20km^2 的念久峰（图版Ⅰ-1、Ⅰ-2）和错拉果，以及喜马拉雅山脉的谢拉岗、5076m 高地等。冰川—冰雪混合体融冻物理风化作用异常强烈，雪崩、冰劈现象甚为常见，角峰、刃脊、冰斗、槽沟、岩屑（块）仍在继续发育。气候变化造成融冰、雪崩，产生冰碛、泥石流等（图版Ⅹ-7、Ⅹ-8）。

第三章 岩浆岩

第一节 基性—超基性侵入岩

区内基性—超基性侵入岩仅沿雅鲁藏布江及其北岸断续分布(图3-1)。划分为元古代变质超基性岩(PtΣ)和晚白垩世基性—超基性岩($K_2Σ$)两类(表3-1)。

表3-1 1:25万林芝县幅侵入岩体一览表

编号	岩体名称	主要岩石类型	代号	规模(km^2)	编号	岩体名称	主要岩石类型	代号	规模(km^2)
(1)	达门拉咳错	花岗闪长岩	$K_1γδ$	295	(54)	杰朗	二云二长花岗岩	$E_3ηγβm$	4
(2)	汤不拉	斑状黑云二长花岗岩	$K_2πηγβ$	96	(55)	索帮果	黑云二长花岗岩	$K_1ηγβ$	8
(3)	江嘎普	斑状黑云二长花岗岩	$K_2πηγβ$	76	(56)	半嘎	二云二长花岗岩	$E_3ηγβm$	14
(4)	锅普	黑云二长花岗岩	$E_1ηγβ$	102	(57)	结庆日	英云闪长岩	$K_1γδo$	70
(5)	安布朗曲	花岗闪长岩	$K_1γδ$	6	(58)	吓那	片麻状二云二长花岗岩	∈$Mηγβm$	60
(6)	连巴	花岗斑岩	$E_3γπ$	0.1	(59)	下拉	英云闪长岩	$K_1γδo$	12
(7)	进普日	黑云二长花岗岩	$E_1ηγβ$	96	(60)	嘎	黑云二长花岗岩	$K_1ηγβ$	3
(8)	更张	黑云二长花岗岩	$E_1ηγβ$	140	(61)	施木达	英云闪长岩	$K_1γδo$	14
(9)	白马供	二云二长花岗岩	$E_3ηγβm$	4	(62)	错巴	二云二长花岗岩	$E_3ηγβm$	1.5
(10)	卡布	黑云二长花岗岩	$E_1ηγβ$	36	(63)	米拉果	黑云二长花岗岩	$E_1ηγβ$	90
(11)	夺嘎错	斑状黑云二长花岗岩	$K_2πηγβ$	172	(64)	康巴果	英云闪长岩	$K_1γδo$	56
(12)	沙达洛	二云二长花岗岩	$E_3ηγβm$	11	(65)	康果躲	黑云二长花岗岩	$E_1ηγβ$	7
(13)	尼西	英云闪长岩	$K_1γδo$	9	(66)	朋共	英云闪长岩	$K_1γδo$	2
(14)	色龙	二云二长花岗岩	$E_3ηγβm$	72	(67)	龙东普	片麻状斜长花岗岩	∈$Mγo$	82
(15)	许确播	花岗闪长岩	$K_1γδ$	5	(68)	拉马古东	闪长岩	$K_1δ$	16
(16)	帮达帮纯	花岗闪长岩	$K_1γδ$	1.5	(69)	宗泽	二云二长花岗岩	$E_3ηγβm$	27
(17)	站珠勒古	斑状黑云二长花岗岩	$K_2πηγβ$	312	(70)	卓母	花岗闪长岩	$K_1γδ$	3
(18)	久日港郎	花岗斑岩	$E_3γπ$	0.15	(71)	杂子	石英闪长岩	$K_1δo$	2.5
(19)	觉木	二云花岗闪长岩	$E_3γδβm$	11	(72)	色苏	超基性岩	$K_2Σ$	0.1
(20)	八一沟	黑云二长花岗岩	$E_1ηγβ$	40	(73)	塘嘎	辉长岩	$K_2ν$	0.1
(21)	足古才郎	二云二长花岗岩	$E_3ηγβm$	29	(74)	郎布	英云闪长岩	$K_1γδo$	50
(22)	安布桑拉	黑云二长花岗岩	$K_1ηγβ$	758	(75)	陇马王马	苏长岩	$K_1νo$	14
(23)	打妈果	花岗闪长岩	$K_1γδ$	3.5	(76)	错仍错	黑云二长花岗岩	$K_1ηγβ$	15
(24)	绒色	斑状黑云二长花岗岩	$K_2πηγβ$	3	(77)	席浪店嘎	闪长岩	$K_1δ$	0.5

续表 3-1

编号	岩体名称	主要岩石类型	代号	规模(km^2)	编号	岩体名称	主要岩石类型	代号	规模(km^2)
(25)	穷岗	斑状黑云二长花岗岩	$K_2\pi\eta\gamma\beta$	3.5	(78)	生浦	花岗斑岩	$E_3\gamma\pi$	0.8
(26)	安朗	花岗闪长岩	$K_1\gamma\delta$	1	(79)	神顶	片麻状斜长花岗岩	Є$M\gamma o$	18
(27)	扁朗	斑状黑云二长花岗岩	$K_2\pi\eta\gamma\beta$	215	(80)	江村	二云二长花岗岩	$E_2\eta\gamma\beta m$	15
(28)	巴朗	花岗闪长岩	$K_1\gamma\delta$	4	(81)	纳沙吉坡	黑云二长花岗岩	$K_1\eta\gamma\beta$	180
(29)	比那	英云闪长岩	$K_1\gamma\delta o$	29	(82)	切民泻	二云二长花岗岩	$E_2\eta\gamma\beta m$	2
(30)	比朗	英云闪长岩	$K_1\gamma\delta o$	3	(83)	工字弄	花岗闪长岩	$K_1\gamma\delta$	3
(31)	呢普朗	片麻状斜长花岗岩	Є$M\gamma o$	119	(84)	鲁见沟	超基性岩	$K_2\Sigma$	1.5
(32)	区米那	花岗闪长岩	$K_1\gamma\delta$	24	(85)	吉登许	超基性岩	$K_2\Sigma$	0.1
(33)	啊那塘	二云二长花岗岩	$E_3\eta\gamma\beta m$	0.5	(86)	压日芝	花岗闪长岩	$K_1\gamma\delta$	140
(34)	啊崇国	花岗斑岩	$E_3\gamma\pi$	0.8	(87)	多烈彩	片麻状斜长花岗岩	Є$M\gamma o$	1.2
(35)	堆母拉	二云二长花岗岩	$E_3\eta\gamma\beta m$	7	(88)	卧龙镇	英云闪长岩	$K_1\gamma\delta o$	475
(36)	康布朗	二云二长花岗岩	$E_3\eta\gamma\beta m$	5	(89)	洋东那	片麻状斜长花岗岩	Є$M\gamma o$	18
(37)	斯弄朗	二云二长花岗岩	$E_3\eta\gamma\beta m$	3.5	(90)	切拉杯西	花岗闪长岩	$K_1\gamma\delta$	1.5
(38)	日朗	英云闪长岩	$K_1\gamma\delta o$	2.5	(91)	洞嘎	奥长花岗岩	$K_2\gamma o$	1.5
(39)	安布朗	英云闪长岩	$K_1\gamma\delta o$	2	(92)	甲格	斑状黑云二长花岗岩	$K_2\pi\eta\gamma\beta$	112
(40)	金朗	英云闪长岩	$K_1\gamma\delta o$	4	(93)	谢拉岗	英云闪长岩	$K_1\gamma\delta o$	62
(41)	曼朗	花岗斑岩	$E_3\gamma\pi$	7	(94)	奔中	闪长岩	$K_1\delta$	28
(42)	高安布朗	英云闪长岩	$K_1\gamma\delta o$	4	(95)	卧补岗	斑状黑云二长花岗岩	$K_2\pi\eta\gamma\beta$	10
(43)	野朗	花岗闪长岩	$K_1\gamma\delta$	1.5	(96)	斜觉	石英闪长岩	$K_1\delta o$	2
(44)	大丁卡	片麻状二云二长花岗岩	Є$M\eta\gamma\beta m$	6	(97)	甲兴	闪长岩	$K_1\delta$	41
(45)	克那	二云二长花岗岩	$E_3\eta\gamma\beta m$	9	(98)	鸦悲多牛场	黑云二长花岗岩	$K_1\eta\gamma\beta$	3
(46)	克粑雄	斑状黑云二长花岗岩	$K_2\pi\eta\gamma\beta$	358	(99)	普丁当嘎	英云闪长岩	$K_1\gamma\delta o$	25
(47)	罗布松多	花岗闪长岩	$K_1\gamma\delta$	5	(100)	里龙乡	石英闪长岩	$K_1\delta o$	226
(48)	石荣弄巴	花岗闪长岩	$K_1\gamma\delta$	23	(101)	卓东	片麻状黑云二长花岗岩	$K_1\eta\gamma\beta$	3
(49)	则弄	黑云二长花岗岩	$K_1\eta\gamma\beta$	96	(102)	林芝	斜长花岗岩	Є$M\gamma o$	5.5
(50)	期梯	斑状黑云二长花岗岩	$K_2\pi\eta\gamma\beta$	6	(103)	腔达西	超基性岩	$Pt\Sigma$	1
(51)	龙吉布错	花岗闪长岩	$K_1\gamma\delta$	75	(104)	白过多	超基性岩	$Pt\Sigma$	2.5
(52)	努日	斑状黑云二长花岗岩	$K2\pi\eta\gamma\beta$	490	(105)	明穷拉山口	花岗闪长岩	$K_1\gamma\delta$	5
(53)	半嘎果	英云闪长岩	$K_1\gamma\delta o$	12					

一、元古代变质超基性岩

元古代变质超基性岩分布于里龙、扎西绕登一带，由角闪石岩和透闪石岩组成白过多(104)、腔达西(103)两个岩体(表 3-1)。岩体出露一般长 1～2.1km，宽 0.7～1.1km，面积约 3.5km^2，呈东西向分布于中—新元古代八拉岩组($Pt_{2-3}b.$)中，与变质超镁铁、镁铁质火山岩相伴产出。岩体与围岩呈侵入接触，界线明显，但无明显的接触变质现象。

岩体岩石遭受达麻粒岩相的变质作用，原岩结构、构造不清，恢复原岩仅借助岩石化学方法为正变质岩。岩石以变晶结构及普遍含有紫苏辉石为特征，其岩石类型、矿物组成等见表 3-2。

表 3-2　元古代变质超基性岩岩石特征表

岩体名称	岩石名称	粒度(mm)	结构特征	矿物成分及含量(%)	副矿物(%)
腔达西(103)	透闪石岩	$d \leqslant 3\times 1$	中细粒柱纤状变晶结构	透闪石 72,阳起石 15,淡斜绿泥石 6,碳酸盐 4	磁铁矿 3
白过多(104)	紫苏角闪透辉麻粒岩	$d \leqslant 4$	中细粒柱状变晶结构	紫苏辉石、斜紫苏辉石 25,透辉石 45,普通角闪石 30	金属矿物、金红石
	紫苏(透辉)角闪麻粒岩	$d \leqslant 4$	中细粒柱状变晶结构	紫苏辉石、斜紫苏辉石 20,透辉石 10～15,普通角闪石 65～70	金属矿物、金红石
	角闪石岩	$d \leqslant 6$	粗粒粒状变晶结构	普通角闪石 95,阳起石 3,绿帘石 2	金红石、榍石、金属矿物

紫苏角闪透辉麻粒岩:岩石具中细粒柱状变晶结构,块状构造,辉石间具镶嵌结构(图版Ⅺ-1),透辉石包含紫苏辉石及普通角闪石包含交代辉石包含结构(图版Ⅺ-2)和反应边结构(图版Ⅺ-3)。

紫苏角闪麻粒岩:岩石具中细粒柱状变晶结构,块状构造,角闪石间具镶嵌结构,透辉石包含紫苏辉石,角闪石普遍包含交代辉石形成包含结构。

角闪石岩:岩石具中粒柱状变晶结构,面线状定向构造及网结状构造;以中粒他形—半自形柱状角闪石为主,少量网纹细粒黑云母、绿帘石、绿泥石。角闪石具环带构造,核部为取代辉石的席列状微晶磁铁矿残留,还有少量沿解理分布的针状微晶矿物。

透闪石岩:岩石具中细粒柱纤状结构,半定向构造,以柱纤状具角闪石解理的无色透闪石为主,柱状透闪石核部有淡绿色阳起石残留,绿泥石和碳酸盐岩呈斑杂状富集。

岩石化学成分列于表 3-3,与中国同类岩石平均化学成分相比,TiO_2、K_2O 偏低,Na_2O 偏高,MgO/MgO+<FeO>0.5～0.8,与蛇绿岩堆晶橄榄岩相似。其 CIPW 标准矿物组合主要为 Q、Or、Ab、An、Di、Hy,属正常类型。

表 3-3　元古代变质超基性岩岩石化学特征表

岩体名称及编号	样品编号	氧化物质量(10^{-2})												
		SiO_2	TiO_2	Al_2O_3	Fe_2O_3	FeO	MnO	MgO	CaO	Na_2O	K_2O	P_2O_5	灼减	总量
腔达西(103)	1	44.46	0.31	3.18	4.13	8.12	0.21	27.09	9.36	0.45	0.12	0.04	1.58	99.05
	2	48.13	0.76	7.12	2.13	6.95	0.17	14.69	17.37	1.02	0.15	0.03	1.23	99.75
白过多(104)	3	44.08	1.70	10.57	1.07	7.95	0.18	14.43	12.82	1.81	0.43	0.02	2.06	100.12
	4	47.57	0.53	20.52	2.24	6.95	0.13	7.13	11.46	2.28	0.12	0.02	1.12	100.04
	5	51.15	0.31	3.97	1.26	9.85	0.21	23.74	7.49	0.34	0.08	0.01	0.97	99.38
	6	54.02	0.45	10.61	5.91	5.05	0.22	8.96	8.69	2.41	0.36	0.13	2.41	99.22

岩体名称及编号	样品编号	CIPW 标准矿物成分(%)										岩石化学参数			
		Q	Or	Ab	An	Di	Hy	Ol	Mt	Il	Ap	DI	SI	m/f	MgO/MgO+(FeO)
腔达西(103)	1		0.61	3.29	5.85	28.38	49.13	5.89	6.15	0.61	0.09	3.3	68	0.9	0.8
	2	5.58	0.76	7.44	13.19	50.91	17.18		3.13	1.46	0.07	13.0	59	0.9	0.7
白过多(104)	3	0.17	2.27	13.59	18.49	32.55	27.85		1.64	3.40	0.05	13.8	56	1	0.6
	4	8.09	0.61	16.45	41.45	8.16	20.89		3.28	1.03	0.05	24.5	38	0.9	0.5
	5	8.40	0.40	2.5	8.29	19.99	57.93		1.86	0.61	0.02	10.9	67	1	0.7
	6	21.04	1.87	17.81	15.92	18.11	15.24		8.84	0.87	0.30	40.7	39	0.7	0.6

注:1. LZ2639-1 透闪石岩;2. LZ2640-1 紫苏角闪透辉麻粒岩;3. LZ2847-4 紫苏角闪透辉麻粒岩;4. LZ2847-5 紫苏角闪透辉麻粒岩;5. LZ2849-2 紫苏角闪麻粒岩;6. LZ2847-1 角闪石岩。

岩石的微量元素含量列于表 3-4，平均含量与原始地幔(Jagouty，1979)相比较，其过渡元素除 Sc、Zn 较高外，Cr、Ni、Co 等偏低，显示亏损地幔岩特征，不相容元素 Sr、Ba、Zr 等含量均较高，说明源区地幔岩在部分熔融之前可能经历过一些不相容元素的交代富集作用，显示富化地幔岩特征。与云南哀牢山的双沟“浸染状的残留橄榄岩”(imprgnatod residual peridotite)(Dick，1977；Nicolaset et al.，1980)相似。

表 3-4　元古代变质超基性岩微量元素含量表(10^{-6})

岩体名称及编号	腔达西(103)		白过多(104)			
样品编号	LZ2639-1	LZ2640-1	LZ2847-4	LZ2847-5	LZ2849-2	LZ2847-1
岩石名称	透闪石岩	紫苏角闪透辉麻粒岩	紫苏角闪透辉麻粒岩	紫苏角闪透辉麻粒岩	紫苏角闪麻粒岩	角闪石岩
Ba	97.0	77.0	86.0	81.0	62.0	107.0
Rb	<3.0	<3.0	<3.0	<3.0	<3.0	1.7
Sr	59.0	119	151	574	35.0	133.0
Cr	1034	853	366	112	3164	320.0
Co	101.2	44.7	60.9	37.0	67.9	63.2
Ni	495.0	164	208.0	55.0	415	229.0
V	121.0	154.0	469.0	298.0	168.0	476.0
Cu	10.0	142.0	339	25.0	377	167.0
Pb	9.7	7.1	6.5	8.9	7.3	10.0
Zn	132.0	80.0	86.0	90.0	103	113.0
Zr	25.0	28.0	39.0	4.0	20.0	29.0
Nb	<2.0	2.7	2.5	3.2	2.2	3.1
Y	10.44	10.44	22.19	4.72	5.45	25.96
Th	<1.0	<1.0	<1.0	<1.0	<1.0	<1.0
Hf	1.3	1.6	2.4	1.1	0.9	1.5
Sc	44.0	55.1	98.4	24.5	39.6	106
Cs						13.0
U	0.52	0.47	0.45	0.27	0.39	0.6
Ta	<0.5	<0.5	0.5	<0.5	<0.5	<0.5
Ba/Rb	32	26	29	27	21	62.9
Rb/Sr	0.05	0.03	0.02	0.01	0.09	0.01

岩石稀土元素含量(表 3-5)，ΣREE 为 $16.83\times10^{-6}\sim76.71\times10^{-6}$，其 LREE/HREE 一般在 0.71～2.01，δEu 为 0.91～1.53，稀土配分型式为轻稀土弱亏损平坦型(图 3-2)，与滇西昌宁—孟连铜厂街蛇绿岩的稀土组成特征较为类似。

综合其岩石类型、变质变形特征、产出部位及其与中—新元古代八拉岩组的关系等，暂将其划分为元古代，属测区内最早的侵入岩类。

表 3-5 元古代变质超基性岩稀土元素含量表(10^{-6})

岩体名称及编号	腔达西(103)		白过多(104)			
样品编号	LZ2639-1	LZ2640-1	LZ2847-4	LZ2847-5	LZ2849-2	LZ2847-1
岩石名称	透闪石岩	紫苏角闪透辉麻粒岩	紫苏角闪透辉麻粒岩	紫苏角闪透辉麻粒岩	紫苏角闪麻粒岩	角闪石岩
La	2.37	1.98	2.32	1.54	0.93	3.09
Ce	7.91	6.06	8.22	3.63	2.54	10.16
Pr	1.74	1.3	1.63	0.54	0.47	2.07
Nd	9.51	7.19	10.26	2.31	2.33	11.8
Sm	3.22	2.34	3.37	0.78	0.82	3.98
Eu	1.2	0.83	1.13	0.43	0.28	1.32
Gd	4.11	2.75	4.03	0.94	1.07	4.89
Tb	0.7	0.43	0.71	0.16	0.17	0.84
Dy	3.72	2.52	4.53	0.99	1.11	5.38
Ho	0.7	0.45	0.98	0.21	0.23	1.09
Er	1.76	1.17	2.61	0.55	0.61	2.9
Tm	0.25	0.17	0.38	0.09	0.10	0.42
Yb	1.45	0.99	2.33	0.55	0.63	2.47
Lu	0.21	0.13	0.32	0.08	0.09	0.34
Y	17.13	10.44	22.19	4.72	5.45	25.96
ΣREE	55.98	38.75	65.01	17.52	16.83	76.71
LREE/HREE	2.01	1.03	0.71	1.35	0.78	1.77
δEu	1.01	1.00	0.94	1.53	0.91	0.91
$(La/Yb)_N$	1.1	1.35	0.67	1.89	1.00	0.84
$(La/Sm)_N$	0.46	0.53	0.43	1.24	0.71	0.49
$(Gd/Yb)_N$	2.29	2.24	1.40	1.38	1.37	1.60

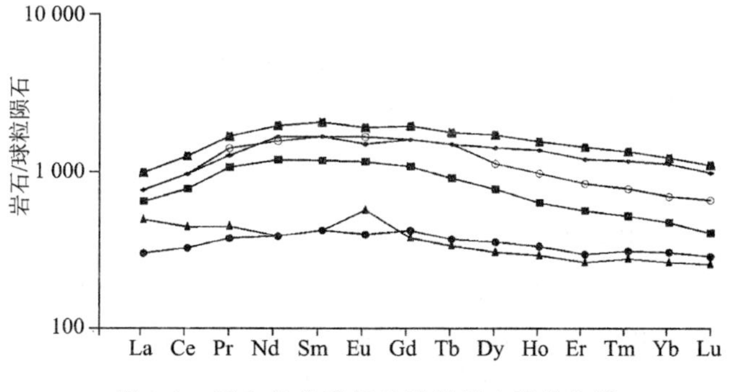

图 3-2 元古代变质超基性岩稀土配分曲线

(仿 Boynton,1984)

二、晚白垩世变基性—超基性岩

晚白垩世基性—超基性岩($K_2\Sigma$)沿雅鲁藏布江结合带断续出露于朗县、色苏等地,计有色苏($K_2\Sigma$)(72)、鲁见沟($K_2\Sigma$)(84)、吉登许($K_2\Sigma$)(85)、塘嘎($K_2\nu$)(73)4 个岩体(图 3-1,表 3-1)。长 100～500m

不等，宽几十米至上百米，面积约 1.8km²，主要呈变形橄榄岩构造块体分布，为朗县混杂岩的组成部分。在朗县西鲁见沟公路旁见有全蚀变超基性岩与千枚岩呈构造接触(图 3-3)，其间发育有较特征的糜棱岩。

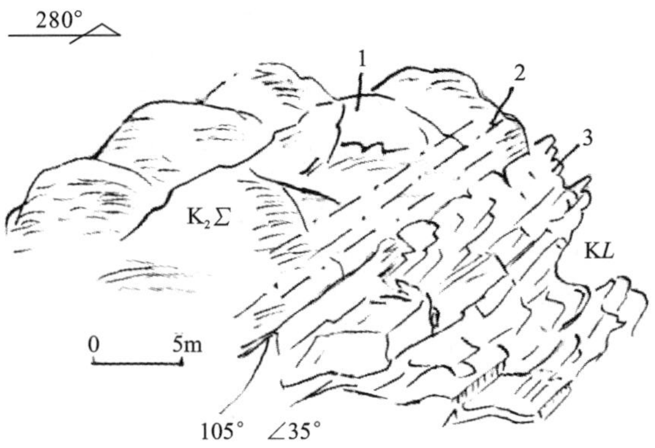

图 3-3　鲁见沟岩体与 KL 构造接触素描图

1. 蛇纹岩；2. 糜棱岩；3. 绢云千枚岩、白云母片岩

岩石类型有闪石化变辉石岩、蛇纹岩、绿帘斜长角闪片岩、辉长堆晶岩等，岩石蚀变强烈，各岩体岩石的特征见表 3-6。

由于在板块碰撞过程中强烈的构造搅动，该类岩石形成大小不一的扁豆体，且变形变质强烈。其西延在邻区 1∶20 万加查幅中罗布莎一带保存较全，陕西省区域地质调查队作了较详细的研究(1995)，主要岩石类型有斜辉辉橄岩、纯橄岩、二辉橄榄岩及少量斜橄榄岩。

斜辉辉橄岩：岩石具他形变晶及碎斑结构，矿物成分主要由橄榄石(75%～85%)、斜方辉石(15%～20%)、和少量透辉石(2%～3%)、铬尖晶石(2%～3%)，以及蛇纹石、滑石等组成。橄榄石呈拉长、波状消光；斜方辉石脆性破裂、波状消光，晶体弯曲。

表 3-6　晚白垩世基性—超基性岩岩石特征表

岩体名称及编号	岩石名称	结构特征	粒度(mm)	矿物成分及含量(%)	副矿物(%)
塘嘎(73)	绿泥绿帘钠长阳起片岩	细柱状变晶结构	d≤3×0.5	阳起石 54，钠长石 16，绿帘石 15，黝帘石 8，绿泥石 5，石英 2	
色苏(72)	绿帘斜长角闪片岩	中细晶变晶结构	d≤3×0.7	斜长石 12，普通角闪石 80，绿帘石 8，白云母微	榍石，金红石，金属矿物，磷灰石
鲁见沟(84)	蛇纹岩	显微鳞片变晶结构		蛇纹石为主，滑石 3	磁铁矿 4～5
吉登许(85)	闪石化变辉石岩	变余粒状结构	2～5	单斜辉石 35，角闪石和次闪石 58，绿泥石 2，方解石 5	榍石，金属矿物

纯橄岩：岩石具粒状结构、重结晶粒状结构，橄榄石呈自形—半自形，并发育糜棱结构、残斑结构；矿物成分由橄榄石(90%～95%)、铬尖晶石(3%～5%)和斜方辉石(1%～2%)组成。橄榄石具有不同程度的蛇纹石化。

二辉橄榄岩：岩石具他形变晶结构、残碎斑状结构及少量次生结构，矿物成分为橄榄石(65%～70%)，斜方辉石(15%～20%)，单斜辉石(5%～10%)，副矿物铬尖晶石(1%)。

岩石化学成分见表 3-7。从表中可以看出，Al_2O_3 总体较贫(0.71%～1.43%)，由纯橄岩到二辉橄榄岩有逐渐增高的趋势。主要化学参数(Mg/Mg+<FeO>)由纯橄岩到二辉橄榄岩则逐渐递减，K_2O 和 Na_2O 含量在变形橄榄岩中普遍偏低。

表 3-7　晚白垩世基性—超基性岩岩石化学特征表

岩石名称	氧化物质量(10^{-2})												岩石化学参数	
	SiO_2	TiO_2	Al_2O_3	Fe_2O_3	FeO	MnO	MgO	CaO	Na_2O	K_2O	Cr_2O_3	P_2O_5	<FeO>	MgO×100/MgO+<FeO>
纯橄岩※	40.55		0.71	4.13	4.01	0.05	48.16	1.1		0.18	1.08	0.03	8.19	85.47
斜辉橄榄岩※	44.31	0.02	1.14	3.34	4.76	0.08	40.41	5.47	0.05		0.36	0.05	8.18	83.17
二辉橄榄岩※	45.74	0.06	1.43	6.94	2.19	0.13	42.84	0.52	0.09	0.03		0.05	9.26	82.23
蛇纹岩	50.46	1.08	1.4	1.22	4.91	0.09	36.72	0.25	0.06	0.02		0.03	6.15	85.65

岩石名称	CIPW 标准矿物成分(%)												
	Q	C	Or	Ab	Ol	An	Di	Hy	Hm	Cm	Mt	Il	Ap
纯橄岩※			1.11		82.51	1.39	3.25	4.62		1.57	6.02		
斜辉橄榄岩※				0.52	60.37	2.78	18.96	11.87		0.45	4.86		
二辉橄榄岩※		0.31		1.05	46.57	2.5		40.25	1.76		7.41	0.15	
蛇纹岩	12.37		5.15	16.32		24.09	10.47	23.45			5.64	2.11	0.49

注:带※岩石数据来源于1∶20万加查幅区调资料。

在橄榄岩 MgO-Al_2O_3-CaO 成分图(图 3-4)中,其化学成分由斜辉橄榄岩、二辉橄榄岩向斜辉橄榄岩至纯橄岩逐渐变化的趋势,其中斜辉橄榄岩和二辉橄榄岩更接近于地幔岩。岩石中含 Cr_2O_3 0.36%~1.08%,平均达 0.47%;在鲁见沟、吉登许等岩体中,普遍见有铬铁矿化,属成矿有利的含铬高的超基性岩。其特征可与新喀里多尼亚蛇绿岩、伊朗布瓦蛇绿岩对比。

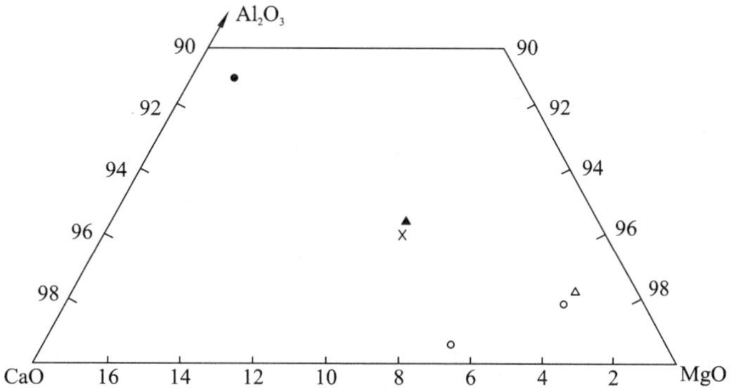

图 3-4　地幔橄榄岩 MgO-Al_2O_3-CaO

(据 Green,1979)　○.纯橄榄岩;▲.二辉橄榄岩;△.蛇纹岩;×.斜辉橄榄岩;·.原始地幔岩

岩石的微量元素含量(表 3-8)以相对贫化 Rb、Th、K 等大离子亲石元素,而 Cr、Co、Ni、V、Fe 等过渡族元素较富,且 Cr、Ni 特别富集于橄榄岩,对成矿十分有利。

表 3-8　晚白垩世基性—超基性岩微量元素含量表(10^{-6})

岩体名称及编号	色苏(72)	鲁见沟(84)		吉登许(85)	
样品编号	LZ2836-2	LZ3521-7	LZ1942-1	LZ3529-3-8	LZ3529-3-3
岩石名称	绿帘斜长角闪岩	蛇纹岩		闪石化变辉石岩	
Ba	154	28.4	48	25.2	28.4
Rb	9.8	0.63	2	3.5	0.63
Sr	126	7.3	3	8.8	7.3

续表 3-8

岩体名称及编号	色苏(72)	鲁见沟(84)		吉登许(85)	
V	149	25.7	37	131	25.7
Cr	678	7949		3615	7949
Co	43.5	87.4	3437	69.2	87.4
Ni	153	1774	81.2	345	1774
Ti		560	1859	912	560
Cu	6	6.8	14	69.9	6.8
Pb	10	6.8	2	8.3	6.8
Zn	88	30.3	51	38.2	30.3
Zr	7	6.4	3	8.5	6.4
Nb	1.4	2.91	3	2.78	2.91
Ta	<0.5	1.47	<0.5	2.16	1.47
Y	9.67	0.85	3.77	3.91	5.25
Th	<1	8.6	<1	<4	8.6
Hf	1.3	<1	<0.5	3.1	<1
Sc	46.6	22.7	7.1	29.8	22.7
Cs	9		4		
Li	20.6		5.4		
U	0.3		0.3		
Ba/Rb	15.7	45.1	24	7.2	47.3
Rb/Sr	0.08	0.09	0.7	0.4	0.09

岩石的稀土元素含量(表 3-9)，ΣREE 为 $3.14\times10^{-6}\sim22.25\times10^{-6}$，LREE/HREE 为 0.85～2.81，δEu 为 0.72～1.54，稀土配分曲线为轻稀土弱亏损平坦型(图 3-5)，与金沙江带堆晶超铁质岩和橄榄岩相似。

上述超镁铁岩呈构造块体产出，与含白垩纪微古化石的砂板岩、晚三叠世—侏罗纪放射虫硅质岩、Rb-Sr 等时线年龄 215.57Ma 的变基性火山熔岩、Rb-Sr 等时线年龄 168.24Ma 的枕状—块状玄武岩等构成朗县蛇绿岩带，而在罗布莎矿区的云母橄榄岩中获有 100Ma 年龄成果，据此将其形成时代划归为晚白垩世。

表 3-9　晚白垩世基性—超基性岩稀土元素含量表(10^{-6})

岩体名称及编号	色苏(72)	鲁见沟(84)		吉登许(85)	
样品编号	LZ2836-2	LZ3521-7	LZ1942-1	LZ3529-3-8	LZ3529-3-3
岩石名称	绿帘斜长角闪岩	蛇纹岩		闪石化变辉石岩	
La	0.86	0.42	1.29	0.32	0.48
Ce	2.11	0.61	1.94	0.65	0.89
Pr	0.39	0.09	0.29	0.11	0.15
Nd	1.98	0.39	1.37	0.68	0.99
Sm	0.79	0.13	0.41	0.31	0.42

续表 3-9

岩体名称及编号	色苏(72)	鲁见沟(84)		吉登许(85)	
Eu	0.35	0.03	0.13	0.13	0.17
Gd	1.29	0.12	0.46	0.51	0.72
Tb	0.26	0.03	0.09	0.1	0.14
Dy	1.75	0.16	0.57	0.75	1.03
Ho	0.38	0.04	0.13	0.16	0.19
Er	1.07	0.12	0.33	0.44	0.62
Tm	0.17	0.02	0.05	0.07	0.1
Yb	1.02	0.11	0.26	0.4	0.53
Lu	0.16	0.02	0.04	0.06	0.08
Y	9.67	0.85	3.77	3.91	5.25
ΣREE	22.25	3.14	11.13	8.51	11.76
LREE/HREE	1.06	2.69	2.81	0.85	0.91
δEu	1.54	0.72	1.23	0.99	0.94
$(La/Yb)_N$	0.57	2.57	3.35	0.39	0.61
$(La/Sm)_N$	0.68	2.03	1.98	0.47	0.72
$(Gd/Yb)_N$	1.02	0.88	1.43	1.03	1.1

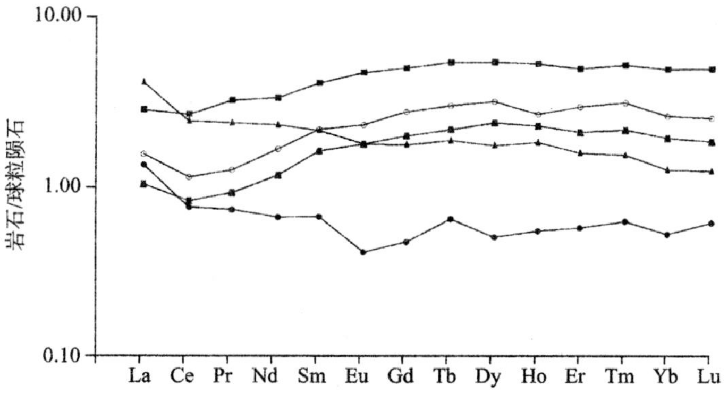

图 3-5 晚白垩世超基性岩稀土配分曲线
(仿 Boynton,1984)

第二节 中酸性侵入岩

区内中酸性侵入岩岩石类型多样,分布广泛,面积达 5724.55km²(图 3-1)。根据岩体的时空展布、岩石类型、接触关系及同位素年龄等资料,共圈定大、小侵入岩体 99 个(表 3-1)。划为寒武纪片麻状花岗岩($\epsilon M\gamma o$)、早白垩世苏长岩($K_1\nu o$)、早白垩世闪长岩($K_1\delta$)、早白垩世石英闪长岩($K_1\delta o$)、早白垩世英云闪长岩($K_1\gamma\delta o$)、早白垩世花岗闪长岩($K_1\gamma\delta$)、早白垩世黑云二长花岗岩($K_1\eta\gamma\beta$)、晚白垩世奥长花岗岩($K_2\gamma o$)、晚白垩世似斑状黑云二长花岗岩($K_1\pi\eta\gamma\beta$)、古近纪古新世黑云二长花岗岩($E_1\eta\gamma\beta$)、始新世二云二长花岗岩($E_2\eta\gamma\beta m$)、渐新世二云花岗闪长岩($E_3\gamma\delta\beta m$)、渐新世二云二长花岗岩($E_3\eta\gamma\beta m$)和渐新世花岗斑岩($E_3\gamma\pi$)14 个岩石单元。现由老到新将各时代侵入岩的基本特征分述如下。

一、寒武纪片麻状花岗岩

寒武纪片麻状花岗岩($\epsilon M\gamma o$)有片麻状二云二长花岗岩和片麻状斜长花岗岩两种侵入岩体。呈岩株、岩枝及不规则状断续分布于冈底斯岩浆弧中部念青唐古拉岩群($Pt_{2-3}N.$)中,大小计有 8 个岩体,面积 309.7km^2。

(一) 片麻状斜长花岗岩

侵入体有呢普朗(31)、龙东普(67)、神顶(79)、多烈彩(87)、洋东那(89)和林芝(102)6 个岩体,面积 243.7km^2。其中以林芝县片麻状斜长花岗岩研究较详,现以其为代表叙述如下。

岩体出露于尼洋河东岸,与八拉岩组($Pt_{2-3}b.$)呈侵入接触,西侧被第四系掩盖,出露面积 5.5km^2。岩石以片麻状中细粒斜长花岗岩为主,有少量片麻状黑云二长花岗岩。

片麻状中细粒斜长花岗岩具花岗结构,块状构造、片麻状构造。矿物成分及含量:斜长石呈半自形板粒状 55%~65%,具轻微绢云母化,斜长石牌号 An 为 25~35,属更中长石;钾长石 0~5%,石英他形粒状 20%~30%,波状消光;黑云母深褐色半自形片状 10%;普通角闪石绿色半自形柱状 3%;绿帘石粒状 1%~2%。

岩石的副矿物组合为磁铁矿+钛铁矿+磷灰石+锆石+绿帘石,有少量褐帘石、方铅矿,属磁铁矿+钛铁矿型。具同熔型花岗岩副矿物组合特征。锆石以 MP 型为主,含有磷灰石包体(图 3-6)。

岩体名称及编号		林芝县(102)	
样品编号		LZ5004-9	LZ5005-6
锆石特征	颜色	淡黄棕色	浅褐红色
	光泽	金刚光泽	金刚光泽
	透明度	透明	透明
	粒度(mm)	$d<0.05\sim0.3$	$d<0.05\sim0.3$,个别 0.5
	长宽比	2:1	2:1~3:1
	包体	圆形、长形透明包体、少量黑色片状包体	透明矿物雏晶和气液包裹体
	表面特征	晶体匀称、棱面完好	晶体发育不匀称、棱面有熔蚀痕迹
	发光性	橙黄色荧光	强黄色荧光
	晶体形态	{110}{100}{311}{131}	{110}{100}{311}{131}
	晶形图	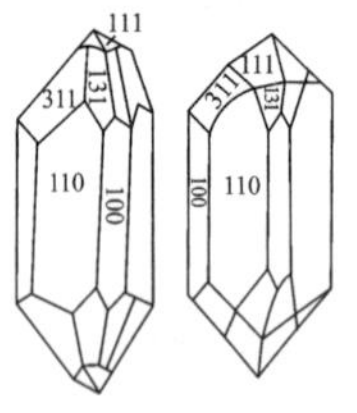	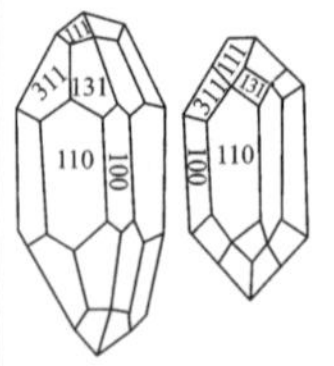

图 3-6　锆石晶形图

岩石化学成分见表 3-10,与中国花岗岩平均化学成分(黎彤,1962,下同)相比较,其铁、镁、钾较低,其余成分与之相近。其 CIPW 标准矿物组合为 Q、C、Ab、An、Or、Hy,属铝过饱和类型。A/CNK0.9~1.0,K/Na+K0.6~0.8,Fe^{3+}/TFe 0.1~0.6,与 S 型花岗岩相当。

微量元素含量见表 3-11,与维氏花岗岩相较,富集 Nb、Sc、Sr、W,贫 Ba、Rb、Ta、Th、Cs 等。微量元素蛛网图型式(图 3-7)以富集 Rb、Hf,亏损 Nb、Ta 为特征。与火山弧花岗岩较相似。

岩石的稀土元素含量见表 3-12,ΣREE 为 $120.9\times10^{-6}\sim234.53\times10^{-6}$,LREE/HREE 为 6.23~

25.96,$(La/Yb)_N$为 6.32～50.09,δEu为 0.75～1.04,稀土配分曲线为右斜轻稀土富集型(图 3-8),负铕异常较弱,显示同熔型花岗岩特征。

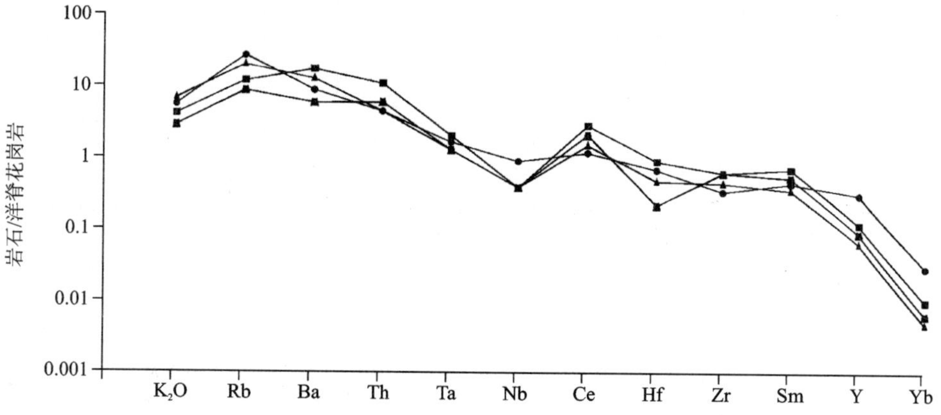

图 3-7　寒武纪片麻状斜长花岗岩微量元素蛛网图(仿 Pearce,1984)

表 3-10　寒武纪片麻状斜长花岗岩岩石化学特征表

岩体名称及编号	样品编号	岩石名称	氧化物质量 (10^{-2})												
			SiO_2	TiO_2	Al_2O_3	Fe_2O_3	FeO	MnO	MgO	CaO	Na_2O	K_2O	P_2O_5	灼减	总量
呢普朗(31)	I-106※	黑云二长花岗岩	78.50		12.07	0.49	1.00		0.38	1.31	3.85	4.10			101.7
	I-126※		73.58		13.93	0.24	1.08		0.48	1.75	4.15	4.05			99.26
龙东普(67)	LZ586-1	片麻状黑云二长花岗岩	68.45	0.43	15.03	1.28	2.96	0.08	1.20	3.18	3.77	2.50	0.15	0.48	99.51
神顶(79)	I-133※	花岗闪长岩	73.23	0.18	13.65	2.04	1.22		0.50	2.77	4.00	2.60	0.13		100.32
林芝县(102)	LZ5004-9	片麻状黑云斜长花岗岩	71.87	0.42	13.67	0.78	3.09	0.03	0.18	3.19	3.41	1.65	0.12	0.29	99.49
	LZ5005-6		72.12	0.40	14.55	0.44	2.93	0.03	0.64	3.82	3.50	1.18	0.08	0.33	100.02
	LZ5005-9		71.61	0.35	14.74	0.30	2.89	0.03	0.60	2.44	4.11	2.74	0.13	0.32	100.26

岩体名称及编号	样品编号	CIPW 标准矿物成分(%)										岩石化学参数				
		Q	C	Or	Ab	An	Di	Hy	Mt	Il	Ap	DI	A/CNK	K/Na+K	Fe^{3+}/TFe	δ
呢普朗(31)	I-106※	46.37		20.69	27.53	3.20	2.19	1.00	0.71			94.6	0.9	0.6	0.3	0.8
	I-126※	39.29		20.59	29.89	6.74	0.94	2.18	0.35			89.8	1.0	0.6	0.1	1.1
龙东普(67)	LZ586-1	36.72	0.71	12.72	27.25	13.49		6.07	1.87	0.82	0.35	76.7	1.0	0.7	0.3	1.3
神顶(79)	I-133※	42.58		13.07	28.53	10.45	0.88	0.90	2.94	0.34	0.30	84.2	0.9	0.7	0.6	1
林芝县(102)	LZ5004-9	45.51	0.76	8.48	24.82	13.80		4.39	1.15	0.82	0.28	78.7	1.0	0.8	0.2	0.8
	LZ5005-6	44.54	0.78	5.96	25.10	16.68		5.36	0.64	0.76	0.19	75.6	1.0	0.8	0.1	0.9
	LZ5005-9	38.94	0.90	13.83	29.39	10.16		5.36	0.43	0.66	0.30	82.2	1.0	0.7	0.1	0.9

注:带※数据引自中国科学院地质研究所岩矿分析室,1978。

表 3-11　寒武纪片麻状斜长花岗岩微量元素含量表(10^{-6})

样品编号	岩体名称及编号	岩石名称	Ba	Rb	Sr	V	Ti	Cu	Zn	Zr	Nb	Ta	Y
LZ586-1	龙东普(67)	片麻状黑云二长花岗岩	454	116	325	52.1	2262	16.6	53.4	116	9.46	1.33	23.5
LZ5004-9	林芝县(102)		871	47.6	639	50.9	2475	19.7	49.3	235	4.03	1.41	8.53
LZ5005-6			318	40.30	572	50.8	2274	14.9	44.2	235	4.32	0.89	6.26
LZ5005-9			643	81.5	568	31.8	2060	17.1	62.9	157	4.34	0.93	4.92
样品编号	岩体名称及编号		Th	Hf	Sc	Cs	Ga	Li	Be	W	Sn	Ba/Rb	Rb/Sr
LZ586-1	龙东普(67)		4	6.4	7.3	2.8	17.4	16.8	1.7	0.48	2.8	3.9	0.4
LZ5004-9	林芝县(102)		9.3	8.0	8.9	2.8	17.7	8.7	1.5	0.32	1.1	18.3	0.1
LZ5005-6			4.90	2.0	6.9	2.8	15.9	7.7	1.3	0.32	1.4	7.9	0.1
LZ5005-9			4	4.5	5.4	3.7	18.4	20.8	1.4	0.54	2.8	7.9	0.1

表 3-12　寒武纪片麻状斜长花岗岩稀土元素含量表(10^{-6})

序号	岩体名称及编号	岩石名称	La	Ce	Pr	Nd	Sm	Eu	Gd	Tb	Dy	Ho	Er
1	龙东普(67)	片麻状黑云二长花岗岩	21.76	43.39	5.61	20.89	4.33	1.06	4.21	0.75	4.28	0.84	2.47
2	林芝县(102)		51.08	101.4	12.15	43.52	6.76	1.48	4.34	0.56	2.37	0.40	0.96
3			40.12	84.00	9.24	32.70	5.13	1.45	3.02	0.41	1.55	0.28	0.67
4			26.17	52.32	6.54	21.97	3.46	0.90	2.04	0.28	1.04	0.21	0.52

序号	岩体名称及编号	岩石名称	Tm	Yb	Lu	Y	ΣREE	LREE/HREE	δEu	$(La/Yb)_N$	$(La/Sm)_N$	$(Gd/Yb)_N$
1	龙东普(67)	片麻状黑云二长花岗岩	0.36	2.32	0.34	23.5	136.11	6.23	0.75	6.32	3.16	1.46
2	林芝县(102)		0.13	0.73	0.12	8.53	234.53	22.52	0.78	47.18	4.75	4.80
3			0.09	0.54	0.09	6.26	185.55	25.96	1.04	50.09	4.92	4.61
4			0.07	0.40	0.06	4.92	120.90	24.10	0.96	44.11	4.76	4.12

注:1. LZ586-1;2. LZ5004-9;3. LZ5005-6;4. LZ5005-9。

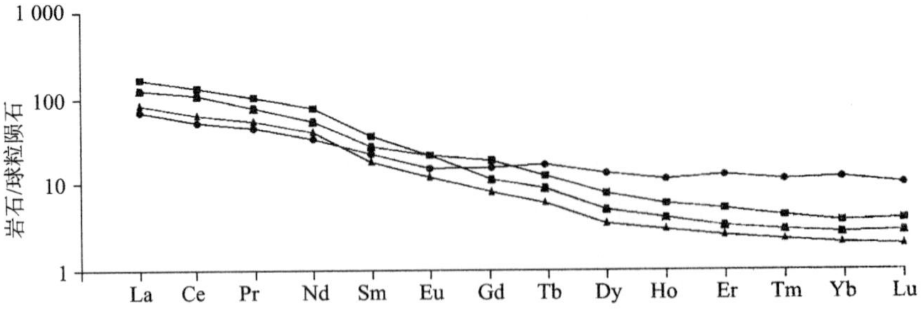

图 3-8　寒武纪片麻状斜长花岗岩稀土配分曲线(仿 Boynton,1984)

(二)片麻状二云二长花岗岩

片麻状二云二长花岗岩(∈$M\eta\gamma\beta m$)侵入体,仅见有大丁卡(44)、吓那(58)2 个岩体,面积约 66km^2。现以研究较详的大丁卡岩体为代表叙述如下。

大丁卡岩体(44)为一北西向长椭圆形侵入岩株。长4000m,宽约1500m。南西与中—新元古代念青唐古拉岩群($Pt_{2-3}N.$)呈侵入接触,北及北东被晚白垩世花岗岩穿插。

岩体由片麻状细粒、中粒二云二长花岗岩组成。岩石具细—中粒结构、花岗变晶结构,块状和片麻状构造。矿物成分及含量:更—中长石半自形板柱状35%,具格子双晶;石英他形粒状30%~35%,波状消光;黑云母5%、白云母7%,半自形片状,部分白云母交代斜长石和黑云母;钾长石与斜长石接触部位发育蠕英结构。副矿物组合为磁铁矿+钛铁矿+榍石+褐帘石+磷灰石+锆石,与同熔型花岗岩相同。锆石以MP型为主,少量MPX型,含有磷灰石包体(图3-9)。

岩体名称及编号		大丁卡(44)	吓那(58)
样品编号		LZ5228-1	LZ670-1
锆石特征	颜色	淡黄至无色	淡黄棕—无色
	光泽	金刚光泽	强金刚光泽
	透明度	透明	透明
	粒度(mm)	$d<0.05\sim0.15$	$d<0.05\sim0.15$
	长宽比	2~2.5:1	2~2.5:1
	包体	长条磷灰石锥晶	圆、长圆及粉状透明包体
	表面特征	晶棱清晰、晶面光滑	晶棱清晰、晶面光滑
	发光性	橙黄色荧光	橙黄色荧光
	晶体形态	{100}{110}{111}{311} {100}{110}{111}{311}	{100}{110}{111}{311}{110}{111} {100}{110}{111}{311}
	晶形图	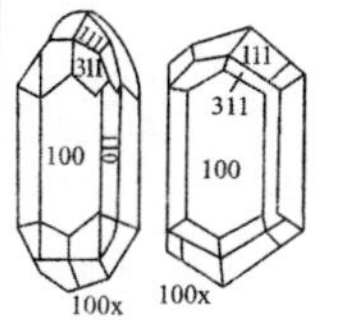	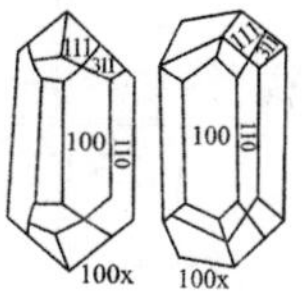

图3-9　锆石晶形图

岩石的化学特征列于表3-13,与中国花岗岩平均化学成分相比较,FeO、MgO偏低,K/Na+K为0.6,A/CNK为1.1~1.2,Fe^{3+}/TFe为0.1~0.4,组合指数(δ)0.9,与S型花岗岩特征相近。其CIPW标准矿物组合主要有Q、C、Or、Ab、An、Hy,属铝过饱和类型。

表3-13　寒武纪片麻状二云二长花岗岩岩石化学特征表

岩体名称及编号	样品编号	岩石名称	氧化物质量(10^{-2})												
			SiO_2	TiO_2	Al_2O_3	Fe_2O_3	FeO	MnO	MgO	CaO	Na_2O	K_2O	P_2O_5	灼减	总量
大丁卡(44)	1	片麻状二云二长花岗岩	71.07	0.17	14.79	0.69	3.03		0.35	2.05	4.06	3.46	0.11	0.34	100.16
吓那(58)	2		74.16	0.10	13.50	0.26	2.35	0.04	0.18	1.08	3.51	4.15	0.06	0.29	99.68

岩体名称及编号	样品编号	CIPW标准矿物成分(%)										岩石化学参数				
		Q	C	Or	Ab	An	Di	Hy	Mt	Il	Ap	DI	A/CNK	K/Na+K	Fe^{3+}/TFe	δ
大丁卡(44)	1	37.36	0.90	17.51	29.11	8.53		5.00	1.00	0.32	0.25	84.0	1.1	0.6	0.1	0.9
吓那(58)	2	43.01	1.41	21.10	25.24	4.53		4.00	0.38	0.19	0.14	89.4	1.2	0.6	0.4	0.9

注:1. LZ5228-1;2. LZ670-1。

主要岩体岩石的微量元素含量(表 3-14)，与维氏花岗岩相较，Sc、Sr、W 较高，Be、Rb、Ta、Th、Cs 偏低。其微量元素蛛网图型式(图 3-10)以富集 Rb，亏损 Nb、Ta 为特征。与岛弧花岗岩基本相同。

表 3-14　寒武纪片麻状二云二长花岗岩微量元素含量表(10^{-6})

样品编号	岩体名称及编号	岩石名称	Ba	Rb	Sr	V	Ti	Cu	Zn	Zr	Nb	Ta	Y
LZ5228-1	大丁卡(44)	片麻状二云二长花岗岩	778	123	473	27.4	1016	27.2	39.2	116	8.69	1.38	11.28
LZ670-1	吓那(58)		787	128	241	11.8	635	27.5	37.7	93.3	8.86	1.15	11.94
样品编号	岩体名称及编号	岩石名称	Th	Hf	Sc	Cs	Ga	Li	Be	W	Sn	Ba/Rb	Rb/Sr
LZ5228-1	大丁卡(44)	片麻状二云二长花岗岩	5.2	6.4	6.1	7.5	16.3	23.7	1.7	1.18	4.2	6.3	0.3
LZ670-1	吓那(58)		9.4	6.5	5.7	4.7	14.8	19	1.1	0.7	2.4	6.2	0.5

岩石的稀土元素含量见表 3-15，其 ΣREE 为 $105.48\times10^{-6}\sim122\times10^{-6}$，LREE/HREE 为 12.1～13.5，$(La/Yb)_N$ 为 10.79～14.51，δEu 为 0.67～0.81，稀土配分型式为轻稀土富集型(图 3-11)，具弱负铕异常，显示同熔型花岗岩特征，与广西本洞英云闪长岩的配分型式基本相同。

表 3-15　寒武纪片麻状二云二长花岗岩稀土元素含量表(10^{-6})

样品编号	岩体名称及编号	岩石名称	La	Ce	Pr	Nd	Sm	Eu	Gd	Tb	Dy	Ho	Er	Tm	Yb	Lu
LZ5228-1	大丁卡(44)	片麻状二云二长花岗岩	22.4	44.0	4.76	15.7	2.54	0.61	1.91	0.31	1.66	0.36	1.14	0.19	1.4	0.22
LZ670-1	吓那(58)		26.48	48.41	5.65	18.26	3.08	0.60	2.20	0.34	1.87	0.39	1.16	0.19	1.23	0.20

样品编号	岩体名称及编号	岩石名称	Y	ΣREE	LREE/HREE	δEu	$(La/Yb)_N$	$(La/Sm)_N$	$(Gd/Yb)_N$
LZ5228-1	大丁卡(44)	片麻状二云二长花岗岩	11.28	105.48	12.1	0.81	10.79	5.55	1.1
LZ670-1	吓那(58)		11.94	122.00	13.52	0.67	14.51	5.41	1.44

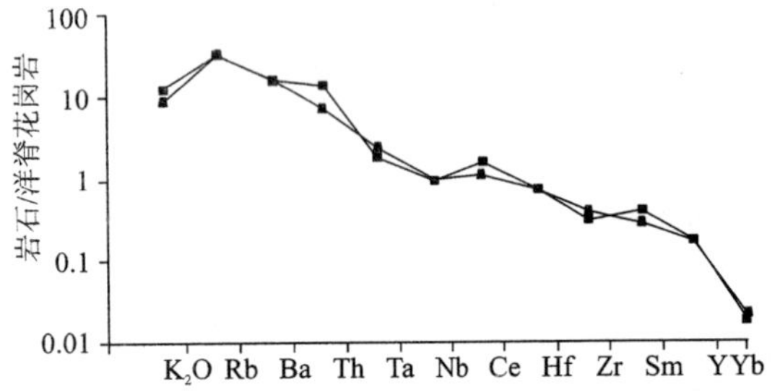

图 3-10　寒武纪二云二长花岗岩微量元素蛛网图
(仿 Pearce，1984)

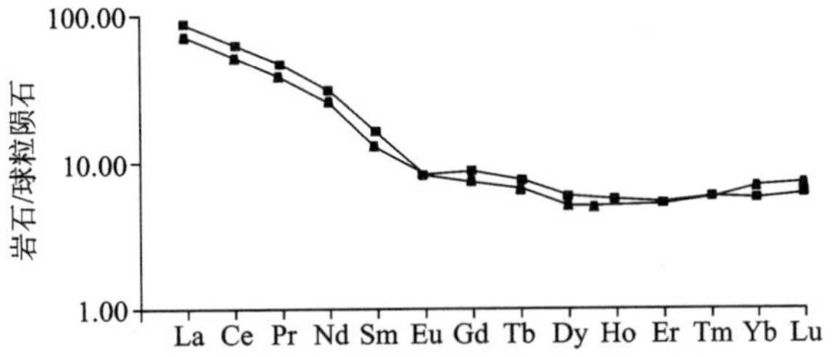

图 3-11　寒武纪二云二长花岗岩稀土配分曲线
(仿 Boynton，1984)

(三) 寒武纪片麻状花岗岩成因及时代探讨

上述片麻状花岗岩的 CIPW 标准矿物组合以 Q、C、Or、Ab、An、Hy 为主，多为铝过饱和类型。在 A-C-F 图解(图 3-12)中，其投影点主要分布在 I 与 S 型花岗岩界线附近，在 Q-Ab-Or 相图(图 3-13)中，除个别外均集中分布于低温槽内，表明系岩浆成因。成岩温度界于 700～750℃ 低温槽内(图 3-14)，与包体均一测温 680～750℃ 一致。在 (Al-Na-K)-Ca-(Fe^{2+}+Mg) 图解(图 3-15)中，样品在斜长石-角闪石-黑云母区内 5 件，在斜长石-堇青石-黑云母区内 4 件并彼此接近，类似于 I 型花岗岩范围。在 Rb-(Yb+Nb) 及 Rb-(Yb+Ta) 判别图(图 3-16)中，均投于火山弧花岗岩区。

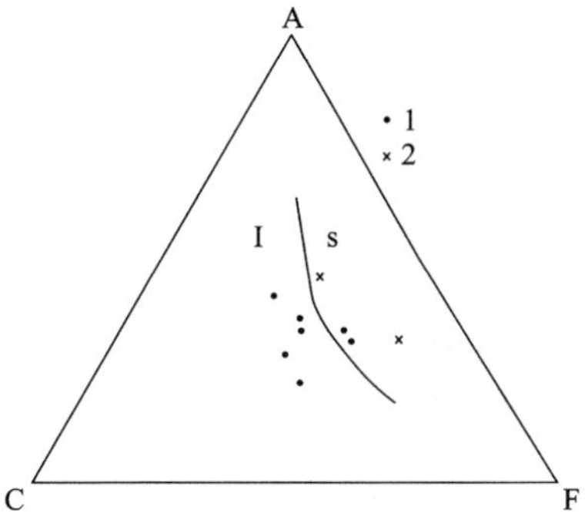

图 3-12 A-C-F 图解

1. 片麻状斜长花岗岩；2. 片麻状二云二长花岗岩

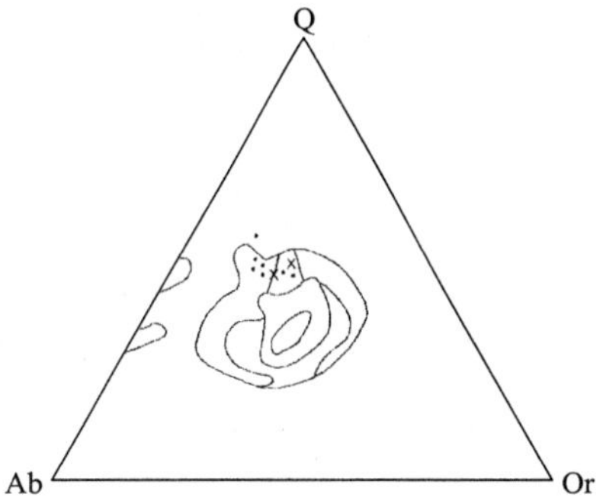

图 3-13 Q-Ab-Or 相图

·. 片麻状斜长花岗岩；×. 片麻状二云二长花岗岩

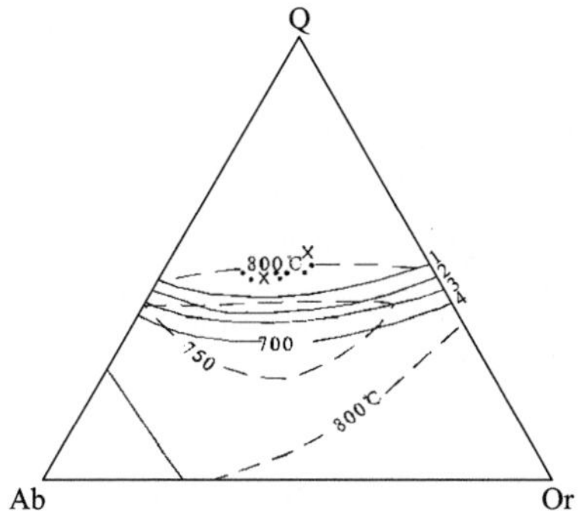

图 3-14 Q-Ab-Or-H_2O 相图

1. $P_{H_2O}=0.5Kb$；2. $P_{H_2O}=1Kb$；3. $P_{H_2O}=2Kb$；4. $P_{H_2O}=3Kb$

·. 片麻状斜长花岗岩；×. 片麻状二云二长花岗岩

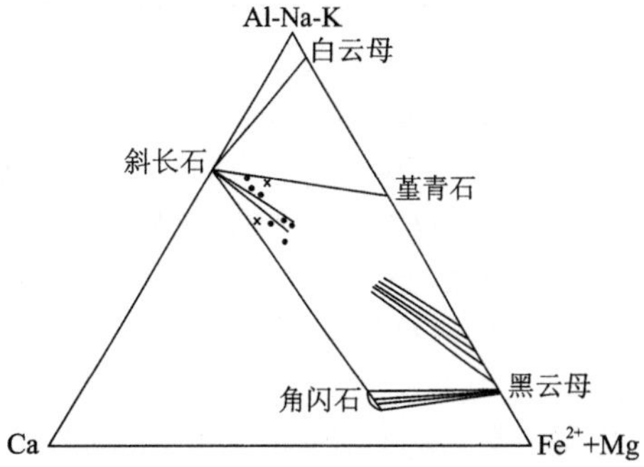

图 3-15 (Al-Na-K)-Ca-(Fe^{2+}+Mg)图解

(仿 B. W. chappell 等)

·. 片麻状斜长花岗岩；×. 片麻状二云二长花岗岩

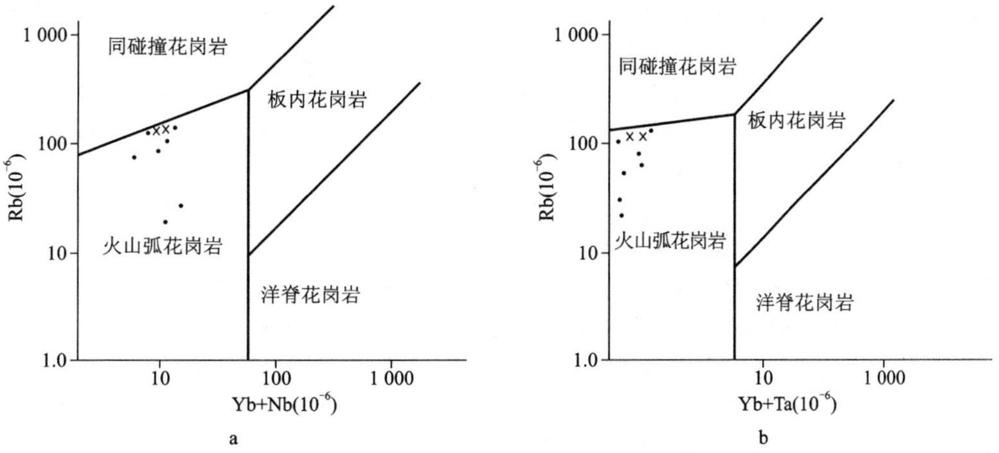

图 3-16 Rb-(Yb+Nb)判别图(a)及 Rb-(Yb+Ta)判别图(b)

·. 片麻状斜长花岗岩；×. 片麻状二云二长花岗岩

综上所述，其岩石学、岩石化学、岩石地球化学特征，均表明形成于同造山期同熔型岛弧环境，可与察隅锆石 U-Pb 年龄为 461.66～639Ma 的娄巴花岗岩(1∶20 万松冷、竹瓦根幅，1994)相对比，可能为前奥陶纪泛非基底增生同构造侵位的产物。

二、白垩纪中酸性侵入岩

白垩纪为区内中酸性岩浆侵入活动最强烈、频繁、岩类复杂、分布最广的时期。出露面积达4681.3km^2，占侵入岩总面积的 81.7%，构成冈底斯中酸性侵入岩的主体，划分为早白垩世和晚白垩世两期。

（一）早白垩世中酸性侵入岩

早白垩世中酸性侵入岩分布于尼洋河以南，测区的中南部。以苏长岩($K_1\nu o$)、闪长岩($K_1\delta$)、石英闪长岩($K_1\delta o$)、英云闪长岩($K_1\gamma\delta o$)、花岗闪长岩($K_1\gamma\delta$)、黑云二长花岗岩($K_1\eta\gamma\beta$)系列为主，大小岩体50个，面积$2824.5km^2$，占白垩纪中酸性侵入岩面积的60%。按岩浆演化和活动顺序分为早、中、晚三个阶段。早阶段以闪长岩、石英闪长岩为主，中期有英云闪长岩和花岗闪长岩，晚阶段为黑云二长花岗岩(表3-1)。

1. 早阶段闪长岩、石英闪长岩

早阶段闪长岩、石英闪长岩集中分布于冈底斯主山脉以南朗县大周塘、米林县里龙一带。主要有陇马王马苏长岩(75)、拉马古东闪长岩(68)、席浪店嘎闪长岩(77)、奔中闪长岩(94)、甲兴闪长岩(97)、杂子石英闪长岩(71)、斜觉石英闪长岩(96)、里龙乡石英闪长岩(100)8个岩体。其中陇马王马为一杂岩体，从岩石名称判断应属基性岩类，但化学成分位于非基性岩区，并与中性岩类密切相关，故放在一起叙述。奔中岩体中亦含部分石英闪长岩，显示上述不同岩性具分异过渡特征。现择代表性岩体叙述如下。

(1) 陇马王马苏长岩($K_1\nu o$)体(75)：呈长椭圆状侵位于中—新元古代八拉岩组($Pt_{2-3}b.$)中。长6000m，宽2000～2500m，面积$14km^2$。岩性以二长斜辉苏长岩为主。岩石具辉长结构，块状构造。矿物成分及含量：中—拉长石半自形粒柱状(50%)；钾长石他形粒状(10%)；紫苏辉石半自形粒柱状(7%～14%)，Np淡红色，平行消光，二轴晶，负光性；普通辉石淡棕色(5%～18%)，无多色性，斜消光；普通角闪石他形—半自形粒柱状(2%～3%)，常为辉石的反应边产出，Ng绿色；黑云母半自形片状(3%)，Ng红褐色；石英他形粒状(3%)；副矿物有粒柱状磷灰石，他形粒状金属矿物。

岩石化学成分(10^{-2})：SiO_2 54.38，TiO_2 1.02，Al_2O_3 17.02，Fe_2O_3 1.53，FeO 8.57，MgO 3.96，CaO 7.00，MnO 0.16，K_2O 2.07，Na_2O 3.35，P_2O_5 0.29。与中国苏长岩相比较，Al_2O_3、K_2O、Na_2O显著偏高，MgO、FeO、CaO明显偏低，接近闪长岩和安山岩类。CIPW标准矿物组合为Q13.8、Or10.6、Ab24.3、An23.3、Di5.68、Hy19.1，属正常类型。组合指数(δ)为2.58，属钙碱性岩石系列。A/CNK 0.83，ALK 4.76，Na/K1.6，均与同熔型花岗岩相当。

岩石微量元素含量(10^{-6})：Sr 441、Rb 59.70、Ba 337、Cs 2.60、Th<4、Zr 124、Hf 4.60、Nb 5.75、V 219、Ta 3.50、Cr 13.20、Ni 2.30、Co 0.65、Zn 91.80、Sc 12.50、Rb/Sr 0.14、Ba/Rb 5.64，与维氏闪长岩相比较，其中Sr、Rb、Ba、Th、Zr、Nb、Cs、Ni、Co显著偏高，Hf、V、Ta、Sc明显偏高，余者则基本相近。

岩石稀土元素含量(10^{-6})：La 16.70、Ce 38.43、Pr 5.26、Nd 20.37、Sm 4.53、Eu 1.13、Gd 4.20、Tb 0.71、Dy 4.02、Ho 0.75、Er 2.30、Tm 0.35、Yb 2.23、Lu 0.32、Y 21.63。ΣREE 122.93×10^{-6}，δEu 0.78，LREE/HREE 2.37，$(La/Yb)_N$ 5.05，$(La/Sm)_N$ 2.32，$(Gd/Yb)_N$ 1.52，其稀土配分型式为右斜轻稀土富集型，与广西本洞英云闪长岩及苏长岩的稀土配分型式相似(图3-17)。

(2) 奔中闪长岩($K_1\delta$)体(94)：呈菱形状，北被一东西向断层破坏，东与中—新元古代八拉岩组($Pt_{2-3}b.$)呈侵入接触，西被早白垩世中阶段英云闪长岩侵入，面积$28km^2$。由闪长岩组成，有少量蚀变石英闪长岩。岩石具半自形粒状结构，块状构造。矿物成分及含量：中长石半自形—他形板粒状(70%～75%)，绢云母化，略显环带；普通角闪石半自形粒状(5%～15%)；黑云母半自形(18%)，被绿泥石、绿帘石交代；他形粒状石英(0～5%)；副矿物有磷灰石、榍石、锆石及金属矿物。

岩石化学成分(10^{-2})：SiO_2 54.40，TiO_2 0.91，Al_2O_3 17.82，Fe_2O_3 2.06，FeO 5.82，MgO 4.32，CaO 7.74，MnO 0.14，K_2O 1.57，Na_2O 3.51，P_2O_5 0.31。与中国闪长岩(1961)相比较，其SiO_2偏低，MgO、CaO偏高，余者与其接近。CIPW标准矿物组合Q15.6、Or8.03、Ab25.5、An25.8、Di5.98、Hy13.6，组合指数(δ)2.26，属钙碱性岩石系列。其A/CNK 0.83，ALK 4.76，Na/K 2.2，与华南同熔型花岗岩基本一致。

岩石微量元素含量(10^{-6})：Sr 474、Rb 39.4、Ba 305、U 0.76、Th 2.8、Zr 87、Hf 2.8、Nb 4.9、V 190.7、Zn 97.0、Ga 16.3、Sc 27.5、Ta 0.6，Rb/Sr 0.08、Ba/Rb 7.74，与同类岩石相比较，Sr、Rb、Ba、U、Th、Zr、Nb显著偏低，Hf、V偏高，余者则基本一致。

岩石稀土元素含量(10^{-6})：La 18.92、Ce 38.88、Pr 5.32、Nd 21.38、Sm 4.69、Eu 1.47、Gd 4.24、Tb 0.64、Dy 3.80、Ho 0.71、Er 2.00、Tm 0.28、Yb 1.68、Lu 0.23、Y 19.32。ΣREE 123.47×10^{-6}，δEu 0.99，LREE/HREE 2.74，$(La/Yb)_N$ 7.34，$(La/Sm)_N$ 2.45，$(Gd/Yb)_N$ 2.04。稀土配分型式为右斜轻稀土富集型，无铕异常，与广西本洞英云闪长岩的稀土配分型式相似(图3-18)。

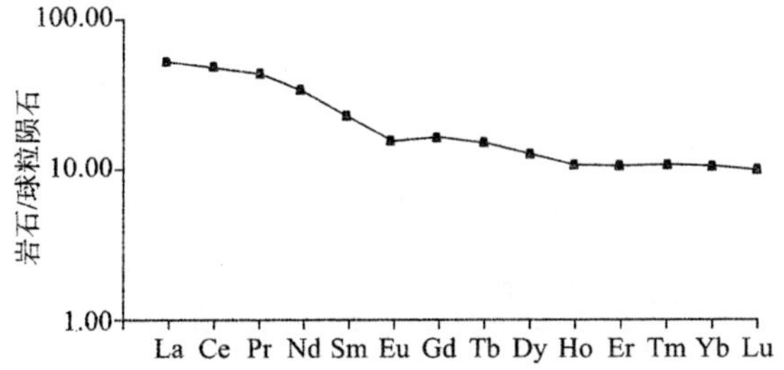

图 3-17　早白垩世苏长岩稀土配分曲线
（仿 Boynton，1984）

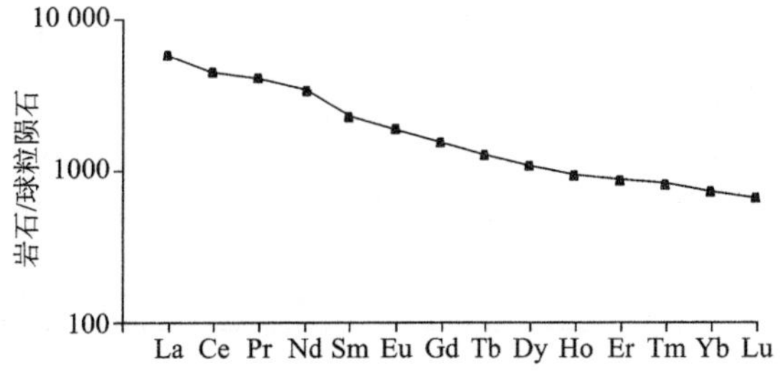

图 3-18　早白垩世闪长岩稀土配分曲线
（仿 Boynton，1984）

（3）里龙乡石英闪长岩（$K_1\delta o$）（100）：东为近南北向张性断裂与新元古代—寒武纪肉切村岩群（Pt_3Є$R.$）相接，南界被一北西向断裂破坏，北西则侵入于中—新元古代八拉岩组（$Pt_{2-3}b.$）中。东西长 20km，南北宽 10km，面积达 226km^2。仲沙石英闪长岩黑云母 K-Ar 同位素年龄值 97.1Ma（张玉泉，1978），属早白垩世晚期。

岩石具半自形粒状结构，块状构造。矿物成分及含量：斜长石（An32～34）半自形板柱状（50%～58%），环带构造；钾长石他形粒状（3%～5%），微细条纹，属条纹长石；石英他形粒状（5%～15%）；角闪石自形—半自形柱状（20%～25%），Ng 黄绿色、Nm 绿色、Np 浅绿黄色，C∧Ng＝20°～24°；黑云母半自形片状（18%），Ng 褐色、Nm 褐黄色、Np 浅褐黄色；副矿物有磷灰石、榍石、他形粒状金属矿物等（表 3-16）。锆石柱面、锥面发育（图 3-19），属 MPX 型。经 X 衍射分析，其 ZrO_2/HfO_2 比值为 561～705，属贫铪锆石，显示成岩物质主要来自地幔的特征。

表 3-16　里龙乡石英闪长岩副矿物成分含量表

样品编号	岩石名称	副矿物含量（10^{-6}）													
		磁铁矿	钛铁矿	锆石	磷灰石	褐帘石	独居石	钍石	黄铁矿	方铅矿	白钨矿	绿帘石	石榴石	自然金	金红石
LZ2512-2	蚀变石英闪长岩	54.1	11.1	10.5	+	+		+	+++		+	24.3	+	+	+
LZ2516-1	中粒石英闪长岩	88.98	3.92	1.93		1.69	0.2	+	+			3.45		+	+

岩体名称及编号		朗布（74）	里龙区（100）	
样品编号		LZ2153-1	LZ2512-2	LZ2516-1
锆石特征	颜色	无色	无色	黄色—无色
	光泽	亚金刚光泽	亚金刚光泽	亚金刚光泽
	透明度	透明	透明	透明
	粒度（mm）	*L*0.2925～0.3407 *d*0.0878～0.0975	*L*0.1565～0.2145 *d*0.5855	*L*0.1776～0.2145 *d*0.0592～0.0683
	长宽比	2∶1	2∶1～3∶1	3∶1
	包体	固体包体	固体包体	固体包体
	表面特征	晶棱清晰、晶面光滑	晶棱清晰、晶面光滑	晶棱清晰、晶面光滑
	发光性	橙黄色荧光	强黄色荧光	橙黄色荧光
	晶体形态	{110}{311}{131}{111}	{110}{100}{311}{131} {110}{111}{311}{131}	{110}{311}{131}{110} {100}{311}{111}
	晶形图	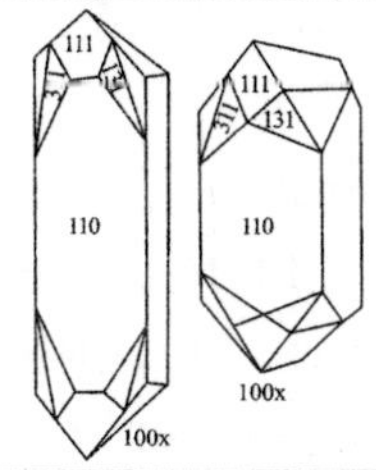	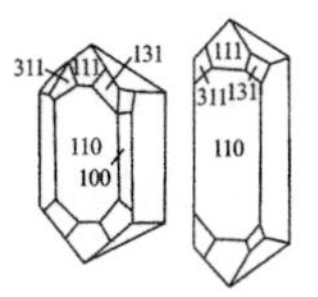	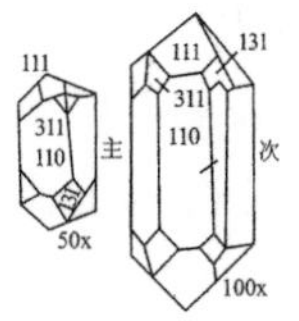

图 3-19　锆石晶形图

岩石化学成分列于表 3-17，与中国石英闪长岩基本相同。CIPW 标准矿物组合为 Q、Or、Ab、An、Di、Hy，组合指数(δ)为 2.6～4.5，属正常类型钙碱性系列。A/CNK0.9～1.0，ALK4.76，Na/K2.2，与华南同熔型花岗岩基本一致。在 A-C-F 图解(图 3-20)中，落入 I 型花岗岩区及其附近。在(Al-Na-K)-Ca-(Fe^{2+} + Mg)图解(图 3-21)均投在斜长石-角闪石-黑云母区内，具 I 型花岗岩特征。

表 3-17　里龙乡石英闪长岩(100)岩石化学特征表

样品编号	岩石名称	氧化物质量(10^{-2})											
		SiO_2	TiO_2	Al_2O_3	Fe_2O_3	FeO	MnO	MgO	CaO	Na_2O	K_2O	P_2O_5	总量
1	蚀变石英闪长岩	57.27	0.74	17.80	2.90	4.53	0.11	3.38	5.73	3.82	1.57	0.14	100.31
2	中粒石英闪长岩	57.31	0.66	17.50	2.84	4.99	0.12	3.34	6.34	3.88	1.72	0.16	99.63
3	石英二长岩	61.68	1.18	15.13	5.03	3.85	0.10	2.38	2.73	3.25	3.50	0.15	98.98
4	石英闪长岩	59.10	0.50	16.55	4.83	3.13	1.40	3.32	4.92	4.10	2.03	0.20	100.08

样品编号	CIPW 标准矿物成分(%)										岩石化学参数			
	Q	Or	Ab	An	Di	Hy	Mt	Il	Ap	DI	A/CNK	K/Na+K	Fe^{3+}/TFe	δ
1	21.10	8.08	27.89	24.69	0.54	11.65	4.29	1.44	0.32	57.10	1.0	0.8	0.3	3.7
2	19.70	8.78	28.03	23.07	3.75	10.86	4.16	1.27	0.37	56.5	0.9	0.8	0.3	4.5
3	24.13	9.99	28.53	18.26	1.63	9.27	6.81	0.93	0.44	62.7	0.9	0.8	0.6	2.6
4	22.14	10.25	29.32	18.71	1.68	9.52	7.00	0.95	0.46	61.7	0.9	0.8	0.6	3.0

注：1. LZ2512-2；2. LZ2516-1；3. Tt74-146※；4. M-5※；带※数据引自中国科学院地质研究所岩矿分析室，1978。

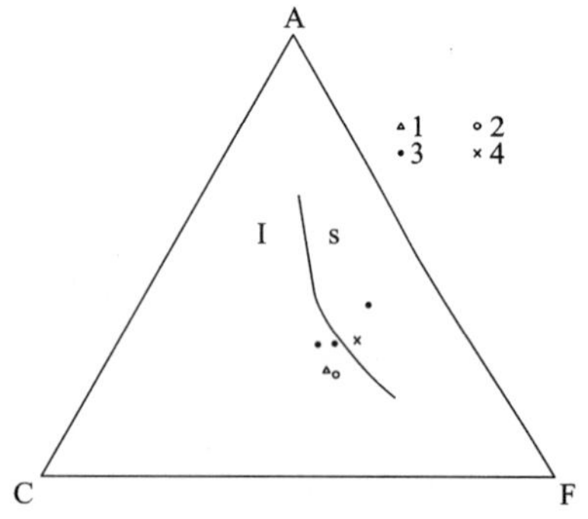

图 3-20　A-C-F 图解

1. 苏长岩；2. 闪长岩；3. 石英闪长岩；4. 石英二长岩

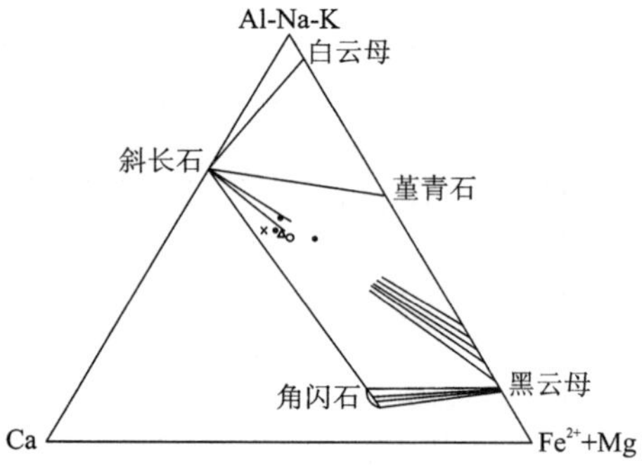

图 3-21　(Al-Na-K)-Ca-(Fe^{2+} + Mg)图解

(仿 B. W. Chappell 等)

△. 苏长岩；○. 闪长岩；•. 石英闪长岩；×. 石英二长岩

岩石微量元素含量(10^{-6})：Ba27.0～43.5、Rb38.5～53.7、Sr456～521、Cs1.2～7.5、Th4、Zr56.6～84.7、Hf6.6～7.9、Nb2.03～3.72、V133～156、Ta2.23～2.35、Y11.75～12.03、Ti3656～3798、Cu47.4～72.7、Zn82.3～91.5、Sc10.7～12.7、Ga17.9～19.1、Be0.4～4.48、W0.32～0.7、Sn1.4～1.7，Rb/Sr5～11.3，Ba/Rb0.08～0.1，与维氏闪长岩相比较，Sr、Rb、Ba、Ti、Th、Zr、Nb、Ga、Be 较低，Hf、V、Ta、Sc、Cu、Zn 较高，余者基本相近。微量元素蛛网图型式(图 3-22)以富集 Rb、Hf、亏损 Nb 为特征，相似于 I 型花岗岩。

岩石稀土元素含量(10^{-6})：La10.13～12.96、Ce22～26.75、Pr2.72～3.05、Nd11.29～12.78、Sm2.43～2.82、Eu0.77～0.81、Gd2.17～2.45、Tb0.37～0.43、Dy2.09～2.29、Ho0.41～0.44、Er1.28～1.34、Tm0.21、Yb1.25～1.35、Lu0.19～0.21、Y11.75～12.03。ΣREE69.08×10^{-6}～79.78×10^{-6}，LREE/HREE6.09～6.88，δEu0.92～1.01，$(La/Yb)_N$5.01～6.99，$(La/Sm)_N$2.6～2.89，$(Gd/Yb)_N$1.3～1.58，稀土配分型式为右斜轻稀土富集型，与广西本洞英云闪长岩的稀土配分型式相似(图 3-23)。

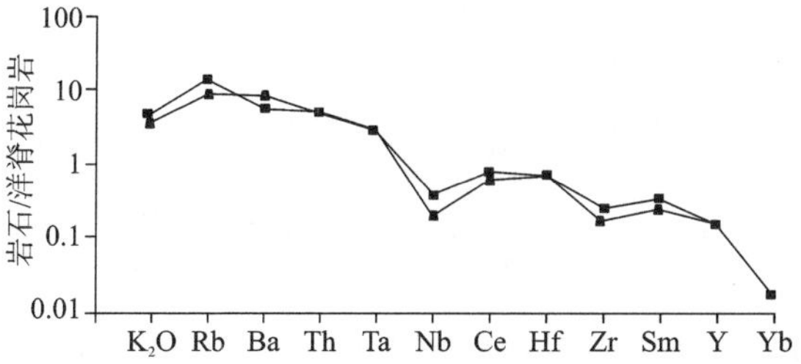

图 3-22　早白垩世石英闪长岩微量元素蛛网图
（仿 Pearce，1984）

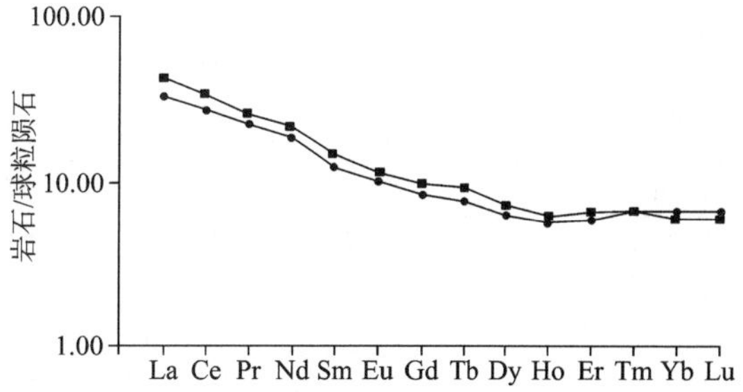

图 3-23　早白垩世石英闪长岩稀土元素配分曲线
（仿 Boynton，1984）

2. 中阶段英云闪长岩和花岗闪长岩

中阶段早期英云闪长岩主要分布于冈底斯岩浆弧南部，计有尼西（13）、比那（29）、比朗（30）、日朗（38）、安布朗（39）、金朗（40）、高安布朗（42）、半嘎果（53）、结庆日（57）、下拉（59）、施木达（61）、康巴果（64）、朋共（66）、郎布（74）、卧龙镇（88）、谢拉岗（93）、普丁当嘎（99）17 个岩体，呈岩基、岩株、岩枝状侵入于中—新元古代念青唐古拉岩群（$Pt_{2-3}N.$）中，总面积达 831.5km²。晚期花岗闪长岩常与英云闪长岩共生在一起，计有达门拉咳错（1）、安布朗曲（5）、许确播（15）、帮达帮纯（16）、打妈果（23）、安朗（26）、巴朗（28）、区米那（32）、野朗（43）、罗布松多（47）、石荣弄巴（48）、龙吉布错（51）、卓母（70）、工字弄（83）、压日芝（86）、切拉杯西（90）、明穷拉山口（105）17 个岩体，总面积约 597km²。择代表性岩体分述如下。

（1）卧龙镇英云闪长岩（$K_1\gamma\delta o$）侵入岩体（88）：位于南部中段雅鲁藏布江两岸，北西延伸，南东延入 1∶25 万扎日区幅。图内面积达 475km²。侵入于中—新元古代八拉岩组（$Pt_{2-3}b.$）中。岩性以中粒英云闪长岩为主，边部有少量中细粒英云闪长岩、片麻状细粒英云闪长岩。

中粒英云闪长岩，岩石具中粒花岗结构。矿物成分及含量：斜长石（65%），环带构造不明显，长石牌号 An22～35 为更中长石；微斜长石（3%）；石英他形粒状（20%～25%）；普通角闪石绿色—棕色（3%～5%），常被黑云母交代；黑云母棕—棕褐色（4%～8%），Nm＝1.676；片麻状细粒英云闪长岩，岩石具细粒花岗结构，块状-片麻状构造。矿物成分与中粒英云闪长岩相同，斜长石具绢云母化，黑云母轻微绿泥石化。岩石中副矿物含量见表 3-18，副矿物组合为钛铁矿±磁铁矿＋绿帘石＋锆石＋磷灰石±褐帘石，较复杂，以褐帘石-榍石型、钛铁矿-锆石型为主。具有同熔型和重熔型花岗岩副矿物组合双重特色。外接触带硅化、黄铁矿化、伴生铜、金矿化。

表 3-18　早白垩世中阶段英云闪长岩副矿物成分特征表

样品编号	岩石名称	副矿物含量（10^{-6}）											
		磁铁矿	钛铁矿	榍石	锆石	磷灰石	褐帘石	独居石	磷钇矿	钍石	黄铁矿	方铅矿	绿帘石
LZ706-1	中粒英云闪长岩	0.7		＋＋	3.7	2.8	15.3			＋＋	＋	＋＋	77.3
LZ598-1	中粒英云闪长岩	3.7		＋＋	2.9	0.25					＋	0.17	93
LZ505-2	中细粒黑云斜长花岗岩	26.4	43		0.6	0.4	0.24				＋＋	0.03	29.3

锆石特征见图 3-24，属 MPX 型。经 X 射线分析，其 ZrO_2/HfO_2 比值为 19.99～94.98，平均值为 57.32，具幔源和深部地壳的Ⅰ型花岗岩特征。

岩石化学特征（表 3-19），与同类岩石平均化学成分（Nockolds，1954）相比，SiO_2、TFe、MgO、CaO 变化大，Na_2O、K_2O 明显偏高，A/CNK0.7～1.1，组合指数（δ）除少量高低有变化外，大部分集中在 1.9～3.2 之间，主要为钙碱性岩石系列。CIPW 标准矿物组合有 Q、Or、Ab、An、Di、Hy 属正常类型和 Q、C、Or、Ab、An、Hy 铝过饱和类型。

岩体名称及编号		卧龙镇(88)		康巴果(64)	尼西(13)
样品编号		LZ505-2	LZ5309-2	LZ598-1	LZ706-1
锆石特征	颜色	水红色	淡黄棕色	淡黄棕色	无色—淡黄棕色
	光泽	亚金刚光泽	强金刚光泽	金刚光泽	金刚光泽
	透明度	透明	透明	透明	透明
	粒度(mm)	*L*0.3108～0.3404 *d*0.0962～0.1036	<0.05～0.2,个别 0.3	<0.05～0.2,个别 0.3	<0.05～0.15
	长宽比	3.2:1	2.5:1～3:1	2:1～2.5:1	2:1～3:1
	包体	有固态包体	透明矿物雏晶和气液包裹体	透明锆石磷灰石雏晶及气液包裹体	有固态包体
	表面特征	晶棱清晰、晶面光滑	晶体发育匀称、棱面保存完好	晶体匀称、棱面完好	晶体匀称、棱面完好
	发光性	橙黄色荧光	黄色荧光	黄色荧光	黄色荧光
	晶体形态	{100}{110}{311}{111}{100} {110}{311}{131}{111}	{100}{110}{111} {131}{311}	{110}{100}{111}{131}{311} {110}{100}{111}{131}{311}	{110}{100}{111} {100}{110}{111}
	晶形图	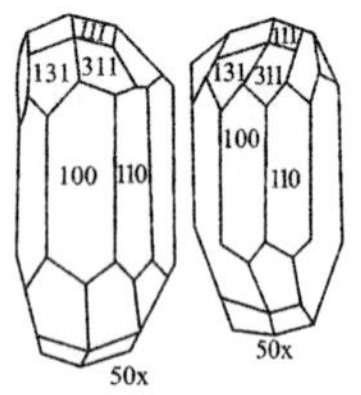	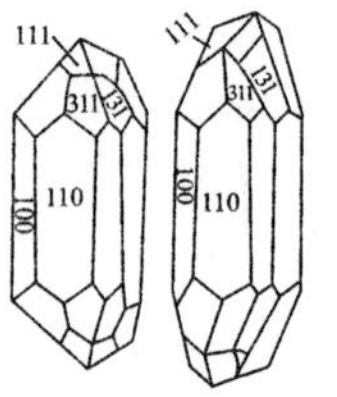	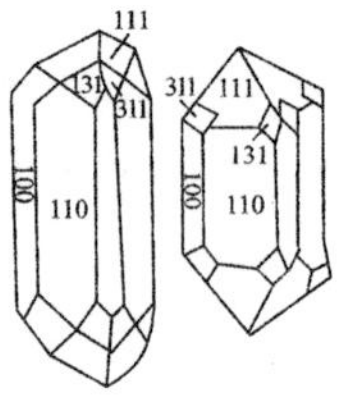	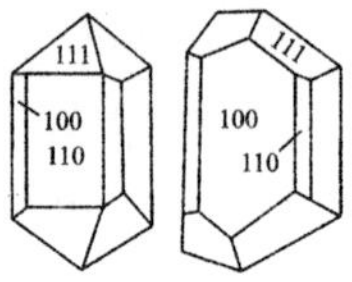

图 3-24　锆石晶形图

表 3-19　早白垩世中阶段英云闪长岩岩石化学特征表

岩体名称及编号	样品编号	岩石名称	氧化物质量(10^{-2})												
			SiO_2	TiO_2	Al_2O_3	Fe_2O_3	FeO	MnO	MgO	CaO	Na_2O	K_2O	P_2O_5	灼减	总量
尼西(13)	LZ706-1	中粒英云闪长岩	69.44	0.42	14.37	0.24	3.72	0.04	0.94	2.35	3.17	3.77	0.15	0.47	99.08
	LZ706-2	石英闪长玢岩	63.35	0.67	15.55	1.16	4.96	0.09	2.23	3.47	3.41	2.78	0.20	1.28	99.15
康巴果(64)	LZ215-2	中细粒英云闪长岩	62.67	0.67	15.86	1.78	4.61	0.09	2.44	4.83	3.34	2.63	0.18	0.73	99.83
	LZ598-1	中粒英云闪长岩	61.25	0.73	15.77	1.79	5.53	0.11	2.62	5.45	3.44	2.17	0.18	0.88	99.92
朗布(74)	LZ2153-1	片麻状细粒英云闪长岩	62.40	0.35	19.35	1.59	3.52	0.04	0.77	3.43	5.31	3.02	0.11	0.39	100.28
	I-117*	中粒英云闪长岩	60.69	1.01	13.27	4.69	4.83	0.08	2.52	5.55	3.45	2.85	0.31		99.25
卧龙镇(88)	LZ505-2	中细粒英云闪长岩	67.37	0.33	15.88	1.52	3.21	0.08	0.86	3.33	4.47	1.54	0.16		99.11
	LZ547-2	中粒英云闪长岩	66.52	0.30	16.22	1.21	2.53	0.06	1.02	3.12	4.71	2.68	0.17	0.77	99.31
	LZ507-5	片麻状中粒英云闪长岩	61.66	0.62	16.36	1.83	5.08	0.07	2.28	4.91	4.18	1.77	0.20	0.80	99.76
	LZ5309-2	英云闪长岩	64.60	0.54	15.75	1.79	2.85	0.08	2.22	4.41	3.45	3.15	0.18	1.06	100.08

岩体名称及编号	样品编号	CIPW 标准矿物成分(%)										岩石化学参数				
		Q	C	Or	Ab	An	Di	Hy	Mt	Il	Ap	DI	A/CNK	K/Na+K	Fe^{3+}/TFe	δ
尼西(13)	LZ706-1	37.76	0.18	19.28	22.96	9.77		7.51	0.35	0.82	0.35	80.0	1.1	0.6	0.0	1.4
	LZ706-2	29.94	1.11	14.33	24.89	14.72		11.53	1.73	1.29	0.46	69.2	1.0	0.6	0.2	1.9

续表 3-19

岩体名称及编号	样品编号	CIPW 标准矿物成分(%)										岩石化学参数				
		Q	C	Or	Ab	An	Di	Hy	Mt	Il	Ap	DI	A/CNK	K/Na+K	Fe^{3+}/TFe	δ
康巴果(64)	LZ215-2	28.02		13.38	24.03	18.66	1.66	9.96	2.60	1.27	0.42	65.4	0.9	0.7	0.3	2.8
	LZ598-1	25.97		11.05	24.82	19.31	3.46	10.93	2.62	1.41	0.42	61.8	0.9	0.7	0.2	3.2
朗布(74)	LZ2153-1	21.56	1.38	15.24	38.05	14.71		5.83	2.31	0.66	0.25	74.9	1.1	0.7	0.3	2.1
	I-117※	26.42		14.49	24.89	11.81	9.52	4.01	6.86	1.94	0.72	65.8	0.7	0.6	0.5	4.0
卧龙镇(88)	LZ505-2	35.41	1.19	7.78	32.40	14.15		5.73	2.23	0.63	0.73	75.6	1.1	0.8	0.3	1.0
	LZ547-2	30.64	0.30	13.73	34.18	13.19		5.22	1.78	0.57	0.39	78.6	1.0	0.7	0.3	1.4
	LZ507-5	25.47		9.04	30.18	18.84	1.78	10.33	2.68	1.20	0.46	64.7	0.9	0.8	0.2	2.4
	LZ5309-2	29.90		16.05	24.89	16.61	1.79	6.69	2.62	1.04	0.42	70.8	0.9	0.6	0.4	2.6

注：带※数据引自中国科学院地质研究所岩矿分析室，1978。

在 A-C-F 图解(图 3-25)中，主要落入 I 型区，部分在 S 型区。在(Al-Na-K)-Ca-(Fe^{2+}+Mg)图解(图 3-26)中，均落在斜长石—黑云母连线的下方。在 Q-Ab-Or 相图(图 3-27)中，投点均分布于低温槽区内，表明应属岩浆成因。在 Q-Ab-Or-H_2O 相图(图 3-28)上，反映其成岩温度为 700～800℃之间，与包体均一温度测定 680～780℃结果一致，压力在 2kb 左右。

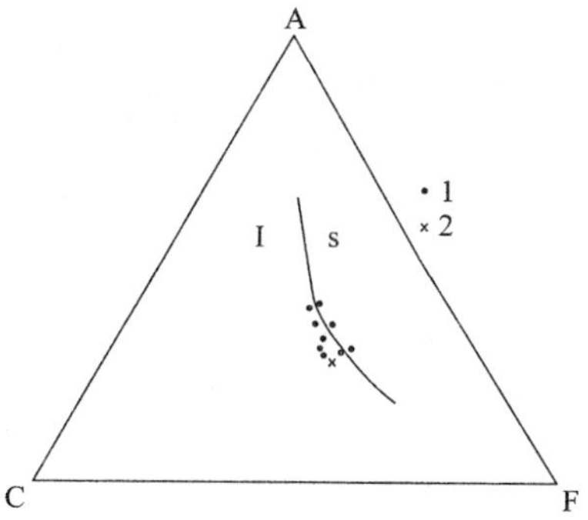

图 3-25　A-C-F 图解
1. 英云闪长岩；2. 石英闪长玢岩

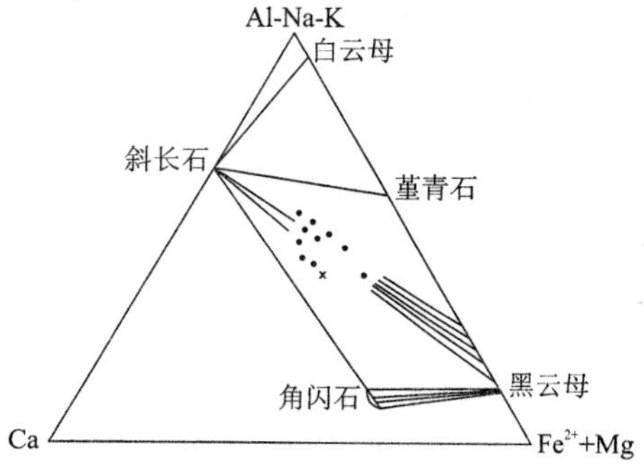

图 3-26　(Al-Na-K)-Ca-(Fe^{2+}+Mg)图解
(仿 B. W. Chappell 等)　·. 英云闪长岩；×. 石英闪长玢岩

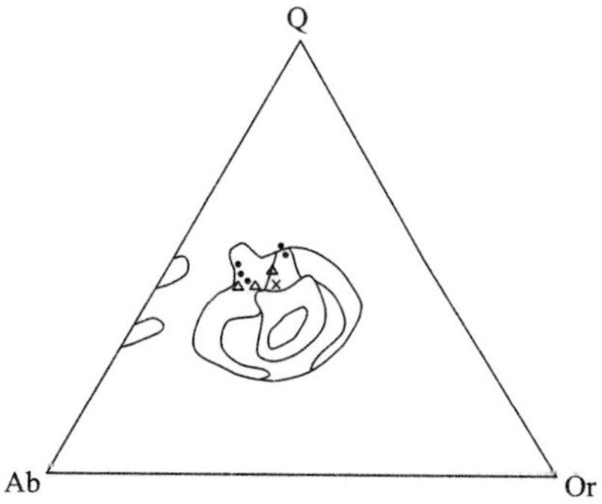

图 3-27　Q-Ab-Or 相图
·. 英云闪长岩；×. 石英闪长玢岩

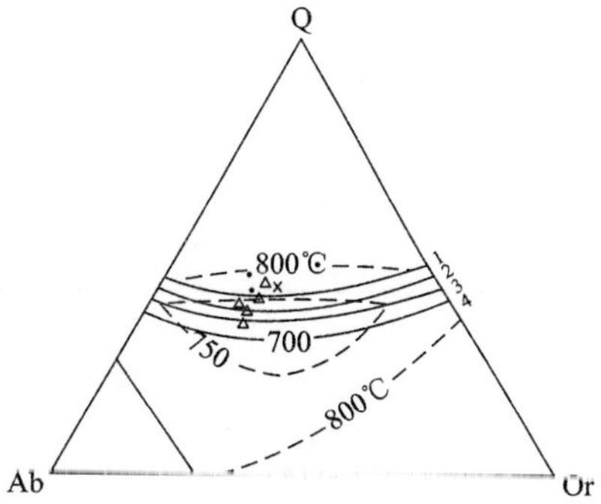

图 3-28　Q-Ab-Or-H_2O 相图
1. P_{H_2O}=0.5Kb；2. P_{H_2O}=1Kb；3. P_{H_2O}=2Kb；4. P_{H_2O}=3Kb
·. 英云闪长岩；×. 石英闪长玢岩

岩石微量元素含量(表 3-20)，与维氏英云闪长岩相比较，富集 Sr、V、Ti、Cu、Zn、Hf、Sc 较高，Ba、Rb、Zr、Nb、Ta、Th、Li、Be、W、Sn 偏低，余者则相近。微量元素蛛网图型式以富集 Rb、Ce，亏损 Nb、Hf

为特征，大部分与火山弧花岗岩相似(图 3-29)。

表 3-20　早白垩世中阶段英云闪长岩稀土元素特征表(10^{-6})

岩体名称及编号	尼西(13)		康巴果(64)		朗布(74)	卧龙镇(88)			
样品编号	LZ706-1	LZ706-2	LZ215-2	LZ598-1	LZ2153-1	LZ505-2	LZ547-2	LZ507-5	LZ5309-2
岩石名称	中粒英云闪长岩	石英闪长玢岩	中细粒英云花岗闪长岩	中粒英云闪长岩	片麻状细粒英云闪长岩	中细粒英云闪长岩	中粒英云闪长岩	片麻状中粒英云闪长岩	英云闪长岩
Ba	710	447	501	461	1091	357	1015	109	576
Rb	162	142	90.7	90.1	72.8	39.5	97.3	6.8	78.8
Sr	293	381	417	464	538	647	1149	658	451
V	52.5	109	116	126	45	46.8	48.8	299	103.5
Ti	2402	3525	3659	4082	2000	1707	1462	6266	
Cu	17.8	24.3	26.5	26.8	24.2	39.6	28.7	39	47.2
Zn	59.6	70.9	68.3	81.7	55	58.1	50.4	111	95
Zr	147	126	145	141	298	132	138	24	118
Nb	12.39	9.76	6.97	8.81	3.35	4.82	6.08	2.24	6
Ta	1.36	1.65	2.33	2.2	1.85	1.64	1.3	2.93	<0.5
Y	21.85	27.13	19.54	24.74	6.36	5.36	9.59	12.2	13.82
Th	8.7	4.5	<4	<4	14.6	<4	27.2	<4	3.2
Hf	6.9	5	2.9	1.7	10.5	5.6	8.2	5.9	3.5
Sc	8.1	10.5	10	12.4	5.8	7.7	3.4	18.4	15
Cs	10.1	6.8	5.4	3.8	4.9	2.8	9.7	1.9	8
Ga	17.7	18.8	16.8	17.7	19.7	18.4	18.9	20.4	21.6
Li	36.9	44.4	20.1	16.2	11.7	12	22.5	10.3	14.5
Be	2.8	1.8	0.8	1.2	1.2	0.8	0.27	0.65	
W	0.91	0.75	0.54	0.54	0.43	0.43	0.43	0.48	
Sn	4.9	6	1.8	3.2	2.2	3.6	1.7	2.3	0.9
U									0.67
Ba/Rb	4.4	3.2	5.5	5.1	15	9.0	10.4	16.0	7.3
Rb/Sr	0.6	0.4	0.2	0.2	0.1	0.1	0.1	0.01	0.2

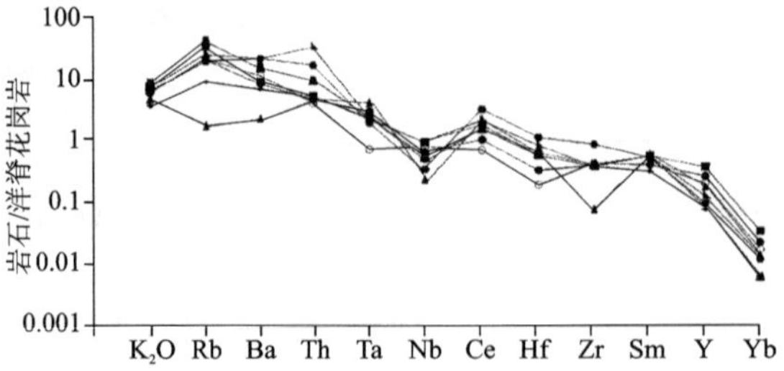

图 3-29　早白垩世英云闪长岩微量元素蛛网图

(仿 Pearce,1984)

岩石稀土元素含量列于表 3-21 中，ΣREE95.7×10^{-6}～257.52×10^{-6}，LREE/HREE3.97～35.67，$(La/Yb)_N$3～64.54，δEu0.67～1.1，其稀土配分型式为轻稀土富集右倾曲线（图 3-30）显示同熔型花岗岩特征。

表 3-21　早白垩世中阶段英云闪长岩稀土元素特征表（10^{-6}）

岩体名称及编号	尼西（13）		康巴果（64）		朗布（74）	永进区（88）			
样品编号	LZ706-1	LZ706-2	LZ215-2	LZ598-1	LZ2153-1	LZ505-2	LZ547-2	LZ507-5	LZ5309-2
岩石名称	中粒英云闪长岩	石英闪长玢岩	中细粒角闪黑云花岗闪长岩	中粒英云闪长岩	片麻状细粒英云闪长岩	中细粒黑云斜长花岗岩	中粒英云闪长岩	片麻状中粒英云闪长岩	英云闪长岩
La	35.57	25.94	18.87	10.99	70.84	29.93	46.64	31.37	14.26
Ce	70.04	53.72	40.81	26.11	116.3	57.24	86.07	70.12	31.7
Pr	8.51	6.88	5.3	4.05	12.86	0.66	9.87	8.21	4.14
Nd	30.22	27.36	19.67	17.51	38.29	21.41	32.19	28.32	16.96
Sm	5.76	5.6	4.05	4.35	4.96	3.01	4.96	4.94	3.68
Eu	1.17	1.25	1.11	1.01	1.06	0.7	1.23	1.11	0.98
Gd	4.68	4.89	3.64	4.29	2.74	1.87	3.17	3.42	3.16
Tb	0.75	0.79	0.6	0.75	0.38	0.26	0.46	0.53	0.5
Dy	3.99	4.52	3.31	4.33	1.69	1.14	1.85	2.45	2.73
Ho	0.77	0.86	0.65	0.86	0.29	0.22	0.36	0.47	0.51
Er	2.24	2.61	1.99	2.65	0.75	0.55	0.9	1.28	1.42
Tm	0.35	0.42	0.3	0.39	0.13	0.08	0.14	0.19	0.22
Yb	2.22	2.71	1.93	2.47	0.74	0.45	0.82	1.07	1.4
Lu	0.33	0.41	0.29	0.37	0.13	0.07	0.12	0.15	0.22
Y	21.85	27.13	19.54	24.74	6.36	5.36	9.59	12.2	13.82
ΣREE	188.45	165.09	112.06	104.87	257.52	129.22	98.37	165.83	95.7
LREE/HREE	9.87	7.02	7.07	3.97	35.67	24.34	23.14	6.62	7.06
δEu	0.67	0.71	0.87	0.71	0.8	0.84	0.89	0.78	1.1
$(La/Yb)_N$	10.8	6.45	6.59	3.0	64.54	44.84	38.35	19.77	6.87
$(La/Sm)_N$	3.88	2.91	2.93	1.59	8.98	6.25	5.91	3.99	2.44
$(Gd/Yb)_N$	1.7	1.46	1.52	1.4	2.99	3.35	3.12	2.58	1.82

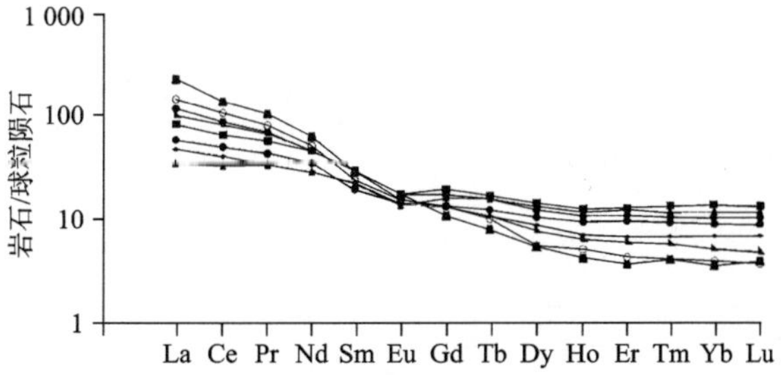

图 3-30　早白垩世英云闪长岩稀土配分曲线

（仿 Boynton，1984）

(2) 达门拉咳错花岗闪长岩($K_1\gamma\delta$)侵入岩体(1):位于工布江达之西，北西延出图外，图内面积达295km²。北东与晚白垩世似斑状花岗岩($K_2\pi\eta\gamma\beta$)呈侵入接触，南及南东侵入于中—晚侏罗世叶巴组($J_{2-3}y$)中，接触带发育角岩、矽卡岩化、黄铁矿化，并有铜、钼矿化伴生。皮康村花岗闪长岩中黑云母K-Ar法年龄107.3Ma(中国科学院地质研究所，1965)，时代属早白垩世晚期。

岩性以中粒花岗闪长岩为主，部分为中粗粒花岗闪长岩和细粒花岗闪长岩。岩石具中粒花岗结构，块状构造，少量具片麻状。主要矿物成分及含量：斜长石(35%～45%)，石英(20%～25%)，角闪石(8%～15%)，黑云母(10%～15%)，微斜长石+条纹长石(5%～20%)。斜长石为长板状，部分钠黝帘石化，环带构造一般不明显，斜长石牌号An15～42，其平均光学有序度为0.72；钾长石2Vnp为67°～84°，⊥2VNg=6°～18°，平均有序度0.72；黑云母棕色，Nm=1.651～1.657，并常具绿泥石化。

岩石的副矿物组合为磁铁矿+钛铁矿+榍石+绿帘石+锆石。其锆石以NP型为主(图3-31)，ZrO_2/HfO_2比值为64.33，属富稀土锆石，其物质来源与地幔或下地壳有关。

岩体名称及编号		达门拉咳错(1)		龙吉布错(51)
样品编号		LZ2080-1	LZ2019-1-1	LZ635-1
锆石特征	颜色	无色	乳黄、淡黄棕色	淡黄棕色
	光泽	亚金刚光泽	弱金刚光泽—脂肪光泽	金刚光泽
	透明度	透明	透明	透明
	粒度(mm)	L0.1268～0.3264 d0.048～0.1332	d<0.05～0.2	d<0.05～0.15
	长宽比	1.8:1～3:1	2:1～2.5:1	2:1～3:1
	包体	固态包体	含圆形、长形透明包体	含白色透明包体
	表面特征	晶棱清晰、晶面光滑	晶体发育匀称、棱面保存完好	晶体发育匀称、棱面保存完好
	发光性	橙黄色荧光	橙黄色荧光	橙黄色荧光
	晶体形态	{100}{111}{110}{311}{131} {110}{100}{111}	{110}{100}{331}{131} {100}{110}{111}{311}{131}	{100}{110}{111} {100}{110}{311}
	晶形图	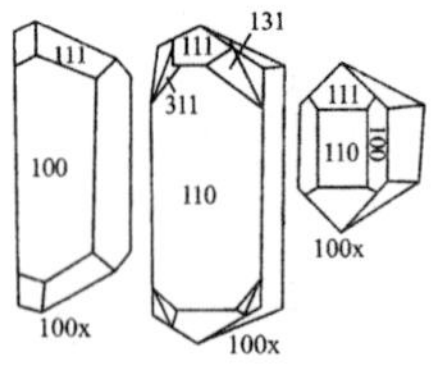	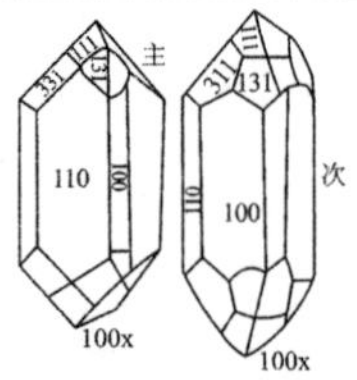	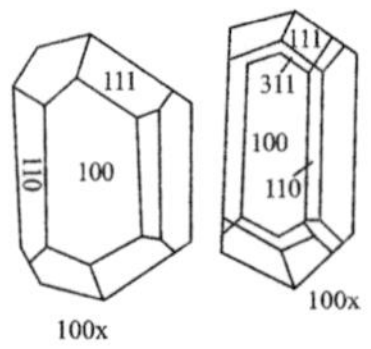

图3-31 锆石晶形图

岩石化学成分(表3-22)，与中国同类岩石平均化学成分相比较，SiO_2、TFe偏低，MgO、CaO变化较大，A/CNK0.9～1.2，K_2O+Na_2O0.5～0.8，Fe^{3+}/TFe0.2～0.8，组合指数(δ)0.7～3，主要为钙碱性系列。CIPW标准矿物组合有Q、Or、Ab、An、Di、Hy属正常类型和Q、C、Or、Ab、An、Hy为铝过饱和类型。经包体均一温度测定结果为700～800℃，与岩浆成因成岩温度一致。

表3-22 早白垩世中阶段花岗闪长岩岩石化学特征表

岩体名称及编号	样品编号	岩石名称	氧化物质量(10^{-2})												
			SiO_2	TiO_2	Al_2O_3	Fe_2O_3	FeO	MnO	MgO	CaO	Na_2O	K_2O	P_2O_5	灼减	总量
达门拉咳错(1)	LZ2080-1	中粒花岗闪长岩	66.82	0.63	14.61	0.91	4.59	0.09	1.80	5.41	2.57	2.18	0.09	0.76	100.46
	LZ2019-1-1	中粒黑云角闪花岗闪长岩	66.40	0.51	14.09	1.39	3.92	0.10	1.64	4.61	2.57	3.26	0.06	1.28	99.83
	M-10*	花岗闪长岩	62.29	0.47	15.25	4.97	2.69	0.08	2.59	5.37	2.30	2.30	0.19		98.50
	Ls-18**	黑云母花岗岩	67.62	0.57	15.52	0.90	3.27	0.09	0.90	2.93	3.61	3.34	0.17		98.92

续表 3-22

岩体名称及编号	样品编号	岩石名称	氧化物质量(10^{-2})												
			SiO_2	TiO_2	Al_2O_3	Fe_2O_3	FeO	MnO	MgO	CaO	Na_2O	K_2O	P_2O_5	灼减	总量
安布朗曲(5)	LZ1557-2	碎裂化蚀变花岗闪长岩	64.40	0.61	14.81	1.62	4.00	0.10	2.02	4.89	2.74	2.80	0.13	1.24	99.36
巴朗(28)	LZ5408-4	细粒黑云花岗闪长岩	67.84	0.44	15.06	1.09	3.05	0.12	0.93	3.83	4.22	2.76	0.09	0.34	99.77
	LZ5409-6	中细粒角闪黑花岗闪长岩	64.18	0.70	16.08	1.79	4.65	0.13	2.12	4.36	3.61	2.22	0.15	0.58	100.57
龙吉布错(51)	LZ635-1	中细粒黑云花岗闪长岩	70.17	0.31	14.31	0.87	3.17	0.07	0.94	2.63	3.79	2.89	0.11	0.35	99.61
压日芝(86)	M-3※	花岗闪长岩	69.65	0.16	14.33	1.99	0.68	0.06	1.03	2.83	4.55	2.60	0.25		98.13
	Tt74-143※	花岗闪长岩	69.52	0.13	14.25	2.77	1.23	0.08	2.56	1.19	3.90	3.15	0.16		98.94
	Tt74-144※	花岗闪长岩	69.62	0.18	15.92	3.24	0.86	0.06	0.71	1.88	3.90	3.15	0.18		99.7

岩体名称及编号	样品编号	CIPW 标准矿物成分(%)										岩石化学参数				
		Q	C	Or	Ab	An	Di	Hy	Mt	Il	Ap	DI	A/CNK	K/Na+K	Fe^{3+}/TFe	δ
达门拉咳错(1)	LZ2080-1	35.20	0.02	11.05	18.45	19.79	3.28	8.37	1.32	1.20	0.21	64.7	0.9	0.6	0.2	2.4
	LZ2019-1-1	35.20		16.71	18.67	15.82	3.91	6.53	2.04	0.99	0.14	70.6	0.9	0.5	0.2	2.6
	M-10※	34.18		11.81	16.73	22.41	0.67	5.54	7.32	0.91	0.44	62.7	1.0	0.6	0.6	3.0
	Ls-18※※	34.70	1.05	17.06	26.10	12.25		6.03	0.32	1.10	0.39	77.9	1.0	0.6	0.2	1.6
安布朗曲(5)	LZ1557-2	32.98		14.39	19.95	18.26	2.65	7.88	2.39	1.18	0.30	67.3	0.9	0.6	0.3	2.8
巴朗(28)	LZ5408-4	32.85		14.03	30.32	12.72	3.30	4.15	1.59	0.84	0.21	77.2	0.9	0.7	0.2	1.7
	LZ5409-6	29.8	0.17	11.2	25.8	18.65		10.1	2.6	1.33	0.35	85.5	1.0	0.7	0.3	2.0
龙吉布错(51)	LZ635-1	37.92	0.43	14.69	27.32	11.22		6.31	1.28	0.59	0.25	79.9	1.0	0.7	0.2	1.1
压日芝(86)	M-3※	37.01		13.38	33.18	10.09	1.00	1.80	1.96	0.30	0.58	83.6	0.9	0.7	0.7	1.1
	Tt74-143※	38.44	2.80	16.05	28.18	4.43		5.58	3.88	0.25	0.37	82.7	1.2	0.6	0.7	0.7
	Tt74-144※	39.28	4.67	15.95	27.96	7.40		1.53	2.45	0.34	0.42	83.2	1.2	0.6	0.8	1.0

注:带※数据引自中国科学院地质研究所岩矿分析室,1978年;带※※数据引自1:100万拉萨幅。

岩石微量元素含量(表 3-23),与维氏花岗岩相较,富集 V、Ti、Hf、Sc 较高,Ba、Rb、Zr、Nb、Ta、Be、W 偏低,余者则较为接近。微量元素蛛网图型式见图 3-32,具有富集 Rb、Th、Ce,亏损 Nb 同熔型花岗岩的特征。

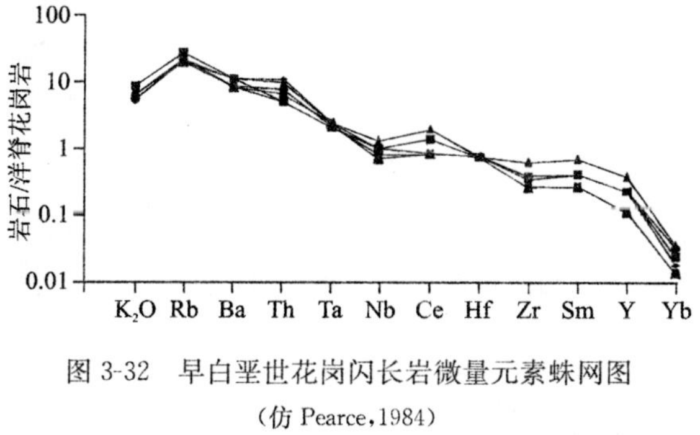

图 3-32　早白垩世花岗闪长岩微量元素蛛网图
(仿 Pearce,1984)

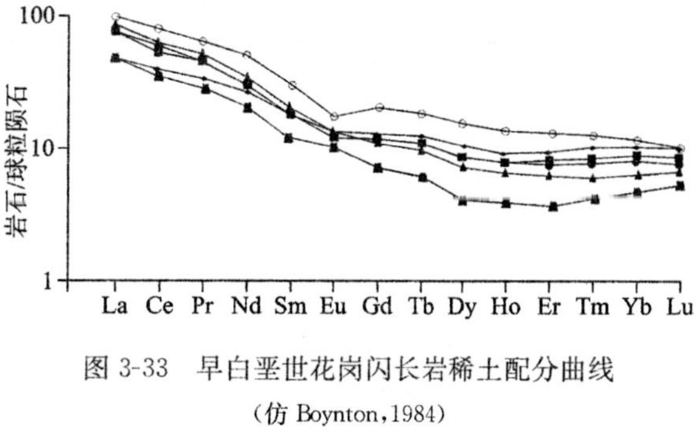

图 3-33　早白垩世花岗闪长岩稀土配分曲线
(仿 Boynton,1984)

表 3-23　早白垩世中阶段花岗闪长岩微量元素含量表(10^{-6})

岩体名称及编号	达门拉咳错(1)		安布朗曲(5)	巴朗(28)		龙吉布错(51)
样品编号	LZ2080-1	LZ2019-1-1	LZ1557-2	LZ5408-4	LZ5409-6	LZ635-1
岩石名称	中粒花岗闪长岩	中粒黑云角闪花岗闪长岩	蚀变花岗闪长岩	细粒黑云花岗闪长岩	中细粒角闪黑云花岗闪长岩	中细粒黑云花岗闪长岩
Ba	556	553	469	455	374	457
Rb	83	114	98.7	81.8	80.5	83.7
Sr	269	276	284	362	453	257
V	109	89.5	98.7	47.5	124	46
Ti	3398	2662	3202	2237	3840	1631
Cu	17.3	16.7	34.9	17.7	18.4	19.1
Zn	54.1	45.2	47.5	53.4	70.8	48.6
Zr	208	123	121	159	117	90.5
Nb	12.37	10.05	10.16	8.15	9.17	6.81
Ta	1.58	1.37	1.6	1.56	1.99	1.57
Y	27.17	16.16	15.6	12.71	18.99	7.68
Th	7.9	<4	9.4	5.9	<4	4.3
Hf	7.5	6.1	6.1	6.8	7.7	6.5
Sc	8.3	12	9.6	8.4	11.6	8.6
Cs	4.6	4.7	7.3	3.9	7.5	3.3
Ga	16.2	14.4	16.5	14.5	18.9	16.5
Li	19.3	7	23.7	17.7	10.2	16.4
Be	1.7	1.1	1.3	1.4	1.3	2.3
W	0.75	1.29	0.64	0.64	0.75	0.75
Sn	3.8	3.3	3.5	2.2	2.1	1.8
Ba/Rb	6.7	4.9	4.8	5.6	4.7	5.5
Rb/Sr	0.3	0.4	0.4	0.2	0.2	0.3

岩石的稀土元素含量列于表 3-24，ΣREE $78.21\times10^{-6}\sim191.15\times10^{-6}$，LREE/HREE5.58～12.03，$(La/Yb)_N$4.34～13.55，$(La/Sm)_N$2.53～4.56，$(Gd/Yb)_N$1.21～1.8，$\delta Eu$0.68～1.1，稀土配分型式为右斜轻稀土富集的无铕异常—弱铕异常型(图 3-33)，与华南同熔型花岗岩基本相同。

岩石经全岩 $\delta^{18}O$ 测试，为 6.8‰～8.9‰，属正常 $\delta^{18}O$ 花岗岩类，与长江中下游Ⅰ型花岗岩相似。

表 3-24　早白垩世中阶段花岗闪长岩稀土元素特征表(10^{-6})

岩体名称及编号	达门拉咳错(1)		安布朗曲(5)	巴朗(28)		龙吉布错(51)
样品编号	LZ2080-1	LZ2019-1-1	LZ1557-2	LZ5408-4	LZ5409-6	LZ635-1
岩石名称	中粒花岗闪长岩	中粒黑云角闪花岗闪长岩	蚀变花岗闪长岩	细粒黑云花岗闪长岩	中细粒角闪黑云花岗闪长岩	中细粒黑云花岗闪长岩
La	30.65	24.51	26.29	27.53	14.82	15.37
Ce	67.88	45.56	49.66	52.94	33.17	29.45
Pr	8.26	5.56	5.71	6.21	4.37	3.69

续表 3-24

岩体名称及编号	达门拉咳错(1)		安布朗曲(5)	巴　朗(28)		龙吉布错(51)
样品编号	LZ2080-1	LZ2019-1-1	LZ1557-2	LZ5408-4	LZ5409-6	LZ635-1
Nd	30.8	18.1	19.43	21.13	16.7	12.94
Sm	6.15	3.58	3.65	3.8	3.69	2.4
Eu	1.33	0.89	0.97	1.02	0.97	0.79
Gd	5.68	3.1	3.13	2.93	3.46	1.86
Tb	0.92	0.5	0.53	0.48	0.59	0.3
Dy	5.18	2.83	2.86	2.38	3.45	1.32
Ho	0.98	0.57	0.59	0.46	0.67	0.29
Er	2.86	1.76	1.71	1.32	2.08	0.8
Tm	0.41	0.28	0.26	0.2	0.34	0.14
Yb	2.54	1.9	1.73	1.37	2.3	1
Lu	0.34	0.28	0.26	0.22	0.33	0.18
Y	27.17	16.16	15.6	12.71	18.99	7.68
ΣREE	191.15	125.58	132.38	134.7	105.93	78.21
LREE/HREE	7.67	8.75	9.55	12.03	5.58	10.98
δEu	0.68	0.8	0.86	0.9	0.82	1.1
$(La/Yb)_N$	8.14	8.7	10.25	13.55	4.34	10.36
$(La/Sm)_N$	3.13	4.31	4.53	4.56	2.53	4.03
$(Gd/Yb)_N$	1.8	1.32	1.46	1.73	1.21	1.5

3. 晚阶段黑云二长花岗岩

有安布桑拉(22)、则弄(49)、索帮果(55)、嘎(60)、错仍错(76)、纳沙吉坡(81)、鸦悲多牛场(98)、卓东(101)8个岩体，总面积达1066km²。其中安布桑拉、纳沙吉坡、则弄3个岩基规模最大，面积达1034km²，占该期花岗岩面积的97%。呈岩基、岩株、岩枝与花岗闪长岩($K_1\gamma\delta$)相伴产出。侵入于晚侏罗世多底沟组(J_3d)(图3-34)和角闪黑云二长花岗岩($K_1\eta\gamma\beta$)及花岗闪长岩($K_1\gamma\delta$)中，多伴随中阶段晚期花岗闪长岩产出，两者呈脉动关系(图版Ⅺ-4)。

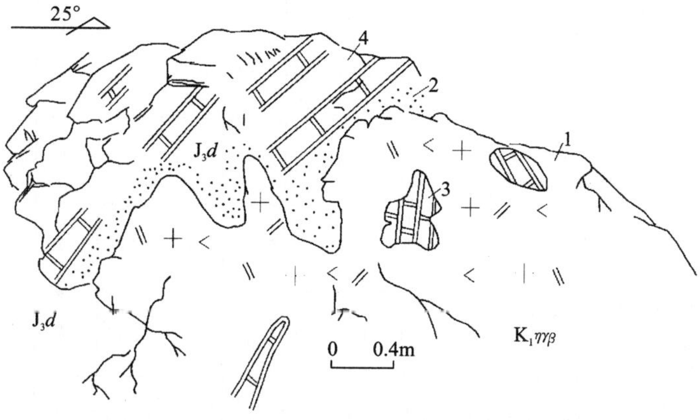

图3-34　错仍错岩体与J_3d侵入接触素描图

1.角闪黑云二长花岗岩；2.角岩；3.大理岩捕虏体；4.大理岩

岩性以角闪黑云二长花岗岩为主，少量黑云二长花岗岩。岩石具中粒、中细粒花岗结构，块状构造。主要矿物成分及含量：石英他形粒状（25%～28%），钾长石（24%～28%），更中长石板柱状（30%～35%），角闪石柱粒状（5%～8%），黑云母片状（10%～12%）。副矿物组合为磁铁矿＋榍石＋褐帘石＋磷灰石＋锆石。锆石特征见图 3-35，以 MP 型为主，其 ZrO_2/HfO_2 比值平均为 36.12，属富稀土锆石，表明物质来源于下地壳。

岩体名称及编号		安布桑拉（22）	
样品编号		LZ5402-8B-1-1	LZ1577-1
锆石特征	颜色	淡黄	淡黄、黄及少量淡紫红色
	光泽	金刚光泽	金刚光泽
	透明度	透明	透明
	粒度（mm）	d<0.05～0.15	d<0.05～0.2
	长宽比	2:1～2.5:1	2:1～4:1
	包体	固态包体	固态包体
	表面特征	晶体发育匀称、棱面保存完好	晶体发育匀称、棱面保存完好
	发光性	橙黄色荧光	橙黄色荧光
	晶体形态	{100}{110}{111}{110}{110}{111}{311}	{100}{111}
	晶形图	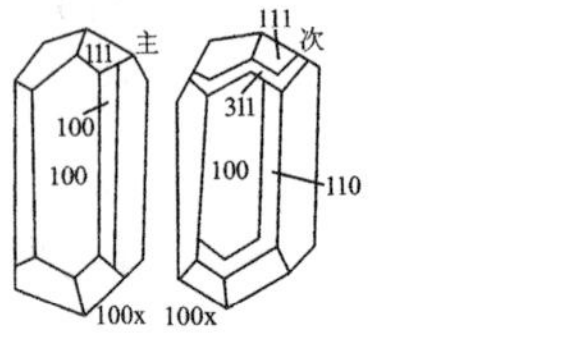	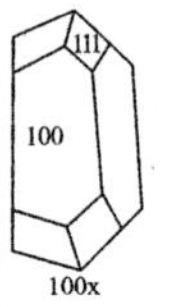

图 3-35　锆石晶形图

岩石化学成分见表 3-25，其 SiO_2 由岩体中部向边部有降低的趋势，而 MgO、CaO 则逐渐增高。A/CNK 一般为 0.9～1，组合指数（δ）1.2～1.9，为钙碱性系列。CIPW 标准矿物组合，仅个别出现 C 外，其余均为 Q、Or、Ab、An、Di、Hy，属正常类型。

表 3-25　早白垩世晚阶段黑云二长花岗岩岩石化学特征表

岩体名称及编号	样品编号	岩石名称	氧化物质量（10^{-2}）												
			SiO_2	TiO_2	Al_2O_3	Fe_2O_3	FeO	MnO	MgO	CaO	Na_2O	K_2O	P_2O_5	灼减	总量
安布桑拉（22）	LZ5402-8B-1-1	细中粒含角闪黑云二长花岗岩	67.28	0.40	14.97	0.99	3.49	0.09	1.08	3.55	3.69	3.33	0.08	1.14	100.09
	LZ5405-6	中细粒黑云二长花岗岩	68.62	0.32	14.97	0.88	3.08	0.10	0.84	3.00	3.84	3.59	0.06	0.87	100.17
	LZ5412-4	细粒黑云二长花岗岩	70.96	0.31	14.37	0.81	2.29	0.06	0.47	2.72	4.09	3.78	0.06	0.52	100.44
	LZ1817-1	中粒黑云二长花岗岩	70.45	0.26	14.72	0.73	2.35	0.06	0.38	2.74	4.05	4.03	0.04	0.44	100.25
	LZ1577-1	中粒含黑云二长花岗岩	73.23	0.27	13.11	0.64	1.92	0.11	0.21	1.64	3.73	4.32	0.01	0.26	99.45
	LZ1607-1	中粒黑云二长花岗岩	69.64	0.29	13.68	0.54	3.64	0.10	0.64	3.01	4.10	3.53	0.06	0.70	99.93
	I-66※	黑云二长花岗岩	69.16	0.32	15.61	1.29	1.57	0.04	1.15	3.07	3.50	4.10	0.13		99.94

续表 3-25

岩体名称及编号	样品编号	CIPW 标准矿物成分(%)										岩石化学参数				
		Q	C	Or	Ab	An	Di	Hy	Mt	Il	Ap	DI	A/CNK	K/Na+K	Fe/TFe	δ
安布桑拉(22)	LZ5402-8B-1-1	32.78		17.01	26.67	13.17	2.02	5.96	1.45	0.76	0.19	76.56	0.9	0.6	0.2	1.9
	LZ5405-6	33.69		18.27	27.68	11.81	1.13	5.40	1.29	0.61	0.14	79.6	0.9	0.6	0.2	1.7
	LZ5412-4	36.44		19.18	29.39	8.81	0.88	3.39	1.17	0.59	0.14	85.0	1.0	0.6	0.2	1.3
	LZ1817-1	34.85		20.34	28.96	9.13	2.46	2.59	1.06	0.49	0.09	84.2	0.9	0.6	0.2	1.7
	LZ1577-1	40.3		22	26.9	5.7	1.39	2.22	0.94	0.51	0.02	94.9	0.9	0.6	0.2	1.2
	LZ1607-1	34.27		17.97	29.54	7.74	4.64	4.36	0.78	0.55	0.14	81.1	0.9	0.6	0.1	1.6
	I-66※	34.65	0.15	20.96	25.03	12.98		3.70	1.87	0.61	0.30	80.6	1.0	0.6	0.4	2.0

岩石微量元素含量列于表 3-26，与维氏花岗岩相比较，V、Hf、Sc、Cs 偏高，Ba、Rb、Sr、Ti、Zr、Nb、Th、Be、W 偏低，余者较为接近。其微量元素蛛网图(图 3-36)以富集 Rb、Th，亏损 Ba、Nb 为特征，与同熔型花岗岩相近。

表 3-26 早白垩世晚阶段黑云二长花岗岩微量元素含量表(10^{-6})

岩体名称及编号	安布桑拉(22)						
样品编号	LZ5402-8B-1-1	LZ5405-6	LZ5412-4	LZ1817-1	LZ1577-1	LZ1589-1	LZ1607-1
岩石名称	细中粒含角闪黑云二长花岗岩	中细粒黑云二长花岗岩	细粒黑云二长花岗岩	中粒黑云二长花岗岩	中粒含黑云二长花岗岩	糜棱岩化黑云二长花岗岩	中粒黑云二长花岗岩
Ba	328	374	722	788	276	569	326
Rb	123	80.5	138	146	204	113	121
Sr	333	453	359	434	125	171	256
V	63.7	124	29.8	25.4	16.7	26.9	31.3
Ti	2019	3840	1610	1296	811	1674	1591
Cu	27.5	18.4	15.4	21.2	18.2	17.9	24.6
Zn	41.8	70.8	42.1	43.9	25.1	54.6	31.8
Zr	101	117	136	131	78.1	174	100
Nb	8.36	9.17	11.75	9.71	19.34	12.04	12.3
Ta	1.63	1.99	1.48	1.41	1.21	1.09	1.08
Y	18.99	16.77	12.05	10.4	24.67	16.51	23.5
Th	8.9	4	9.9	16.3	14.3	9.1	<4
Hf	4.3	7.7	6.6	6	5	3.2	4.3
Sc	6.1	11.6	7	5.5	8.4	5.3	9.6
Cs	5.9	7.5	4.3	6.3	6.8	4.8	8.6
Ga	17	18.9	16	15.8	17	12.9	14.4

续表 3-26

岩体名称及编号	安布桑拉(22)						
样品编号	LZ5402-8B-1-1	LZ5405-6	LZ5412-4	LZ1817-1	LZ1577-1	LZ1589-1	LZ1607-1
岩石名称	细中粒含角闪黑云二长花岗岩	中细粒黑云二长花岗岩	细粒黑云二长花岗岩	中粒黑云二长花岗岩	中粒含黑云二长花岗岩	糜棱岩化黑云二长花岗岩	中粒黑云二长花岗岩
Li	18.2	10.2	<3	11	35.1	7.5	22.3
Be	2.3	1.3	2.4	2.1	2.7	1.8	1.9
W	0.54	0.75	0.64	0.37	0.86	0.91	1.29
Sn	2.4	2.1	2.1	2.2	6.2	1.8	2.6
Ba/Rb	2.7	4.7	5.2	5.4	1.4	5.0	2.7
Rb/Sr	0.4	0.2	0.4	0.3	1.6	0.7	0.5

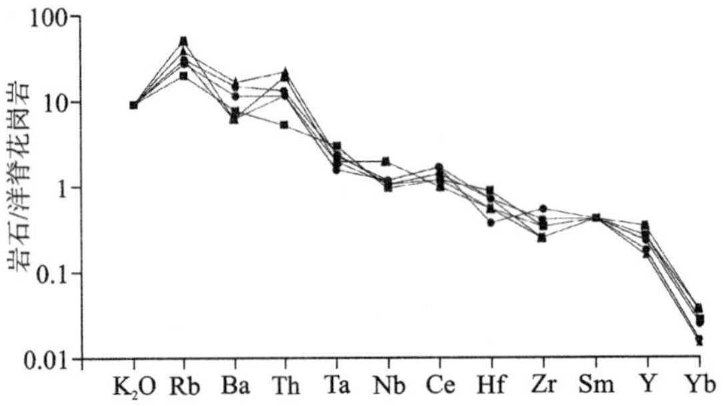

图 3-36　早白垩世黑云二长花岗岩微量元素蛛网图
(仿 Pearce,1984)

岩石稀土元素含量(表 3-27),ΣREE105.93$\times10^{-6}$～146.71$\times10^{-6}$,LREE/HREE5.35～14.72,δEu0.38～0.82,$(La/Yb)_N$4.21～17.01,$(La/Sm)_N$2.53～5.19,与福建同熔型丹阳花岗岩相似(边效曾等,1984),为右倾轻稀土富集,弱负铕异常,重稀土平坦型(图 3-37)。

表 3-27　早白垩世晚阶段黑云二长花岗岩稀土元素特征表(10^{-6})

岩体名称及编号	安布桑拉(22)						
样品编号	LZ5402-8B-1-1	LZ5405-6	LZ5412-4	LZ1817-1	LZ1577-1	LZ1589-1	LZ1607-1
岩石名称	细中粒含角闪黑云二长花岗岩	中细粒黑云二长花岗岩	细粒黑云二长花岗岩	中粒黑云二长花岗岩	中粒含黑云二长花岗岩	糜棱岩化黑云二长花岗岩	中粒黑云二长花岗岩
La	13.93	21.6	25.68	27.5	19.25	30.18	17.96
Ce	33.17	43.01	51.37	50.47	39.63	58.14	36.14
Pr	4.37	5.14	5.86	5.57	5.01	6.55	4.62
Nd	16.7	18.04	20.69	19.48	16.71	19.65	15.78
Sm	3.69	3.47	3.75	3.33	3.87	3.67	3.43
Eu	0.97	0.78	0.73	0.78	0.46	0.84	0.7
Gd	3.46	2.87	2.76	2.25	3.45	2.89	3.42
Tb	0.59	0.52	0.45	0.36	0.66	0.54	0.65

续表 3-27

岩体名称及编号	安布桑拉(22)						
样品编号	LZ5402-8B-1-1	LZ5405-6	LZ5412-4	LZ1817-1	LZ1577-1	LZ1589-1	LZ1607-1
岩石名称	细中粒含角闪黑云二长花岗岩	中细粒黑云二长花岗岩	细粒黑云二长花岗岩	中粒黑云二长花岗岩	中粒含黑云二长花岗岩	糜棱岩化黑云二长花岗岩	中粒黑云二长花岗岩
Dy	3.45	2.94	2.25	1.9	4.18	2.83	3.83
Ho	0.67	0.56	0.4	0.35	0.88	0.57	0.76
Er	2.08	1.74	1.21	0.99	2.57	1.74	2.42
Tm	0.34	0.31	0.19	0.17	0.44	0.29	0.39
Yb	2.3	2.28	1.24	1.09	3.08	1.99	2.8
Lu	0.33	0.38	0.18	0.17	0.47	0.32	0.42
Y	18.99	16.77	12.05	10.4	24.67	16.51	23.5
ΣREE	105.93	120.41	128.81	124.81	125.33	146.71	116.82
LREE/HREE	5.58	7.93	12.45	14.72	5.4	10.66	5.35
δEu	0.82	0.74	0.66	0.82	0.38	0.76	0.62
$(La/Yb)_N$	4.34	6.39	13.96	17.01	4.21	10.22	4.32
$(La/Sm)_N$	2.53	3.92	4.31	5.19	3.13	5.17	3.29
$(Gd/Yb)_N$	1.21	1.02	1.8	1.67	0.9	1.17	0.99

全岩 $\delta^{18}O$ 测试结果为 7.1‰～8.1‰，属正常 $\delta^{18}O$ 花岗岩类，在长江中下游Ⅰ型花岗岩范围内。经包体均一温度测定为 670～730℃，与岩浆成因的形成温度一致。

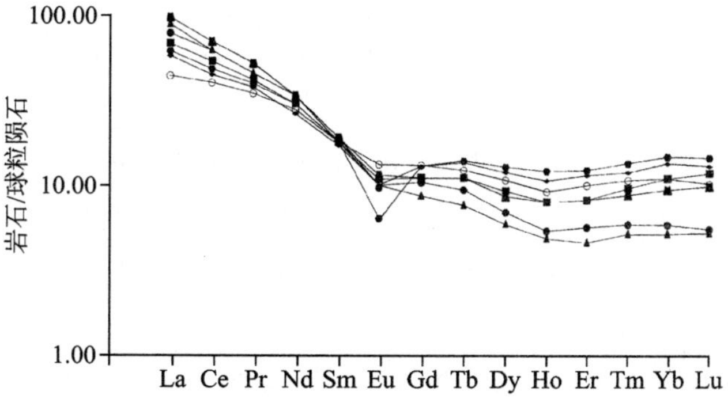

图 3-37 早白垩世含角闪黑云二长花岗岩稀土配分曲线
(仿 Boynton,1984)

(二) 晚白垩世似斑状黑云二长花岗岩

晚白垩世似斑状黑云二长花岗岩主要分布于冈底斯中酸性侵入岩带的北部，为冈底斯岩浆弧内最为重要的组成部分。侵入体有汤不拉(2)、江嘎普(3)、夺嘎错(11)、站珠勒古(17)、扁朗(27)、克粑雄(46)、努日(52)、甲格(92)8 个岩基和绒色(24)、穷岗(25)、期梯(50)和卧补岗(95)4 个小岩株。出露面积达 1853.5km²，占图幅侵入岩总面积的 32.35%。岩体侵入的最新地层为中—上侏罗统叶巴组($J_{2-3}y$)，外接触带发育长英质角岩带(图 3-38)。

岩石具似斑状结构，块状构造。主要矿物成分：斜长石和钾长石(微斜长石＋条纹长石)的含量近于

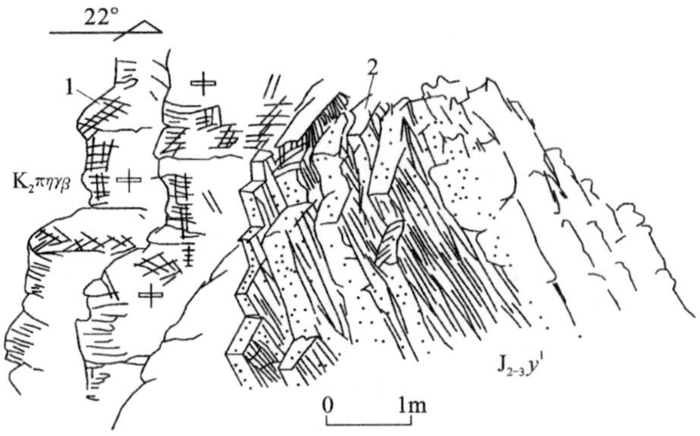

图 3-38 绒色岩体与 $J_{2-3}y^1$ 侵入接触素描图

1. 似斑状细中粒黑云二长花岗岩；2. 长英质角岩

相等，均在(25%～38%)之间变化，钾长斑晶最大达 3～5cm(图版Ⅺ-5)。斜长石厚板状，具少量不清晰环带，斜长石牌号 An18～30，为中更长石；钾长石以微斜长石为主，2Vnp＝74°～84°，⊥(010)∧Ng＝2°～18°，三斜度为 0.1～0.2，出现最大微斜长石。黑云母棕色(5%～15%)，Nm＝1.648～1.649；石英他形粒状(25%～32%)。兹将区内主要岩体岩石的基本特征列于表 3-28。岩石中副矿物及组合主要为磁铁矿＋钛铁矿＋锆石＋磷灰石＋独居石，少量为磁铁矿＋钛铁矿＋锆石＋褐帘石，较为复杂，以出现独居石、少量钍石等稀有金属矿物的 S 型花岗岩为特征。锆石特征见图 3-39，以 MP 型为主。经 X 射线分析，其 ZrO_2/HfO_2 比值平均 77.5，为富稀土锆石，与华南同熔型花岗岩中的锆石相似。

表 3-28 晚白垩世似斑状黑云二长花岗岩岩石特征表

岩体名称及编号	结构构造	粒径(mm)	岩石名称	矿物成分及含量(%)	副矿物
汤不拉(2)	似斑状结构，基质中粒花岗结构，块状构造	斑晶 7～10，基质一般<5	似斑状中粒黑云二长花岗岩	更中长石 25，钾长石 30，石英 32，黑云母 12	磷灰石，锆石
夺嘎错(11)	似斑状结构，基质中粗粒花岗结构，块状构造	斑晶 10～16，基质 2～7	斑状中粗粒黑云二长花岗岩	更中长石 32，微斜长石 30，石英 32，黑云母 6	磷灰石，锆石，独居石，金属矿物
绒色(24)	似斑状结构，中粒花岗结构，块状构造	斑晶 15×25，基质 2～5	似斑状中粒黑云二长花岗岩	更中长石 37，钾长石 30，石英 25，黑云母 8	锆石，磷灰石，金属矿物
穷岗(25)	似斑状结构，基质细中粒花岗结构	斑晶 5～8，基质一般 2～5，少量<2	似斑状细中粒黑云二长花岗岩	更中长石 37，钾长石 30，石英 25，黑云母 10	锆石，磷灰石，金属矿物
扁朗(27)	似斑状结构，基质中粒花岗结构	斑晶 5～15，基质一般 2～5	似斑状中粒黑云二长花岗岩	更中长石为主，钾长石 25，石英 26，黑云母 8	锆石，磷灰石，金属矿物
克粑雄(46)	似斑状结构，基质细中粒花岗结构	斑晶 10～12，基质一般 0.5～5	似斑状细中粒黑云二长花岗岩	更中长石 32，钾长石 35，石英 28，黑云母 5	锆石，磷灰石，金属矿物
努日(52)	似斑状结构，基质中粒花岗结构	斑晶 5～8，基质一般 2～5，少量<2	似斑状中粒黑云二长花岗岩	更中长石 30，钾长石 26，石英 30，黑云母 8，普通角闪石 2	锆石，独居石磷灰石，金属矿物
甲格(92)	斑状结构，基质中粗粒花岗结构，块状构造	斑晶 10～16，基质 2～7	斑状中粗粒黑云二长花岗岩	更中长石 32，微斜长石 30，石英 32，黑云母 6	磷灰石，锆石，金属矿物
卧补岗(95)	粗中细粒花岗结构	一般为 2～5，少量 5～8	粗中细粒黑云二长花岗岩	更中长石为主，钾长石 24，石英 26，黑云母≥5	锆石，磷灰石，石榴石

岩体名称及编号		克耙雄(46)、夺嘎错(11)、努日(52)	扁朗(27)	卧补岗(95)	站珠勒古(17)	汤不拉(2)
样品编号		LZ1018	LZ1712-1	LZ2502-1	LZ2137-1	LZ2089-1
锆石特征	颜色	淡黄色	无色	无色	无色	无色
	光泽	金刚光泽	亚金刚光泽	亚金刚光泽	亚金刚光泽	亚金刚光泽
	透明度	透明	透明	透明	透明	透明
	粒度(mm)	d<0.05～0.15	L0.1453～0.2952 d0.0683～0.0975	L0.1695～0.1853 d0.0477～0.585	L0.1853～0.2535 d0.0683	L0.1675～0.273 d0.0683～0.078
	长宽比	2∶1～2.5∶1	2∶1～3∶1	2.8∶1～3.8∶1	3∶1～3.7∶1	2.4∶1～3.5∶1
	包体	含白色和无色透明包体	有固态包体	有固态包体	有固态包体	有固态包体
	表面特征	晶棱清晰、晶面光滑	晶棱清晰、晶面光滑	晶棱清晰、晶面光滑	晶棱清晰、晶面光滑	晶棱清晰、晶面光滑
	发光性	橙黄色荧光	橙黄色荧光	橙黄色荧光	橙黄色荧光	橙黄色荧光
	晶体形态	{100}{110}{111} {100}{111}	{100}{110}{111} {110}{111} {100}{110}{111}	{100}{111} {100}{110}{111}	{100}{111} {100}{110}{111} {100}{110}{111}	{100}{110}{111} {131}{311} {100}{111}
	晶形图	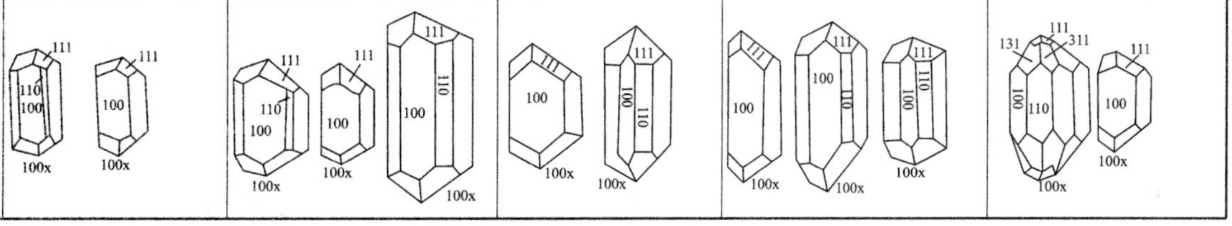				

图 3-39　锆石晶形图

主要岩石的岩石化学特征(表 3-29)，与同类岩石平均化学成分相比，仅 CaO 偏高，组合指数(δ)少量为 0.9，大部分集中于 1～1.1 之间，最高 2.1，主要为钙碱性岩石系列。CIPW 标准矿物组合有 Q、Or、Ab、An、Di、Hy 属正常类型和 Q、C、Or、Ab、An、Hy 为铝过饱和类型。在 A-C-F 图解(图 3-40)中，其投影点主要落于 S 型花岗岩范围，部分落入 I 型区。在(Al-Na-K)-Ca-(Fe^{2+}＋MgO)图解(图 3-41)中，主要分布于斜长石—黑云母连线的下方，并有落在斜长石—堇青石上方者。在 Q-Ab-Or 相图(图 3-42)中，投影点较密集低温槽内，说明为岩浆成因者，其成岩温度介于 750～800℃低温线内(图 3-43)，与低熔组分 K 含量高相吻合。压力多在 1～2kb。经 2 件包体均一温度测定，其结果为 690～850℃，与前者基本一致。

表 3-29　晚白垩世似斑状黑云二长花岗岩岩石化学特征表

岩体名称及编号	样品编号	岩石名称	氧化物质量(10^{-2})												
			SiO_2	TiO_2	Al_2O_3	Fe_2O_3	FeO	MnO	MgO	CaO	Na_2O	K_2O	P_2O_5	灼减	总量
汤不拉(2)	LZ2089-1	黑云二长花岗岩	69.39	0.39	13.55	0.49	3.78	0.06	0.57	2.16	3.04	5.32	0.11	0.57	99.43
	M-9※	似斑状黑云二长花岗岩	70.48		13.27	3.37	0.89		0.93	1.64	3.40	5.30			99.28
江普嘎(3)	Ls-23※※	似斑状黑云二长花岗岩	70.91		15.38	0.35	2.02		0.89	1.05	2.87	4.87			98.34
夺嘎错(11)	LZ736-1	斑状中粗粒黑云二长花岗岩	73.96	0.31	12.66	0.71	2.27	0.03	0.32	0.82	3.14	4.76	0.11	0.36	99.39
站珠勒(17)	Ls-42	似斑状二云二长花岗岩	73.29	0.24	13.86	0.61	2.21	0.04	0.71	1.71	3.60	3.50	0.15	2.59	100.80
绒色(24)	LZ5401-11	似斑状中粒黑云二长花岗岩	71.83	0.36	13.46	0.45	2.89	0.10	0.56	3.02	3.67	3.46	0.04	0.32	100.16

续表 3-29

岩体名称及编号	样品编号	岩石名称	氧化物质量(10^{-2})												
			SiO_2	TiO_2	Al_2O_3	Fe_2O_3	FeO	MnO	MgO	CaO	Na_2O	K_2O	P_2O_5	灼减	总量
穷岗(25)	LZ5403-7	似斑状细中粒黑云二长花岗岩	71.57	0.27	13.86	0.79	2.30	0.08	0.63	3.29	3.78	3.63	0.04	0.25	100.49
扁朗(27)	LZ5410-20	似斑状中粒黑云二长花岗岩	70.68	0.23	13.92	0.88	2.85	0.12	0.40	2.17	4.06	3.61	0.03	0.32	99.27
	LZ1712-1	似斑状细粒黑云二长花岗岩	72.47	0.19	13.95	0.73	1.73	0.06	0.25	1.87	3.85	4.56	0.02	0.19	99.87
	LZ2137-1		73.82	0.12	13.58	0.50	2.13	0.06	0.25	1.38	4.10	4.03	0.07	0.24	100.28
克粑雄(46)	LZ5204-5	似斑状细中粒黑云二长花岗岩	71.81	0.24	13.27	0.62	2.90	0.06	0.48	1.49	3.50	4.23	0.09	0.38	99.07
努日(52)	LZ1018-1	似斑状中粒含角闪黑云二长花岩	73.77	0.13	13.06		2.72	0.04	0.27	0.95	3.66	4.67	0.09	0.38	99.74
甲格(92)	LZ5308-1	黑云二长花岗岩	71.08	0.20	15.18	1.00	0.75	0.05	0.61	2.71	4.12	3.16	0.08		98.94
卧补岗(95)	LZ2502-1	粗中粒黑云二长花岗岩	71.37	0.12	14.31	0.56	2.64	0.03	0.27	2.28	4.10	3.34	0.05	0.44	99.51

岩体名称及编号	样品编号	CIPW 标准矿物成分(%)										岩石化学参数				
		Q	C	Or	Ab	An	Di	Hy	Mt	Il	Ap	DI	A/CNK	K/Na+K	Fe3+/TFe	δ
汤不拉(2)	LZ2089-1	34.57		27.16	22.03	6.94	1.84	5.74	0.72	0.74	0.25	83.8	0.9	0.5	0.1	2.1
	M-9*	36.39		26.95	24.46	4.84	1.93	1.14	2.90			87.8	0.9	0.5	0.8	1.8
江普嘎(3)	Ls-23**	40.22	3.53	24.99	20.88	4.79		5.07	0.52			86.1	1.3	0.5	0.2	1.3
夺嘎错(11)	LZ736-1	43.50	1.12	24.23	22.67	3.07		3.52	1.04	0.59	0.25	90.4	1.1	0.5	0.2	1
站珠勒(17)	Ls-42*	42.28	1.14	17.67	25.75	6.77		4.43	0.88	0.46	0.35	85.7	1.1	0.6	0.2	0.9
绒色(24)	LZ5401-11	38.70		17.51	26.32	9.04	3.59	3.42	0.65	0.68	0.09	82.5	0.9	0.6	0.1	1.5
穷岗(25)	LZ5403-7	37.43		18.27	26.96	9.14	4.42	2.03	1.15	0.51	0.09	82.7	0.9	0.6	0.2	1.7
扁朗(27)	LZ5410-20	36.79		18.42	29.32	8.31	1.12	4.22	1.29	0.44	0.07	84.5	1.0	0.6	0.2	1.2
	LZ1712-1	37.85		23.07	27.60	6.63	1.41	1.95	1.06	0.36	0.05	88.5	1.0	0.6	0.3	1.4
	LZ2137-1	40.76	0.43	21.25	24.89	6.10		5.24	0.90	0.23	0.21	86.9	1.0	0.6	0.2	0.9
克粑雄(46)	LZ5204-5	39.55	0.44	21.65	25.39	6.23		5.18	0.91	0.46	0.21	86.6	1.0	0.6	0.2	1.1
努日(52)	LZ1018-1	40.30	0.47	23.72	26.32	3.77		4.97		0.25	0.21	90.3	1.0	0.5	0.0	1
甲格(92)	LZ5308-1	38.43	0.25	16.10	29.75	11.80		1.63	1.46	0.38	0.19	84.3	1.0	0.7	0.5	1.2
卧补岗(95)	LZ2502-1	37.90		17.01	29.61	9.81	0.17	4.33	0.83	0.23	0.12	84.5	1.0	0.7	0.2	1.1

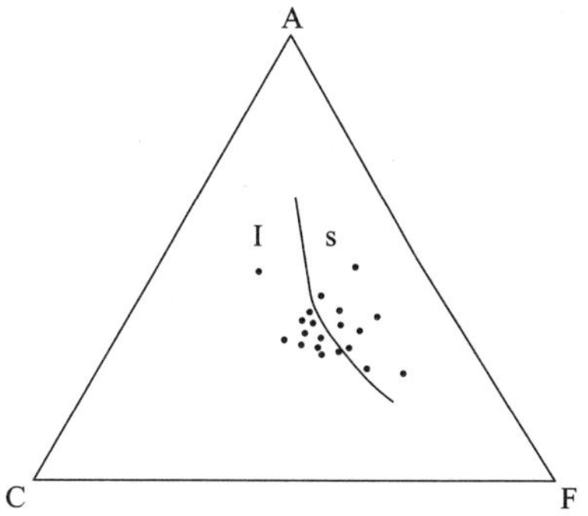

图 3-40　A-C-F 图解

·. 晚白垩世似斑状花岗岩

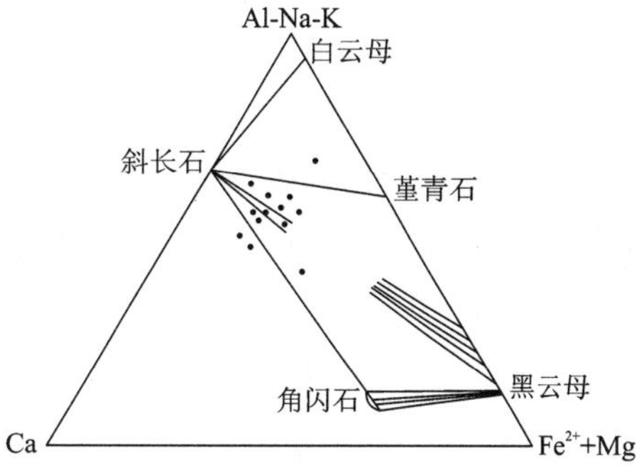

图 3-41　(Al-Na-K)-Ca-(Fe^{2+} + Mg)图解

(仿 B. W. Chappell 等)　·. 晚白垩世似斑状花岗岩

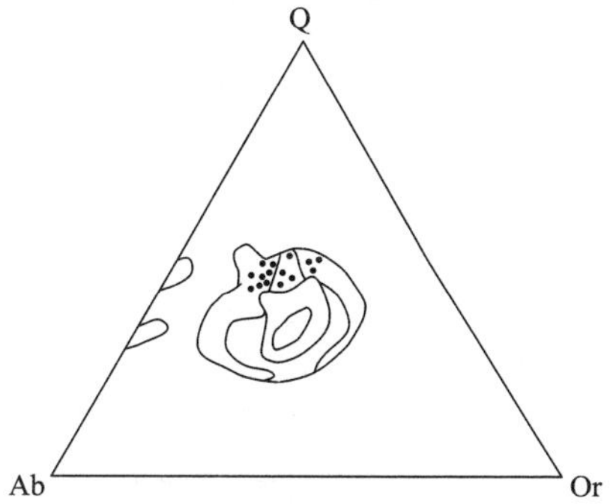

图 3-42　Q-Ab-Or 相图

·. 晚白垩世似斑状花岗岩

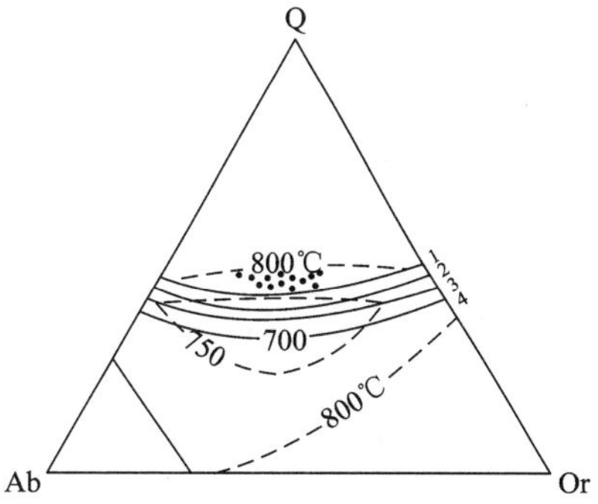

图 3-43　Q-Ab-Or-H_2O 相图

1. P_{H_2O}=0.5Kb; 2. P_{H_2O}=1Kb; 3. P_{H_2O}=2Kb; 4. P_{H_2O}=3Kb

·. 晚白垩世似斑状花岗岩

岩石微量元素含量见表 3-30，与维氏花岗岩相比较，V、Hf、Sc 普遍偏高，Th、Cs、Cu 变化大，余者偏低，微量元素蛛网图型式(图 3-44)以富集 Rb、Th、Sm、亏损 Ba、Ta 为特征，与同碰撞花岗岩相同。在 Rb-(Y+Nb)判别图解及 Rb-(Yb+Ta)判别图解(图 3-45)中，晚白垩世似斑状黑云二长花岗岩除个别落在岛弧花岗岩区外，主要集中落在同碰撞花岗岩区内。

表 3-30　晚白垩世似斑状黑云二长花岗岩微量元素含量表(10^{-6})

岩体名称及编号	汤不拉(2)	普嘎(3)	绒色(24)	穷岗(25)	扁朗(27)			克耙雄(46)	努日(52)	甲格(92)	卧补岗(95)
样品编号	LZ2089-1	LZ736-1	LZ5401-11	LZ5403-7	LZ5410-20	LZ1712-1		LZ2137-1	LZ5204-5	LZ1018-1	LZ5308-1
岩石名称	黑云二长花岗岩	似斑状中粗粒黑云二长花岗岩	似斑状中粒黑云二长花岗岩	似斑状细中粒黑云二长花岗岩	似斑状中粒黑云二长花岗岩	似斑状细粒黑云二长花岗岩		似斑状细中粒黑云二长花岗岩	似斑状中粒含角闪黑云二长花岗岩	黑云二长花岗岩	粗中粒黑云二长花岗岩
Ba	454	303	314	343	292	478	558	536	275	316	629
Rb	227	228	157	149	127	193	166	120	248	82.1	60
Sr	171	119	206	238	207	314	300	178	103	393	549
V	27.5	22.2	31	40.5	26.8	17.8	16.2	24.7	25.2	29.7	11.8
Ti	2240	1580	1457	1369	1244	1024	666	1285	710		726

续表 3-30

岩体名称及编号	汤不拉(2)	普嘎(3)	绒色(24)	穷岗(25)	扁朗(27)			克粑雄(46)	努日(52)	甲格(92)	卧补岗(95)
样品编号	LZ2089-1	LZ736-1	LZ5401-11	LZ5403-7	LZ5410-20	LZ1712-1		LZ2137-1	LZ5204-5	LZ1018-1	LZ5308-1
Cu	27.2	15.3	25	16.7	18.1	15.3	17.3	24.7	19.7	8.2	24.8
Zn	46.2	43.6	35.9	33.9	37.4	37.7	28.6	32.3	27.1	39	28.2
Zr	195	196	109	92.8	102	97.1	83.7	111	107	64	83.2
Nb	30.57	25.38	15.57	12.1	14.47	13.41	13	10.37	19.65	5.2	2.75
Ta	1.58	1.5	1.72	1.17	1.14	1	1.02	1.44	1.18	<0.5	1.36
Y	24.73	32.39	30.18	17.78	28.78	16.56	8.7	19.37	32.48	4.86	2.36
Th	17.2	27.8	11.8	12.8	6.6	15.2	8.4	7.5	17.8	3.5	<4
Hf	3.2	6.2	5.9	4.5	4.6	2.3	1.3	6.6	3.9	1.7	5
Sc	6.6	9	8.8	5.7	8.5	4.8	5.1	6.3	6.5	3	7.2
Cs	18.9	10.7	6.6	7.8	4.4	9.1	4.4	5.3	28.3	5	4.3
Ga	20	1.18	17.8	15.1	14.9	16.1	15.3	13.6	17.6	14.1	15.7
Li	33	34.3	29.2	26.5	10	25.7	21.6	8.9	54.3	13.6	3.9
Be	3.8	6	3.8	3.3	2.1	3	2.8	1.5	6.3		0.5
W	3.93	1.18	0.96	0.32	0.8	0.59	1.07	0.91	2.14		0.43
Sn	5	6.5	2.8	2.4	3	2.3	2.6	3.9	10	0.8	2.2
U										0.84	
Ba/Rb	2	1.3	2.2	2.3	2.9	2.5	3.4	4.5	1.1	3.9	10.5
Rb/Sr	1.3	1.9	0.8	0.6	0.6	0.6	0.6	0.7	2.4	0.2	0.1

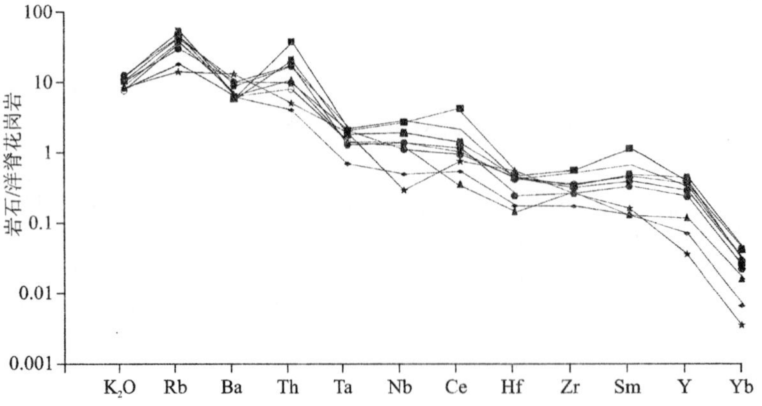

图 3-44　晚白垩世似斑状黑云二长花岗岩微量元素蛛网图

(仿 Pearce,1984)

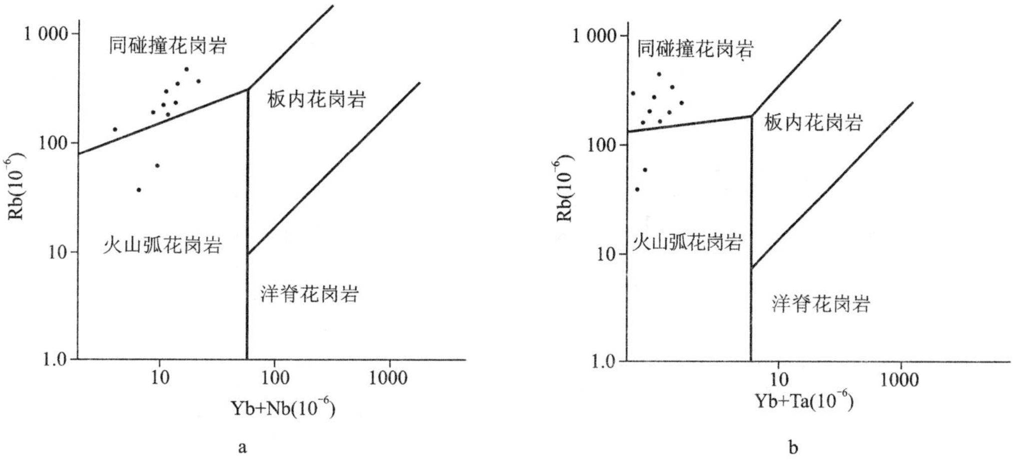

图 3-45 Rb-(Yb+Nb)判别图(a)及 Rb-(Yb+Ta)判别图(b)

岩体稀土元素含量(表 3-31),ΣREE $108.28\times10^{-6}\sim364.72\times10^{-6}$,LREE/HREE4.91~13.06,$(La/Yb)_N$3.86~15.7,$(La/Sm)_N$2.88~4.51,δEu0.26~0.72,负铕异常明显,为右倾轻稀土富集型,与华南 S 型花岗岩特征基本一致(图 3-46)。

表 3-31 晚白垩世似斑状黑云二长花岗岩稀土元素含量表(10^{-6})

岩体名称及编号	汤不拉(2)	普嘎(3)	绒色(24)	穷岗(25)	扁朗(27)		克粑雄(46)	努日(52)
样品编号	LZ2089-1	LZ736-1	LZ5401-11	LZ5403-7	LZ5410-20		LZ1712-1	LZ5204-5
岩石名称	黑云母微斜花岗岩	斑状中粗粒黑云二长花岗岩	似斑状中粒黑云二长花岗岩	似斑状细中粒黑云二长花岗岩	似斑状细粒黑云二长花岗岩		似斑状细中粒黑云二长花岗岩	似斑状中粒含角闪黑云二长花岗岩
La	41.76	71.26	20.08	18.08	20.48	21.57	19.36	25.41
Ce	74.74	148.1	40.62	36.36	40.96	40.27	36.45	49.55
Pr	8.82	18.65	5.35	4.44	5.24	4.88	4.51	5.9
Nd	30.26	59.73	18.06	15.98	17.87	16.41	16.14	20.91
Sm	5.82	10.52	4.38	3.43	3.88	3.19	3.49	4.51
Eu	0.96	0.79	0.71	0.69	0.63	0.58	0.81	0.57
Gd	4.73	7.64	4.12	2.87	3.83	2.46	3.32	4.31
Tb	0.87	1.26	0.82	0.54	0.7	0.46	0.6	0.81
Dy	4.71	6.34	5.05	3.16	4.55	2.62	3.43	4.91
Ho	0.87	1.16	0.97	0.57	0.93	0.5	0.69	1
Er	2.54	3.24	3.03	1.77	3.02	1.57	2.04	3.26
Tm	0.39	0.49	0.5	0.28	0.49	0.26	0.29	0.51
Yb	2.45	3.06	3.2	2.01	3.58	1.82	1.99	3.53
Lu	0.31	0.45	0.48	0.32	0.52	0.27	0.29	0.54
Y	24.73	32.39	30.18	17.78	28.78	16.56	19.37	32.48
ΣREE	203.96	364.72	137.55	108.28	135.46	113.42	112.78	158.2
LREE/HREE	9.62	13.06	4.91	6.86	5.05	8.73	6.38	5.66
δEu	0.54	0.26	0.5	0.65	0.49	0.61	0.72	0.39
$(La/Yb)_N$	11.49	15.7	4.23	6.06	3.86	7.99	6.65	4.85
$(La/Sm)_N$	4.51	4.26	2.88	3.32	3.32	4.25	3.49	3.54
$(Gd/Yb)_N$	1.56	2.01	1.04	1.15	0.86	1.09	1.35	0.99

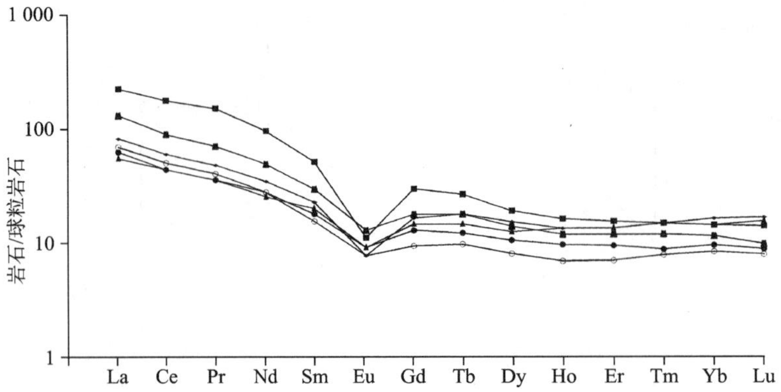

图 3-46　晚白垩世似斑状黑云二长花岗岩稀土配分曲线

（仿 Boynton,1984）

岩石的全岩 $\delta^{18}O$ 测试为 9.7‰～10.3‰，属高 $\delta^{18}O$ 花岗岩类，在南岭 S 型花岗岩范围内。甲格岩体东部获黑云母 K-Ar 年龄 90.03Ma（中国科学院地质研究所，1965），故将该类岩体的时代划为晚白垩世。

三、古近纪花岗岩

古近纪花岗岩主要分布于冈底斯岩浆弧的北部，共圈出 28 个侵入岩体，面积约 735.35km²。按时代和岩性由老至新可分为古新世黑云二长花岗岩（$E_1\eta\gamma\beta$），始新世二云二长花岗岩（$E_2\eta\gamma\beta m$）和渐新世二云花岗闪长岩（$E_3\gamma\delta\beta m$）、二云二长花岗岩（$E_3\eta\gamma\beta m$）、花岗斑岩（$E_3\gamma\pi$）3 个阶段。

（一）古新世花岗岩

古新世花岗岩多以岩基及部分小岩体产出。计有锅普（4）、进普日（7）、更张（8）、米拉果（63）4 个岩基，卡布（10）、康果躲（65）、八一沟（20）3 个岩体，出露面积 511km²。岩体侵入最高层位为中—晚侏罗世叶巴组（$J_{2-3}y$）（图 3-47），北部多侵入于石炭纪—二叠纪砂板岩中（图版Ⅺ-6），外接触带角岩化普遍，发育红柱石角岩带，局部富集成矿。

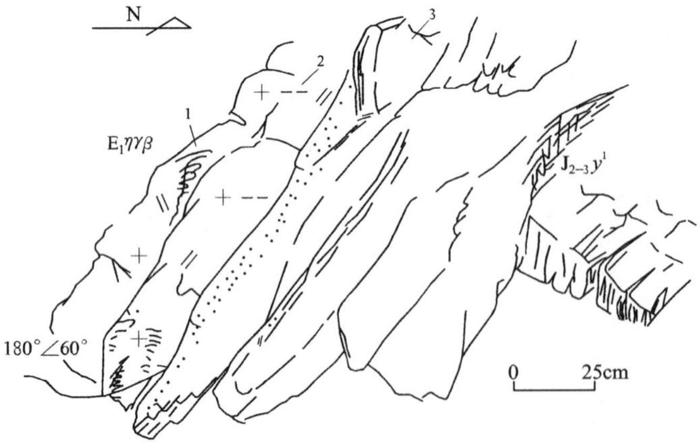

图 3-47　锅普岩体与 $J_{2-3}y^1$ 侵入接触素描图

1. 黑云二长花岗岩；2. 角岩；3. 石英岩

岩石以黑云二长花岗岩为主，有少量含石榴黑云二长花岗岩及含石榴二云二长花岗岩（表 3-32）。石榴石和白云母可能与成岩期后广泛热液蚀变作用有关。岩石副矿物以富含石榴石、独居石、钍石、锆石等为特征，与 S 型花岗岩副矿物组合基本一致。

表 3-32　古新世黑云二长花岗岩岩石特征表

岩体名称及编号	岩石名称	结构构造	粒径(mm)	矿物成分及含量(%)	副矿物
锅普(4)	碎裂化粗中细粒黑云二长花岗岩	细中粒花岗结构，碎裂构造	d 一般为 1～3	更长石 23，钾长石为主，石英 28，黑云母≤5	次生矿物有绢云母，石榴石
更张(8)	中细粒黑云二长花岗岩	中细粒花岗结构，块状构造	d0.5～3	更长石 32，钾长石 28，石英 35，黑云母≥5	锆石，磷灰石，独居石
米拉果(63)	细粒黑云二长花岗岩	细粒花岗结构，块状构造	d<2	更中长石 25，钾长石 30，石英 35，黑云母≥10	锆石，磷灰石
康果躲(65)	粗粒含榴黑云二长花岗岩	粗粒花岗结构，块状构造	d5～7	更中长石 32，钾长石 20，石英 38，黑云母 8，白云母 1	锆石，磷灰石，石榴石，金属矿物

岩石化学特征(表 3-33)，与中国花岗岩基本一致，SiO_2、FeO、K_2O 偏高，MgO 偏低。A/CNK1～1.1，组合指数(δ)0.7～1.1，CIPW 标准矿物组合 Q、C、Or、Ab、An、Hy，属铝过饱和类型。

表 3-33　古新世黑云二长花岗岩岩石化学特征表

岩体名称及编号	样品编号	岩石名称	氧化物质量(10^{-2})												
			SiO_2	TiO_2	Al_2O_3	Fe_2O_3	FeO	MnO	MgO	CaO	Na_2O	K_2O	P_2O_5	灼减	总量
锅普(4)	1	碎裂化细中粒含黑云二长花岗岩	74.96	0.12	12.18	0.24	3.17	0.03	0.14	0.66	3.63	4.20	0.06	0.37	99.76
更张(8)	2	白云母钾质花岗岩	74.85	0.02	13.42	0.31	1.49	0.03	0.07	0.78	3.58	4.19	0.09	0.78	99.61
	3	中细粒黑云二长花岗岩	70.97	0.33	14.10	0.79	2.43	0.03	0.35	0.90	3.87	4.58	0.12	0.64	99.11
米拉果(63)	4	细粒黑云二长花岗岩	72.67	0.20	14.74	0.32	2.32	0.03	0.41	1.60	3.91	4.20	0.07	0.34	100.81
康果躲(65)	5	粗粒含榴黑云二长花岗岩	71.89	0.17	13.84	0.11	2.82	0.08	0.32	1.60	3.73	4.15	0.08	0.31	99.10

岩体名称及编号	样品编号	CIPW 标准矿物成分(%)										岩石化学参数				
		Q	C	Or	Ab	An	Di	Hy	Mt	Il	Ap	DI	A/CNK	K/Na+K	C/ACF	δ
锅普(4)	1	43.36	0.61	21.35	26.10	2.6		5.25	0.35	0.23	0.14	90.8	1.0	0.6	0.0	0.7
更张(8)	2	44.76	1.81	21.40	25.89	3.01		2.43	0.45	0.04	0.21	92.1	1.1	0.6	0.2	0.8
	3	37.72	1.45	23.47	28.11	3.37		3.80	1.16	0.65	0.28	89.3	1.1	0.6	0.2	1.1
米拉果(63)	4	38.14	1.02	21.10	27.82	6.71		4.21	0.46	0.38	0.16	87.1	1.0	0.6	0.1	1.1
康果躲(65)	5	38.63	0.49	21.20	27.03	6.78		5.19	0.16	0.32	0.19	86.9	1.0	0.6	0.0	1.1

注：1. LZ1515-1；2. LZ1014-5；3. LZ1015-3；4. LZ208-1；5. LZ688-1。

在花岗岩碱度划分图(图 3-48)上，多分布在碱性区，少量属钙碱性区。在图 3-49b 上以 S 型花岗岩居多，在 Na_2O-K_2O 图解(图 3-49a)上，则多在碰撞期后碱质较高的 A 区内。

在 Maniar 判别图(图 3-50)中，主要落在造山期后花岗岩区，少数则落在裂谷和大陆隆升花岗岩区。可能为大陆碰撞造山期后局部拉张环境下形成。

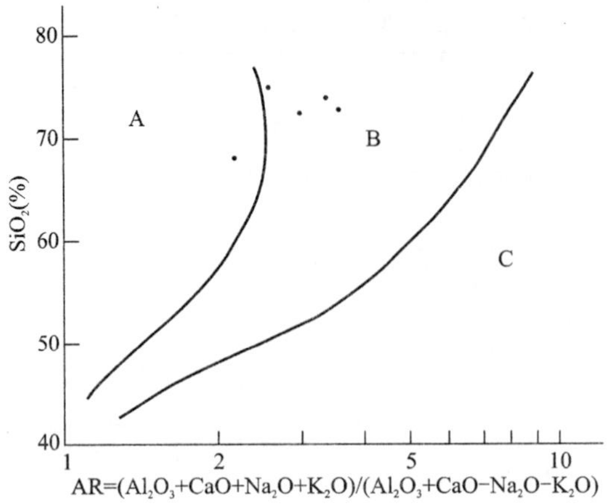

图 3-48　古新世花岗岩的碱度划分图

（据 Wnght,1961）　A. 钙碱性；B. 碱性；C. 过碱性

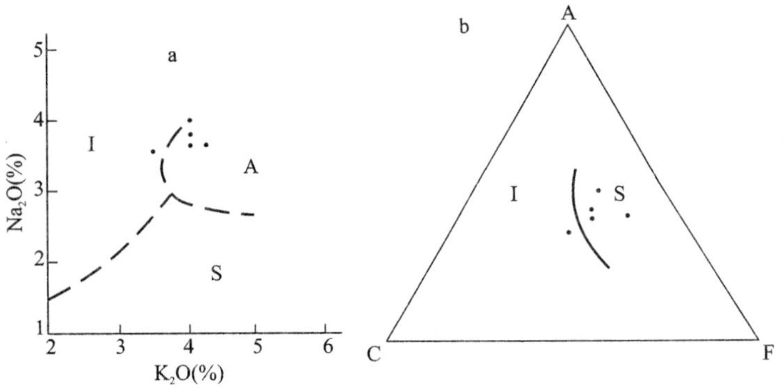

图 3-49　古新世花岗岩的 I/S 划分图

a. Na_2O-K_2O 图（据 Collins,1982）；b. ACF 图解

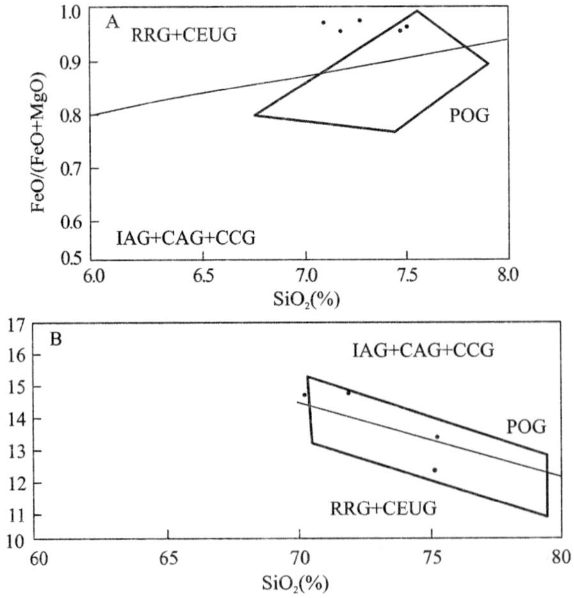

图 3-50　古新世花岗岩的多种构造环境判别图

（据 Maniar eral,1989）IAG. 岛弧花岗岩；CAG. 陆弧花岗岩；CCG. 大陆碰撞花岗岩；

POG. 造山期后花岗岩；RRG. 裂谷花岗岩；CEUG. 大陆隆升花岗岩；POG. 大洋斜长花岗岩

岩石微量元素含量表(3-34)与维氏花岗岩相比较，V、Ti、Hf、Sc 偏高，Ba、Rb、Sr、Cs、Cu、Zn 变化大,微量元素蛛网图型式以富集 Rb、Th,亏损 Ba、Ta 近似于 S 型花岗岩特征(图 3-51)。

表 3-34 古新世黑云二长花岗岩微量元素含量表(10^{-6})

岩体名称及编号	锅普(4)	更张(8)		米拉果(63)	康果躲(65)
样品编号	LZ1515-1	LZ1014-5	LZ1015-3	LZ208-1	LZ688-1
岩石名称	细中粒含黑云二长花岗岩	白云母钾质花岗岩	中细粒黑云二长花岗岩	细粒黑云二长花岗岩	粗粒含榴黑云二长花岗岩
Ba	231	<30	407	561	628
Rb	153	246	164	142	145
Sr	46.7	10.6	154	264	167
V	14.6	14.6	23.2	30.9	20.2
Ti	619	61.1	1711	1180	1023
Cu	26.2	14.5	17.4	15.2	23.6
Zn	26	20.3	37.3	35.9	36.9
Zr	90	22	224	136	76.2
Nb	15.94	19.11	23.11	6.86	11.87
Ta	1.35	0.42	1.49	0.87	1.41
Y	23.53	10.8	32.29	8.76	21.05
Th	16.9	<4	15.3	9.9	10.6
Hf	5.8	3.9	8.4	4.4	4.7
Sc	8.5	7.2	5.2	6.3	5.9
Cs	6.7	7.7	5.8	4.4	9.3
Ga	13.9	22.2	18.5	17.2	14.9
Li	5.2	20.6	20.2	12.9	8.6
Be	2.7	5	4.1	0.85	2
W	3.93	3.21	0.75	0.59	0.75
Sn	3.5	13	8.9	1.8	3.4
Ba/Rb	1.5	0.1	2.5	4.0	4.3
Rb/Sr	3.3	23.2	1.1	0.5	0.9

岩石稀土元素含量(表 3-35),具 ΣREE 较高,富集 LREE 和明显的负铕异常(图 3-52),表明在生成过程中斜长石是主要的分离结晶相,属碰撞造山过程中形成。

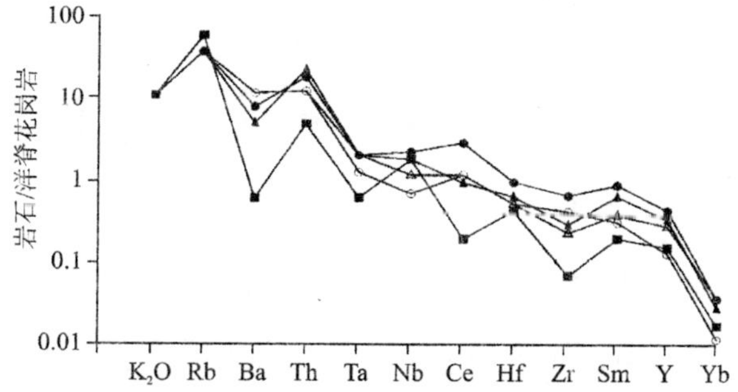

图 3-51 古新世黑云二长花岗岩微量元素蛛网图

(仿 Pearce,1984)

综上所述，该期花岗岩可能为碰撞造山末期或期后局部拉张环境下形成。据更张岩基东部获黑云母 K-Ar 龄值 57.7Ma（西藏综合队，1979）。时代可能属古新世他奈丁期。

表 3-35　古新世黑云二长花岗岩稀土元素特征表（10^{-6}）

岩体名称及编号	锅普(4)	更张(8)		米拉果(63)	康果躲(65)
样品编号	LZ1515-1	LZ1014-5	LZ1015-3	LZ208-1	LZ688-1
岩石名称	细中粒含黑云二长花岗岩	白云母钾质花岗岩	中细粒黑云二长花岗岩	细粒黑云二长花岗岩	粗粒含榴黑云二长花岗岩
La	31.7	3.35	57.25	25.67	22.05
Ce	33.19	6.31	107.6	44.35	39.28
Pr	7.8	1.3	13.21	4.94	5.02
Nd	27.24	3.93	43.86	16.13	17.21
Sm	5.65	1.73	8.1	2.8	3.52
Eu	0.43	0.05	1.14	0.55	0.59
Gd	4.78	1.67	6.3	1.91	3.05
Tb	0.77	0.39	1.09	0.27	0.54
Dy	4.21	2.08	6.06	1.45	3.16
Ho	0.84	0.32	1.14	0.31	0.66
Er	2.5	0.93	3.28	0.92	2.09
Tm	0.38	0.17	0.49	0.15	0.34
Yb	2.57	1.31	3.02	0.91	2.45
Lu	0.38	0.19	0.43	0.13	0.39
Y	23.53	10.8	32.29	8.76	21.05
ΣREE	178.64	34.52	285.26	109.25	121.4
LREE/HREE	8.44	2.36	10.6	15.61	6.91
δEu	0.25	0.09	0.47	0.69	0.54
$(La/Yb)_N$	8.23	1.72	12.78	19.02	6.07
$(La/Sm)_N$	3.49	1.22	4.45	5.77	3.94
$(Gd/Yb)_N$	1.5	1.03	1.68	1.69	1.0

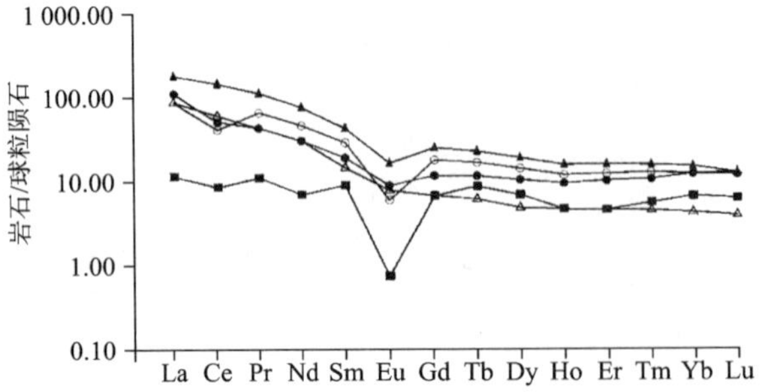

图 3-52　古新世黑云二长花岗岩稀土配分曲线

（仿 Boynton，1984）

（二）始新世造山期后花岗岩

始新世造山期后花岗岩为造山期后偏碱性花岗岩。有江村(80)、切民沔(82)2个岩体，呈岩株状产出，面积 17km^2。侵位于念青唐古拉岩群($Pt_{2-3}N.$)和白垩纪花岗岩中。据朗县之北，山南专区伐木场该类岩体中获黑云母 K-Ar 年龄 45.3Ma(张玉泉，1978)，时代属始新世巴顿期。

岩石类型以中粒二云二长花岗岩为主，少量为黑云二长花岗岩。岩石具中粒花岗结构，块状构造；主要矿物成分及含量：他形粒状石英(28%～30%)，更中长石(32%～35%)，钾长石(25%～28%)，片状黑云母(8%～10%)，片状白云母(0～7%)。岩石中副矿物组合主要为磁铁矿＋钛铁矿＋独居石＋石榴石＋锆石，具S型花岗岩副矿物组合特征。锆石特征见图 3-53，柱面较锥面发育，属 MP 型。经电子探针能谱分析：ZrO_2 79.82、SiO_2 19.1，以富锆不含铪为特征。

样品编号		LZ1738-1
锆石特征	颜色	无色
	光泽	亚金刚光泽
	透明度	透明
	粒度(mm)	L0.145 3～0.292 5 d0.068 3～0.097 5
	长宽比	2∶1～2.4∶1
	包体	固态包体
	表面特征	晶棱清晰、晶面光滑
	发光性	橙黄色荧光
	晶体形态	{100}{110}{131} {100}{110}{111} {100}{110}{111}{131}
	晶形图	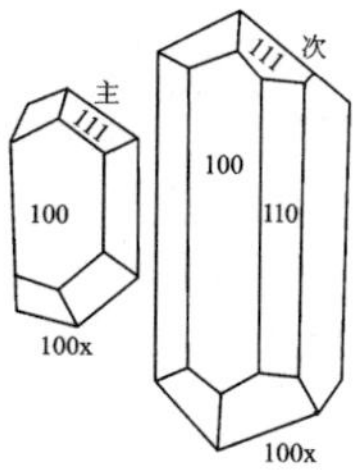

图 3-53　锆石晶形图

岩石化学特征(表 3-36)，与同类岩石平均化学成分基本一致，仅 Al_2O_3 偏低，SiO_2、CaO、TFe 偏高，MgO 变化大，铝碱指数大部分为 1.2，仅个别偏低，组合指数(δ)0.7～1.2，为钙性岩石系列。CIPW 标准矿物组合以 Q、C、Or、Ab、An、Hy 为主，仅个别出现 Di 分子，属铝过饱和类型。

表 3-36　始新世二云二长花岗岩岩石化学特征表

岩体名称及编号	样品编号	岩石名称	氧化物质量(10^{-2})												
			SiO_2	TiO_2	Al_2O_3	Fe_2O_3	FeO	MnO	MgO	CaO	Na_2O	K_2O	P_2O_5	灼减	总量
江村(80)	1	中粒二云二长花岗岩	71.84	0.11	14.64	0.57	1.84	0.07	0.21	2.66	3.99	3.34	0.10	0.17	99.54
	2	二云二长花岗岩	69.52	0.13	14.25	2.77	1.23	0.08	2.56	1.19	3.90	3.15	0.16	0.87	99.81
	3	黑云二长花岗岩	69.62	0.18	15.92	3.24	0.86	0.06	0.71	1.86	3.90	3.15	0.18	0.52	100.92

续表 3-36

岩体名称及编号	样品编号	CIPW 标准矿物成分(%)										岩石化学参数				
		Q	C	Or	Ab	An	Di	Hy	Mt	Il	Ap	DI	A/CNK	K/Na+K	Fe^{3+}/TFe	δ
江村(80)	1	38.80		16.96	28.75	11.03	0.32	2.86	0.83	0.21	0.23	84.5	1.0	0.6	0.2	1.2
	2	38.44	2.68	16.05	28.18	4.43		5.58	3.88	0.25	0.37	82.7	1.2	0.6	0.7	0.7
	3	39.32	3.15	15.95	27.96	7.31		1.53	2.45	0.34	0.42	83.2	1.2	0.6	0.8	0.9

注:1. LZ1738-1;2. Ls-40※;3. Ls-34※;带※数据引自 1:100 万拉萨幅区调资料。

岩石微量元素含量(10^{-6}):Ba609、Rb93.5、Sr413、V18.6、Ti656、Cu16.5、Zn37.7、Zr68.6、Nb6.59、Ta1.16、Th4、Hf6、Sc5.3、Cs3.4、Ga16.9、Li31.6、Be0.6、W0.32、Sn1、Ba/Rb6.5、Rb/Sr0.2,与维氏花岗岩相比较,Ba、Rb、V、Hf 普遍偏高,Sr 、Ti、Nb、Ta、Be 偏低,微量元素蛛网图型式(图 3-54)以富集 Rb,亏损 Nb 为特征。

岩石稀土元素含量(10^{-6}):La15.55、Ce29.02、Pr3.47、Nd10.73、Sm2.02、Eu1.53、Tb0.24、Dy1.32、Ho0.23、Er0.71、Tm0.12、Yb0.75、Lu0.12、Y7.57、ΣREE73.87×10^{-6}、LREE/HREE4.87、δEu0.82,$(La/Yb)_N$13.98,$(La/Sm)_N$4.84,$(Gd/Yb)_N$1.65。稀土配分曲线为右倾轻稀土富集型(图 3-55),具弱铕异常,类似于华南 S 型花岗岩。

综上所述,本期花岗岩为造山期后拉张环境下形成的小规模偏碱性花岗岩。

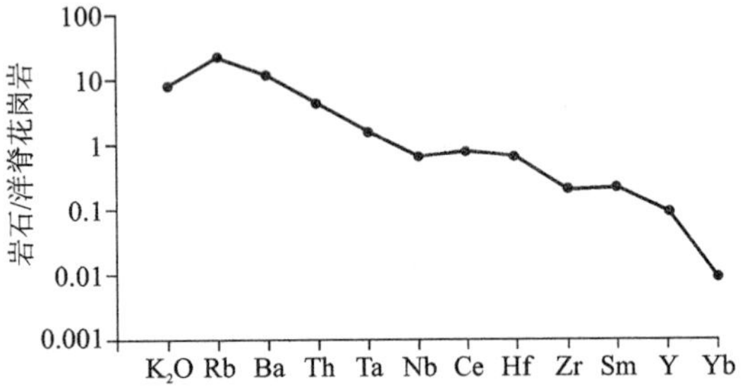

图 3-54 始新世二云二长花岗岩微量元素蛛网图
(仿 Pearce,1984)

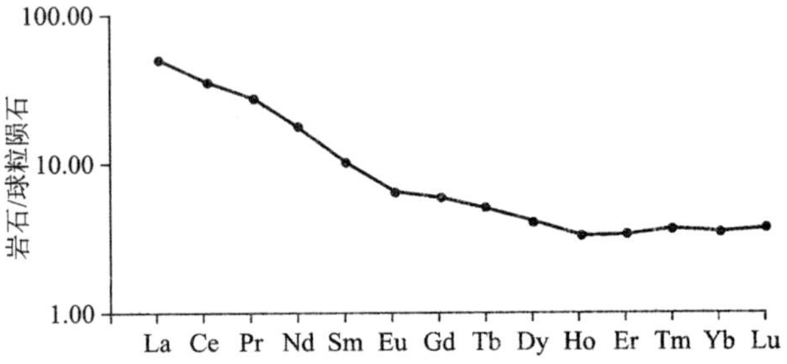

图 3-55 始新世二云二长花岗岩稀土配分曲线
(仿 Boynton,1984)

(三)渐新世造山期后浅色花岗岩及花岗斑岩

渐新世造山期后浅色花岗岩及花岗斑岩为区内发育最晚的微斜长石花岗岩、花岗斑岩,多呈小岩株、岩枝状星散于测区中北部和北东隅,总面积达 207.2km^2。计有觉木(19)、白马供(9)、沙达洛(12)、色龙(14)、足古才郎(21)、啊那塘(33)、堆母拉(35)、康布朗(36)、斯弄朗(37)、克那(45)、杰朗(54)、半嘎(56)、错巴(62)、宗泽(69),花岗斑岩($E_3γπ$)连巴(6)、久日港郎(18)、啊崇国(34)、曼朗(41)、生浦(78)14 个花岗岩体和 5 个花岗斑岩体。侵入最高层位为叶巴组($J_{2-3}y$),康布朗岩体中获黑云母 K-Ar 同位素年龄 27.8Ma、足古才郎岩体中获白云母 K-Ar 同位素年龄 23.9Ma、黑云母 K-Ar 同位素年龄20.3Ma(中国科学院地质研究所,1981),其时代属渐新世夏底期。主要岩性特征叙述如下。

①二云二长花岗岩,具中粒花岗结构,粒径 2～5mm,块状构造;主要矿物成分及含量:石英他形粒状(28%～30%),更长石板状(30%),钾长石(25%),黑云母片状(8%),白云母片状(7%)。②黑云微斜长石花岗岩,具中粗粒花岗结构;主要矿物成分:微斜纹长石(50%),石英(30%),斜长石(17%),黑云母片状(3%)。③黑云二长花岗斑岩,具斑状结构,基质具显微粒状结构,斑晶粒径 2～8mm;主要矿物成分:斑晶为石英(10%),更长石板状(5%～8%),钾长石少;基质为石英(20%),更长石板状(41%),钾长石(12%),黑云母(8%～10%)。

岩石中副矿物组合主要为石榴石+绿帘石+钛铁矿+锆石,出现少量黄铁矿、磁铁矿及稀有矿物独居石、钍石等，属石榴石、钛铁矿型。矿物组合复杂，锆石特征见图 3-56，柱面较锥面发育，主要属 MP 型。锆石经 X 射线分析，以 ZrO_2/HfO_2 比值很低，乃至不含铪为特征。

岩体名称及编号		觉木(19)
锆石特征	样品编号	LZ2353-3
	颜色	无色
	光泽	金刚光泽
	透明度	透明
	粒度(mm)	L0.1365～0.2243 d0.0477～0.0585
	长宽比	2.8∶1～4.4∶1
	包体	固态包体
	表面特征	晶棱清晰、晶面光滑
	发光性	橙黄色荧光
	晶体形态	{100}{111} {100}{110}{111} {100}{110}{111}
	晶形图	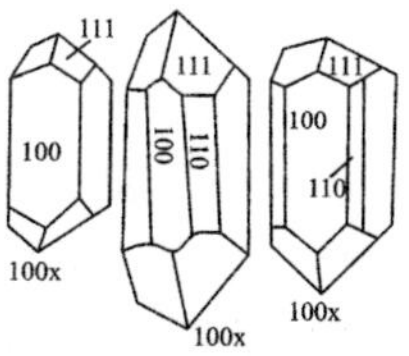

图 3-56　锆石晶形图

岩石化学特征(表 3-37)，与国内同类岩石平均化学成分基本一致，仅 CaO 偏高，少量富 K_2O，铝碱指数为 1～1.2，组合指数(δ)0.9～1.1，为钙碱性岩石系列。CIPW 标准矿物组合为 Q、C、Or、Ab、An、Hy，属铝过饱和类型。

表 3-37　渐新世二云二长花岗岩岩石化学成分表

岩体名称及编号	样品编号	岩石名称	氧化物质量(10^{-2})												
			SiO_2	TiO_2	Al_2O_3	Fe_2O_3	FeO	MnO	MgO	CaO	Na_2O	K_2O	P_2O_5	灼减	总量
觉木(19)	Tt-191※	二云二长花岗岩	73.29	0.24	13.86	0.61	2.21	0.04	0.71	1.71	3.60	3.50	0.15	0.88	100.80
堆母拉(35)	Ls-39※※	石榴二云二长花岗岩	75.59		12.15	0.52	0.86		0.42	1.26	2.75	7.00	0.37		100.69
康布朗(36)	I-83※	二云二长花岗岩	75.40	0.15	13.17	0.79	0.87		0.52	1.46	3.85	4.00	0.08		100.29

岩体名称及编号	样品编号	CIPW 标准矿物成分(%)										岩石化学参数				
		Q	C	Or	Ab	An	Di	Hy	Mt	Il	Ap	DI	A/CNK	K/Na+K	Fe^{3+}/TFe	δ
觉木(19)	Tt-191※	42.28	1.41	17.67	25.75	6.77		4.43	0.88	0.46	0.35	84.0	1.0	0.6	0.2	0.9
堆母拉(35)	Ls-39※	44.84	2.75	15.14	22.88	7.9		3.77	1.91	0.25	0.56	82.9	1.2	0.6	0.4	1.1
康布朗(36)	I-83※	42.9	0.03	20.1	27.5	6.07		1.75	1.15	0.28	0.19	96.6	1.1	0.5	0.4	1.0

注：带※数据引自中国科学院地质研究所岩矿分析室，1978；带※※数据引自 1∶100 万拉萨幅区调资料。

此类岩石形成于雅鲁藏布江洋盆完全闭合之后，两侧大陆碰撞隆升过程中引起浅部地壳重熔后侵入结果。在图 3-57 上，样品多投在碱性和靠近碱性的钙碱性区内。在 I/S 划分图（图 3-58b）上，主要投在 S 型花岗岩区，Na_2O-K_2O 图解（图 3-58a）中，投于 A 型区。在 Maniar 构造环境判别图（图 3-59）中，渐新世二云二长花岗岩（$E_3\eta\gamma\beta m$）多投于造山期后花岗岩区。

岩石的 $\delta^{18}O$ 在 +9.5‰以上，属高 $\delta^{18}O$ 花岗岩特征。均显示出大陆碰撞后局部拉张环境下成因。

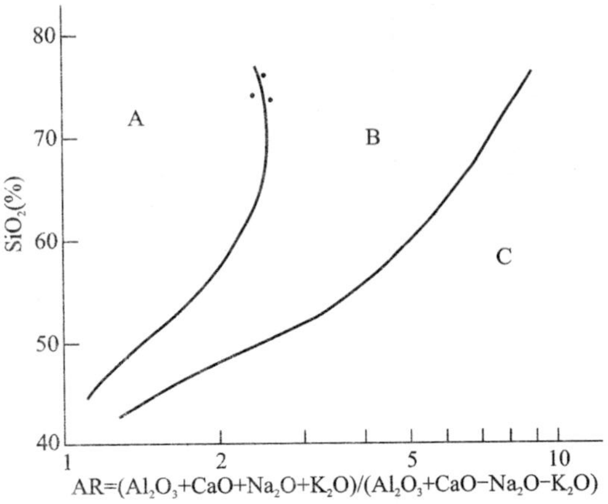

图 3-57　渐新世花岗岩的碱度划分图

（据 Wnght，1961）

A. 钙碱性；B. 碱性；C. 过碱性

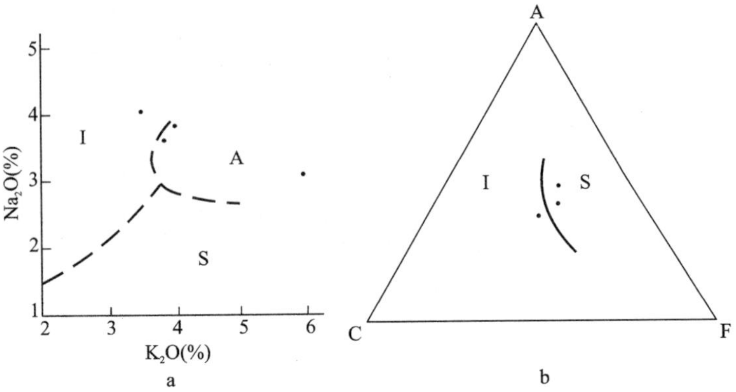

图 3-58　渐新世花岗岩的 I/S 划分图

a. Na_2O-K_2O 图（据 Collins，1982）；b. ACF 图解

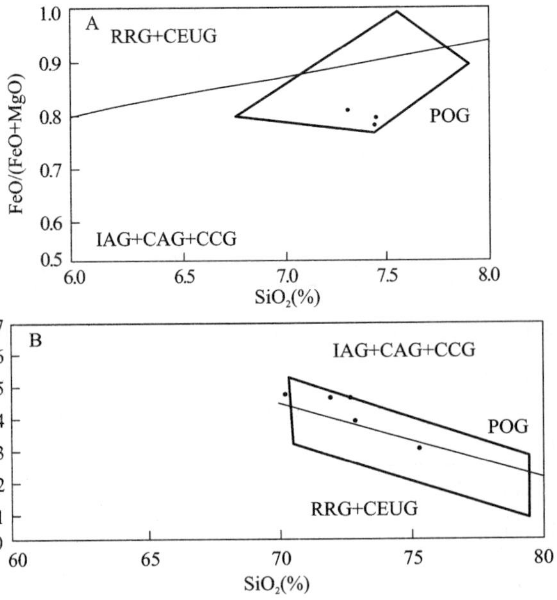

图 3-59　渐新世花岗岩的多种构造环境判别图

（据 Maniar eral，1989）

IAG. 岛弧花岗岩；CAG. 陆弧花岗岩；CCG. 大陆碰撞花岗岩；

POG. 造山期后花岗岩；RRG. 裂谷花岗岩；CEUG. 大陆隆升花岗岩；POG. 大洋斜长花岗岩

四、脉岩

调查区脉岩分布广泛，种类较多，除石英脉外，其他均属岩浆成因。按岩性分为基性岩脉、中性岩脉、酸性岩脉及云煌岩脉 4 大类。岩脉与围岩具明显的侵入接触关系，呈脉状产出。岩脉一般规模不大，最长可达百余米，宽数米至数十米不等。脉岩的侵入时代与同类岩体大致等时或稍晚，并侵入在相同的地层中，结合区域资料分析，属主岩浆期后补充期产物。

基性岩脉：主要岩石类型有辉绿岩、辉绿玢岩、辉长岩及部分变质基性岩。据地质特征分析，此类岩脉为玄武岩浆结晶分异的产物。岩石呈灰绿—暗绿色，具蚀变辉绿结构，块状构造；矿物成分主要为：基性斜长石自形—半自形板条状（60%～70%），具强绢云母化；角闪石他形粒状（20%～25%），角闪石已全蚀变由绿泥石及方解石所取代，并析出铁质；及少量石英他形粒状充填（<5%）。

中性岩脉：岩石类型有闪长岩、石英闪长岩、闪长玢岩、石英闪长玢岩及少量闪长伟晶岩脉等。岩石呈灰色，中细粒半自形粒状结构、伟晶结构，块状构造；矿物成分斜长石 An34（60%～65%），普通角闪石（25%～30%），黑云母（2%～10%），及少量钾长石（<5%）、石英（5%）等，副矿物磷灰石、榍石、金属矿物（1%～2%）等。

酸性岩脉：分布最广的脉岩类。岩石类型主要有花岗细晶岩、花岗岩、花岗斑岩、花岗伟晶岩及石英脉。岩石具细粒他形粒（细晶）状结构，粗粒（伟晶）结构，块状构造；矿物成分由细粒钾长石（35%～45%）、酸性斜长石（5%～55%）、石英（30%～40%）及少量黑云母（2%～7%）、白云母（1%～7%）、石榴石（1%）、锆石（少）等组成。岩石矿物相互间分布较均匀，黑云母、石榴石稀疏散布在岩内。

绿柱铁锂云母钾长花岗伟晶岩脉：分布于测区北东隅边平巴—夺嘎错一带，产于白垩纪晚世似斑状黑云二长花岗岩体中，为寻找宝玉石带的重要地段。岩石具粗巨晶花岗结构，块状构造；矿物成分由微斜微纹长石（37%～40%）具格子双晶及钠长石条纹和棋盘格状斜长条纹、铁锂云母（7%～10%）、斜长石（An28）钠长石双晶发育（15%）、石英（30%）及绿柱石等组成。

云斜煌岩、煌斑岩脉：岩石具半自形粒状结构、煌斑结构，块状构造；岩石矿物成分由细粒黑云母（20%～35%）、角闪石（8%～10%）、中长石（40%～50%）半自形环带状、石英（3%）及少量钛铁矿、磷灰石、帘石、金红石等组成。

五、中酸性岩的成因、演化及成矿专属性探讨

（一）岩石、矿物的演化特征

区内白垩纪—古近纪花岗岩，为冈底斯岩浆弧发展较为完整的构造岩浆岩带，由南向北大致可划分南部雅鲁藏布江复式岩基带和冈底斯山主脊复式岩基带。前者由早白垩世闪长岩—石英闪长岩—英云闪长岩—花岗闪长岩组成，后者为晚白垩世似斑状黑云二长花岗岩、古新世碰撞—造山型花岗岩带及规模较小的始新世、渐新世造山期后花岗岩。从早白垩世闪长岩、石英闪长岩、英云闪长岩、花岗闪长岩到晚白垩世黑云二长花岗岩乃至古近纪二云二长花岗岩、微斜长石花岗岩，岩石的矿物成分也随之变化，石英含量由小于5%逐渐增至大于 25%，钾长石也由少量增至 40%以上，斜长石牌号则由高变低。早白垩世闪长岩、石英闪长岩—英云闪长岩、花岗闪长岩副矿物组合为磁铁矿±钛铁矿±榍石、褐帘石+锆石型，其中锆石属稀土锆石，为深源锆石；晚白垩世似斑状黑云二长花岗岩—古近纪二云母花岗岩的副矿物组合为磁铁矿+钛铁矿+磷灰石+独居石+石榴石+锆石，其中锆石以不含铪为特征，独居石由黑云二长花岗岩—二云二长花岗岩、含石榴二云二长花岗岩—微斜长石花岗岩逐渐增多趋势。

（二）岩石化学演化特征

早白垩世闪长岩、石英闪长岩、英云闪长岩、花岗闪长岩至二长花岗岩系列，为中性—中酸性—酸性，其 TiO_2、MgO、CaO、Fe_2O_3+FeO 明显地由高变低，随着岩浆演化，进入晚白垩世似斑状黑云二长花岗岩、古新世黑云二长花岗岩、始新世二云二长花岗岩、渐新世含石榴二云二长花岗岩、花岗斑岩系列则进一步明显的降低。SiO_2、Na_2O+K_2O 及 K_2O/Na_2O 则依次逐步增高（图 3-60）。其碱指数（AR）、长英指数（FL）及分异指数（DI）等，从早白垩世、渐新世各岩类亦有逐渐增高的趋势。刚玉（C）分子则从不出现、少出现至普遍出现，说明岩浆演化由 I 型逐渐演化到 S 型的特征。特别指出的是岩石中的 K_2O 含量、K_2O/SiO_2 比值和 K_2O/Na_2O 比值在南北两个岩基带有着明显的差别，南岩基带的 K_2O/SiO_2 比值一般为 0.02～0.04，而北岩基带一般为 0.04～0.06，而尼洋河及其以北则达 0.06 以上，最高可达 0.1，K_2O/Na_2O 比值在南岩基带均小于 1，$K_2O<Na_2O$。北岩基带两者较为接近，尼洋河及其以北则大于 1，即 $K_2O>Na_2O$，上述 K_2O 组分则南向北、时代由老向新增加趋势一致。

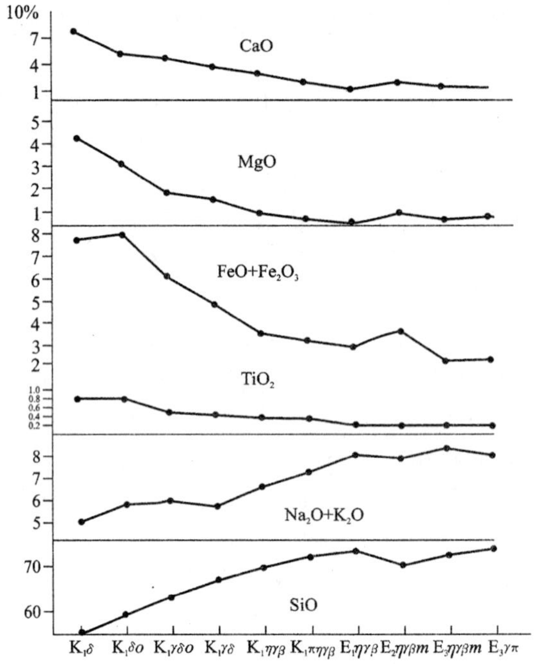

图 3-60　早白垩世—渐新世各类岩石化学成分变异图

（三）岩石地球化学演化特征

从上述由闪长岩、石英闪长岩→英云闪长岩、花岗闪长岩→二长花岗岩→微斜长石花岗岩的一系列演化，岩石的微量元素亦显示出明显的演化特征，由老到新 Li、Be、Th、Hf、La、Ce、Cs、Rb、Sc 逐渐上升，其中以 Rb、Cs、Th、Be 特别明显。而 Sr、Zr 则有逐渐降低的趋势（图 3-61）。岩石 ΣREE 和 LREE/HREE 则呈波浪状上升的趋势，而 δEu 逐渐降低，铕亏损逐步加大，显示出由中性到中酸性、酸性岩浆分异，演化的特征（图 3-62）。岩石的分异指数 DI 与岩石的铕亏损 δEu 值的变化，呈明显的负相关关系，也明显的表现出从中性—中酸性—酸碱性岩浆分异演化的特征。

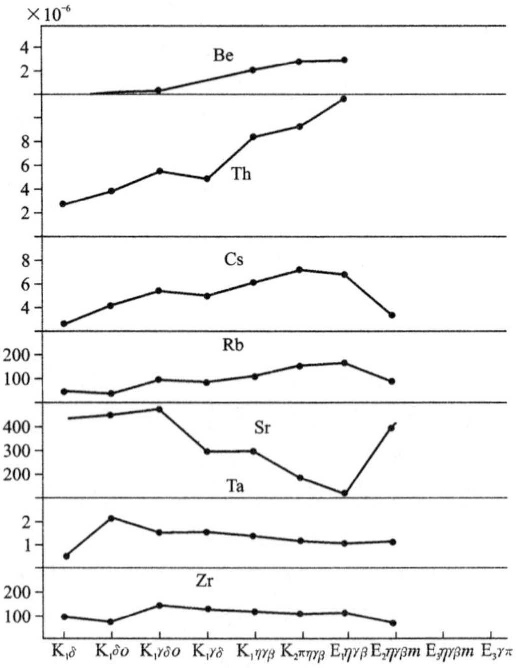

图 3-61　早白垩世—渐新世各类岩石部分微量元素平均值变异图

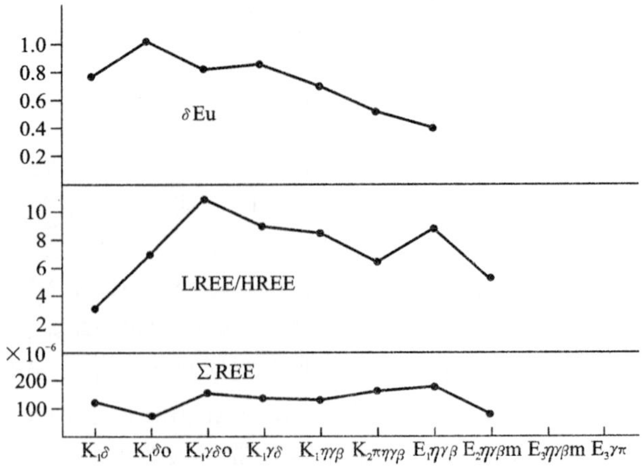

图 3-62　早白垩世—渐新世各类岩石稀土元素平均值变异图

（四）成因及就位机制探讨

南岩基带早白垩世闪长岩、石英闪长岩、英云闪长岩、花岗闪长岩、二长花岗岩演化，为一套深源同熔型花岗岩系列，在冈底斯岩浆弧南部，呈近东西向延展的环带状杂岩体，岩体与围岩热变质不明显，岩脉不甚发育，岩体内部发育变形组构，反映岩体具深成强力就位特点。岩石以 SiO_2 低、MgO 及 MgO/FeO＋MnO＋MgO＋CaO 高，K_2O＜Na_2O 为特征，在 Q、Ab、Or 图解中均落在低温槽内的岩浆岩。在 ACF 图解多落在 I 型花岗岩区内。碱金属元素 K/Rb、K/Cs、Rb/Cs 与华南同熔型花岗岩相近，并显著高于华南改造型花岗岩。岩石的 ΣREE79.98×10^{-6}～146.71×10^{-6}、LREE/HREE2.74～14.72，δEu 多为 0.8～0.92，稀土配分型式为轻稀土富集右倾铕弱亏损者，与广西本洞英云闪长岩相同。上述表明冈底斯南岩基带早白垩世中酸性岩系列为雅鲁藏布江洋盆向北俯冲消减，在冈底斯陆块南部活动大陆边缘来自下地壳和地幔物质加入的同源岩浆，可能以热轻气球多次膨胀上涌强力就位而形成。

北岩基带晚白垩世—始新世二长花岗岩，为一套 IS 过渡到 S 型重溶型花岗岩系列。在冈底斯岩浆弧中北部呈近东西向延展，岩体南部与之围岩热变质不甚明显，角岩不甚发育，有少量矽卡岩化，内部变形组构仍较发育，具有中部强力就位特点。岩带北部与围岩热变质明显，发育堇青石、红柱石、十字石乃至电气石和刚玉角岩。显示中浅部强力就位特征。岩石的 SiO_2、K_2O＋Na_2O、K_2O/Na_2O、K_2O＞Na_2O 较南岩基带显著增高为特征，岩石的 ΣREE158.2×10^{-6}～364.72×10^{-6}、LREE/HREE6.38～13.06，δEu 多为 0.5～0.26，稀土配分为轻稀土富集右倾铕亏损型，与上地壳不同程度的部分熔融所形成的 S 型花岗岩的稀土配分型式相一致。表明晚白垩世—古新世花岗岩可能受印度板块在晚白垩世向北推移，使雅鲁藏布江洋盆封闭而发生碰撞而导致的重熔岩浆沿冈底斯弧中部断裂带强力就位机制下分异演化而形成。

北岩基带中酸性岩呈小岩株状呈近东西向分布。围岩热变质明显，发育较宽的斑点板岩、石榴石、十字石、电气石、红柱石、堇青石及刚玉等角岩带，岩石以高 SiO_2、K_2O 为特征，岩体顶部发育含萤石、黄玉、绿柱石的伟晶岩脉，为大陆碰撞造山期后拉张环境下的产物。

（五）冈底斯东部花岗岩类的成矿作用

从前述本区南北两个岩基带的分带特征，内生成矿作用与之相对应，早白垩世闪长岩、石英闪长岩、英云闪长岩、花岗闪长岩、二长花岗岩系列来看，其岩石化学特征与世界及中国同类花岗岩的平均值相近似，但其中 MgO、MgO/FeO＋MnO＋MgO＋CaO 显著偏高，微量元素 Cu、Pb、Zn、Mo、Au、Ni 亦明显较高，与长江中下游同熔型花岗岩类较为相似，其稀土配分为轻稀土富集具弱铕负异常的右倾曲线，与华南深源同熔型花岗岩成矿系列 Fe-Cu、Mo-Pb-Zn-Sb-Au-Ag 相同，形成接触交代型铁及斑岩型金、铜钼矿条件。晚白垩世—渐新世富硅碱/二价元素的高酸碱度，高分异程度和演化成熟度的二长花岗岩系列，其稀土元素、微量元素、副矿物等特征，应属改造型花岗岩 W-Sn-Be-Nb-Ta-U 成矿系列者，具有含 Li、Sn、Ta、Be 伟晶岩和透明绿柱石、黄玉宝石成矿条件等。

第三节　火山岩

调查区火山岩主要见念青唐古拉岩群八拉岩组（$Pt_{2-3}b.$）、松多岩群（AnOS.）、侏罗世叶巴组（$J_{2-3}y$）和朗县混杂岩（*KL*）4 个含火山岩层位中，出露较为零星，分布面积约 3000km^2（图 3-63）。

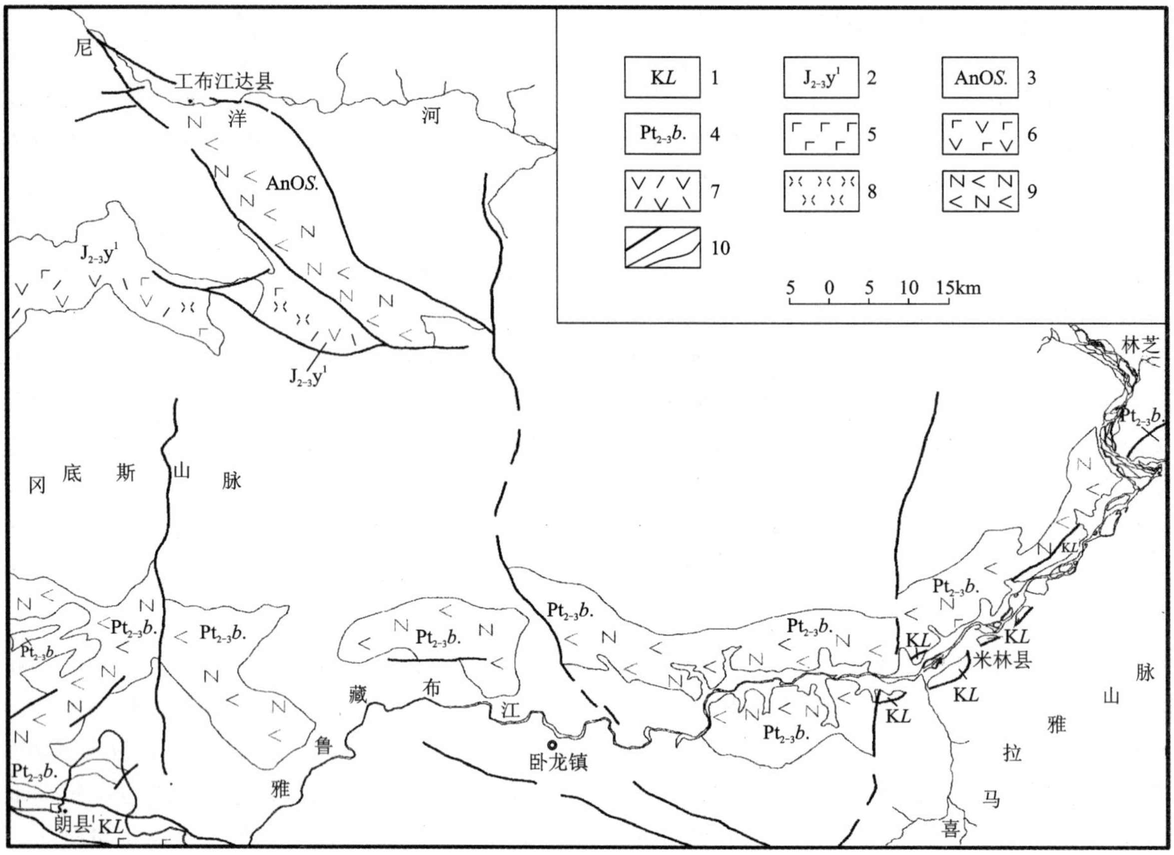

图 3-63　1∶25 万林芝县幅火山岩分布图

1. 朗县混杂岩；2. 叶巴组一段；3. 松多岩群；4. 八拉岩组；5. 玄武岩；6. 玄武安山岩；7. 英安岩；8. 流纹岩；9. 角闪质（片）岩；10. 断层、地质界线

一、中元古代—新元古代八拉岩组火山岩

中元古代—新元古代八拉岩组火山岩含于念青唐古拉岩群八拉岩组（$Pt_{2-3}b.$）中，面积约1177km^2。为测区最古老的火山岩，已变质为主要由一套变质较深的角闪透辉石岩、角闪石岩、黑云角闪岩、斜长角闪片岩、斜长角闪片麻岩、斜长角闪变粒岩、角闪斜长变粒岩及紫苏角闪麻粒岩、紫苏角闪透辉麻粒岩、紫苏透辉角闪斜长麻粒岩的变质岩系组成，其假厚度大于 2750m。其经历了漫长的多次地质热构造事件，遭受了角闪岩相至麻粒岩相的变质作用，其结构、构造已为变质结构、构造所取代。

岩石化学成分（10^{-2}）（表 3-38）：SiO_2 40.90～51.15，TiO_2 0.17～2.34，CaO 0.52～18.16，MgO 8.48～23.74，Na_2O+K_2O 0.42～4.38，化学定量分类为苦橄玄武岩-碱性玄武岩-玄武质粗面安山岩和玄武岩-玄武安山岩-安山岩，分别显示碱性玄武岩和钙碱性火山岩两个岩石组合类型。标准矿物组合 Q（或 Ol）、Or、Ab、An、Di、Hy，碱性玄武岩组合指数（δ）为 2.84～8.78，钙碱性系列者为 0.03～2.13（图 3-64）。在 AFM 图解（图 3-65）中，其投影为钙碱性系列，分异指数（DI）为 19.61～61.45，固结指数（SI）多数为 31.66～73.65。在 Zr-TiO_2 相关图解（图 3-66）中，1 件样品在洋脊玄武岩区、1 件在板内玄武岩区，其他多在岛弧熔岩区及其附近。在里特曼-戈蒂里图解（图 3-67）中，投点位于造山带火山岩（B）区和非造山带火山岩（A）区交界附近，个别在偏碱性火山岩（C-A）区内。

表 3-38　中元古代—新元古代八拉岩组火山岩岩石化学特征表

样品编号		LZ2847-4	LZ2164-2	LZ2875-1	LZ5001-14	LZ2849-2	LZ2810-2	LZ2639-2	LZ2640-1	LZ3638-2
岩石名称		紫苏角闪透辉麻粒岩	透闪石岩	角闪透闪石岩	斜黝帘角闪岩	紫苏角闪麻粒岩	透辉斜长角闪岩	角闪石岩	紫苏透辉麻粒岩	黑云角闪斜长片麻岩
氧化物质量 (10^{-2})	SiO_2	44.08	50.36	45.84	40.9	51.15	48.91	48.08	48.13	42.24
	TiO_2	1.7	0.17	1.13	0.18	0.31	1.5	0.51	0.76	2.34
	Al_2O_3	10.57	2.58	9.75	16.4	3.97	13.84	17.41	7.12	14.79
	Fe_2O_3	4.07	3.07	3.44	5.81	1.26	2.21	4.49	2.13	6.46
	FeO	7.95	3.43	7.38	11.13	9.85	8.28	1.78	6.95	6.34
	MnO	0.18	0.11	0.20	0.18	0.21	0.15	0.17	0.17	0.15
	MgO	14.43	19.45	13.45	9.18	23.74	8.48	9.32	14.69	13.31
	CaO	12.82	18.16	15.34	0.52	7.47	10.32	13.18	17.37	10.47
	Na_2O	1.81	0.36	1.38	2.21	0.34	3.11	2.13	1.02	2.06
	K_2O	0.43	0.10	0.31	0.67	0.08	1.27	0.43	0.15	0.55
	P_2O_5	0.02	0.06	0.05	0.15	0.01	0.16	0.11	0.03	0.16
	灼失	1.12	1.90	1.54	0.72	0.97	1.53	1.78	1.23	0.7
	总量	99.18	100.1	99.81	100.28	99.36	99.76	99.39	99.75	99.57
CIPW标准矿物成分(%)	Q	1.01	10.80	4.80		8.42	5.74	9.73	5.85	1.57
	Or	2.22	0.63	1.98	3.48	0.4	6.51	2.22	0.76	2.83
	Ab	13.2	3.22	12.00	16.2	2.5	22.7	15.6	7.44	14.9
	An	17.9	5.47	20.40	30.5	8.29	18.4	33.9	13.2	26.9
	Di	31.4	58.40	38.40	13.6	19.9	21.9	19.5	50.9	14.9
	Hy	24.9	18.30	17.80	22.7	58	18.2	11.6	17.2	24.6
	Ol				4.12					
	Mt	6.02	2.79	3.06	8.66	1.86	3.26	14.914	3.13	9.47
	Il	3.29	0.22	1.44	0.34	0.61	2.91	0.99	1.46	4.5
	Ap	0.05	0.14	0.11	0.35	0.02	0.37	0.25	0.07	0.37
岩石化学参数	DI	34.33	20.12	39.18	50.18	19.61	53.35	61.45	27.25	46.2
	SI	50.3	73.65	51.81	31.66	67.31	36.32	51.35	58.9	46.34
	δ	4.65	0.03	0.74		0.02	3.25	1.29	0.27	
	K/N	0.24	0.28	0.22	0.3	0.24	0.41	0.2	0.15	0.27
	m/f	2.17	6.62	2.25	0.99	3.78	1.45	2.8	2.91	1.92

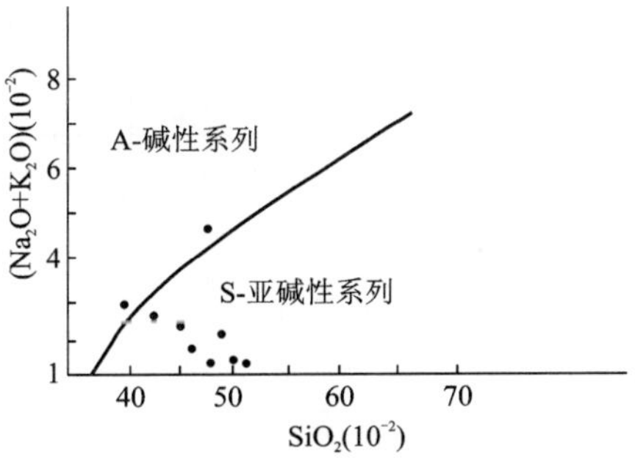

图 3-64　火山岩硅-碱图解

(据 T. N. Irvine, 1971)

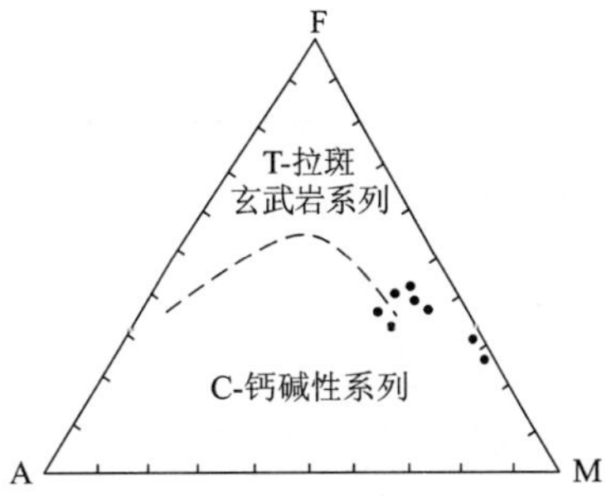

图 3-65　火山岩 AFM 图解

(据 T. N. Irvine, 1971)

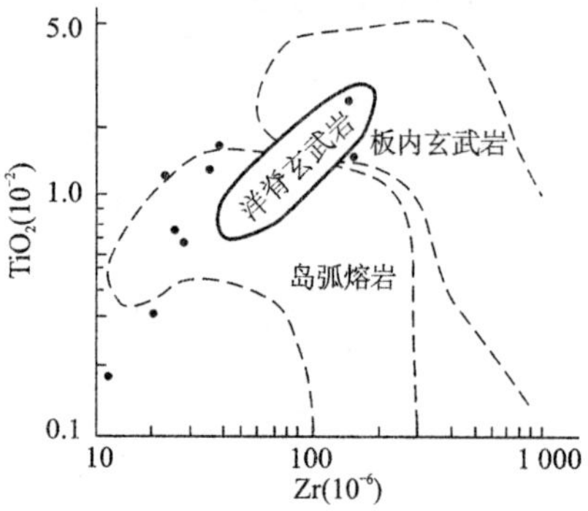

图 3-66　Zr-TiO_2 相关图解

（据 J. A. Pearce，1982）

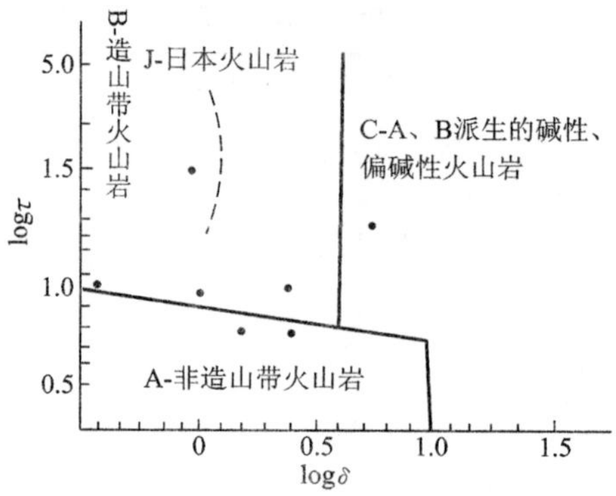

图 3-67　里特曼-戈蒂里图解

（据里特曼，1973）

岩石富 MgO、高 CaO，低 TiO_2 和 K_2O，CaO/Al_2O_3 比值大于 1，与 C. K. 布鲁克斯和 S. R. 哈特（1974）不贫铝的橄榄岩质科马提岩和不贫铝的玄武岩质科马提岩的特征基本一致。

岩石微量元素含量（表 3-39），一般大离子亲石元素 Rb、Sr、Cs、Ba、Ta、Th、Zr 和 Rb/Sr、Y/Yb、Zr/Y、Ba/Sr 比值偏低，而 V、Cu、Cr、Ni、Co 偏高，但略低于超基性岩的平均含量。

表 3-39　中元古代—新元古代八拉岩组火山岩微量元素含量表（10^{-6}）

样品编号		LZ2847-4	LZ2164-2	LZ2875-1	LZ5001-14	LZ5002-3	LZ5003-2	LZ5002-18	LZ534-1	LZ5003-47
岩石名称		紫苏角闪透辉麻粒岩	透闪石岩	透闪透辉石岩	斜黝帘角闪岩	角闪斜长片麻岩	斜长角闪岩	黑云角闪斜长片麻岩	角闪斜长片麻岩	黑云角闪斜长片麻岩
岩石微量元素含量	K_2O	0.10		1.49	1.52	1.91		1.82		0.64
	Ti	1020	6780	5040	3463	6191	6120	7615	4800	7140
	V	88.60	366	278	104	204	183.1	210	152	310
	Zn	32.10	77	122	74.50	118	114.0	145	99	110
	Ga	4.20		21.80	18.60	17.90	18.50	22.90		22.70
	Rb	4.80	3.1	40.80	36.70	75.10	8.00	53.60	12.9	7.20
	Sr	38.60	142	870	730	457	556	638	632	662
	Zr	10.80	36	114	107	172	104	156	78	24.9
	Nb	2.93	<2	3.62	1.95	7.76	4.5	8.05	5.30	3.28
	Ba	41.20	78	500	535	372	217	398	205	144
	Th	<4	<1	<4	<4	<4	1.7	<4	<1	<4
	Hf	<1	1.40	8.50	6.20	6.00	3.10	9.50	2.00	6.50
	Sc	30.90	77.5	13.10	8.30	13.60	25.3	16.50	16.1	18.10
	Cs	3.60		2.90	2.50	5.60	6.00	3.30		<1
	Li	3.80					9.20			6.00
	Cu	10.00	85	48.10	30.40	20	83.6	28.30	90	266
	Ta	2.51		3.08	1.49	2.37	<0.5	3.65		3.24
	U		0.26				0.56		0.32	
	Cr		312	6.90	<3	13.20		<3	52	
	Co		48.5	0.50	1.10	0.65		0.60	23.3	
	Ni		95	2.40	1.70	2.30		2.70	34	
	Pb		6.70	0.32	0.37	0.96		0.32	9.00	
	Zr/Hf	39.00	10.80	25.71	10.56	17.26	13.41	28.67	3.83	16.42
	Rb/Sr	0.02	0.12	0.02	0.08	0.05	0.05	0.16	0.01	0.08
	V/Ba	2.61	2.15	4.69	3.67	0.19	0.56	0.55	2.15	0.53

岩石稀土元素丰度(表 3-40)及配分型式(图 3-68)具有重稀土含量分馏程度低，曲线平直特征，与南非巴顿科马提岩的稀土配分型式较为相同。

表 3-40　中—新元古代八拉岩组火山岩稀土元素特征表(10^{-6})

样品编号		LZ2847-4	LZ2164-2	LZ2875-1	LZ5001-14	LZ2840-1	LZ2849-2	LZ2787-1	LZ2639-2	LZ3638-2
岩石名称		紫苏角闪透辉麻粒岩	透闪石岩	角闪透辉石岩	斜黝帘角闪岩	紫苏角闪透辉麻粒岩	紫苏角闪麻粒岩	斜长角闪岩	角闪石岩	黑云角闪斜长片麻岩
元素含量及比值	La	2.32	1.46	2.40	2.47	1.98	0.93	1.37	2.37	31.58
	Ce	8.22	3.10	8.41	4.33	6.06	2.54	5.24	7.91	61.06
	Pr	1.63	0.51	1.55	0.57	1.3	0.47	0.56	1.74	7.66
	Nd	0.26	2.29	8.16	2.91	7.19	2.33	2.6	9.51	29.44
	Sm	3.37	0.78	2.89	1.00	2.34	0.82	0.94	3.22	6.44
	Eu	1.13	0.19	0.95	0.48	0.83	0.28	0.37	1.2	1.48
	Gd	4.03	0.71	3.66	1.28	2.75	1.07	0.91	4.1	5.22
	Tb	0.71	0.13	0.61	0.22	0.43	0.17	0.17	0.7	0.79
	Dy	4.59	0.69	3.94	1.73	2.52	1.11	0.99	3.72	4.50
	Ho	0.98	0.14	0.84	0.35	0.45	0.23	0.2	0.7	0.88
	Er	2.61	0.39	2.22	1.17	1.17	0.61	0.6	1.76	2.36
	Tm	0.38	0.06	0.35	0.20	0.17	0.1	0.09	0.25	0.36
	Yb	2.33	0.30	2.09	1.16	0.99	0.63	0.54	1.45	2.23
	Lu	0.32	0.05	0.28	0.18	0.13	0.09	0.08	0.21	0.34
	Y	22.19	3.37	19.02	9.86	10.44	5.45	5.06	17.13	21.17
	$\sum$REE	65.01	14.17	57.37	27.91	38.75	16.83	19.72	55.98	175.51
	δEu	0.94	0.77	0.89	1.3	1	0.91	1.21	1.01	0.76
	$(La/Yb)_N$	0.67	3.28	0.77	1.44	1.35	1	1.71	1.1	9.55
	$(Ce/Yb)_N$	0.91	2.67	1.04	0.97	1.58	1.04	2.51	1.41	7.08

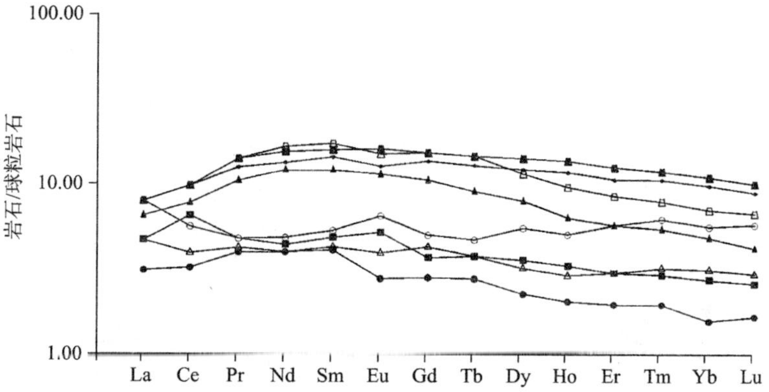

图 3-68　八拉岩组火山岩稀土元素配分曲线

(球粒陨石据 Boynton,1984)

综上所述，据岩石化学、岩石地球化学特征及其图解，本区中—新元古代念青唐古拉岩群八拉岩组变质基性—超基性火山岩，可能为泛非早期古特提斯海的热点、地幔柱和裂谷作用产物。

二、前奥陶纪松多岩群火山岩

前奥陶纪松多岩群火山岩含于松多岩群(AnOS.)中,分布于冈底斯山脉北麓工布江达县城—达叶一带,面积约 $400km^2$。为一套由灰绿色阳起钠长片岩、绿泥阳起片岩、绿帘角闪片岩、阳起绿帘钠长片岩、斜黝绿帘钠长透闪片岩组成的变质中基性火山岩系。火山岩时代为前奥陶纪(见第二章)。变质火山岩厚度大于 2965m,可见 3 个火山喷发—沉积旋回,火山活动由弱—强—弱。工布江达县金村火山岩剖面厚度大于 64.99m,其岩石残留杏仁状构造,杏仁体中见有硅质充填物,基本保留了火山岩石的特征。

岩石化学成分(10^{-2})见表 3-41:SiO_2 46.93～57.32、TiO_2 0.87～2.15、CaO 7.83～11.75、Na_2O+K_2O 2.57～4.27,化学定量分类为玄武岩和少量安山玄武岩,为钙碱性类型。标准矿物组合 Q、Or、Ab、An、Di、Hy,属正常类型。组合指数(δ)0.94～2.34,在硅-碱图解(图 3-69)中,样品投影于亚碱性系列,在 AFM 图解(图 3-70)中,多数落入钙碱性系列,个别为拉斑玄武岩系列,分异指数(DI)27.70～55.50、固结指数(SI)24.11～49.68,与岩石类型吻合。镁铁指数(m/f)0.89～2.32,属铁质基性火山岩。

表 3-41　前奥陶纪松多岩群火山岩岩石化学特征表

样品编号		LZ5013-5	LZ5013-12	LZ5026-7	GS14-1※	样品编号		LZ5013-5	LZ5013-12	LZ5026-7	GS14-1
岩石名称	鉴定	斜黝绿帘钠长透闪石片岩		钠长绿帘阳起石片岩		CIPW标准矿物成分(%)	Q	13.90	10.10	26.40	6.97
	原岩	玄武岩		安山玄武岩	玄武岩		C				
氧化物质量(10^{-2})	SiO_2	49.04	49.29	57.32	46.93		Or	3.01	2.44	12.20	11.50
	TiO_2	1.70	1.00	0.87	2.15		Ab	17.00	25.60	16.90	9.23
	Al_2O_3	15.00	15.90	16.33	13.24		An	29.80	28.60	27.10	22.90
	Fe_2O_2	4.42	1.52	2.76	0.44		Di	16.80	13.90	5.28	19.90
	FeO	3.89	6.28	4.74	7.05		Hy	13.10	16.60	8.29	23.60
	MnO	0.15	0.15	0.14	0.15		Mt	3.72	1.30	2.23	0.67
	MgO	9.98	8.15	3.74	10.75		Il	2.04	1.23	1.01	4.27
	CaO	11.75	10.14	7.83	10.87		Ap	0.61	0.23	0.56	1.04
	Na_2O	2.06	3.05	2.14	1.23	岩石化学参数	DI	33.91	38.14	55.50	27.70
	K_2O	0.51	0.40	2.13	2.17		SI	47.84	42.01	24.11	49.68
	P_2O_5	0.28	0.11	0.27	0.43		δ	0.94	1.63	1.19	2.34
	H_2O^+	0.93	3.13	0.67	0.00		K/N	0.25	0.13	1.00	1.76
	灼失	0.40	0.22	0.28	2.46		F/M	0.79	0.94	1.93	6.90
	总量	100.11	99.34	99.22	97.87		m/f	2.32	1.86	0.89	

注:带※数据引自 1:20 万下巴淌幅资料。

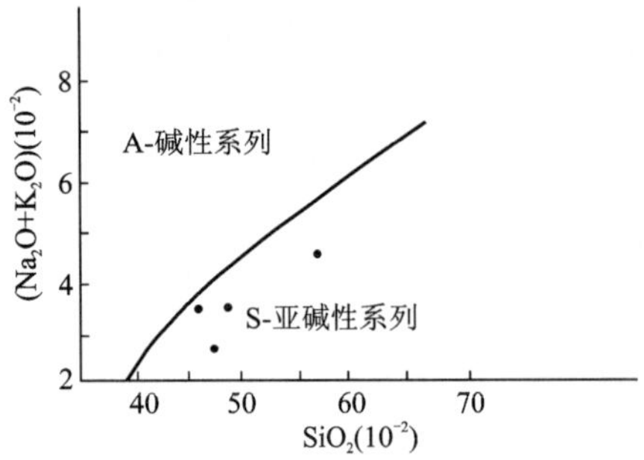

图 3-69　火山岩硅-碱图解
(据 T. N. Irvine,1971)

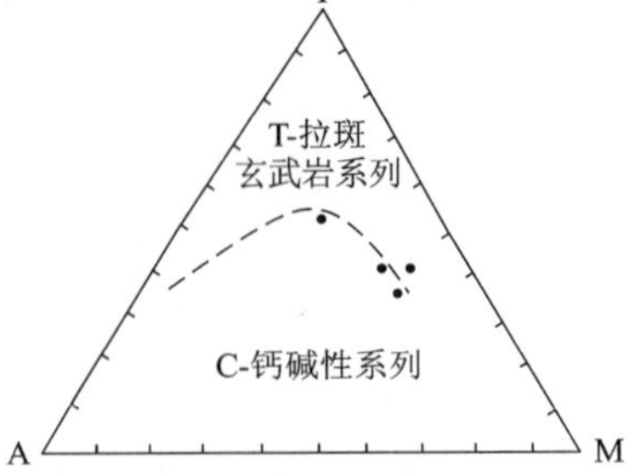

图 3-70　火山岩 AFM 图解
(据 T. N. Irvine,1971)

岩石微量元素含量(10^{-6})见表3-42。大离子亲石元素Rb0.9～25.4、Sr150～374、Cs9～11、Ba90～265,亲岩浆元素Ta1～1.40、Th1.10～3.40、Zr85～129、Hf1.80～2.50。Rb/Sr、Y/Nb、Zr/Y,Ba/Sr比值等近似于下陆壳(Taylor et al.,1985)相同含量。

表3-42　前奥陶纪松多岩群火山岩微量元素含量表(10^{-6})

样品编号	岩石名称	V	Zn	Rb	Sr	Zr	Nb	Ba	Th	Hf	Sc
LZ5013-5	玄武岩	249	96.0	0.90	374	98.0	16.2	95.0	2.10	2.40	50.1
LZ5013-12	玄武岩	192	81.0	10.4	273	85.0	13.9	208	1.10	1.80	45.9
LZ5026-7	安山玄武岩	211	81.0	25.4	180	129	26.8	265	3.40	2.50	41.5
阳起绿泥钠长片岩10件※		350	15		150	227※※		90			15.0

样品编号	Cs	Li	Cu	Ta	Ti	U	Cr	Co	Ni	Pb	Zr/Hf	Rb/Sr	Hf/Th
LZ5013-5	9.00	18.6	58.0	1.40		0.50	273	41.5	102	7.9	40.83	0.02	2.62
LZ5013-12			30.0			0.31	604	34.8	78.0	8.10	47.22	0.04	0.92
LZ5026-7	11.0	30.8	55.0	1.00		0.70	455	47.2	219	18.4	51.60	0.01	0.84
阳起绿泥钠长片岩10件※			300		6500		250	45.0	170				3.98

注:带※数据引自1:20万下巴淌幅资料,带※※为3件平均值。

岩石稀土元素丰度见表3-43。其ΣREE88×10^{-6}～123.84×10^{-6}、$(La/Yb)_N$1.37～5.47、$(Ce/Yb)_N$1.29～4.15、δEu0.99～1.06,稀土元素配分型式呈右缓倾斜轻稀土弱富集型(图3-71)。

表3-43　前奥陶纪松多岩群火山岩稀土元素特征表(10^{-6})

样品编号	岩石名称	La	Ce	Pr	Nd	Sm	Eu	Gd	Tb	Dy
LZ5013-5	玄武岩	13.99	27.64	3.77	15.34	3.86	1.33	4.21	0.71	4.43
LZ5013-12	玄武岩	12.03	22.81	3.03	12.18	3.19	1.13	3.80	0.61	3.92
LZ5026-7	安山玄武岩	18.90	37.38	4.81	18.84	4.17	1.48	4.32	0.73	4.48
21P5XT6-1※	阳起钠长片岩	6.10	15	4.0	14.0	4.10	1.40	4.00	0.68	6.30

样品编号	Ho	Er	Tm	Yb	Lu	Y	ΣREE	δEu	$(La/Yb)_N$	$(Ce/Yb)_N$
LZ5013-5	0.90	2.51	0.39	2.29	0.33	22.97	104.67	1.00	4.12	3.12
LZ5013-12	0.80	2.21	0.34	2.19	0.33	19.43	88.00	0.99	3.70	2.69
LZ5026-7	0.87	2.46	0.38	2.33	0.33	22.36	123.84	1.06	5.47	4.15
21P5XT6-1※	1.10	3.80	0.43	3.00	0.46	32.00	96.37	1.04	1.37	1.29

注:带※数据引自1:20万下巴淌幅资料。

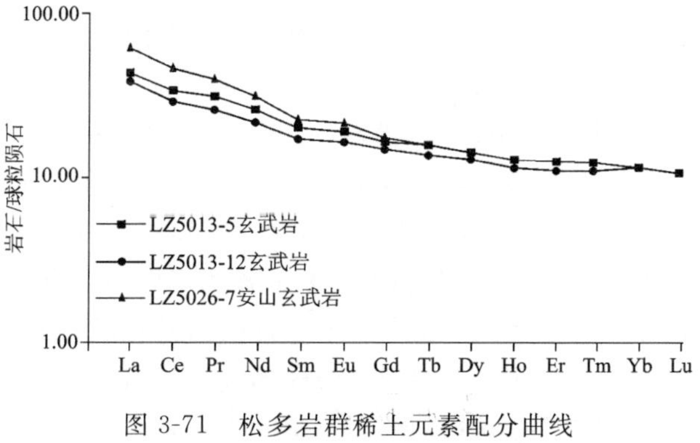

图3-71　松多岩群稀土元素配分曲线

(球粒陨石据Boynton,1984)

松多岩群火山岩具钙碱性火山岩系列性质，大离子亲石元素、亲岩浆元素、稀土配分型式与板内火山岩相似。岩石样品投影点在里特曼-戈蒂里图解(图 3-72)中主要落入造山带与非造山带界线附近；在 Zr-Zr/Y 图解(图 3-73)中，落入板内玄武岩区及附近；在 TiO_2-MnO×10-P_2O_5×10 图解(图 3-74)中，落入岛弧拉斑玄武岩和洋岛碱性玄武岩区；在 Zr-Ti 判别图(图 3-75)中则主要投在岛弧玄武岩区和板内玄武岩区等。表明可能为大陆边缘张裂作用的产物。

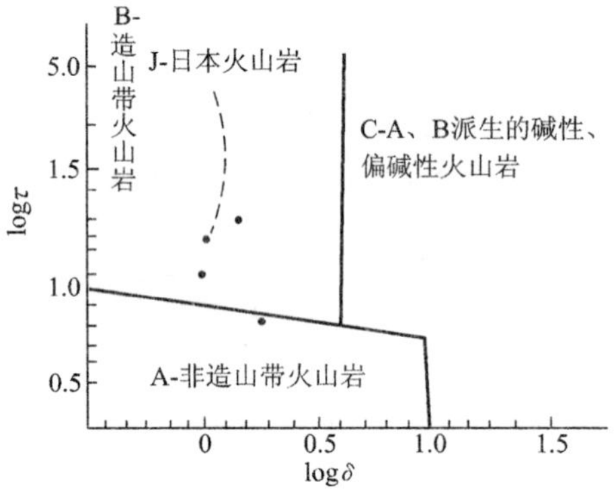

图 3-72　里特曼-戈蒂里图解

(据里特曼，1973)

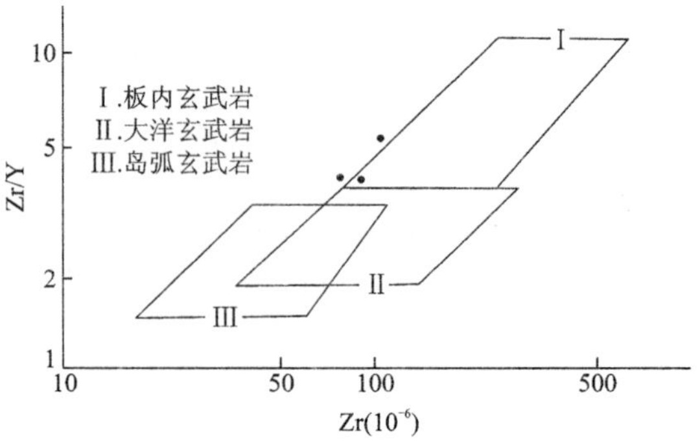

图 3-73　Zr-Zr/Y 图解

(据 J. A. Pearce，1979)

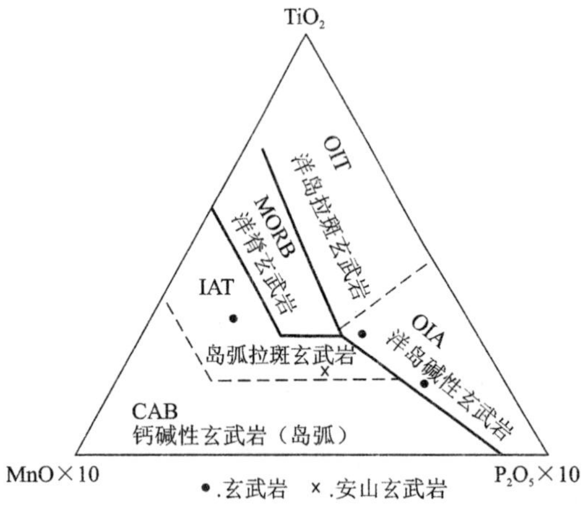

图 3-74　松多岩群火山岩 TiO_2-MnO×10-P_2O_5×10 图解

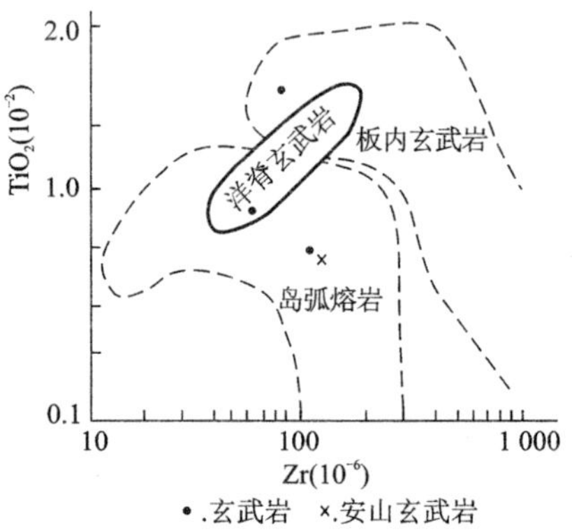

图 3-75　Zr-TiO_2 相关图解

(据 J. A. Pearce，1982)

三、中—晚侏罗世叶巴组火山岩

中—晚侏罗世叶巴组火山岩分布于工布江达县城西南部巴勒果一带，西延出图。因白垩纪花岗岩侵入肢解，火山岩均呈残留顶盖或捕虏体状出露，接触变质作用强烈，黄铁绢英岩化发育，部分具有金、铜多金属矿化。面积约 380km^2。火山岩厚 1350.5m，划为 1 个火山喷发旋回，4 个喷发韵律(图 3-76)。由英安流纹岩、斜长流纹岩、流纹英安岩、英安质凝灰熔岩、英安质火山角砾岩，少量安山岩、玄武安山岩、变玄武岩、英安岩等组成。火山活动由爆发(溢流)—沉积相，显示火山作用由强—弱—间歇的特征。

玄武安山岩：灰绿色，斑状结构，基质间隐结构；矿物成分中斑晶角闪石(少量斜长石)，呈自形—半自形粒状、柱状，占 5%；基质以斜长石为主，呈细小柱状，杂乱分布，角闪石(35%)，呈细小粒柱状充填于斜长石基质中；副矿物有黄铁矿。岩石普遍具钠黝帘石化、绿泥石化，局部硅化。

安山岩：灰绿色，变余斑状结构，基质变余交织结构，块状和杏仁状构造；斑晶为中长石，自形粒状，粒径 0.5～1mm，具聚片双晶，占 1%～5%；基质中长石(70%～80%)，少量石英，中长石呈细小长柱状晶体，发育聚片双晶；CIPW 标准矿物计算斜长石牌号 An=49；副矿物有磁铁矿等。岩石中柱(粒)状矿物定向排列，石英、方解石杏仁体不规则，具压扁拉长现象。钠长石化、阳起石化及绿帘石化等发育。

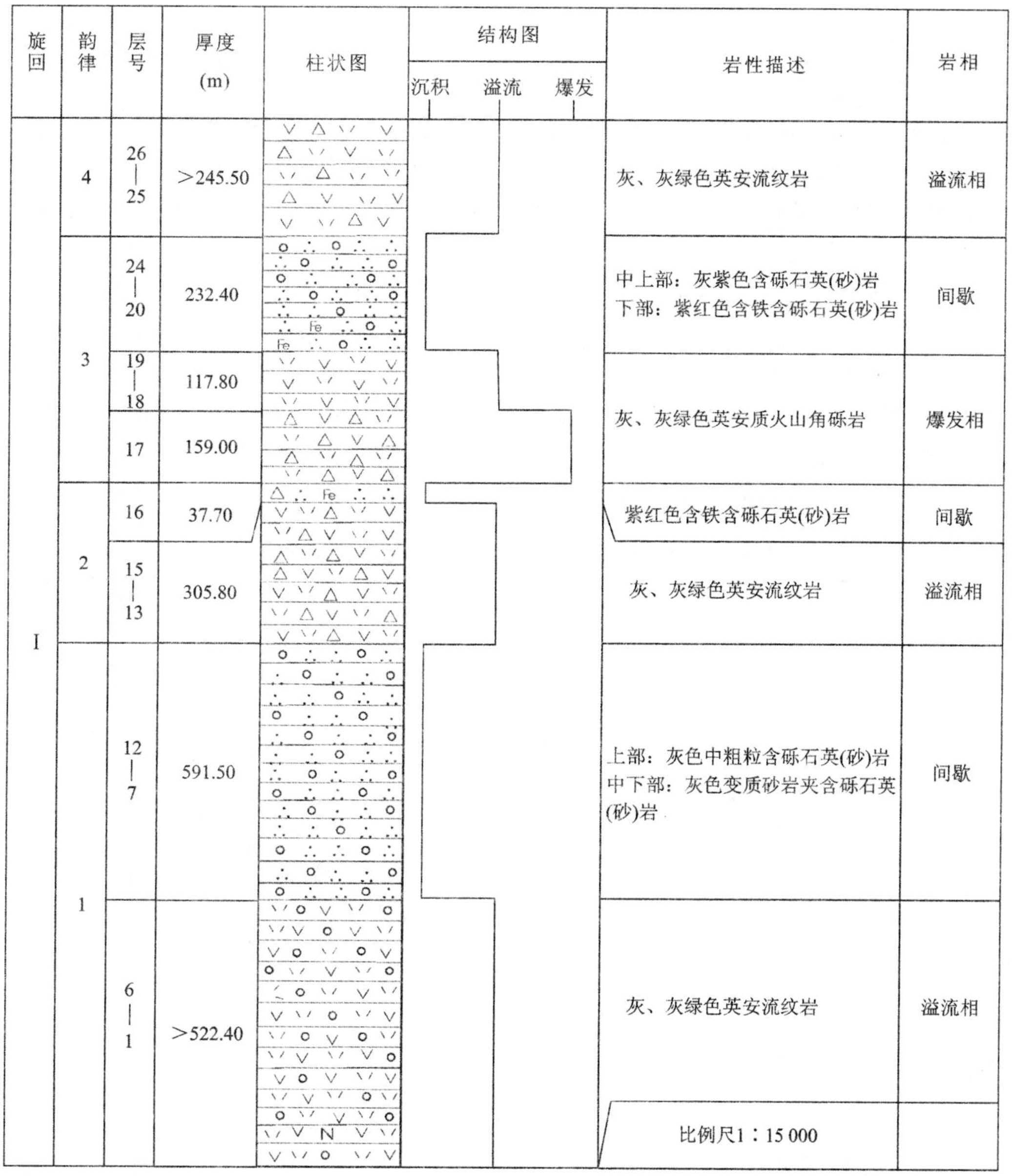

图 3-76　叶巴组一段火山岩柱状图

英安岩：灰、灰绿色，斑状结构，基质显微粒状结构，块状构造；斑晶由斜长石、石英和暗色矿物组成，斜长石为奥长石—中长石，斑晶自形板粒状，CIPW 标准矿物计算斜长石牌号 An＝24 为奥长石，具绿帘石化，占 15%；石英他形粒状，具熔蚀现象，占 15%；暗色矿物已全蚀变为绿帘石、绿泥石，占 6%。基质矿物很细小，以长石为主，绿帘石、绿泥石次之。

英安流纹岩：灰、浅灰绿色，斑状结构，基质变余霏细结构，块状和流纹构造；斑晶(50%～60%)以钾长石、石英为主，斜长石次之，少量黑云母；钾长石为正长石、条纹长石，具粘土化；石英呈熔蚀港湾状；斜长石为奥长石—中长石，具碳酸盐化、帘石化和绿泥石化；黑云母已全绿泥石化。基质(40%～50%)沿斑晶弯曲流纹状排列，矿物已全蚀变，以绢云母、绿泥石为主，次为石英、黑云母。

流纹岩：灰、浅灰绿色，变斑结构，基质霏细状结构，流纹构造；斑晶以石英为主，保存较好，长石全已蚀变，残留柱状外形，被方解石、绢云母、帘石交代。基质定向特征明显，组成矿物为石英和蚀变矿物绢云母、绿泥石、帘石等；副矿物极为细小有磷灰石、白钛石。

英安质晶屑凝灰熔岩：灰色，晶屑凝灰熔岩结构，块状构造；凝灰组分为石英晶屑和少量英安岩岩屑，约占 15%～20%，岩屑呈尖棱角状。熔岩组分为英安岩，斑状结构，斑晶由斜长石和石英组成，斜长石具半自形板柱状，已强烈蚀变，具钠黝帘石化、碳酸盐化；石英为他形粒状，具熔蚀现象。基质呈微粒—隐晶状，以长英质为主，次为蚀变矿物绢云母、绿泥石、方解石等。岩石经应力作用，见长石、石英斑晶碎裂状，石英具波状消光。

英安质火山角砾岩：灰紫色，变余火山角砾结构，块状构造；火山碎屑由岩屑和晶屑组成，岩屑呈尖棱角状，大小不等，以英安岩为主，少量千枚岩和片岩，占20%～25%；晶屑为更长石、黑云母、石英及磷灰石、锆石等，约占70%；胶结物为火山尘，具有绢云母化、绿泥石化，含量约占20%～25%。

岩石化学成分(10^{-2})见表3-44：SiO_2 61.03～71.83、TiO_2 0.35～0.68、CaO 1.47～3.27、Na_2O+K_2O 5.82～7.71，其化学定量分类为流纹岩、英安岩，个别为粗面安山岩，为钙碱性火山岩石组合类型。标准矿物组合以Q、C、Or、Ab、An、Hy为主，属铝过饱和类型，个别为Q、Or、Ab、An、Di、Hy，属正常类型。岩石多为钙碱性系列，个别为碱性系列，其组合指数(δ)1.45～3.12，在硅-碱图解(图3-77)中，多数样品投影于亚碱性系列，亚碱性系列者在AFM图解(图3-78)中，投入钙碱性系列区，分异指数(DI)73.57～84.90、固结指数(SI)7.73～19.44，均与其岩石类型吻合。在里特曼-戈蒂里图解(图3-79)中，多落入造山带火山岩日本岛弧火山岩附近。在Zr-TiO_2图解(图3-80)中，其投点均在岛弧熔岩区内。

表3-44 中—晚侏罗世叶巴组火山岩岩石化学特征表

样品编号		LZ2031-1	LZ2404-1	GS44-1※	GS1817※	样品编号		LZ2031-1	LZ2404-1	GS44-1※	GS1817※
岩石名称		英安质凝灰熔岩	安山岩	流纹岩	英安岩	岩石名称		英安质凝灰熔岩	安山岩	流纹岩	英安岩
氧化物质量(10^{-2})	SiO_2	69.55	61.03	71.83	65.34	CIPW标准矿物成分(%)	Q	39.40	21.00	39.30	34.70
	TiO_2	0.41	0.55	0.35	0.68		C	0.08		1.76	2.20
	Al_2O_3	14.17	16.44	14.42	14.98		Or	19.40	15.70	12.10	7.67
	Fe_2O_3	0.90	0.75	0.57	1.13		Ab	22.20	37.40	33.60	32.20
	FeO	3.18	4.72	2.45	3.88		An	13.00	13.40	5.98	10.50
	MnO	0.09	0.06	0.07	0.12		Di		0.05		
	MgO	0.89	3.18	1.01	1.95		Hy	4.51	10.70	5.44	9.27
	CaO	3.08	3.27	1.47	2.49		Mt	0.69	0.59	0.83	1.70
	Na_2O	2.97	4.87	4.67	4.35		Il	0.45	0.62	0.66	1.33
	K_2O	3.58	2.84	2.38	1.47		Ap	0.26	0.48	0.25	0.42
	P_2O_5	0.13	0.24	0.11	0.17	岩石化学参数	DI	81	74.1	84.90	73.57
	灼失	0.98	1.21	1.02	2.31		K/N	1.21	0.58	0.15	0.34
	总量	100.38	99.69	100.35	98.87		δ	1.56	3.12	1.67	1.45

注：带※数据引自1:20万下巴淌幅资料。

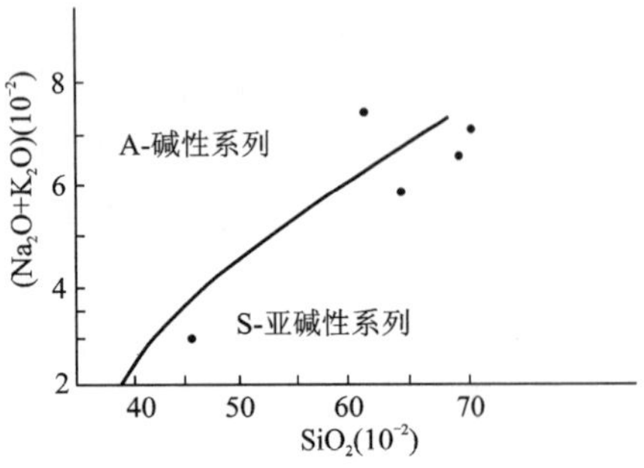

图3-77 火山岩硅-碱图解

(据T. N. Irvine, 1971)

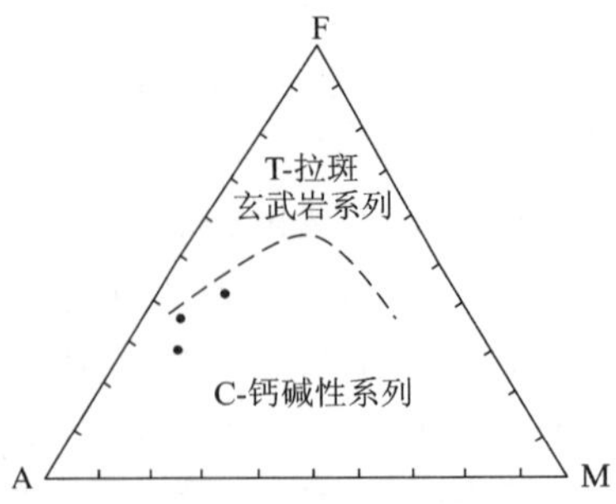

图3-78 火山岩AFM图解

(据T. N. Irvine, 1971)

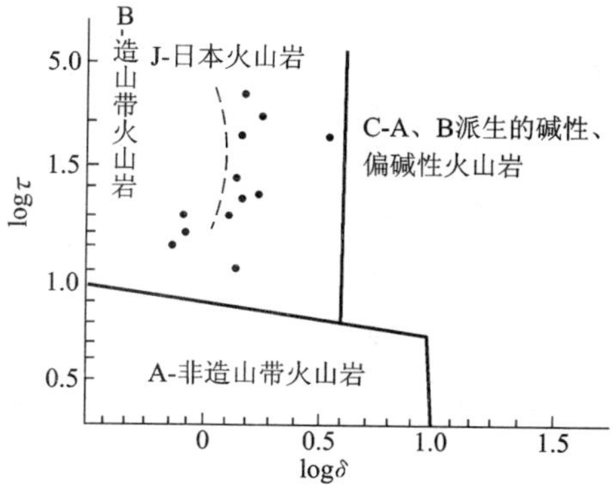

图 3-79　里特曼-戈蒂里图解

（据里特曼，1973）

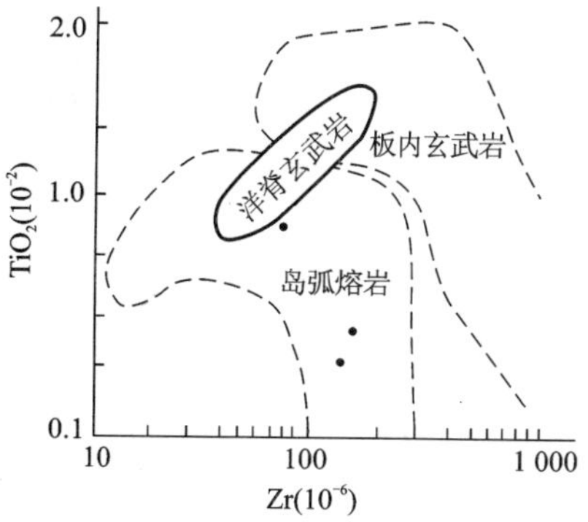

图 3-80　Zr-TiO_2 相关图解

（据 J. A. Pearce，1982）

岩石微量元素含量（10^{-6}）见表 3-45：大离子亲石元素 Rb76.80～109、Sr190～766、Cs2.40、Ba390～682，亲岩浆元素 Ta1.32～1.51、Th6.40～12.50、Zr150～162、Hf5.20～6.60，和 Rb/Sr、Y/Nb、Zr/Y，Ba/Sr 比值等近似于陆壳（Taylor et al.，1985）相同含量。

表 3-45　中—晚侏罗世叶巴组火山岩微量元素含量表（10^{-6}）

样品编号	岩石名称	K_2O	Ti	V	Zn	Ga	Rb	Sr	Zr	Nb	Ba	Th
LZ2031-1	英安质凝灰熔岩	3.58	2134	51.30	112	17.20	109	190	150	10.62	682	12.50
LZ2404-1	安山岩	2.84	3134	98.50	73	17.40	76.80	766	162	5.49	664	6.40
叶巴组一段（1:20 万下巴淌幅）			2736	113.84	83.7	18.49		255			390	
陆壳（Taylor et al.，1985）		1.10	5400	230	80.0	18.00	32.00	260	100	11.00	250	3.50

样品编号	Hf	Sc	Cs	W	Be	Sn	Li	Cu	Ni	Pb	Ta	Zr/Hf	Rb/Sr
LZ2031-1	5.20	7.90	2.40	1.26	1.30	3.60	5.50	15.70			1.32	28.85	0.57
LZ2404-1	6.60	12.50	2.40	0.86	1.50	2.70	27.50	21.80			1.51	24.55	0.10
叶巴组一段		15.98		•	2.31			31.06	31.42	19.72			
陆壳	3.00	30.00	1.00	1.00	1.50	2.50	13.00	75.00	105	80.00	1.00		

岩石稀土元素丰度见表 3-46：ΣREE138.33×10^{-6}～173.96×10^{-6}、δEu0.59～1.05，具弱负铕异常，$(La/Yb)_N$2.62～16.80，稀土元素配分型式呈右倾斜式轻稀土富集型（图 3-81）。

表 3-46　中—晚侏罗世叶巴组火山岩稀土元素特征表（10^{-6}）

样品编号	岩石名称	La	Ce	Pr	Nd	Sm	Eu	Gd	Tb	Dy
LZ2031-1	英安质凝灰熔岩	33.37	64.49	7.13	24.04	4.41	1.00	3.71	0.64	3.47
LZ2404-1	安山岩	35.63	70.25	7.49	28.35	4.78	1.17	3.44	0.55	2.72
P17XT19-2※	流纹质凝灰熔岩	36.50	66.00	8.70	23.00	5.80	0.90	3.00	1.30	3.70
P17XT20-1※	蚀变安山岩	12.80	34.00	3.50	19.00	5.70	2.00	5.80	1.05	7.70

样品编号	Ho	Er	Tm	Yb	Lu	Y	ΣREE	δEu	(La/Yb)N	$(Ce/Yb)_N$
LZ2031-1	0.68	2.01	0.32	1.91	0.28	18.73	166.19	0.74	11.78	8.37
LZ2404-1	0.53	1.52	0.25	1.43	0.22	14.03	172.81	0.84	16.80	12.71
P17XT19-2※	0.84	2.00	0.42	2.30	1.50	18.00	173.96	0.59	10.70	7.42
P17XT20-1※	1.25	3.70	0.40	3.30	0.63	38.00	138.33	1.05	2.62	2.63

注：带※数据引自 1:20 万下巴淌幅资料。

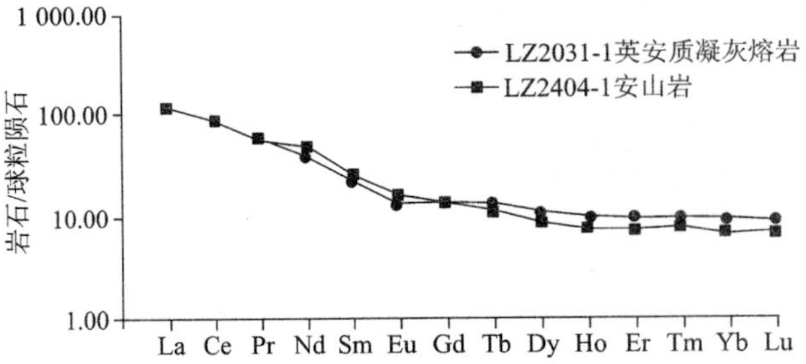

图 3-81　叶巴组火山岩稀土元素配分曲线

（球粒陨石据 Boynton，1984）

综上所述，叶巴组火山岩以熔岩为主，次为火山碎屑岩等，其岩石组合、岩石化学均具岛弧火山岩特征，岩石样品投影点均落入造山带日本火山岩附近，地球化学特征显岛弧火山岩特点，应形成于造山带火山弧环境。

四、白垩纪朗县混杂岩火山岩

白垩纪朗县混杂岩火山岩为雅鲁藏布江蛇绿岩组成部分之一。西部出露于朗县一带，东部在米林县以东沿雅鲁藏布江两岸断续分布，中部南延邻 1∶25 万扎日区幅。构成雅鲁藏布江混杂岩的火山岩主要有枕状玄武岩、变质块状玄武岩、变质基性火山岩等。图内仅有变质块状玄武岩、绿帘钠长绿泥片岩等。

变质块状玄武岩：岩石具斑状结构，基质变余间隐结构，变余杏仁状构造；斑晶为自形柱状斜长石（An48～50）含量 3%～5%，基质为细板条状斜长石 45%～55%、绿帘石、玻璃质及少量辉石。斜长石普遍黝帘石化、绢云母及绿泥石化。

绿帘钠长绿泥片岩：具鳞片粒状变晶结构，片状构造，岩石由钠长石 45%、绿泥石 40±%、绿帘石 10%～15%及钛铁矿、微量磷灰石组成。

岩石化学成分（10^{-2}）见表 3-47：SiO_2 45.5～52.67、TiO_2 0.71～1.95、Na_2O+K_2O 2.42～6.30。标

表 3-47　白垩纪朗县混杂岩火山岩岩石化学特征表

样品编号		LZ2835-9	LZ2836-2	LZ2876-1	LZ5360-35	样品编号		LZ2835-9	LZ2836-2	LZ2876-1	LZ5360-35
岩石名称	鉴定	绿帘斜长角闪片岩		斜长角闪片岩	绿帘钠长绿泥片岩	CIPW标准矿物成分(%)	Q	14.90	6.78	15.30	9.48
							C				1.37
氧化物质量(10^{-2})	SiO_2	51.55	45.5	48.52	52.67		Ab	29.40	16.60	18.50	51.30
	TiO_2	1.10	1.95	0.88	0.71		An	25.00	20.30	29.70	13.20
	Al_2O_3	15.39	10.93	14.61	17.01		Di	10.00	26.30	21.30	
	Fe_2O_3	3.91	7.01	5.82	2.43		Hy	14.70	18.10	7.35	21.20
	FeO	6.95	4.86	4.92	7.32		Ol				
	MnO	0.24	0.16	0.23	0.20		Mt	3.28	6.16	5.02	2.04
	MgO	6.76	14.18	7.18	6.80		Il	1.32	2.45	1.09	0.86
	CaO	8.38	12.11	12.61	2.80		Ap	0.26	0.32	0.33	0.19
	Na_2O	3.57	1.94	2.19	6.22	岩石化学参数	DI	45.47	26.34	35.22	61.24
	K_2O	0.20	0.48	0.23	0.08		SI	31.60	49.81	35.30	29.76
	P_2O_5	0.12	0.14	0.15	0.09		δ	1.49	1.67	0.93	3.72
	H_2O^+	1.62	0.78	1.62	3.46		K/N	0.06	0.25	0.11	0.01
	灼失	0.19	0.15	0.15	0.25		F/M	1.55	0.79	1.41	1.40
	总量	99.98	100.19	99.11	100.04		f/m	1.15	2.21	1.25	1.28

准矿物组合 Q、Or、Ab、An、Di、Hy，属正常类型。岩石组合指数(δ)0.93～3.72，在硅-碱图解(图 3-82)中，除 1 件落入碱性区外，其余均投影于亚碱性系列。亚碱性系列者在 AFM 图解(图 3-83)中，多数投影于钙碱性系列，部分为拉斑玄武岩。从 FeO※/MgO1.37～2.02，$TiO_2$0.71～1.63，K_2O0.32～0.81，具低钾中钛拉斑玄武岩特征。在 TiO_2-P_2O_5 相关图解中(图 3-84)均投影在洋脊玄武岩区内，在 Zr-Zr/Y 图解(图 3-85)中多数落入大洋玄武岩区及其附近。

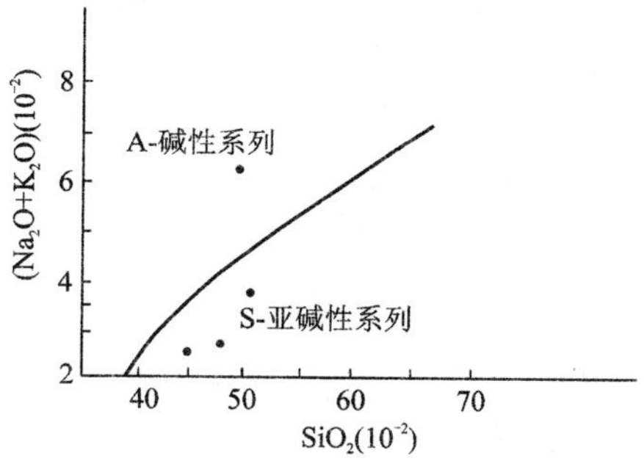

图 3-82 火山岩硅-碱图解

(据 T. N. Irvine，1971)

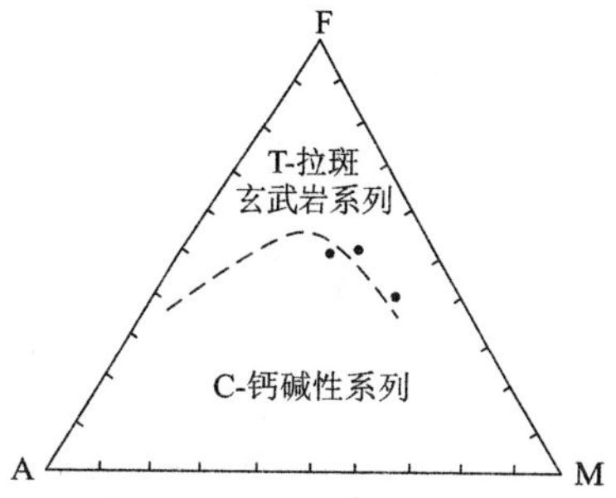

图 3-83 火山岩 AFM 图解

(据 T. N. Irvine，1971)

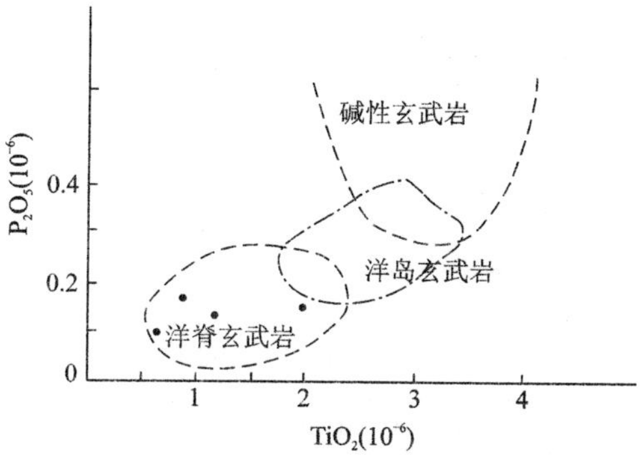

图 3-84 TiO_2-P_2O_5 相关图解

(据 Bass 等，1973)

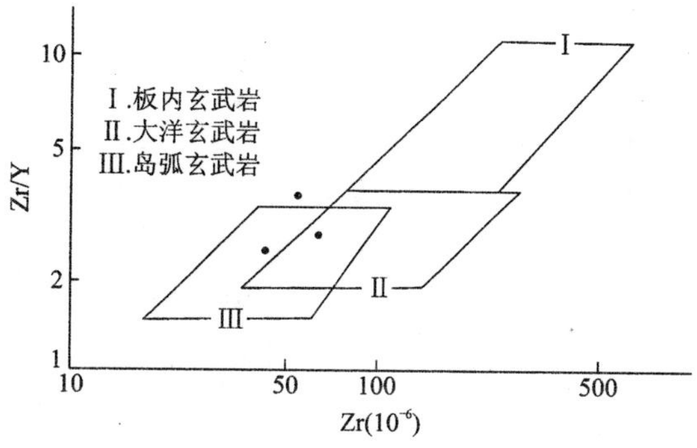

图 3-85 Zr-Zr/Y 图解

(据 J. A. Pearce，1979)

岩石微量元素含量(10^{-6})见表 3-48：大离子元素 Rb<3～9.8、Sr76～281、Ba38.0～154，亲岩浆元素 Th<1、Zr7～65、Hf1.20～2.40，过渡族元素 Sc35.9～46.6、V149～325、Cr47～678、Co33.2～44.3、Ni20～153、Cu6～115 和 Rb/Sr、Y/Nb、Zr/Y、Ba/Sr 比值等近似于洋壳(Taylor et al.，1985)。

表 3-48 白垩纪朗县混杂岩火山岩微量元素含量表(10^{-6})

样品编号	岩石名称	V	Zn	Rb	Sr	Zr	Nb	Ba	Th	Hf	Sc
LZ2835-9	玄武岩	325	77.0	<3.0	150	65.0	<2.0	55.0	<1.0	2.40	42.3
LZ2836-2	玄武岩	149	88.0	9.8	126	7.00	1.40	154	<1.0	1.30	46.6
LZ2876-1	玄武岩	230	105	<3.0	281	62.0	3.60	70.0	<1.0	1.60	35.9
LZ5360-35	玄武岩	281	104	<3.0	76.0	48.0	<2.0	38.0	<1.0	1.20	43.2

样品编号	Cs	Li	Cu	Ta	U	Cr	Co	Ni	Pb	Zr/Hf	Rb/Sr	V/Ba
LZ2835-9			115		0.39	47.0	34.4	30.0	9.70	27.09	50.00	5.91
LZ2836-2	9.00	20.6	6.00	<3.0	0.30	678	43.5	153	10.0	5.38	0.08	4.63
LZ2876-1			36.0		0.47	515	44.3	118	9.90	38.75	93.33	3.29
LZ5360-35			69.0		0.25	71.0	33.2	20.0	4.60	40.00	25.33	7.39

岩石稀土元素丰度(10^{-6})(表 3-49)：其 ΣREE22.25×10^{-6}～62.54×10^{-6}、δEu0.97～1.14、$(La/Yb)_N$0.57～2.01、$(Ce/Yb)_N$0.54～2.07，稀土元素配分型式为轻稀土弱亏损平坦型(图 3-86)，一般认

为是现代扩张洋脊玄武岩，即N型大西洋、印度洋和太平洋洋脊玄武岩的特征。

表 3-49 白垩纪朗县混杂岩火山岩稀土元素特征表(10^{-6})

样品编号	岩石名称	La	Ce	Pr	Nd	Sm	Eu	Gd	Tb	Dy
LZ2835-9	玄武岩	2.90	7.41	1.38	7.05	2.39	1.10	3.60	0.65	4.45
LZ2836-2	玄武岩	0.86	2.11	0.39	1.98	0.79	0.35	1.29	0.26	1.75
LZ2876-1	玄武岩	4.86	13.02	1.97	8.40	2.55	0.87	2.97	0.47	2.91
LZ5360-35	玄武岩	1.93	5.29	0.98	5.30	1.90	0.81	2.94	0.49	3.46

样品编号	Ho	Er	Tm	Yb	Lu	Y	ΣREE	δEu	$(La/Yb)_N$	$(Ce/Yb)_N$
LZ2835-9	0.96	2.77	0.45	2.91	0.46	24.06	62.54	1.14	0.67	0.65
LZ2836-2	0.38	1.07	0.17	1.02	0.16	9.67	22.25	1.05	0.57	0.54
LZ2876-1	0.61	1.71	0.25	1.63	0.24	14.19	56.65	0.97	2.01	2.07
LZ5360-35	0.75	2.08	0.33	2.22	0.34	18.81	47.63	1.05	0.59	0.62

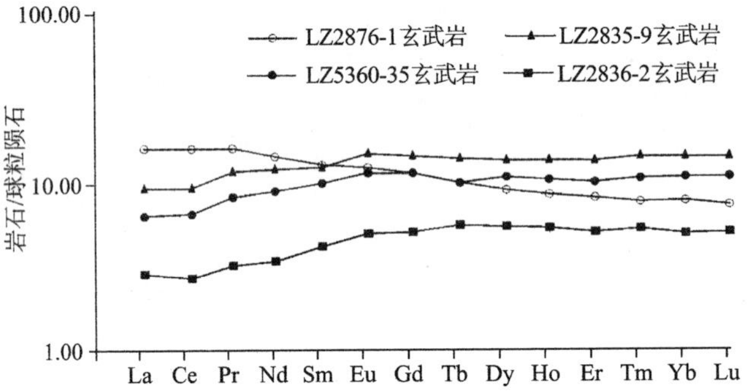

图 3-86 朗县混杂岩火山岩稀土元素配分曲线

(球粒陨石据 Boynton,1984)

从上述岩石化学、地球化学特征，以及各类判别图解可以得出朗县白垩纪基性火山岩形成的构造环境，可能为扩张的洋脊或边缘海。

第四章 变质岩

测区变质岩分布广泛，约占测区总面积的60%(图4-1)。除第四系外，中元古界—新近系均遭不同程度变质。主要变质期次大致分为4期：新元古代早期(Pt_3^1)、加里东期(Є)、燕山晚期(K)及喜马拉雅期(E—N)。中—新元古代界受区域动力热流变质作用，产生低角闪岩相→高角闪岩相→麻粒岩相区域变质，构成测区的结晶基底；前奥陶纪松多岩群、新元古代—寒武纪肉切村岩群受早加里东期区域动力热流变质作用，产生高绿片岩相变质，为盖层变质与褶皱；晚古生代—侏罗纪地层受燕山晚期—晚喜马拉雅期区域低温动力变质作用，产生低绿片岩—亚绿片岩相变质，以及叠加动力变质，形成了区内较大规模的韧性剪切糜棱岩带。白垩纪—古近纪岩浆侵入产生接触变质作用及变质岩带。

变质作用类型按《变质岩区1:5万区域地质填图方法指南》(1991)的划分方案，所用变质矿物缩写代号如表4-1所示。根据区内变质作用类型、变质作用期次、构造单元划分、岩石地球化学、原岩建造及同位素年龄等特征，以及《西藏自治区区域地质志》(1993)划分方案将测区变质岩划分为：喜马拉雅变质地带南迦巴瓦变质岩带(Ⅰ)；珞巴村—巴墩变质岩带(Ⅱ)；雅鲁藏布江变质地带朗县—米林变质岩带(Ⅲ)；冈底斯变质地带拉日芝—林芝变质岩带(Ⅳ)；工布江达—尼西变质岩带(Ⅴ)和雪卡变质岩带(Ⅵ)；以及铜果—纳玉(1)、五一—八拉(2)、多堆—色格娘(3)和冲九—哧巴(4)4个韧性剪切糜棱岩带(表4-2)。

表4-1 1:25万林芝县幅变质岩变质矿物缩写代号表

矿物	代号	矿物	代号	矿物	代号	矿物	代号	矿物	代号	矿物	代号
钠长石	Ab	铁铝榴石	Alm	红柱石	Ad	绿泥石	Chl	透辉石	Di	绢云母	Ser
阳起石	Act	斜方辉石	Opx	黑云母	Bi	十字石	St	白云石	Do	金云母	Phl
中长石	Ads	单斜辉石	Cpx	方解石	Cal	堇青石	Cord	绿帘石	Ep	斜长石	Pl
角闪石	Hb	斜黝帘石	Cz	夕线石	Sill	蓝晶石	Ky	石榴石	Gt	方柱石	Scp
透闪石	Tr	镁橄榄石	Fo	钾长石	Kf	白云母	Ms	石英	Q	刚玉	Cor

第一节 南迦巴瓦变质岩带(Ⅰ)

南迦巴瓦变质岩带分布于帮布卡—米林断裂东南，图幅东南隅喜马拉雅山脉的各里日山—岭松牧场一带，面积约1050km²。受变质地层为南迦巴瓦岩群($Pt_{2-3}Nj.$)。区内巴嘎村剖面(图4-2)南迦巴瓦岩群假厚度11 045m以上，递增变质极为明显，靠中心热轴变质达高角闪岩相。部分岩石中包含了3个世代矿物共生组合，显示了由高压麻粒岩相经快速降压降温至快速隆升降压的演化历史。后期普遍叠加了糜棱岩化作用，甚至被改造成糜棱岩。

(一) 主要岩石类型

主要岩石类型有透辉石岩类、片麻岩类、变粒岩类、浅粒岩类、角闪质岩类、片岩类、石英岩类、大理岩类、钙硅酸盐岩类及混合岩类。其中石榴透辉石岩和石榴蓝晶黑云二长片麻岩类是最具特征和重要的岩类之一。

石榴透辉石岩(榴辉岩)、榴闪岩类：测区少量见及，呈透镜状残留体或包体产于高角闪岩相片麻岩和斜长角闪岩中，与围岩界线清楚，常具白色环带。主要岩石类型有石榴透辉石岩、含石榴方柱透辉石岩、石榴透闪黑云透辉石岩、方柱透辉石岩、斜长透辉石岩、方柱斜长透辉石岩、含黑云透辉石岩、黝帘透辉石岩、绿帘(阳起)透辉石岩、石榴透闪透辉石岩、含云母透辉榴闪岩等。岩石柱状或柱粒状变晶结构，块状构造；主要矿物成分及含量：透辉石 23%～95%，透闪石 0～37%，斜长石 0～49%，以及少量石榴石、方柱石、黑云母、黝帘石、绿帘石、阳起石、绢云母等。

表 4-2　1∶25 万林芝县幅变质作用特征表

变质岩带		变质地层	变质期	变质作用类型	变质带	变质相	变质相系	混合岩及花岗岩	原岩建造
喜马拉雅变质地带南迦巴瓦变质岩带(Ⅰ)		$Pt_{2-3}Nj.$	新元古代早期(Pt_3^1)(1000～700Ma)	区域动力热流变质作用	十字石带、蓝晶石带、夕线石带、夕线石＋钾长石带	低角闪岩相 高角闪岩相 麻粒岩相	高压 中压	花岗质片麻岩、混合岩化	火山-碎屑岩夹碳酸盐岩建造
			早加里东期∈		退变质十字石带、黑云母带	高绿片岩相		混合岩化	
			喜马拉雅期	区域低温动力变质作用	绢云母-绿泥石带	低绿片岩相		混合岩化	
喜马拉雅变质地带珞巴村—巴墩变质岩带(Ⅱ)	珞巴村变质岩亚带Ⅱ$_1$	$Pt_3∈R.$	早加里东期∈	区域动力热流变质作用	石榴石带 黑云母带	高绿片岩相	中低压	K、E 花岗岩	含中基性火山-细碎屑岩建造
			燕山—喜马拉雅期	区域低温动力变质作用	绢云母-绿泥石带	低绿片岩相			
	巴墩变质岩亚带Ⅱ$_2$	KL	燕山—喜马拉雅期		黑云母带、绢云母-绿泥石带	低绿片岩相	中压		含火山质复理石建造
雅鲁藏布江变质地带朗县—米林变质岩带(Ⅲ)		KL	燕山—喜马拉雅期		黑云母带、绢云母-绿泥石带	低绿片岩相	中高压		复理石蛇绿岩型建造
冈底斯变质地带拉日芝—林芝变质岩带(Ⅳ)	林芝变质岩亚带Ⅳ$_1$	$Pt_{2-3}N.$	新元古代早期(Pt_3^1)(1000～700Ma)	区域动力热流变质作用	斜长石＋角闪石带、蓝晶石带、夕线石带、夕线＋钾长石带、二辉石带	低角闪岩相 高角闪岩相 麻粒岩相	高压 中压	混合岩化、花岗质片麻岩	基性火山-碎屑岩夹钙泥质建造、含绿岩建造残块
			早加里东期∈		黑云母带、角闪石带	高绿片岩相		∈片麻状花岗岩	
			燕山—喜马拉雅期	区域低温动力变质作用	绢云母-绿泥石带	低绿片岩相		K、E 花岗岩	
	多青岗变质岩亚带Ⅳ$_2$	J	燕山—喜马拉雅期		绢云母-绿泥石带	低绿片岩相		K、E 花岗岩	岛弧火山-细碎屑岩夹碳酸盐岩建造
				接触变质作用	红柱石-堇青石带	红柱堇青石角岩相			
冈底斯变质地带工布江达—尼西变质岩带(Ⅴ)	工布江达变质岩亚带Ⅴ$_1$	AnOS.	早加里东期∈	区域动力热流变质作用	石榴石带、黑云母带、角闪石带	高绿片岩相	中—低压		中基性火山岩-陆缘碎屑岩建造
			燕山—喜马拉雅期	区域低温动力变质作用	绢云母-绿泥石带	低绿片岩相		K、E 花岗岩	
				接触变质作用	红柱石-堇青石带	红柱堇青石角岩相			
	尼西变质岩亚带Ⅴ$_2$	C—P	燕山—喜马拉雅期	区域低温动力变质作用	黑云母带、绢云母-绿泥石带	低绿片岩相		K、E 花岗岩	火山-碎屑岩建造、岛弧火山-沉积建造
				接触变质作用	红柱石-堇青石带	红柱堇青石角岩相、辉石角岩相、角闪角岩相			

续表 4-2

变质岩带	变质地层	变质期	变质作用类型	变质带	变质相	变质相系	混合岩及花岗岩	原岩建造
冈底斯变质地带雪卡变质岩带(Ⅵ)	$Pt_{2-3}N.$	新元古代早期(Pt_3^1)	区域动力热流变质作用	夕线石带	低角闪岩相	中压		碎屑岩夹碳酸盐岩建造
		燕山—喜马拉雅期	区域低温动力变质作用	绢云母-绿泥石带	低绿片岩相		K、E花岗岩	
铜果—纳玉韧性剪切糜棱岩带(1)	$Pt_{2-3}Nj.$	燕山—喜马拉雅期	糜棱岩化作用	黑云母带、绢云母-绿泥石带	低绿片岩相			
五一—八拉韧性剪切糜棱岩带(2)	$Pt_{2-3}N.$							
多堆—色格娘韧性剪切糜棱岩带(3)								
冲九—晓巴韧性剪切糜棱岩带(4)								

其中石榴透辉岩经历了早期的高压麻粒岩相变质阶段，共生矿物组合为 Di＋Alm＋Q；第二期中压麻粒岩相，矿物组合为 Di＋Pl±Hb(褐色)；第三期为 Hb(褐色)＋Pl，交代强烈时，麻粒岩矿物组合可完全转变为斜长角闪岩的矿物组合。3 个变质作用过程，显示出由高压麻粒岩相经快速降压降温至快速隆升降压的演化历史。

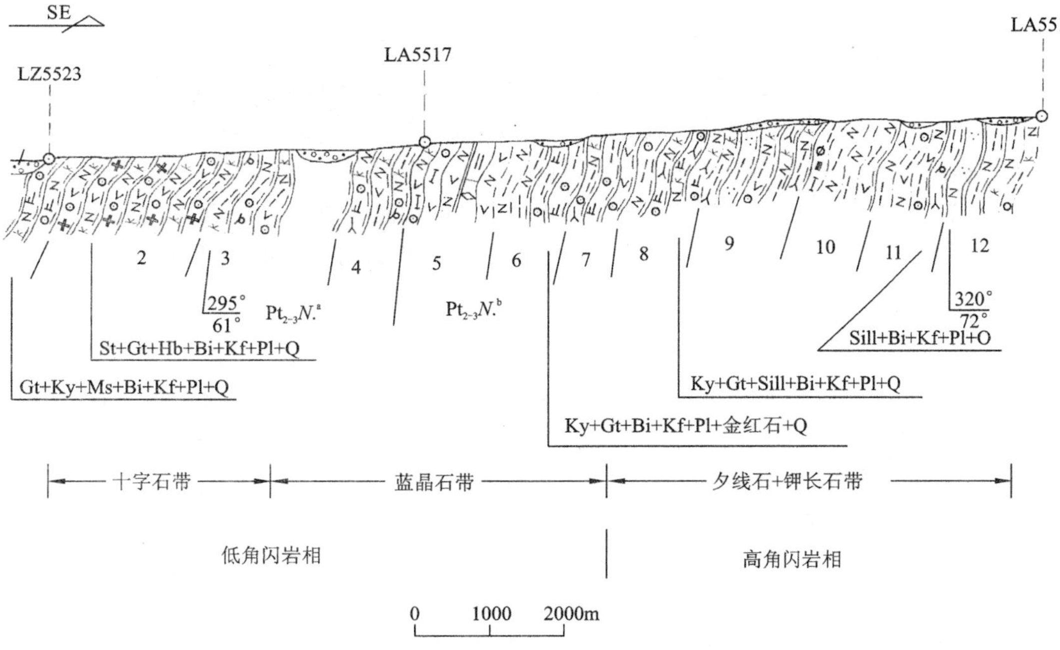

图 4-2 米林县羌纳乡巴嘎村南迦巴瓦岩群变质岩剖面图

片麻岩类：主要岩石类型有夕线(石榴)黑云斜长片麻岩、石榴蓝晶夕线黑云二长片麻岩、夕线石榴黑云二长片麻岩、含蓝晶石榴黑云二长片麻岩、石榴夕线黑云钾长片麻岩、夕线黑云钾长片麻岩等。岩石具斑状变晶结构、鳞片粒状变晶结构，片麻状构造。主要矿物成分及含量：中长石和更长石 28%～50%，常见聚片双晶；微斜长石 0～50%，少量具格子双晶；黑云母 10%～30%；石英 5%～25%，具波状消光。特征变质矿物石榴石、蓝晶石、夕线石、十字石、透辉石、角闪石等。

石榴蓝晶黑云二长片麻岩中发育 3 期变质矿物组合。早期为 Ms＋Bi＋Pl＋Q，出现在石榴石和蓝晶石变斑晶岩石中；第 2 期为 Alm＋Ky＋Kf＋Rt(金红石)＋Q；第 3 期为 Alm＋Sill＋Tr＋Pl 等。

浅粒岩、变粒岩类：主要岩石类型有(黑云)二长浅粒岩、黑云钾长浅粒岩、石榴钾长浅粒岩、夕线钾长石英浅粒岩、含透辉黑云斜长浅粒岩、黑云斜长变粒岩、夕线石墨白云斜长变粒岩、含石榴(角闪)黑云斜长变粒岩、透辉斜长变粒岩、含石榴黑云变粒岩、(夕线)黑云二长变粒岩、含角闪二长变粒岩、含石榴黑云二长变粒岩、石榴角闪二长变粒岩等。岩石具鳞片粒状变晶结构，块状或弱定向构造。主要矿物成分及含量：斜长石 12%～75%，以更—中长石为主，聚片双晶发育；钾长石 0～60%，见有格子双晶，为微斜长石；石英 10%～40%；黑云母 0～15%。

角闪质岩类：主要岩石类型有透辉石榴透闪石岩、粗晶角闪石岩、斜长角闪岩、石榴斜长角闪岩、透辉角闪岩、石榴黑云角闪岩、角闪石岩等。有的角闪岩为石榴透辉岩退变而来。

岩石具粒柱状变晶结构、花岗变晶结构，片麻状、片状或块状构造；主要矿物成分及含量：角闪石 30%～94%、斜长石（中长石）35%～48%、黑云母 2%～16%、石英 0～3%、透辉石 0～12%，及少量石榴石、磁铁矿等。

片岩类：岩石类型有夕线石榴黑云片岩、含石榴夕线黑云片岩、含蓝晶夕线长石黑云片岩、夕线长石二云片岩、蓝晶夕线黑云石英片岩、含石墨蓝晶黑云石英片岩、长石夕线黑云石英片岩、含石墨夕线石英片岩等。岩石具粒状鳞片变晶结构，片状构造；主要矿物成分及含量：石英 8%～70%、黑（白）云母 15%～75%、长石 2%～35%。

石英岩类：该类岩石少，仅有石英岩、斜长石英岩、含黑云母长石石英岩 3 种。岩石具粒状变晶结构，定向或块状构造；矿物成分及含量：石英 50%～92%、斜长石 5%～10%、黑云母 2%等。

大理岩类：岩石具花岗变晶结构、粗晶结构，块状构造；主要矿物成分及含量：方解石 2%～99%、白云石 0～90%、石英 0～16%。特征变质矿物为透辉石、透闪石、金云母、镁橄榄石、方柱石等。主要岩石类型有粗晶大理岩、透辉石大理岩、透闪石大理岩、金云母透辉石大理岩、透闪石透辉石大理岩、含透辉石方柱石大理岩、含透闪石金云母大理岩、含金云母透闪石白云石大理岩、含透辉石方柱石石英大理岩、含金云母镁橄榄石大理岩等。

钙硅酸盐岩类：较少见，有透辉钠长方柱石岩、透辉方柱石岩、透辉石榴绿帘石岩、阳起绿帘黝帘石岩、透闪石英绿帘石岩等。岩石为粒状、柱状变晶结构，斑杂构造、块状构造；矿物成分及含量：方柱石 0～47%、绿帘石 0～63%、黝帘石 0～67%、透闪石 0～50%、阳起石 0～10%、石英 0～48%及石榴石等。

混合岩类：岩石类型有条带状混合岩、眼球状混合岩、肠状混合岩等。岩石具片麻状、眼球状构造；眼球或脉体成分为长英质，基质成分由石英、斜长石、钾长石、黑云母、石榴石、角闪石等组成。

（二）特征变质矿物

南迦巴瓦岩群中特征变质矿物较齐全，主要有镁橄榄石、单斜辉石、角闪石、石榴石、夕线石、蓝晶石、十字石、中—拉长石、黑云母、白云母、方柱石、绿帘石、黝帘石、阳起石等。

单斜辉石：主要为透辉石，少量普通辉石。透辉石为短柱状、粒状，正高突起，无色—淡蓝绿色，辉石式解理，Ng∧C＝45°，出现透闪石、阳起石反应边。在石榴透辉岩、石榴透辉斜长角闪岩等岩石中广泛存在，与石榴石平衡共生。据 1∶25 万墨脱县幅资料，电子探针分析 X_{Fe}0.04～0.2，X_{Mg}0.34～0.47，X_{Ca}0.36～0.47，CaO 含量较高，且 Na_2O 低。表明该类岩石由泥质碳酸盐类变成。

角闪石：正中突起，具闪石式解理，Ng∧C＝22°，Ng 黄绿、蓝绿色，Np 浅黄绿色，常与黑云母、白云母、石榴石、长石等共生，退变后被黑云母、白云母、阳起石、绿帘石等包绕，形成反应边结构。电子探针分析列于表 4-3、表 4-4。结果表明后生合成的角闪石的 TFe 和 MgO 含量较基质中的角闪石略高，CaO、Al_2O_3 则反之；早期角闪石的 Na＋K 含量也较后生晶中高。反映了早期角闪石→后生晶的生成为降温过程。

表 4-3　南迦巴瓦变质岩带角闪石电子探针分析结果表※（10^{-2}）

样品编号	类型	Na_2O	MgO	Al_2O_3	SiO_2	K_2O	CaO	TiO_2	Cr_2O_3	MnO	FeO	NiO
149-1	角闪石	1.31	13.08	15.85	43.27	0.28	10.53	1.15	0.04	0.03	10.15	0.04
15-1	角闪石	1.75	8.05	15.05	39.24	0.20	10.04	1.22	0.12	0.22	19.04	0.00
	后生晶	1.63	8.16	14.49	40.84	0.43	10.39	1.13	0.00	0.52	20.27	0.00

续表 4-3

样品编号	类型	Na_2O	MgO	Al_2O_3	SiO_2	K_2O	CaO	TiO_2	Cr_2O_3	MnO	FeO	NiO
57-1	角闪石	1.41	10.88	9.01	43.42	0.50	11.42	2.08	0.66	0.51	15.98	0.02
	次生边	1.50	9.87	10.60	39.11	0.52	9.74	2.40	0.00	0.27	16.84	0.00
57-2	角闪石	1.61	10.26	11.15	43.63	0.29	10.83	2.19	0.00	0.20	16.75	0.03
	次生边	1.08	12.43	9.51	45.31	0.25	10.81	1.88	0.07	0.38	14.87	0.24
样品编号	类型	Na^+	Mg^{2+}	Al^{3+}	Si^{4+}	K^+	Ca^{2+}	Ti^{4+}	Cr^{3+}	Mn^{2+}	TFe^{2+}	Ni^{2+}
149-1	角闪石	0.366	2.688	1.560	6.850	0.051	1.756	0.194	0.009	0.000	1.856	0.051
15-1	角闪石	0.566	1.837	2.578	6.085	0.032	1.702	0.178	0.002	0.082	2.638	0.047
	后生晶	0.371	2.847	2.729	6.323	0.154	1.647	0.126	0.005	0.003	1.238	0.005
57-1	角闪石	0.471	2.385	2.027	6.345	0.108	1.692	0.293	0.000	0.036	2.281	0.000
	次生边	0.395	2.215	1.897	6.574	0.122	1.682	0.319	0.000	0.025	2.152	0.036
57-2	角闪石	0.553	2.423	1.887	6.643	0.108	1.701	0.262	0.008	0.024	1.864	0.004
	次生边	0.057	2.500	2.065	6.190	0.062	1.778	0.335	0.007	0.067	2.212	0.000

注：带※数据引自 1∶25 万墨脱县幅资料。

表 4-4　南迦巴瓦变质岩带角闪石-斜长石、石榴石-黑云母矿物对电子探针分析结果表（10^{-2}）

样品编号	LZ2806-1				LZ2815-3				LZ2832-1			
矿物对及名称	含榴角闪斜长变粒岩				含蓝晶夕线石榴黑云斜长片麻岩				糜棱岩化石榴蓝晶黑云石英片岩			
化学组成	Hb		Pl		Bi		Gt		Bi		Gt	
SiO_2	20.52	0.342	58.54	0.974	27.60	0.459	17.30	0.288	18.22	0.303	25.51	0.425
TiO_2	3.91	0.049	0.147	0.002	6.68	0.084	0.00	0.00	9.22	0.115	3.01	0.038
Al_2O_3	4.62	0.09	16.83	0.330	11.18	0.22	9.63	0.188	7.29	0.142	11.76	0.230
FeO	43.94	0.612	0.87	0.012	30.30	0.422	62.14	0.865	42.44	0.591	38.97	0.542
MnO	0.36	0.005	1.547	0.022	0.75	0.011	2.10	0.030	0.00		1.70	0.024
MgO	0.6	0.015	0.00	0.00	1.80	0.045	1.00	0.025	3.03	0.075	2.76	0.068
CaO	22.89	0.408	19.44	0.347	0.18	0.003	6.03	0.108	0.00		11.76	0.210
Cr_2O_3	0.00		0.00		0.06	0.00	0.69	0.010	0.707	0.010	2.79	0.036
NiO	0.00		0.00		0.44	0.006	0.00		0.00		0.00	
K_2O	3.17	0.068	1.18	0.026	20.25	0.43	0.00		17.806	0.378	1.75	0.038
Na_2O	0.00	0.00	1.42	0.046	0.76	0.024	0.32	0.010	1.21	0.040	0.00	
T(℃)	640				702				800			
P(Kb)					7.6							

蓝晶石：板柱状变晶，正高突起，两组解理，斜消光，(—)2V≥85°。常与黑云母、石榴石平衡共生。在夕线石带中残留于夕线石核部(图版Ⅺ-7)，夕线石由蓝晶石增温转变而成，或经退变残留于具纤状夕线石假象的绢-白云母中，但不出现十字石，反映蓝晶石在高和低角闪岩相中均存在。蓝晶石经电子探针分析：SiO_2 37.192%，Al_2O_3 62.422%，FeO0.126%。

夕线石：纤柱状、长柱状变晶，正中突起，平行消光，负延性，菱形横切面上可见平行对角线方向的解理，沿片理面生长。多出现于白云母中呈交代残余状，保留蓝晶石的外形，有时被包裹于石榴石中，在石英颗粒中偶见包含夕线石现象(图版Ⅺ-8)。与白云母、黑云母、石榴石和长石平衡共生。

十字石：局部少量出现。柱状—他形变晶，沿片理面生长，Ng＝亮黄，Np＝浅黄，与蓝晶石平衡共生或聚集成变晶集合体，集合体常被长石、石英、云母等包绕。

石榴石：是南迦巴瓦岩群中最常见的造岩矿物之一，主要为钙铝榴石和铁铝榴石。正高突起，（图版Ⅻ-1），无色，常包含有早期的石英、长石、黑云母、角闪石等矿物包体，形成筛状变晶结构；常与黑云母、白云母、长石等共生，部分退变形成环带和冠状反应边结构，电子探针结果显示（表4-4）矿物中心：CaO6.258%～9.969%，MgO0.874%～0.879%，FeO27.211%～28.338%，MnO2.285%～8.192%，变化不大，石榴石成分由中心→边缘FeO、MgO含量增加，CaO、MnO含量减少。说明石榴石经历了一个减压过程，具成分环带和冠状反应边显示，矿物曾经发生叠加变质。

黑云母：为常见矿物，形成于不同时期。半自形片状，Ng红棕、暗褐、棕、红褐色，Np浅黄色。多数黑云母Ng橙黄色，Np浅黄色，属峰期的与蓝晶石、石榴石、长石等共生；部分为交代角闪石边缘产出，自身常具绿泥石化、绢云母化的后期改造。见少量残留于石榴石、蓝晶石变斑晶中。黑云母成分由中心→边缘CaO含量增加，FeO、MgO含量减少（表4-4），TiO_2含量及$FeO/(FeO+Fe_2O_3)$随温度的升高而增加。在低级变质岩中为黄绿色，在高级变质岩中则为棕色或褐色。包体中黑云母X_{Fe}较基质中低，X_{Mg}则反之，亦说明基质中黑云母形成温度较包体中高。

（三）原岩恢复及原岩建造

除大理岩、石英岩外，对南迦巴瓦岩群部分岩石进行了岩石化学分析（表4-5）。在A-C-FM图解中（图4-3），样品3、4、5分布于正系列碱土铝基性岩组内，岩性为基性火山岩及铁质白云质泥灰岩区，2、6位于钙铝硅酸盐岩亚组区，岩性为长石砂岩。在(al+fm)-(c+alk)-Si图解中（图4-4），4位于钙质沉积岩区，2、3、5落入火山岩区内，1、6位于沉积岩区。在(Al+Fe+Ti)-(Ca+Mg)图解中（图4-5），1、2、6位于粘土、泥岩区，3、4位于基性岩及其变种区内。在尼格里四面体图解中（图4-6），6位于粘土质沉积物区，其余均在火成岩区。

表4-5　南迦巴瓦岩变质岩带岩石化学及特征参数表

序号		1	2	3	4	5	6
样品编号		LZ2643-1	LZ2816-2	LZ2810-2	LZ5503-12	LZ5515-2	LZ2832-1
岩石名称		石榴角闪黑云二长片麻岩	角闪黑云二长质变晶糜棱岩	透辉斜长角闪岩	含石榴蓝晶长英质初糜棱岩	含辉石角闪石榴黑云片麻岩	石榴蓝晶黑云石英片岩
氧化物质量（10^{-2}）	SiO_2	71.66	72.28	48.91	46.82	51.48	67.17
	TiO_2	0.580	0.54	1.50	0.990	1.320	0.81
	Al_2O_3	12.14	13.06	13.84	17.51	13.86	16.36
	Fe_2O_3	1.18	0.72	2.21	2.35	8.17	0.92
	FeO	2.12	2.35	8.28	6.59	7.70	4.18
	CaO	3.4	1.61	10.32	11.90	6.55	1.00
	MgO	0.67	0.68	8.48	7.77	3.53	1.96
	MnO	0.049	0.03	0.18	0.094	0.800	0.05
	K_2O	4.73	4.97	1.27	0.98	4.88	2.90
	Na_2O	2.58	3.02	3.11	4.10	0.57	3.08
	P_2O_5	0.087	0.13	0.16	0.140	0.22	0.07
	总量	99.29	99.39	98.26	99.08	99.08	98.50

续表 4-5

序号		1	2	3	4	5	6
样品编号		LZ2643-1	LZ2816-2	LZ2810-2	LZ5503-12	LZ5515-2	LZ2832-1
岩石名称		石榴角闪黑云二长片麻岩	角闪黑云二长质变晶糜棱岩	透辉斜长角闪岩	含石榴蓝晶长英质初糜棱岩	含辉石角闪石榴黑云片麻岩	石榴蓝晶黑云石英片岩
尼格里值	al	36	39	18	22	21	41
	fm	18	24	47	40	51	32
	c	19	9	24	27	18	45
	alk	28	31	8	10	10	21
	c/fm	1.06	0.38	0.51	0.68	0.39	0.16
	mg	0.27	0.28	0.59	0.61	0.29	0.41
	si	357	369	107	99	134	287
al-alk		8	8	10	12	11	20
(al+fm)-(c+alk)		7	23	33	25	39	46
Al_2O_3	分子数	19	128	16	172	136	160
K_2O+Na_2O		92	102	63	76	61	81
Ca+Mg		79	46	394	405	205	67
A_1※		289	306	433	478	498	400
A_1/3-K		−3.7	−4	119	139	62	71.3
A_1/3-Na		12.0	4.0	44.7	27.3	148.0	33
A		49	59	20	25	25	54
C		26	13	27	30	21	6
FM		25	28	53	45	54	40

注：※A_1=Al+Fe+Ti。

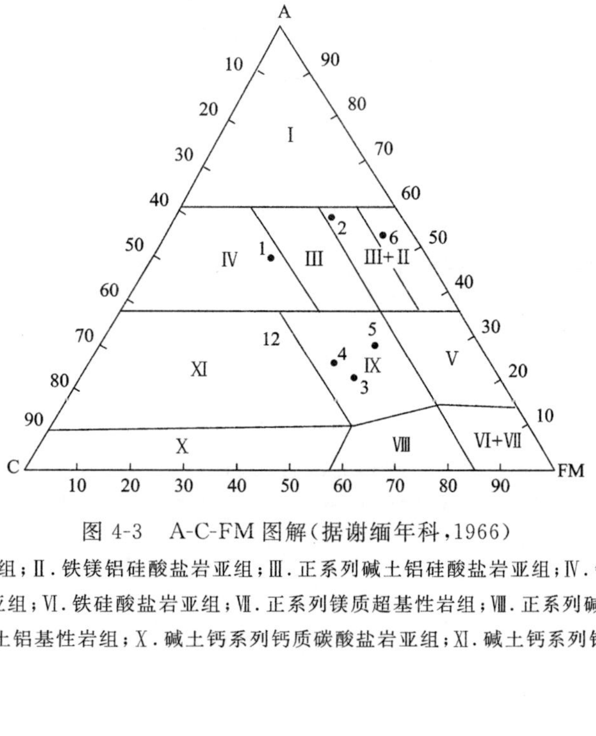

图 4-3 A-C-FM 图解(据谢缅年科,1966)

Ⅰ.正铝硅酸盐岩亚组;Ⅱ.铁镁铝硅酸盐岩亚组;Ⅲ.正系列碱土铝硅酸盐岩亚组;Ⅳ.钙铝硅酸盐岩亚组;Ⅴ.铝镁铁硅酸盐岩亚组;Ⅵ.铁硅酸盐岩亚组;Ⅶ.正系列镁质超基性岩组;Ⅷ.正系列碱土低铝超基性岩组;Ⅸ.正系列碱土铝基性岩组;Ⅹ.碱土钙系列钙质碳酸盐岩亚组;Ⅺ.碱土钙系列铝钙质岩亚组

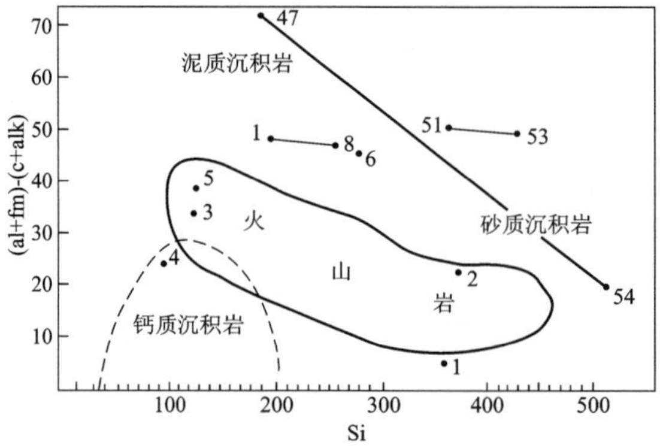

图 4-4 (Al+fm)-(c+alk)-Si 图解

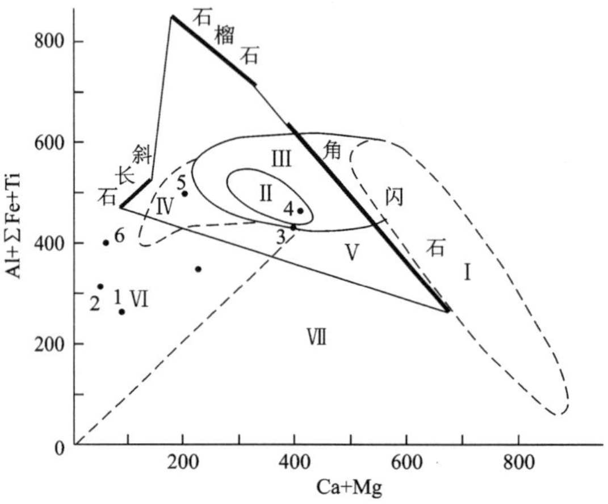

图 4-5 (Al+∑Fe+Ti)-(Ca+Mg)图解

(据巴拉绍夫等,1972)

Ⅰ.超基性岩区;Ⅱ.基性岩的最大集中区;Ⅲ.基性岩及其变种区;Ⅳ.中性火成岩及砂泥质杂岩和泥质凝灰岩区;
Ⅴ.凝灰质砂岩、基性单矿物砂岩及复矿物砂岩(基性成分杂砂岩)及钙质凝灰岩区;
Ⅵ.粘土、泥岩、粉砂岩、长石砂岩和泥灰质砂岩区;Ⅶ.粘土质、白云质和钙质泥灰岩区

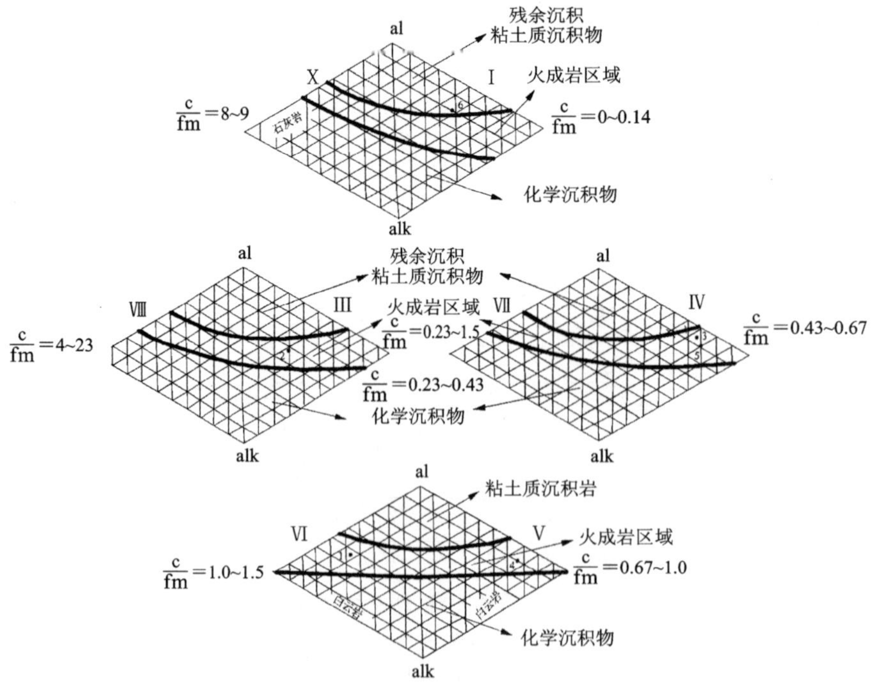

图 4-6 尼格里四面体图解

岩石稀土元素含量(表 4-6)，其中 2 件角闪质岩的 ΣREE 121.95×10^{-6}～124.75×10^{-6}，LREE/HREE 0.69～1.81，δEu 0.79～0.91，$(La/Yb)_N$ 1.35～4.51，稀土配分型式中为轻稀土富集和平坦型(图4-7)，平坦型者类似于现代岛弧钙碱性拉斑玄武岩系列和洋岛拉斑玄武岩系列；其他岩类的 ΣREE 361.64×10^{-6}～389.43×10^{-6}，LREE/HREE 63.06～93.63，δEu 0.4～0.5，$(La/Yb)_N$ 7.5～13.3，其稀土配分型式具有轻稀土富集和明显之铕亏损特点(图 4-8)，与在被动边缘形成的现代和显生宙沉积岩稀土元素组成相似(赵振华，1997)。

表 4-6　南迦巴瓦岩群变质岩带南迦巴瓦岩群稀土元素成果表(10^{-6})

序号	1	2	3	4	5	6
样品编号	LZ2643-1	LZ2816-2	LZ2810-2	LZ5503-12	LZ5515-2	Lz2832-1
岩石名称	石榴角闪黑云二长片麻岩	角闪黑云二长质变晶糜棱岩	透辉斜长角闪岩	含石榴蓝晶长英质初糜棱岩	含辉石角闪石榴黑云片麻岩	石榴蓝晶黑云石英片麻岩
La	102.9	67.89	8.81	3.29	17.65	7.21
Ce	189.70	139.60	21.54	8.52	32.72	134.90
Pr	22.92	17.28	3.66	1,10	4.50	16.70
Nd	83.76	58.12	17.68	6.57	18.11	60.26
Sm	16.08	11.37	5.67	2.18	4.42	11.65
Eu	1.03	1.54	1.87	0.90	1.21	1.86
Gd	12.91	10.22	6.96	2.96	4.93	9.48
Tb	1.95	1.69	1.16	0.55	0.79	1.38
Dy	10.38	10.11	7.64	3.62	5.01	7.46
Ho	1.98	2.12	1.56	0.72	1.02	1.40
Er	4.87	5.97	4.31	2.29	2.71	3.91
Tm	0.68	0.97	0.68	0.36	0.42	0.59
Yb	3.85	6.10	4.41	2.23	2.64	3.70
Lu	0.53	0.90	0.67	033	0.41	0.56
Y	44.28	55.55	38.13	19.78	25.41	34.58
总量	497.82	389.43	124.75	55.40	121.95	361.64
δEu	0.212	0.429	0.909	1.803	0.790	0.525
$(La/Yb)_N$	18.02	7.50	1.35	0.99	4.51	13.34

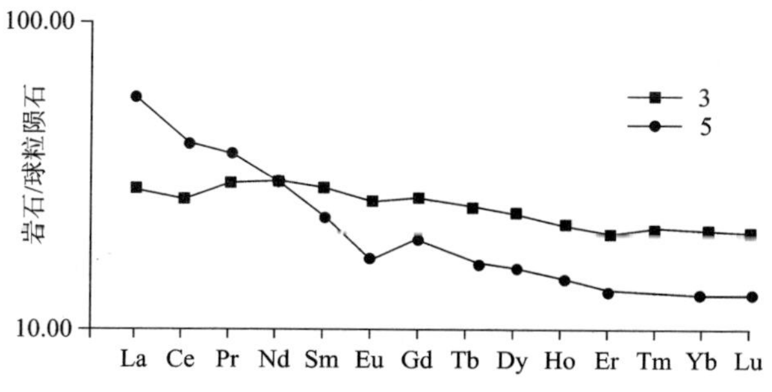

图 4-7　南迦巴瓦岩群斜长角闪岩稀土元素配分曲线

(仿 Boynton，1984)

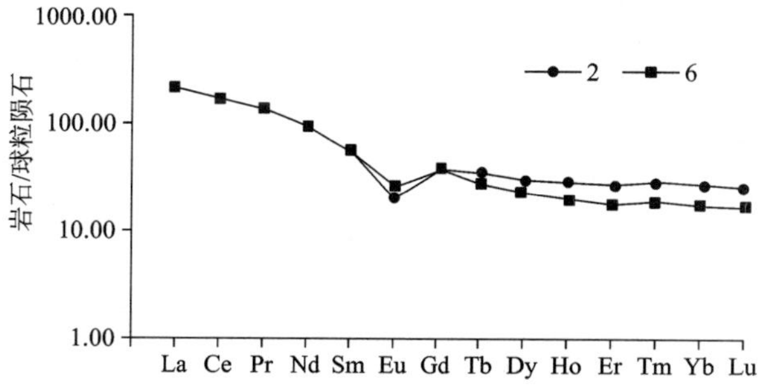

图 4-8　南迦巴瓦岩群其他岩类稀土元素配分曲线

(仿 Boynton，1984)

各类岩石微量元素含量见表 4-7。岩石微量元素中除 Rb、U、Cu、Zn 高于泰勒克拉克值外，Sc、Zr、Ba、Sr、Nb、Hf、Th、V、Cs、Pb、Sn、W、Be、Li、Ti、Ga 的平均值均低于泰勒克拉克值。Rb、Zr、Ba、Sr、W、Be 等在富铝岩石中富集，Hf、Th、U、V、Cu、Cr、Ni、Pb、Zn、Ti 在斜长角闪质岩石中较稳定。1、3、4 和 5 号岩类显示与中基性—基性岩类相近；2 和 6 号样品微量元素比值 La/Sc 4.2～8.1，Th/Sc 1.6～4.3，类似于 Bhatia 等(1986)给出的被动边缘型杂砂岩的特点。

表 4-7　南迦巴瓦变质岩带南迦巴瓦岩群部分岩石微量元素成果表(10^{-6})

序号	样品编号	Ti	V	Zn	Pb	Rb	Sr	Zr	Nb	Ba	Th	Hf	Sc	Cs	Ta	Sn	Li	Cu
1	LZ2643-1		9.0	39	15.1	262.9	77	416.0	17.4	665.0	65.9	8.9	14.1	4.0	0.5	1.6	11.4	4.0
2	LZ2816-2		35.9	28		201.6	111	318.0	32.4	437	35.7	8.8	8.4	5.0	2.2	2.4	18.7	5.1
3	LZ2810-2		266	120	49.2	35.8	124	160.0	5.1	102.0	2.0	4.4	37.5					31.0
4	LZ5503-12	4707	210	97		35.7	338	54.0	4.11	70.1	<4	6.6	19.5	1.6	2.5	2.0	6.2	34.8
5	LZ5515-2		264	341	288.2	410.5	26.0	106	10.5	260.0	4.7	3.4	44.3	19.0	<0.5	2.3	14.2	42.0
6	LZ2832-1		98	33		155.5	63.0	279	16.6	476	27.3	6.1	17.6	5.0	1.3	2.4	19.0	32.9

综上所述，南迦巴瓦岩群原岩有正变质岩，也有副变质岩，除了富铝的变质岩外，其余岩石类型也表现出与火成岩有关的性质。斜长角闪岩和黑云斜长片麻岩类、变粒岩类均表现出有火成岩特点。总体为一套活动型火山-碎屑岩夹碳酸盐岩建造。

(四) 变质带、变质相和变质相系

1. 变质带

依据测区出露的南迦巴瓦岩群角闪质岩石和大理岩类分布较少，而片岩、片麻岩中多出现蓝晶石和夕线石＋钾长石特征变质矿物组合，将变质带划分为蓝晶石带、夕线石＋钾长石带，呈北东向展布，由南、北两侧向中心有明显的递增变质现象(图 4-1)。

2. 变质相

据特征变质矿物及其共生组合，划分为低角闪岩相、高角闪岩相。低角闪岩相由蓝晶石带组成，高角闪岩相由夕线石＋钾长石带组成。东邻 1∶25 万墨脱县幅矿物测试成果显示，局部已达麻粒岩相(T=850℃，P=1.65～1.8Gpa)。

(1) 低角闪岩相蓝晶石带：分布于岭松牧场至则那共巴一带，角闪石为绿色或黄绿色，黑云母为浅棕—浅红棕色，斜长石为 An30～An36，钾长石为微斜长石，变质相图见图 4-9。各类岩石矿物共生组合如下。变质泥质岩矿物共生组合为 Sill＋Alm＋Bi±Ms＋Pl＋Q，Ky＋Alm＋Bi＋Ms＋Pl＋Q±Ep，St＋Bi＋Pl＋Kf＋Q±Gt，Bi＋Pl＋Q±Kf，Bi＋Alm＋Pl＋Kf＋Q，Sill＋Gt＋Bi＋Q±Pl，Bi＋Hb±Gt±Di＋Pl＋Kf＋Q，Sill＋Bi＋Pl＋Q，Ky＋Alm＋Bi＋Pl＋Q＋C，Ky＋C＋Bi＋Pl＋Q。

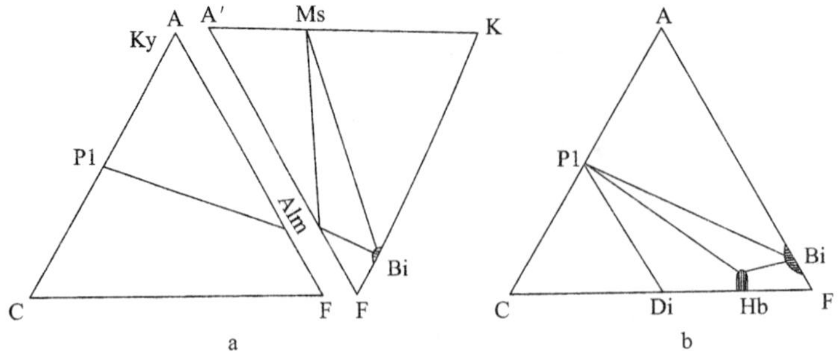

图 4-9　低角闪岩相矿物共生图解

a. 泥质岩；b. 基性岩

变质基性岩矿物共生组合 Pl+Hb±Q,Pl+Hb±Bi±Q,Di+Pl+Hb±Q,Bi+Gt+Pl+Hb+Q。

变质碳酸盐岩矿物共生组合有 Phl+Cal+Di+Tr,Di+Tr+Cal,Di+Scp+Cal,Di+Scp+Cal+Q,Tr+Phl+Cal。

(2)高角闪岩相夕线石+钾长石带(偶见麻粒岩残留体):分布于岭松牧场至则那共巴一带南北两侧,角闪石为褐绿色或黄绿色,黑云母为棕一红棕色,斜长石 An 大于 36,(—)2V 小于 45°,钾长石为微斜长石,变质相图见图 4-10,各类岩石矿物共生组合如下。

变质泥质岩矿物共生组合为 Sill+Alm+Bi±Ms+Pl+Kf+Q,Sill+Bi+Pl+Kf+Q±Ser,Gt+Ky+Sill+Bi+Pl+Kf+Q。

变质碳酸盐岩矿物共生组合有 Cal+Fo+Di+Tr+Phl,Phl+Cal+Fo,Cal+Fo,Phl+Cal+Fo+Di+Do,Phl+Cal+Fo+Do。

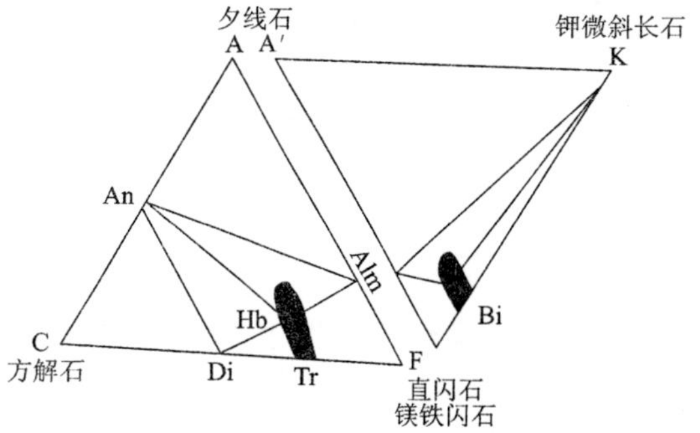

图 4-10　高角闪岩相 ACF、A′KF 图解

根据上述矿物共生组合、石榴石—黑云母矿物对中心至边缘成分计算温压条件及在图 4-11 中看出,峰期变成的蓝晶石带古温度 550~680℃,夕线石+钾长石带古温度 650~860℃,压力 0.40~0.85GPa。峰前期变质的温度 400~650℃。此外,1∶25 万墨脱县幅南迦巴瓦岩群中石榴石—黑云母矿物对测试成果有峰期前(早期)变质温度 614~800℃;峰期变质温度 725~860℃,压力 0.48~0.93GPa;变质作用后期的温压条件为:660~792℃,压力小于 0.93GPa。变质带内蓝晶石的普遍出现,说明该变质带应属都城秋惠划分的三重压力类型中蓝晶石—夕线石型系列,为中高压相系。

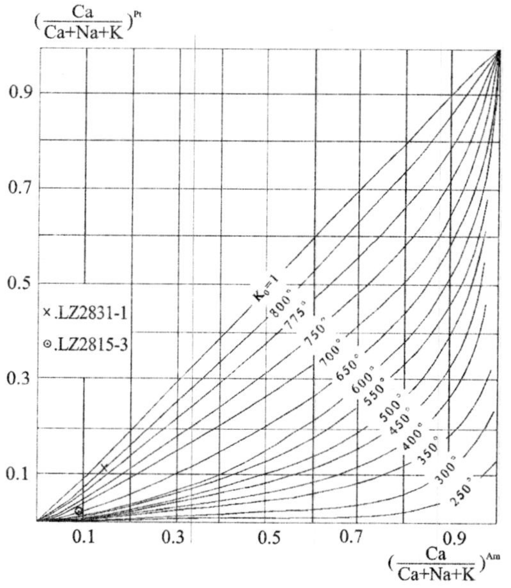

图 4-11　变质岩中共存的黑云母和石榴石之间 Mg-Fe^{2+} 分配系数与变质温度的关系

(Hepqyk,1970)

(五) 变质变形期次及演化探讨

根据变质作用类型、变质相、变质相系及同位素年龄资料,结合前人和邻区研究成果,南迦巴瓦变质岩带大致经历了:新元古代早期(Pt_3^1)、早加里东期(Є)、喜马拉雅期(E—N)3 期变质。

新元古代早期(Pt_3^1):属主变质变形时期。为区域动力热流变质作用,形成一套角闪岩相—麻粒岩相变质岩系,构成喜马拉雅陆块的结晶基底。斜长角闪岩中获 Sm-Nd 同位素(表 2-6)等时线年龄 1182±150Ma;邻区 1∶20 万波密幅在片麻岩中获 Rb-Sr 同位素等时线年龄 961±139Ma 等,代表了新元古

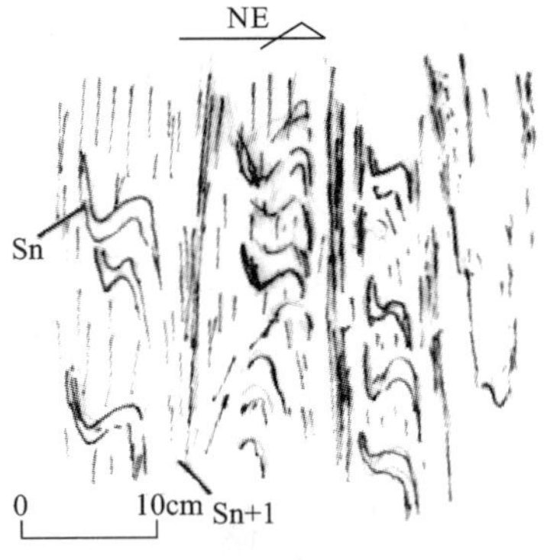

图 4-12　南迦巴瓦岩群片理 N 型置换

代早期(10～7 亿年)泛非早期热事件在南迦巴瓦岩群中反映,极其具有普遍性。在南迦巴瓦岩群中形成紧闭同斜褶皱、钩状无根褶皱等,常见“N 型”(图 4-12)和“W 型”(图版Ⅻ-2)面理置换现象。

早加里东期(Є):为区域动力热流变质作用,表现为高级变质岩中出现夕线石退变为白云母,夕线石被白云母包裹,透辉石退变为角闪石、黑云母,角闪石退变为黑云母,局部退变为十字石等。东邻 1∶25 万墨脱县幅在花岗质片麻岩中获锆石 U-Pb 年龄 525～552Ma;角闪岩中获^{40}Ar-^{39}Ar 坪年龄 575.20±5.24Ma,代表了早加里东期热事件。

喜马拉雅期(E—N):属叠加动力变质,晚三叠世—晚白垩世早期表现为挤压使南迦巴瓦岩群发生了强烈变形和糜棱岩化,产生条纹条带状构造、眼球状构造(图版Ⅻ-1、Ⅻ-3)、塑性流变、S-C 组构(图版Ⅺ-8)、牵引褶皱、“σ”碎斑和“δ”碎斑(图版Ⅻ-4),以及石香肠构造(图版Ⅻ-5、Ⅻ-6),显示推覆和左行斜向—水平走滑剪切特征。晚期与喜马拉雅陆块的隆升有关,叠加了剪切变形和糜棱岩化。1∶25 万墨脱县幅内有(丁林等,1999)44.5±4.93Ma、60.9±1.95Ma、65.69±1.53Ma、22.6±5.7Ma 的一组锆石 U-Pb 年龄和 17.5±0.3Ma 的$^{40}Ar/^{39}Ar$ 坪年龄,代表喜马拉雅期喜马拉雅山系造山热事件。形成拉伸线理、剪切褶皱、倾竖-掩卧褶皱等;“σ”碎斑和拖尾构造等,显韧性滑脱剪切特征,新生绢云母、绿泥石、细鳞片状白云母(图版Ⅻ-7)等。之后,在 6Ma 左右(刘宇平等,1997)发生了混合岩化作用,于 0.16～3Ma(丁林,钟大赉,1999)冷却隆起、出露地表。

对该变质岩带的研究,变质岩带的 P-T-t 轨迹为一个顺时针轨迹,具有等温降压(ATD)的特征(丁林,钟大赉等,1999)。

第二节　珞巴村—巴墩变质岩带(Ⅱ)

珞巴村—巴墩变质岩带由一套假厚度大于 4074.58m 以上的新元古代—寒武纪肉切村岩群,及厚度大于 2740.43m 的白垩纪朗县混杂岩组成。进一步划分为珞巴村变质岩亚带($Ⅱ_1$)和巴墩变质岩亚带($Ⅱ_2$)。

一、珞巴村变质岩亚带($Ⅱ_1$)

珞巴村变质岩亚带位于珞巴村—来果桥一带,夹持于珞巴村—来果桥基底剥离断层和比丁浦主剥离断层之间,南延出图。受变质地层为新元古代—寒武纪肉切村岩群,面积约 180km²。

岩石类型:有石榴白云母片岩、角闪绿帘黑云片岩、二云片岩、石榴二云片岩、二云石英片岩、含红柱二云石英片岩、石英岩、含二云母石英岩、黑云变粒岩、黑云斜长变粒岩等。

变质带、变质相特征:变质带中特征变质矿物有绿泥石、绿帘石、阳起石、白云母、黑云母、石榴石,少量角闪石等。据特征变质矿物共生组合,可划分为黑云母带、石榴石带,但面积较小,变质地质图上现仅表示为石榴石带。矿物共生组合有 Ms+Chl+Q,Gt+Bi+Ms+Q,Bi+Ms+Q±Ad,Bi+Ms+Q,Hb+Ep+Bi,Bi+Pl+Hb+Q。

原岩建造及变质变形期次特征:据肉切村岩群主要岩石为云母片岩夹少量石英岩、变粒岩等特点,结合南邻 1∶25 万扎日区幅该岩群夹有变中基性火山岩,故原岩为中基性火山岩-细碎屑岩建造。据受变质地层、岩浆活动与变质矿物组合特征及西部邻区同位素年龄成果,肉切村岩群经历了两期变质作用。锆石 U-Pb 同位素年龄 525～553Ma,代表肉切村岩群早期经历了一次泛非末期造山高绿片岩相区域动力热流变质作用和岩浆活动，其原生层理构造被彻底置换，代之为透入性片理 S_1，由新生矿物白云母、黑云母、阳起石、角闪石等组成。晚期为燕山晚期—喜马拉雅期，黑云母 Ar-Ar 法坪年龄 18.2±0.11Ma和等时线年龄 18.63±0.63Ma，与喜马拉雅陆块向北运动和隆升有关，叠加有糜棱岩化和韧性剪切变形，边缘地带尤为强烈，常形成糜棱岩和以片理为变形面理，形成了一些牵引褶皱、剪切褶皱、无根褶皱（图版Ⅲ-7；图版Ⅻ-8）等组成的韧性剪切带。具左行走滑"δ"碎斑、多米诺骨牌构造、S-C 组构，新生 Sc 面理由绢云母、绿泥石、鳞片状白云母定向排列构成。

二、巴墩变质岩亚带（$Ⅱ_2$）

巴墩变质岩亚带分布于测区西南隅下白若断裂以南，主体延入 1∶25 万扎日区幅，面积约 28km²。受变质地层为白垩纪朗县混杂岩。

岩石类型：有变质条带状绿泥粉砂岩、变质长石石英细（杂）砂岩、绢云千枚岩、绢云千糜岩、含硬绿泥石炭质绢云千枚岩、白云母片岩、石墨绿泥白云母片岩、白云母（石英）绿泥片岩、方解绿泥片岩、斜黝帘透闪绿泥片岩、绿泥白云母大理岩、变中酸性火山岩、钠长绿泥白云石蛇纹片岩等。

变质带、变质相特征：变质带中变质泥质岩矿物共生组合为 Ser+C（炭质）+Q，Bi+Pl+Ms+Q，Cz+C（石墨）+Bi+Ms+Q，Ser+C（炭质）+Bi+Q，Bi+Pl+Or+Ms+Q，Ser+Ms+Chl+Ab+Q，Pl+Ms+C（石墨）+Q；变质中酸性火山岩、碳酸盐岩矿物共生组合有 Ep+Tr+Chl，Cal+Chl，Chl+Ms+Q，Ep+Bi+Phl+Chl+Ms+Cal，Ser+Cal+Tr。由上述出现的特征变质矿物及共生组合，变质带由绢云母—绿泥石带和黑云母带组成。由于区内分布范围小，变质地质图上仅表示为黑云母带。据矿物共生组合和黑云母-石榴石矿物对（表 4-8）中心成分温度估算达 450℃，为区域低温动力低绿片岩相变质。从具普遍发育千枚理等特征，具有中压相系性质。

表 4-8　巴墩变质岩亚带石榴石-黑云母电子探针分析结果表（10^{-2}）

样品编号	ZR5002-15			
矿物对 / 化学组成	Gt(cor)		Bi(cor)	
	Wt(%)	阳离子数	Wt(%)	阳离子数
SiO_2	37.177	2.977	36.579	3.014
TiO_2	0.122	0.010	1.730	0.109
Al_2O_3	21.190	2.001	18.659	1.811
Cr_2O_3	0.013		0.000	
Fe_2O_3	0.000		0.000	
MgO	0.874	0.106	9.985	1.227
CaO	9.969	0.856	0.104	0.010
MnO	2.285	0.154	0.047	0.005
FeO	28.338	1.895	20.376	1.405
NiO	0.000		0.076	0.005
ZnO	0.000		0.000	
Na_2O	0.128	0.019	0.069	0.010
K_2O	0.076	0.010	7.212	0.762
Total	100.172		94.837	
T(℃)	450			

原岩建造及变质变形一般特征：据白垩纪朗县混杂岩岩石中普遍含炭、泥质高，夹大理岩、绿泥片岩等，以及具底模构造等特点，其原岩为含火山质的复理石建造。

白垩纪朗县混杂岩受燕山晚期（主）强烈变质变形，原生层理构造经置换、改造，变质新生矿物绢云母、绿泥石、白云母、黑云母等定向排列形成 S_1 面理，为低绿片岩相低温区域动力变质，具变质极不均匀和变形比变质强的特点。喜马拉雅期叠加有糜棱岩化作用，以片理为变形面理，形成了平卧褶皱、斜歪褶皱、牵引褶皱等，以及糜棱岩化岩石，显左行走滑剪切特征。

第三节　朗县—米林变质岩带（Ⅲ）

朗县—米林变质岩带空间上与沿朗县—米林一带雅鲁藏布江分布的白垩纪朗县混杂岩重合，受变质地层有二叠纪—三叠纪等不同时代、不同性质的构造岩块（片）和厚度大于1071.96m的白垩纪基质。

一、岩石类型

岩片：岩石类型有强纤闪透闪石化单辉岩、透闪绿泥石化单辉岩、绿帘角闪岩、钠长绿帘角闪（构造）片岩、碳酸盐化绿帘钠长绿泥片岩、蛇纹岩、变质辉绿岩（图版ⅩⅢ-1）、绿泥钠长石英片岩和结晶灰岩等。其中钠长绿帘角闪片岩等，具有角闪石和斜长石呈条纹条带状聚集（图版ⅩⅢ-2），及剪切褶劈理、角闪石碎斑退变为黑云母及绿泥石，斜长石被白云母、绿帘石取代（图版ⅩⅢ-3）等特征。特征变质矿物有钠长石、绿泥石、绿帘石、阳起石、透闪石、白云母等。

基质：有钙质板岩、绿泥板岩、粉砂质绢云板岩、含钙质粉砂质绢云板岩、粉砂质变质长石石英（杂）砂岩、粉砂质绢云千枚岩（图版ⅩⅢ-4、ⅩⅢ-5）等。特征变质矿物有钠长石、绢云母、绿泥石、白云母等。白云母电子探针分析（表4-9）：SiO_2 36.96%～58.77%、Al_2O_3 19.66%～28.74%、，FeO 1.78%～6.83%、K_2O 11.86%～25.34%、Na_2O 0～5.18%，与多硅白云母近似。

表4-9　白云母电子探针分析结果表

序号		1	2	3	4	5	6
样品编号		LZ5360-34			LZ5360-53		
矿物		白云母			白云母		
氧化物质量（%）	SiO_2	41.08	36.96	43.53	58.77	51.15	57.05
	TiO_2	0.68	13.46	0.00	1.59	1.88	0.00
	Al_2O_3	24.19	22.60	28.74	19.66	21.52	20.73
	MgO	0.00	1.61	0.00	1.46	2.79	3.39
	FeO	6.83	4.63	4.19	3.82	4.00	1.78
	MnO	1.61	0.55	0.00	1.03	0.61	0.00
	Cr_2O_3	0.27	0.00	0.04	0.20	1.10	0.00
	K_2O	25.34	18.58	23.50	12.82	14.76	11.86
	Na_2O	0.00	1.61	0.00	0.65	2.09	5.18

二、原岩恢复及原岩建造

混杂岩岩石化学成分见表4-10，绿片岩类样品在A-C-FM图解（图4-13）中，1、2、3、5、6分布于正系列碱土铝基性岩组内，岩性为基性火山岩及铁质白云质泥灰岩区，4分布于凝灰质粉砂岩区内。在(al+fm)-

(c+alk)—Si 图解(图 4-14)中,1、4、5 位于沉积岩区,2、3 位于火山岩区,6 位于火山岩与钙质沉积岩重叠区。在(Al+Fe+Ti)-(Ca+Mg)图解(图 4-15)中,4、6 位于沉积岩区,其余均位于基性、中性火山岩区。

表 4-10　朗县-米林变质岩带朗县混杂岩岩石化学及特征参数表

序号		1	2	3	4	5	6
样品编号		LZ2876-1	LZ2835-9	LZ2827-3	LZ5560-39	LZ5360-35	LZ5360-44
岩石名称		糜棱岩化斜长角闪片岩	绿帘斜长角闪片岩	绿泥绿帘钠长阳起片岩	绿泥钠长石英片岩	绿帘钠长绿泥片岩	钠长绿帘角闪片岩
氧化物重量(10^{-2})	SiO_2	48.32	51.55	47.35	73.66	52.67	54.85
	TiO_2	0.88	1.10	0.700	0.34	0.71	0.93
	Al_2O_3	14.61	15.39	17.66	13.00	17.02	14.79
	Fe_2O_3	5.82	3.91	3.15	0.46	2.43	4.14
	FeO	4.92	6.95	3.28	2.48	7.32	4.98
	CaO	12.61	8.38	11.75	0.10	2.80	7.65
	MgO	7.18	6.76	10.03	2.01	6.80	4.37
	MnO	0.23	0.24	0.140	0.12	0.20	0.14
	K_2O	0.23	0.20	0.62	0.40	0.08	0.14
	Na_2O	2.19	3.57	1.71	5.34	6.22	6.17
	P_2O_5	0.15	0.12	0.180	0.05	0.09	0.11
	总量			96.57	97.96	96.34	98.27
尼格里值	al	19	22	23	40	26	23
	fm	43	45	45	29	50	39
	c	31	22	27	1	8	22
	alk	5	9	5	28	16	16
c/fm		0.72	0.49	0.61	0.03	0.17	0.59
mg		0.55	0.53	0.74	0.54	0.54	0.47
si		109	124	103	387	137	146
al-alk		14	13	18	12	10	7
(al+fm)-(c+alk)		26	36	35	40	49	22
Al_2O_3	分子数	143	151	173	128	167	145
K_2O+Na_2O	分子数	37	60	35	90	101	101
Ca+Mg		403	317	459	52	219	244
A_1※		437	460	441	336	475	423
$A_1/3$-K		142	150	133	104	156	139
$A_1/3$-Na		75.7	37.7	91.0	−60.0	−41.7	−59.0
A		21	25	24	58	32	28
C		33	24	29	1	10	27
FM		46	51	47	41	58	45

注:※A_1=Al+Fe+Ti。

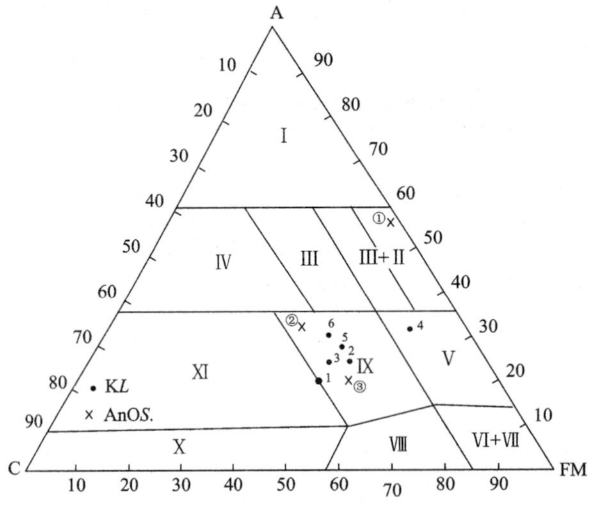

图 4-13　A-C-FM 图解

（据谢缅年科，1966）

Ⅰ. 正铝硅酸盐岩亚组；Ⅱ. 铁镁铝硅酸盐岩亚组；Ⅲ. 正系列碱土铝硅酸盐岩亚组；Ⅳ. 钙铝硅酸盐岩亚组；
Ⅴ. 铝镁铁硅酸盐岩亚组；Ⅵ. 铁硅酸盐岩亚组；Ⅶ. 正系列镁质超基性岩组；Ⅷ. 正系列碱土低铝超基性岩组；
Ⅸ. 正系列碱土铝基性岩组；Ⅹ. 碱土钙系列钙质碳酸盐岩亚组；Ⅺ. 碱土钙系列铝钙质岩亚组

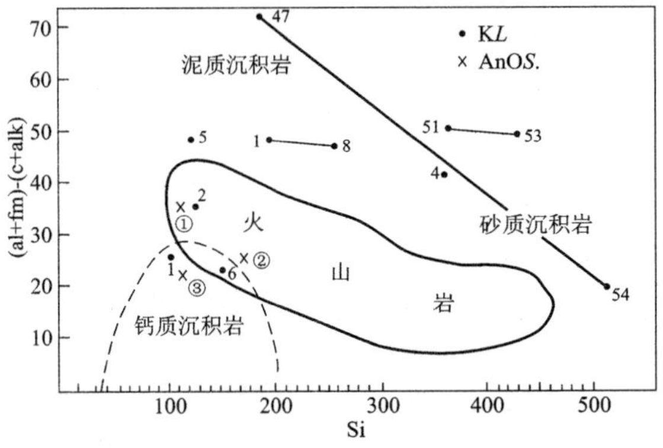

图 4-14　(al＋fm)-(c＋alk)-Si 图解

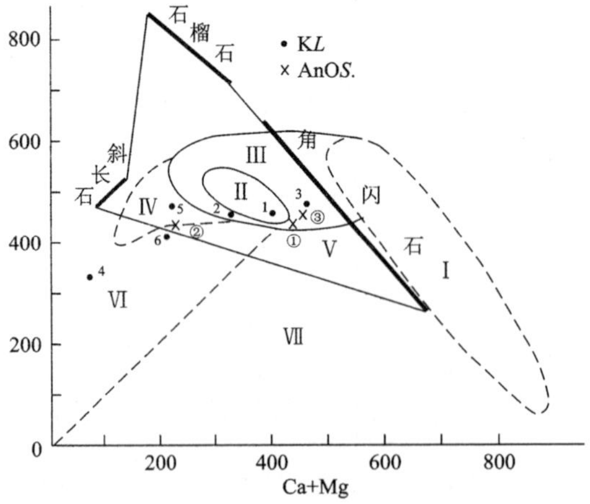

图 4-15　(Al＋∑Fe＋Ti)-(Ca＋Mg)图解

（据巴拉绍夫等，1972）

Ⅰ. 超基性岩区；Ⅱ. 基性岩的最大集中区；Ⅲ. 基性岩及其变种区；
Ⅳ. 中性火成岩及砂泥质杂岩和泥质凝灰岩区；Ⅴ. 凝灰质砂岩、基性单矿物砂岩及复矿物砂岩及钙质凝灰岩区；
Ⅵ. 粘土、泥岩、粉砂岩、长石砂岩和泥灰质砂岩区；Ⅶ. 粘土质、白云质和钙质泥灰岩区

岩石稀土元素含量见表 4-11，总量 $47.63\times10^{-6}\sim108.51\times10^{-6}$，除 1 号样$(La/Yb)_N$2.01>1 外，其余均在 0.57～0.71 之间，配分曲线为轻稀土略左倾，重稀土部分平坦且弱富集（图 3-86）。

表 4-11　朗县-米林变质岩带朗县混杂岩稀土元素成果表（10^{-6}）

序号	样品编号	岩 石 名 称	La	Ce	Pr	Nd	Sm	Eu
1	LZ2876-1	糜棱岩化斜长角闪片岩	4.86	13.02	1.97	8.40	2.55	0.87
2	LZ5360-35	碳酸盐化绿帘钠长绿泥片岩	1.93	5.29	0.98	5.30	1.90	0.81
3	LZ5360-39	绿泥钠长石英片岩	4.41	13.51	2.38	12.96	4.48	1.29
4	LZ5360-44	钠长绿帘角闪片岩	3.13	8.95	1.56	7.75	2.56	0.99
5	LZ2827-3	绿泥绿帘钠长阳起片岩	3.88	10.88	1.93	10.09	3.49	1.43
6	LZ2835-9	绿帘斜长角闪片岩	2.90	7.41	1.38	7.05	2.39	1.10

Gd	Tb	Dy	Ho	Er	Tm	Yb	Lu	Y	总量	δEu	$(La/Yb)_N$
2.97	0.47	2.91	0.61	1.71	0.25	1.63	0.24	14.19	56.65	0.965	2.01
2.94	0.49	3.46	0.75	2.08	0.33	2.22	0.34	18.81	47.63	1.045	0.59
6.08	1.10	7.74	1.61	4.72	0.80	5.25	0.77	41.41	108.51	0.756	0.57
3.70	0.68	4.61	1.00	2.92	0.48	3.00	0.45	25.90	67.68	0.983	0.70
5.03	0.92	5.79	1.28	3.65	0.59	3.70	0.59	30.75	84.00	1.043	0.71
3.60	0.65	4.45	0.96	2.77	0.45	2.91	0.46	24.06	62.54	1.144	0.67

微量元素含量列于表 4-12，其 Cu、Cr、Ni、Zn、V、Co 等含量比泰勒克拉克值较高，其余值较低，与玄武质岩石微量元素相近。

表 4-12　朗县—米林变质岩带朗县混杂岩岩石微量元素成果表（10^{-6}）

序号	样品编号	微量元素含量															
		V	Zn	Pb	Rb	Sr	Zr	Nb	Ba	Th	Hf	Sc	Cs	Sn	Li	Cu	Ta
1	LZ2876-1	230.0	105.0	9.90	<3.0	281	62.0	3.6	70.0	<1.0	1.60	35.9				36.0	
2	LZ5360-35	281.0	104.0	4.60	<3.0	76.0	48.0	<2.0	38.0	<1.0	1.20	43.2				69.0	
3	LZ5360-39	9.0	116.0	<2.0	3.1	39.0	125.0	<2.0	48.0	<1.0	3.50	14.0				5.0	
4	LZ5360-44	258.8	62.0	14.3	<3.0	137	73.0	1.2	51.0	<1.0	2.10	41.2	9.0	0.4	3.3	25.6	<0.5
5	LZ2827-3	310.0	107.0	6.5	2.7	163	90.0	2.6	67.0	<1.0	2.30	55.4	9.0		9.5	76.0	<0.5
6	LZ2835-9	325.0	77.0	9.70	<3.0	150	65.0	<2.0	55.0	<1.0	2.40	42.3				115.0	

综上所述，朗县混杂岩中 6 件绿片岩样品多属基性岩成因，结合基质岩石组合特征，主体为复理石蛇绿岩型建造。

三、变质相带及变质变形期次

主变质期新生矿物：绢云母、钠长石、绿泥石、绿帘石、阳起石、白云母、黑云母、透闪石、石英等。据白云母电子探针（表 4-9）和能谱分析（图 4-16），在白云母成分随变质带变化图解（图 4-17）中，样品位于蓝闪片岩相区，并据千枚理极其发育和强烈变形等特点，变质作用应为低温中高压绿片岩相变质。新生矿物共生组合为 Ab＋Ser＋Chl＋Q，Ser＋Ms＋Bi，Ser＋Chl＋Q，Ab＋Ep＋Q，Ab＋Ser＋Ep＋Q，Act＋Ep＋Tr＋Bi。为绢云母-绿泥石带、黑云母带。

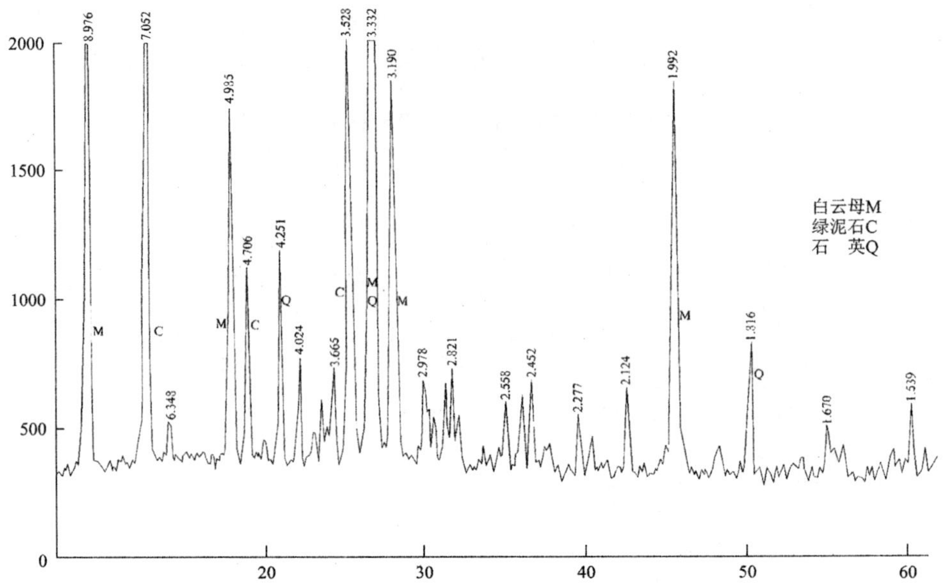

图 4-16　雅鲁藏布江结合带板岩中的白云母 X 射线衍射图

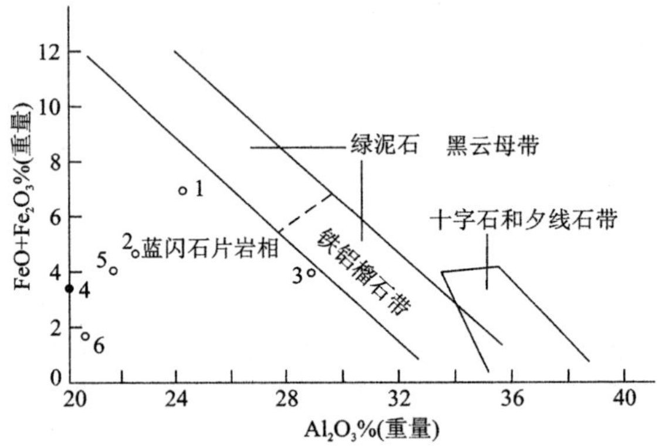

图 4-17　变质泥岩白云母成分随变化带变化

（据 Miyashiro,1979）

变质时期可能起始于早白垩世,结束于晚白垩世。喜马拉雅期该带产生强烈构造变形与变质,产生一组板劈理,对 S_1 有较强的改造,$S_1 \wedge S_2 = 45°$,并大规模叠加韧性走滑剪切糜棱岩带,有糜棱岩、千枚状糜棱岩、绿帘构造片岩;以及脆韧性断裂、脆性断裂。以 S_1 为变形面理,发育有平卧褶皱、同斜褶皱、剪切褶皱与劈理、揉流褶皱,及"σ"碎斑和"δ"碎斑、多米诺骨牌显示结合带具左行走滑特征。岩块除发育糜棱岩带外,往往还叠加有脆性的断层角砾岩、碎裂岩、碎粉岩等。变质岩系中片理、糜棱面理在西段为南倾,东段为北西倾,显示东西两侧构造运动学、动力学机制存在较大差异。

此外,喜马拉雅晚期使沿结合带少量分布的渐—中新世山前磨拉石建造的大竹卡组发生了达亚绿片岩相的低温动力变质。其岩石类型有:变质砂砾岩、变质含砾泥质粉砂岩、粉砂质绢云板岩、绢云硅质板岩、含砾绢云千枚岩。新生变质矿物为:绢云母、绿泥石、钠长石、绢白云母、雏晶黑云母等,矿物共生组合为 Ser+Ms+Q,Ab+Ser+Chl+Q,Ser+Chl+Q,Ms+Bi(雏晶)+Q,Ab+Ser+Q。

第四节　拉日芝—林芝变质岩带(Ⅳ)

拉日芝—林芝变质岩带位于冈底斯岩浆弧南侧,南以茄子弄—滚没—色苏边界断裂为界,分布于拉日芝—扎西绕登—林芝一带，南北宽达 60 余千米，东西均延出图外，面积约 3100km^2。分为林芝变质岩亚带（$Ⅳ_1$）和多青岗变质岩亚带（$Ⅳ_2$）。

一、林芝变质岩亚带（$Ⅳ_1$）

中—新元古代念青唐古拉岩群。其变质特征见真巴剖面（图 4-18）、林芝—八拉剖面（图 4-19），主体变质达低角闪岩相，局部残留有高角闪岩相—麻粒岩相，主变质变形期为新元古代早期（Pt_3^1）。

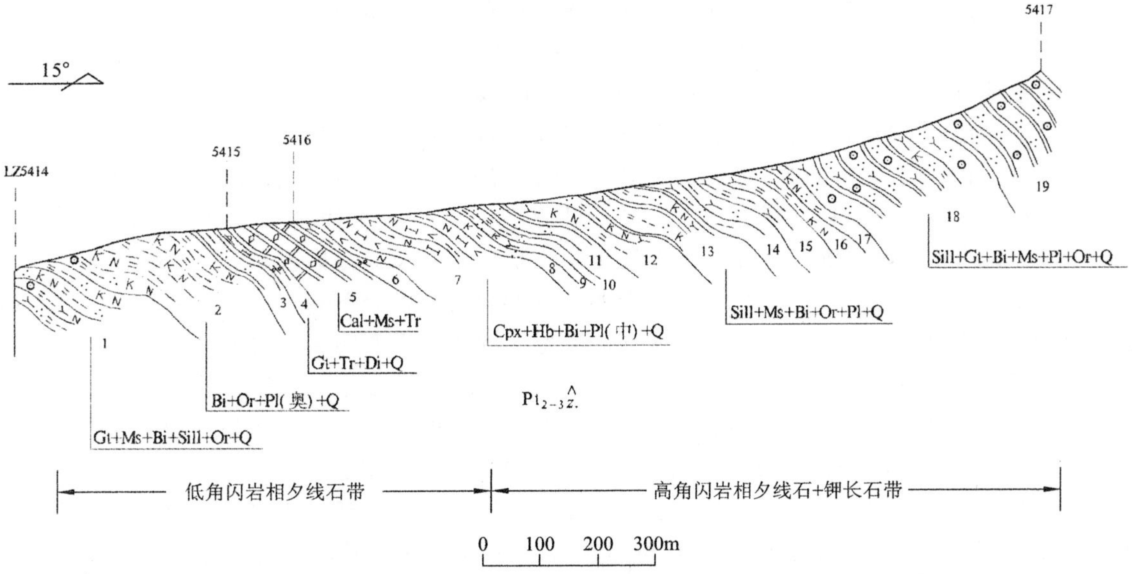

图 4-18　林芝县普拉镇真巴真巴岩组变质岩剖面图

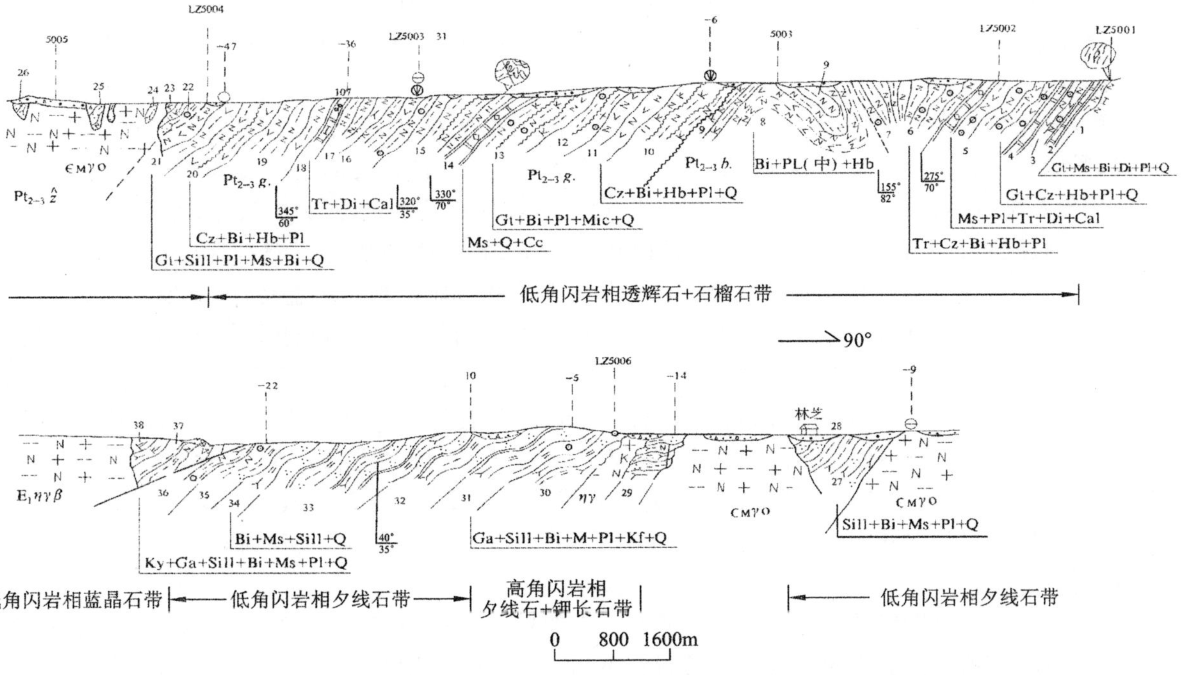

图 4-19　林芝县普拉镇八拉—金星村念青唐古拉岩群变质岩剖面图

（一）主要岩石类型

有麻粒岩类、片麻岩类、变粒岩类、浅粒岩类、角闪质岩类、片岩类、石英岩类、大理岩类及混合岩类。

麻粒岩类：产于八拉岩组中，呈透镜状、饼状、不规则状等产出。主要岩性有：紫苏角闪斜长麻粒岩、含紫苏黑云角闪斜长麻粒岩、紫苏透辉角闪斜长麻粒岩、紫苏角闪透辉麻粒岩、紫苏角闪麻粒岩等。具粒状变晶结构、镶嵌变晶结构（图版Ⅺ-1）、冠状反应边结构等，块状构造；矿物成分及含量：斜长石 0～67%、普通角闪石 18%～40%、透闪石 0～15%、透辉石 1%～57%、紫苏辉石 2%～8%及少量黑云母、钾长石等矿物组成。紫苏透辉麻粒岩具紫苏辉石→透辉石→普通角闪石→黑云母反应边，透辉石中包含有浑圆状紫苏辉石（图版Ⅺ-2），产生由麻粒岩相→角闪岩相的退变（图版XIII-6、图版Ⅺ-3）；早世代矿物组合为紫苏辉石＋透辉石，晚世代矿物组合为黑云母＋斜长石＋角闪石。

片麻岩类：为八拉岩组、贡嘎岩组主要岩类。有含石榴二云透辉斜长片麻岩、含透辉黑云角闪斜长片麻岩、斜长角闪片麻岩、含（石榴）黑云斜长片麻岩、石榴斜黝帘石角闪斜长片麻岩、角闪斜长片麻岩、石榴角闪斜长片麻岩、角闪黑云斜长片麻岩、二云斜长片麻岩、含榴夕线（黑云）斜长片麻岩及含（石榴）黑云二（斜）长花岗质片麻岩等。多具斑状变晶和粒状鳞片变晶及变余嵌晶结构，片麻状构造。主要矿物成分及含量：中长石和更长石 20%～58%，常见不明显聚片双晶；钾长石 0～56%为微斜长石，具格子双晶；黑云母 6%～30%；石英 5%～25%，具波状消光。特征变质矿物为石榴石、夕线石、透辉石、角闪石等。含磷灰石、磁铁矿、锆石、褐帘石、榍石等副矿物。角闪斜长片麻岩中普遍具普通角闪石→阳起石→绿泥（帘）石反应边（图版XIII-7），含透辉角闪斜长片麻岩的角闪石中残留透辉石及文象交生角闪石、斜长石和石英（图版XIII-8），角闪斜长片麻岩中斜长石具核幔构造（图版XIV-1）。

角闪质岩类：为八拉岩组、贡嘎岩组的重要岩类。主要有角闪片岩、石榴黑云角闪岩、紫苏角闪斜长变粒岩、石榴斜长角闪岩、透闪石岩、透辉石角闪岩、含石榴斜黝帘石角闪片岩、角闪斜长变粒岩、黑云角闪斜长变粒岩等。具粒柱状及花岗变晶结构，片麻状、片状或块状、角砾状构造（图版XIV-2）、眼球纹理构造（图版XIV-3）；主要矿物成分及含量：角闪石 30%～95%、斜长石 35%～50%为拉—中长石、黑云母 1%～16%、石英 0～3%、透辉石 0～12%、透闪石 0～72%，少量石榴石、斜黝帘石、紫苏辉石。部分岩石中有紫苏辉石→透辉石→普通角闪石（图版XIV-4）反应边，及核部角闪石和边部阳起石组成环带构造（图版XIV-5）。

变粒岩、浅粒岩类：有黑云斜长变粒岩、含石榴角闪斜长变粒岩、含蓝晶夕线黑云斜长变粒岩、斜长变粒岩、黑云（角闪）二长变粒岩、含石榴二长浅粒岩等。具鳞片粒状变晶结构，块状或弱定向构造。主要矿物成分及含量：斜长石 15%～75%，以更长石为主，聚片双晶发育，次为中长石；钾长石 0～60%，有格子双晶，为微斜长石；石英 3%～40%、黑云母 0～15%。特征变质矿物石榴石、蓝晶石、夕线石、角闪石、斜黝帘石等。含蓝晶夕线黑云斜长变粒岩中夕线石矿物内残留有柱状蓝晶石（图版XIV-6）。

片岩类：主要产于真巴岩组中。为黑云夕线石英片岩、含石榴夕线斜长黑云石英片岩、含夕线石榴长石二云石英片岩、黑云夕线石英片岩、夕线钾长黑云石英片岩、长石二云石英片岩、二云夕线石英片岩、含十字夕线石榴二云石英片岩、黑云斜长透辉透闪片岩、含辉石角闪黑云斜长片岩、斜长角闪黑云片岩、角闪黑云片岩、透闪红柱黑云片岩、含十字石榴二云片岩、二长夕线二云片岩、含蓝晶夕线石榴二云片岩等。具粒状鳞片变晶结构、片状构造；主要矿物成分及含量：石英 5%～70%、斜长石 0～32%、钾长石 0～25%、黑云母 5%～60%、白云母 5%～60%。特征变质矿物夕线石、石榴石、蓝晶石、十字石、钾长石、角闪石等。

石英岩类：为真巴岩组的主要岩类。主要岩石有粗粒含透闪石英岩、含符山石透辉透闪石英岩、含二云（夕线）长石石英岩、含石榴夕线二云长石石英岩、含黑云石英岩、二云石英岩等。具鳞片粒状变晶结构，块状或片状构造；主要矿物成分及含量：石英 50%～92%、长石 5%～10%，主要为斜长石，部分为钾长石、黑（白）云母 5%左右。特征变质矿物有夕线石、石榴石等。

大理岩类：在念青唐古拉岩群内均有少量分布。岩石类型有粗晶大理岩、透闪透辉石大理岩、透辉石粗晶大理岩、巨晶大理岩。具粒状变晶结构，块状构造；主要矿物成分及含量：方解石 2%～99%、白云石0～30％，少量石英、斜长石、榍石、磁铁矿等。特征变质矿物为金云母、透辉石、透闪石。

混合岩类：有条带状混合岩（图版Ⅲ-5）、眼球状均质混合岩（图版Ⅲ-4）、角砾状混合岩等。具片麻状、眼球状、角砾状构造；眼球或脉体成分为长英质，角砾成分为角闪质，基质成分由石英、斜长石、钾长石、黑云母、石榴石、角闪石等组成。

（二）特征变质矿物

本变质岩带特征变质矿物主要有紫苏辉石、单斜辉石、铁铝榴石、普通角闪石、蓝晶石、夕线石、十字石、红柱石、钾长石、黑云母、白云母、透闪石等。重要特征变质矿物简述如下。

紫苏辉石：主要产于麻粒岩中，多残留于角闪石、透辉石、透闪石核部（图版Ⅺ-2），具正高突起，Ng淡蓝绿色，Np浅红，平行消光，正延性，具透辉石→透闪石→普通角闪石或黑云母冠状反应边。电子探针分析结果列于表4-13，形成温度约为1118～1299℃，压力38.2kb，形成深度约200km，为超高压变质环境。

透辉石：正高突起，无色—淡蓝绿色，辉石式解理，Ng∧C＝40°～42°，常与角闪石、长石、石榴石等共生，也可由紫苏辉石退变而成。往往还被透闪石、普通角闪石包绕，形成反应边结构。

透闪石：正中突起，具闪石式解理，Ng∧C≤25°，无色，呈辉石的反应边。

普通角闪石：正中突起，具闪石式解理，Ng∧C＝22°，Ng黄绿、蓝绿色，Np浅黄绿色、黄色，常与黑云母、白云母、石榴石、长石等共生，退变后被黑云母、白云母、阳起石、绿帘石等包绕，形成反应边结构。其成分见表4-13，形成温度500℃左右。

铁铝榴石：正高突起，无色，常包含有石英、长石、黑云母、角闪石包体，形成筛状变晶结构，部分退变形成冠状反应边结构，电子探针分析显示（表4-13）：MgO2.654％～4.360％，CaO0.998％～7.889％，FeO26.364％～29.712％，MnO2.184％～9.162％含量变化大，成分环带显示由中心→边部FeO、MgO含量增加，MnO、CaO则反之。说明石榴石经历了一个减压变质过程。

表4-13　林芝变质岩亚带共生矿物对电子探针结果及阳离子数表※（10^{-2}）

样品编号	LZ5001-7									
矿物对 \ 化学组分	Bi(cor)		Gt(rim)		Gt(rim)		Hb		Pl	
	Wt（%）	阳离子数	Wt（%）	阳离子数	Wt（%）	阳离子数	Wt（%）	阳离子数	Wt（%）	阳离子数
SiO_2	36.394	3.020	36.993	2.956	38.480	3.014	41.63	6.582	63.493	1.057
TiO_2	2.048	0.13	0.123	0.010	0.135	0.009	0.648	0.076	0.000	0.000
Al_2O_3	17.247	1.684	21.252	1.996	21.436	1.978	15.001	2.792	23.084	0.452
Cr_2O_3	0.031		0.000		0.000		0.000		0.000	
Fe_2O_3	0.000		0.047		0.157	0.009	0.000		0.000	
MgO	12.208	1.51	3.236	0.384	4.360	0.509	8.942	2.108	0.000	
CaO	0.082	0.005	7.889	0.677	6.811	0.57	10.528	1.786	4.305	0.077
MnO	0.289	0.020	3.733	0.254	2.184	0.146	0.303	0.038	0.031	
FeO	16.195	1.121	26.364	1.761	26.572	1.743	16.621	2.194	0.004	
NiO	0.030		0.000		0.037		0.000		0.000	
ZnO	0.062	0.005	0.000		0.000		0.000		0.000	
Na_2O	0.128	0.020	0.024		0.039	0.009	2.039	0.627	8.853	0.286
K_2O	9.518	1.007	0.000		0.000		0.532	0.114	0.112	0.002

续表 4-13

样品编号	LZ5001-7									
矿物对 / 化学组分	Bi(cor)		Gt(rim)		Gt(rim)		Hb		Pl	
	Wt (%)	阳离子数	Wt (%)	阳离子数	Wt (%)	阳离子数	Wt (%)	阳离子数	Wt (%)	阳离子数
Total	94.23		9 9.660		100.21		96.244		99.88	
T(℃)	591℃						500℃			
P(Kb)										

样品编号	LZ5006-27								LZ2420-9			
矿物对 / 化学组分	Bi(cor)		Gt(rim)		Gt(rim)		Ky		Opx(cor)		Cpx(cor)	
	Wt (%)	阳离子数	Wt (%)	阳离子数	Wt (%)	阳离子数	Wt (%)	阳离子数	Wt (%)	阳离子数	Wt (%)	阳离子数
SiO_2	35.514	2.937	36.265	2.934	35.904	2.936	37.117	0.797	54.728		51.228	1.869
TiO_2	2.615	0.164	0.000		0.037		0.000		0.083		0.532	0.015
Al_2O_3	19.221	1.878	21.518	2.05	21.096	2.033	63.154	1.597	2.238		3.781	0.162
Cr_2O_3	0.084	0.010	0.003		0.009		0.014		0.263		0.572	0.018
Fe_2O_3	0.000		0.000		0.000		0.000		0.945		2.158	0.061
MgO	8.640	1.063	3.136	0.379	2.654	0.324	0.008		29.305		15.437	0.839
CaO	0.008		1.059	0.092	0.998	0.088	0.000		1.200		24.185	0.944
MnO	0.323	0.025	8.503	0.583	9.162	0.633	0.048	0.001	0.366		0.095	0.002
FeO	19.529	1.352	29.552	1.997	29,712	2.033	0.334		11.271		2.482	0.077
NiO	0.045	0.005	0.058	0.005	0.000		0.002				0.000	
ZnO	0.000		0.000		0.000		0.083	0.001	0.122		0.000	
Na_2O	0.17	0.03	0.000		0.000		0.007				0.142	0.009
K_2O	9.625	1.014	0.000		0.036		0.026				0.000	
Total	95.773		100.094		99.609		100.793		100.520		100.613	
T(℃)	649℃								1118～1299℃			
P(Kb)	6.33								38.2			

注:※cor:矿物中心;rim:矿物边缘。

蓝晶石:柱状变晶,残留于具纤状夕线石假象的绢-白云母中,或出现于白云母中呈交代残余状,保留蓝晶石外形,有时被包裹于石榴石中。与白云母、黑云母、石榴石和长石平衡共生。电子探针分析结果见表 4-13:SiO_2 37.117%,Al_2O_3 63.154%,FeO 0.334%,形成温度约 649℃。

夕线石:纤柱状、长柱状变晶,正高突起,正延性,菱形横切面上可见平行对角线方向的解理,多分布于绢白云母中呈交代残余状,沿片理面生长,及在石英颗粒中偶见包含有纤状夕线石现象。

十字石:柱状—他形变晶,沿片理面生长,Ng 亮黄,Np 浅黄,与夕线石、蓝晶石平行共生或聚集成变晶集合体,集合体常被长石、石英、云母等包裹。

红柱石:无色,微带粉红色色调,板柱状变斑晶,d=0.5～2mm 之间,解理发育,柱面平行消光,负延性,常具绢云母化。

黑云母:形成于不同阶段。半自形片状,Ng 红棕、暗褐、棕、红褐色,Np 浅黄色。多数黑云母 Ng 橙黄色,Np 浅黄色,峰期与蓝晶石、石榴石、长石等共生;部分为交代角闪石边缘产出,自身常具绿泥石化、绢云母化后期改造，少量残留于石榴石、蓝晶石变斑晶中。在低级变质岩中为黄绿色，在高级变质岩中则为棕色或褐色，自身常具绿泥石化、绢云母化。电子探针分析见表 4-13 显示：MgO 8.640%～12.208%，CaO 0.008%～0.082%，FeO 16.195%～19.529%，MnO 0.289%～0.323%，成分由中心→边缘 MgO、MnO、FeO 增加，TiO_2 及 $FeO/(FeO+Fe_2O_3)$ 随温度的升高而增加。

（三）原岩恢复及原岩建造

大理岩、石英岩和石英片岩的原岩从矿物成分即可恢复。故对片麻岩、暗色岩系进行了部分岩石化学分析，其结果及特征参数值见表 4-14。在尼格里四面体图解（图 4-20）中，7、11、15、26 位于粘土质沉积物区，其余均位于火山岩区。

表 4-14　林芝变质岩亚带念青唐古拉岩群岩石化学成果及特征参数表

序号		1	2	3	4	5	6	7	8
样品编号		LZ5001-12	LZ5001-14	LZ5002-3	LZ5002-6	LZ5002-11	LZ5002-14	LZ5002-18	LZ5003-2
岩石名称		含石榴斜黝帘石角闪岩	含石榴斜黝帘石角闪岩	黑云角闪斜长片麻岩	二云斜长片麻岩	黑云斜长片麻岩	黑云斜长变粒岩	黑云角闪斜长片麻岩	斜长角闪岩
氧化物质量 (10^{-2})	SiO_2	46.93	40.90	62.49	65.64	67.10	69.17	53.10	43.15
	TiO_2	0.490	1.170	0.650	0.550	0.420	0.360	0.970	0.980
	Al_2O_3	17.03	16.40	17.07	16.27	15.78	15.00	18.26	22.81
	Fe_2O_3	4.51	5.81	1.74	1.17	0.99	0.78	2.53	3.47
	FeO	6.50	11.13	4.12	3.64	3.23	2.75	6.83	8.08
	CaO	12.07	10.52	5.18	3.90	3.50	2.50	7.58	10.22
	MgO	8.15	9.14	2.18	1.27	0.96	0.66	3.98	4.41
	MnO	0.17	0.18	0.06	0.04	0.04	0.04	0.149	0.164
	K_2O	0.24	0.67	1.52	1.56	2.85	3.70	1.91	1.49
	Na_2O	1.84	2.21	4.51	4.78	4.20	4.29	3.70	3.44
	P_2O_5	0.050	0.150	0.170	0.190	0.160	0.110	0.210	0.370
	烧失量	0.71	0.72	0.08	0.23	0.00	0.03	0.10	0.67
	总量	99.41	100.3	100.2	99.65	99.59	99.70	100.1	100.1
尼格里值	al	18	12	35	38	40	41	29	30
	fm	51	60	29	24	20	17	36	36
	c	27	23	19	16	16	13	22	24
	alk	4	5	18	22	24	29	13	10
	c/fm	0.53	0.36	0.68	0.68	0.76	0.75	0.55	0.65
	mg	0.58	0.5	0.4	0.33	0.29	0.25	0.43	0.41
	si	102	80	216	259	281	315	142	96
al-alk		14	7	17	16	16	12	16	20
(al+fm)-(c+alk)		38	44	27	24	20	16	30	32
Al_2O_3	分子数	167	161	167	160	155	147	179	224
K_2O+Na_2O		33	43	89	94	98	108	80	72

续表 4-14

序号		1	2	3	4	5	6	7	8
样品编号		LZ5001-12	LZ5001-14	LZ5002-3	LZ5002-6	LZ5002-11	LZ5002-14	LZ5002-18	LZ5003-2
岩石名称		含石榴斜黝帘石角闪岩	含石榴斜黝帘石角闪岩	黑云角闪斜长片麻岩	二云斜长片麻岩	黑云斜长片麻岩	黑云斜长变粒岩	黑云角闪斜长片麻岩	斜长角闪岩
Ca+Mg		417	416	146	102	86	61	234	291
A_1※		486	564	421	392	372	347	497	616
A_1/3-K		156	174	108	97	64	38	126	173
A_1/3-Na		102	116	−5.7	−24	−12	−22	45.7	93
A		23	20	43	49	52	57	33	33
C		29	23	15	21	21	18	25	27
FM		48	57	42	30	27	25	42	40
序号		9	10	11	12	13	14	15	16
样品编号		LZ5003-7	LZ5003-30	LZ5003-44	LZ5003-47	LZ5006-9	LZ534-1	LZ567-2	LZ648-1
岩石名称		黑云二长花岗质片麻岩	石榴石黑云斜长片麻岩	黑云斜长花岗质片麻岩	黑云角闪斜长片麻岩	含黑云石英(片)岩	角闪斜长片麻岩	含石榴堇青黑云长英质角岩	黑云花岗质初糜棱岩
氧化物质量(10^{-2})	SiO_2	70.56	61.62	72.92	46.55	88.14	43.86	54.34	65.81
	TiO_2	0.410	0.840	0.190	1.190	0.430	1.020	0.810	0.540
	Al_2O_3	13.98	17.12	13.58	19.46	4.26	19.67	20.33	15.18
	Fe_2O_3	0.45	0.94	0.53	3.09	0.18	3.33	0.86	0.88
	FeO	3.29	7.25	3.47	7.42	3.07	8.63	8.28	4.55
	CaO	2.16	3.33	3.03	9.17	0.98	10.84	3.75	3.44
	MgO	0.55	1.62	0.58	4.60	0.39	6.35	2.50	1.57
	MnO	0.046	0.115	0.026	0.181	0.011	0.116	0.17	0.047
	K_2O	3.75	2.51	1.22	1.82	0.93	0.46	0.47	2.76
	Na_2O	3.48	3.55	3.73	4.50	0.88	3.58	1.63	3.77
	P_2O_5	0.100	0.090	0.070	0.430	0.060	0.250	0.160	0.140
	烧失量	0.24	0.04	0.00	0.75	0.33	0.75	5.11	0.08
	总量	99.39	99.84	99.74	99.99	99.66	99.82	99.33	99.28
尼格里值	al	41	36	40	26	31	25	41	36
	fm	20	33	21	41	40	41	39	28
	c	12	13	17	23	12	25	14	15
	alk	27	18	22	10	17	9	6	21
	c/fm	0.6	0.39	0.17	0.54	0.31	0.61	0.37	0.52
	mg	0.21	0.26	0.21	0.44	0.18	0.49	0.33	0.34
	si	346	220	370	110	281	93	182	259
al-alk		14	18	18	16	14	17	34	14
(al+fm)-(c+alk)		22	38	22	35	41	33	58	27

续表 4-14

序号		9	10	11	12	13	14	15	16
样品编号		LZ5003-7	LZ5003-30	LZ5003-44	LZ5003-47	LZ5006-9	LZ534-1	LZ567-2	LZ648-1
岩石名称		黑云二长花岗质片麻岩	石榴石黑云斜长片麻岩	黑云斜长花岗质片麻岩	黑云角闪斜长片麻岩	含黑云石英(片)岩	角闪斜长片麻岩	含石榴堇青黑云长英质角岩	黑云花岗质初糜棱岩
Al_2O_3	分子数	137	168	133	191	42	193	199	149
K_2O+Na_2O		96	84	73	92	24	63	31	90
Ca+Mg		53	99	68	278	27	351	129	100
A_1※		331	460	322	538	134	561	533	380
$A_1/3$-K		30	99	81	141	25	177	168	69
$A_1/3$-Na		−1.7	39	−12.7	33	16.7	71	125.8	4.7
A		57	44	52	31	37	27	44	46
C		16	16	21	27	15	27	15	19
FM		27	40	27	43	48	46	41	35

序号		17	18	19	20	21	22
样品编号		LZ700-1	LZ2836-2	LZ2847-2	LZ2640-1	LZ2795-1	LZ2799-1
岩石名称		眼球状黑云花岗质片麻岩	绿帘斜长角闪片岩	角闪石岩	角闪石岩	紫苏角闪斜长麻粒岩	含紫苏黑云角闪斜长麻粒岩
氧化物质量(10^{-2})	SiO_2	69.64	45.50	54.02	48.13	49.15	59.12
	TiO_2	0.210	1.950	0.450	0.76	0.85	0.65
	Al_2O_3	14.21	10.93	10.61	7.12	19.29	17.34
	Fe_2O_3	0.43	7.01	5.91	2.31	3.27	2.53
	FeO	3.02	4.86	5.05	6.95	6.75	4.02
	CaO	2.94	12.11	8.69	17.37	9.80	6.52
	MgO	0.63	14.18	8.96	14.69	6.00	3.27
	MnO	0.024	0.160	0.140	0.17	0.16	0.12
	K_2O	3.40	0.48	0.36	0.15	0.30	1.62
	Na_2O	4,17	1.94	2.41	1.02	3.07	3.74
	P_2O_5	0.100	0.140	0.130	0.03	0.12	0.18
	烧失量	0.20					
	总量	99.31	99.26	96.73	98.52	98.76	99.11
尼格里值	al	39	13	15	8	27	32
	fm	18	58	55	55	41	33
	c	14	25	24	35	25	21
	alk	29	4	6	2	7	14
	c/fm	0.78	0.42	0.43	0.65	0.63	0.68
	mg	0.25	0.69	0.6	0.74	0.52	0.47
	si	321	85	133	89	115	182
al-alk		10	8	9	6	20	17

续表 4-14

序号		17	18	19	20	21	22
样品编号		LZ700-1	LZ2836-2	LZ2847-2	LZ2640-1	LZ2795-1	LZ2799-1
岩石名称		眼球状黑云花岗质片麻岩	绿帘斜长角闪片岩	角闪石岩	角闪石岩	紫苏角闪斜长麻粒岩	含紫苏黑云角闪斜长麻粒岩
(al+fm)-(c+alk)		14	41	40	25	35	27
Al_2O_3	分子数	139	107	104	70	189	170
K_2O+Na_2O		103	36	43	18	53	77
Ca+Mg		68	377	438	324	197	317
A_1※		329	358	397	523	436	460
$A_1/3$-K		38	121	111	87	168	111
$A_1/3$-Na		−24.3	69.3	41	59	74.3	25
A		55	13	17	8	29	37
C		20	26	25	36	27	25
FM		25	61	59	56	44	38
序号		23	24	25	26	27	28
样品编号		LZ2847-4	LZ2847-5	LZ2849-2	LZ2540-1	LZ2639-1	LZ2875-1
岩石名称		紫苏角闪透辉麻粒岩	紫苏透辉角闪斜长麻粒岩	紫苏角闪麻粒岩(超基性麻粒岩)	紫苏透辉角闪斜长麻粒岩	透闪石岩(原岩为超基性岩)	角闪透辉石岩
氧化物质量(10^{-2})	SiO_2	44.08	47.54	51.15	55.02	44.46	45.84
	TiO_2	1.70	0.53	0.31	0.86	0.31	1.13
	Al_2O_3	10.57	20.52	3.97	18.70	3.18	9.75
	Fe_2O_3	4.07	2.24	1.26	2.90	4.13	3.44
	FeO	7.95	6.95	9.85	4.78	8.12	7.38
	CaO	12.82	11.46	7.47	7.60	9.36	15.34
	MgO	14.43	7.13	23.74	3.89	27.09	13.45
	MnO	0.18	0.13	0.21	0.13	0.21	0.20
	K_2O	0.43	0.12	0.08	0.76	0.12	0.31
	Na_2O	1.81	2.28	0.34	4.08	0.45	1.38
	P_2O_5	0.02	0.02	0.01	0.23	0.04	0.05
	烧失量						
	总量	98.06	98.92	98.41	98.95	97.47	98.27
尼格里值	al	11	27	4	31	3	1
	fm	59	41	81	34	80	54
	c	26	27	14	23	16	31
	alk	4	5	1	12	1	3
	c/fm	0.44	0.68	0.18	0.67	0.2	0.57
	mg	0.69	0.58	0.79	0.42	0.74	0.69
	si	89	105	92	151	70	85

续表 4-14

序号		23	24	25	26	27	28
样品编号		LZ2847-4	LZ2847-5	LZ2849-2	LZ2540-1	LZ2639-1	LZ2875-1
岩石名称		紫苏角闪透辉麻粒岩	紫苏透辉角闪斜长麻粒岩	紫苏角闪麻粒岩(超基性麻粒岩)	紫苏透辉角闪斜长麻粒岩	透闪石岩(原岩为超基性岩)	角闪透辉石岩
al-alk		7	22	3	18	2	8
(al+fm)-(c+alk)		39	35	69	29	66	31
Al_2O_3	分子数	104	201	39	183	31	96
K_2O+Na_2O		34	38	6	74	8	25
Ca+Mg		381	723	394	46	839	608
A_1※		534	235	433	306	231	353
A_1/3-K		120	176	76	144	75	112
A_1/3-Na		72	104	68.3	28	63	73.7
A		12	28	4	35	3	11
C		27	29	15	26	16	32
FM		61	43	1	39	81	57

注:※A_1=Al+Fe+Ti。

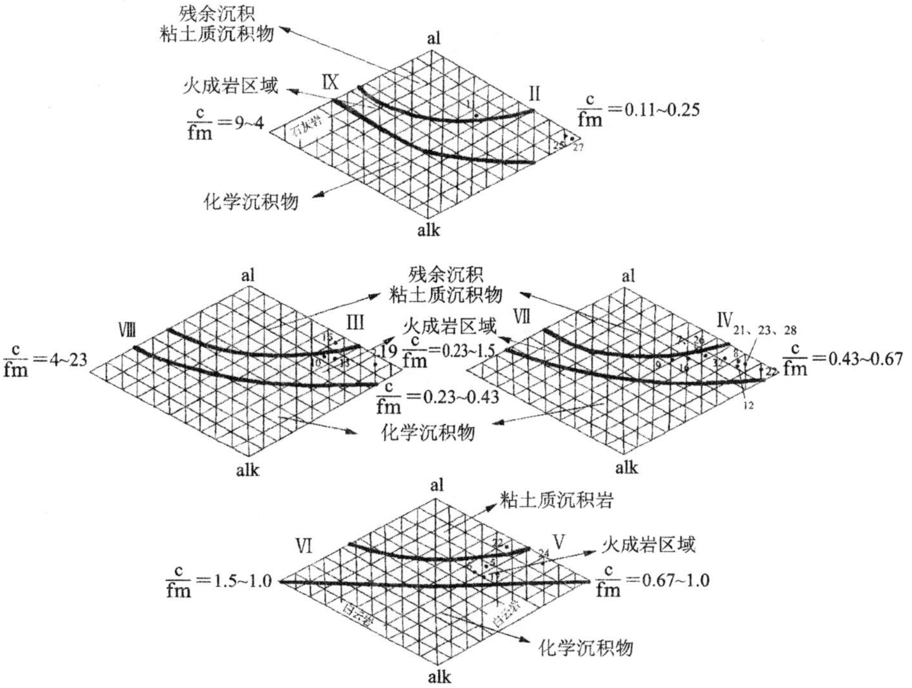

图 4-20 尼格里四面图解

在 A-C-FM 图解(图 4-21)中,样品主要集中于正系列碱土铝硅酸盐岩亚组和正系列碱土铝基性岩亚组区内,Ⅲ为中性及碱性火山岩和杂砂岩,Ⅸ主要为基性火山岩及铁质白云质泥灰岩。其余零星分布于其他区域内,其中 25、27 为正系列镁质超基性岩组和碱土低铝超基性岩组。在(al+fm)-(c+alk)-Si 图解(图 4-22)中,2、8、10、13、14、15、18、23、25、27 位于沉积岩区,20 位于钙质沉积岩区,其余位于火山岩区。在[(Al+Fe+Ti)/3-K]-[(Al+Fe+Ti)/3-Na]图解(图 4-23)中,1、2、8、14、15、19、21、22、24 位于基性火山岩区内及上部区域,7、18、28 位于基性火山岩与亚杂砂岩重叠区,其余位于杂砂岩、亚杂砂岩区内及下部区域，且 Na＞K。在(Al＋Fe＋Ti)-(Ca＋Mg)图解中(图 4-24)，4、5、6、9、10、11、13、15、16、17 位于沉积岩区，3、7、18、22、23、26、28 位于中性火山岩、杂砂岩区，20、25、27 位于超基性岩区，其余均落入基性岩及其变种区。

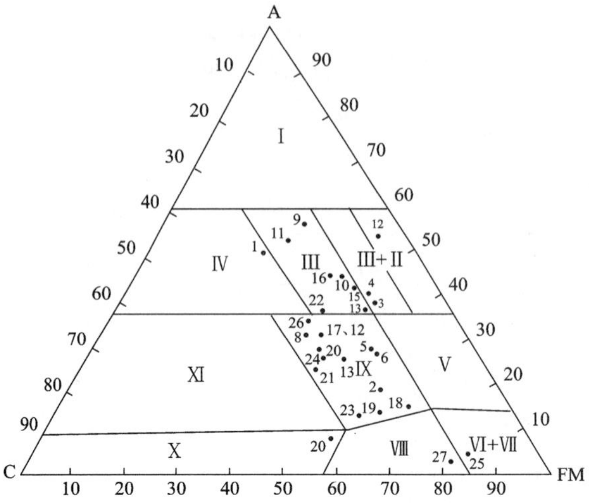

图 4-21　A-C-FM 图解

(据谢缅年科，1966)

Ⅰ. 正铝硅酸盐岩亚组；Ⅱ. 铁镁铝硅酸盐岩亚组；Ⅲ. 正系列碱土铝硅酸盐岩亚组；Ⅳ. 钙铝硅酸盐岩亚组；Ⅴ. 铝镁铁硅酸盐岩亚组；Ⅵ. 铁硅酸盐岩亚组；Ⅶ. 正系列镁质超基性岩组；Ⅷ. 正系列碱土低铝超基性岩组；Ⅸ. 正系列碱土铝基性岩组；Ⅹ. 碱土钙系列钙质碳酸盐岩亚组；Ⅺ. 碱土钙系列铝钙质岩亚组

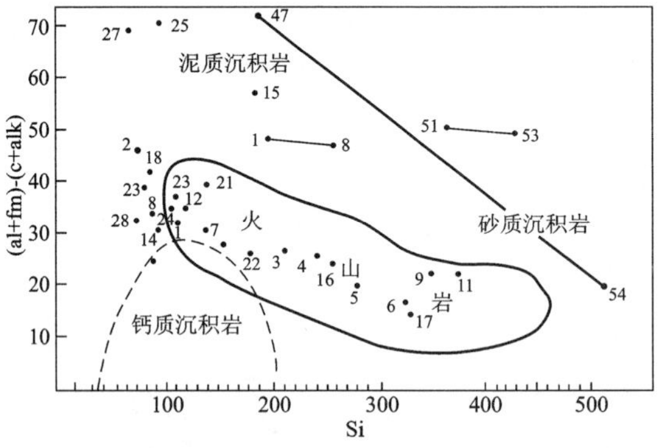

图 4-22　(al＋fm)-(c＋alk)-Si 图解

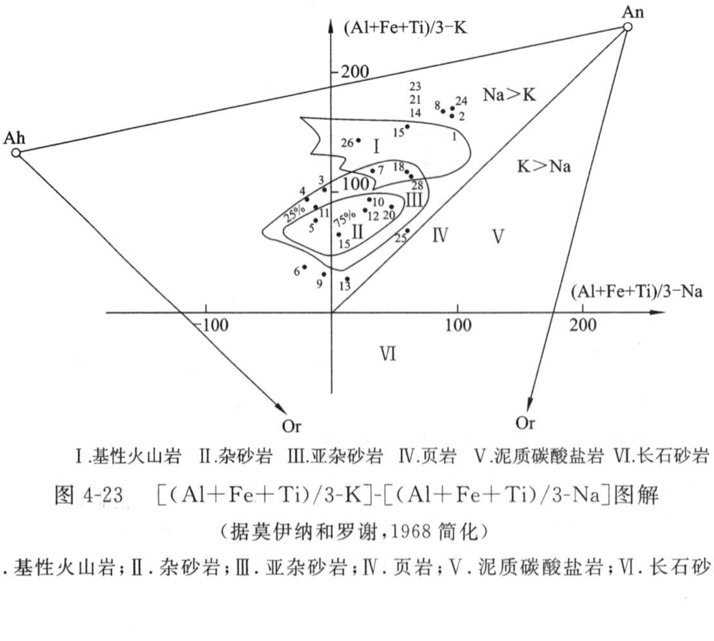

Ⅰ.基性火山岩 Ⅱ.杂砂岩 Ⅲ.亚杂砂岩 Ⅳ.页岩 Ⅴ.泥质碳酸盐岩 Ⅵ.长石砂岩

图 4-23　[(Al＋Fe＋Ti)/3-K]-[(Al＋Fe＋Ti)/3-Na]图解

(据莫伊纳和罗谢，1968 简化)

Ⅰ. 基性火山岩；Ⅱ. 杂砂岩；Ⅲ. 亚杂砂岩；Ⅳ. 页岩；Ⅴ. 泥质碳酸盐岩；Ⅵ. 长石砂岩

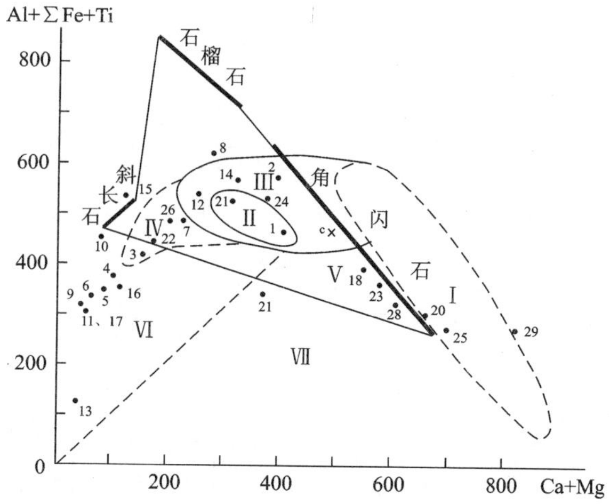

图 4-24　(Al+∑Fe+Ti)-(Ca+Mg)图解

(据巴拉绍夫等,1972)

Ⅰ.超基性岩区;Ⅱ.基性岩的最大集中区;Ⅲ.基性岩及其变种区;Ⅳ.中性火成岩及砂泥质杂岩和泥质凝灰岩区;

Ⅴ.凝灰质砂岩、基性单矿物砂岩及复矿物砂岩(基性成分杂砂岩)及钙质凝灰岩区;

Ⅵ.粘土、泥岩、粉砂岩、长石砂岩和泥灰质砂岩区;Ⅶ.粘土质、白云质和钙质泥灰岩区

各类岩石的稀土元素含量见表 4-15。在 La/Yb-REE(10^{-6})图解(图 4-25)中,3、4、5、6、8、9、10、11、13 位于沉积岩区内,12、14 位于角闪岩与沉积岩重叠区,其余全落入角闪岩区。

表 4-15　林芝变质岩亚带念青唐古拉岩群稀土元素成果表

序号		1	2	3	4	5	6	7	8
样品编号		LZ5001-12	LZ5001-14	LZ5002-3	LZ5002-6	LZ5002-11	LZ5002-14	LZ5002-18	LZ5003-2
岩石名称		含石榴斜黝帘石角闪岩	含石榴斜黝帘石角闪岩	黑云角闪斜长片麻岩	二云斜长片麻岩	黑云斜长片麻岩	黑云斜长变粒岩	黑云角闪斜长片麻岩	斜长角闪岩
稀土元素含量(10^{-6})	La	2.47	11.62	16.08	58.96	44.20	56.8	11.78	27.21
	Ce	4.33	27.38	34.01	110.3	86.17	110.8	34.45	68.08
	Pr	0.57	3.71	3.92	11.42	9.05	12.25	4.93	9.35
	Nd	2.91	17.51	15.05	36.8	30.22	38.98	23.71	40.53
	Sm	1.00	4.41	2.98	5.14	4.76	6.20	6.22	8.56
	Eu		1.43	0.91	1.22	1.10	1.00	1.59	2.18
	Gd	1.28	1.28	4.27	2.28	2.99	3.05	3.84	5.80
	Tb	0.22	0.71	0.33	0.40	0.41	0.54	0.97	1.00
	Dy	1.73	4.07	1.67	1.59	1.77	2.20	5.48	5.00
	Ho	0.35	0.77	0.29	0.30	0.32	0.38	1.00	0.93
	Er	1.17	2.22	0.78	0.69	0.76	0.87	2.92	2.77
	Tm	0.22	0.34	0.11	0.09	0.10	0.11	0.44	0.43
	Yb	1.16	1.84	0.61	0.48	0.52	0.56	2.64	2.55
	Lu	0.18	0.26	0.09	0.07	0.08	0.08	0.38	0.38
	Y	9.86	19.69	7.75	6.83	7.57	9.23	28.28	25.40
	总量	27.91	100.23	86.86	237.28	190.08	243.84	130.59	201.13

续表 4-15

序号		1	2	3	4	5	6	7	8
样品编号		LZ5001-12	LZ5001-14	LZ5002-3	LZ5002-6	LZ5002-11	LZ5002-14	LZ5002-18	LZ5003-2
岩石名称		含石榴斜黝帘石角闪岩	含石榴斜黝帘石角闪岩	黑云角闪斜长片麻岩	二云斜长片麻岩	黑云斜长片麻岩	黑云斜长变粒岩	黑云角闪斜长片麻岩	斜长角闪岩
δEu		1.297	0.995	1.028	0.876	0.827	0.584	0.797	0.847
$(La/Yb)_N$		1.44	4.26	17.77	82.81	57.31	68.38	3.01	7.19
序号		9	10	11	12	13	14	15	16
样品编号		LZ5003-7	LZ5003-30	LZ5003-44	LZ5003-47	LZ5006-9	LZ534-1	LZ567-2	LZ648-1
岩石名称		黑云二长花岗质片麻岩	含石榴石黑云斜长片麻岩	黑云斜长花岗质片麻岩	黑云角闪斜长片麻岩	含黑云石英(片)岩	角闪斜长片麻岩	石榴堇青黑云长英质角岩	黑云花岗质初糜棱岩
稀土元素含量(10^{-6})	La	46.17	31.46	10.51	20.50	35.81	6.17	32.53	28.53
	Ce	83.73	58.66	20.10	52.45	75.17	15.76	67.15	55.22
	Pr	9.08	7.44	2.31	7.48	8.29	2.45	7.99	6.17
	Nd	28.31	29.14	7.90	32.47	28.97	12.19	29.19	22.21
	Sm	4.44	5.99	1.41	7.40	5.45	3.40	5.89	4.32
	Eu	1.00	1.61	0.54	2.06		1.18	2.20	0.91
	Gd	3.08	5.26	1.01	6.19	4.26	3.46	5.67	3.74
	Tb	0.44	0.89	0.15	0.96	0.67	0.56	1.02	0.64
	Dy	2.23	5.03	0.67	5.00	3.59	3.25	6.20	3.71
	Ho	0.43	0.96	0.12	0.93	0.69	0.61	1.16	0.70
	Er	1.09	2.88	0.30	2.55	1.97	1.81	3.58	2.20
	Tm	0.16	0.41	0.04	0.38	0.31	0.28	0.56	0.36
	Yb	0.89	2.42	0.25	2.25	1.97	1.50	3.54	2.18
	Lu	0.14	0.37	0.05	0.33	0.31	0.22	0.52	0.33
	Y	10.96	27.55	2.56	24.73	18.76	16.55	34.09	20.56
	总量	192.15	180.07	47.83	165.68	186.87	69.39	201.29	151.78
δEu		0.785	0.859	1.320	0.906	0.398	1.043		
$(La/Yb)_N$		34.97	8.76	28.34	6.14	12.26	2.77		
序号		17	18	19	20	21	22	23	24
样品编号		LZ700-1	LZ2836-2	LZ2847-1	LZ2640-1	LZ2795-1	LZ2799-1	LZ2847-4	LZ2847-5
岩石名称		眼球状黑云花岗质片麻岩	绿帘斜长角闪片岩	角闪石岩	紫苏角闪透辉麻粒岩	紫苏角闪透辉麻粒岩	紫苏黑云角闪斜长麻粒岩	紫苏角闪透辉麻粒岩	紫苏透辉角闪斜长麻粒岩
稀土元素含量(10^{-6})	La	21.73	0.86	3.09	1.98	9.34	14.18	2.32	1.54
	Ce	42.38	2.11	10.16	6.06	20.06	27.19	8.22	3.63
	Pr	5.02	0.39	2.07	1.30	2.89	3.38	1.63	0.54
	Nd	19.49	1.98	11.80	7.19	12.36	13.55	10.26	2.31

续表 4-15

序号		17	18	19	20	21	22	23	24
样品编号		LZ700-1	LZ2836-2	LZ2847-1	LZ2640-1	LZ2795-1	LZ2799-1	LZ2847-4	LZ2847-5
岩石名称		眼球状黑云花岗质片麻岩	绿帘斜长角闪片岩	角闪石岩	紫苏角闪透辉麻粒岩	紫苏角闪透辉麻粒岩	紫苏黑云角闪斜长麻粒岩	紫苏角闪透辉麻粒岩	紫苏透辉角闪斜长麻粒岩
稀土元素含量(10^{-6})	Sm	3.90	0.79	3.98	2.34	2.89	2.85	3.37	0.78
	Eu	0.88	0.35	1.32	0.83	0.83	1.00	1.13	0.43
	Gd	3.53	1.29	4.89	2.75	2.74	2.72	4.03	0.94
	Tb	0.56	0.26	0.84	0.43	0.42	0.40	0.71	0.16
	Dy	3.03	1.75	5.38	2.52	2.54	2.32	4.53	0.99
	Ho	0.55	0.38	1.09	0.45	0.53	0.44	0.98	0.21
	Er	1.59	1.07	2.90	1.17	1.43	1.22	2.61	0.55
	Tm	0.24	0.17	0.42	0.17	0.23	0.19	0.38	0.09
	Yb	1.33	1.02	2.47	0.90	1.44	1.28	2.33	0.55
	Lu	0.20	0.16	0.34	0.13	0.20	0.19	0.32	0.08
	Y	15.19	9.67	25.96	10.44	13.07	11.21	22.19	4.72
	总量	119.62	22.25	76.71	38.75	70.97	82.12	65.01	17.52
δEu		0.712	1.054	0.914	0.999	0.889	1.083	0.936	1.534
$(La/Yb)_N$		11.02	0.57	0.84	1.35	4.37	7.47	0.67	1.89

序号		25	26	27	28	29	30	31
样品编号		LZ2849-2	LZ2540-1	LZ2639-1	LZ2875-1	LZ1927-1	LZ2016-1	LZ2164-2
岩石名称		紫苏角闪麻粒岩	紫苏透辉角闪斜长麻粒岩	透闪石岩	角闪透辉石岩	紫苏透辉斜长麻粒岩	斜长角闪岩	透闪石岩
稀土元素含量(10^{-6})	La	0.93	14.55	2.06	2.40	18.92	7.24	1.46
	Ce	2.54	31.50	5.20	8.41	38.88	18.67	3.10
	Pr	0.47	4.46	0.94	1.55	5.32	2.66	0.51
	Nd	2.33	18.66	4.52	8.16	21.38	13.91	2.29
	Sm	0.82	4.00	1.30	2.89	4.69	3.91	0.78
	Eu	0.28	1.20	0.40	0.95	1.47	1.29	0.19
	Gd	1.07	3.72	1.34	3.66	4.24	4.31	0.71
	Tb	0.17	0.57	0.21	0.61	0.64	0.73	0.13
	Dy	1.11	3.50	1.34	3.94	3.80	4.33	0.69
	Ho	0.23	0.66	0.24	0.84	0.71	0.78	0.14
	Er	0.61	1.81	0.65	2.22	2.00	2.34	0.39
	Tm	0.10	0.27	0.10	0.35	0.28	0.36	0.06
	Yb	0.63	1.74	0.61	2.09	1.68	1.89	0.30
	Lu	0.09	0.25	0.09	0.28	0.23	0.27	0.05
	Y	5.45	17.54	5.99	19.02	19.23	21.20	3.37
	总量	1.83	104.43	24.99	57.37	123.7	83.89	14.17
δEu		0.914	0.936	0.919	0.893	0.990	0.957	0.767
$(La/Yb)_N$		1.00	5.64	2.28	0.77	7.59	2.58	3.28

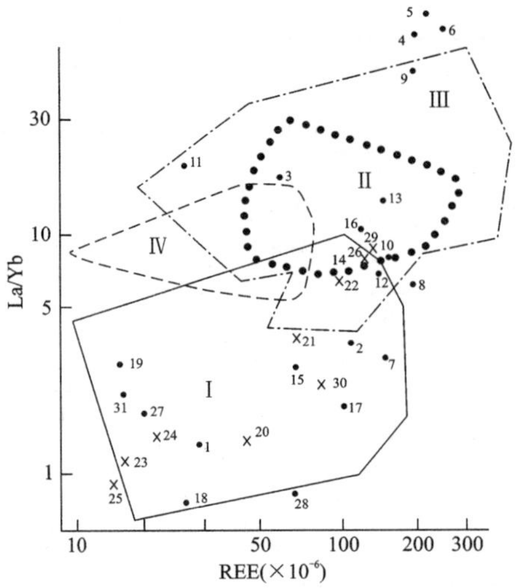

图 4-25　角闪岩与沉积岩和稀土元素组成

Ⅰ.角闪岩区；Ⅱ.砂质岩和杂砂岩区；Ⅲ.页岩和泥岩；Ⅳ.碳酸盐岩区；×.麻粒岩；·.其他岩类

麻粒岩 21、22、26 和 29 其稀土配分型式为轻稀土富集型(图 4-26)，ΣREE $22.6\times10^{-6}\sim32.81\times10^{-6}$，LREE/HREE 2.14～3.11，δEu 0.889～1.083，$(La/Yb)_N$ 4.37～7.59，稀土总量较低，类似于中—基性火山岩。角闪质岩类以 2、8、19、30 为代表，其 ΣREE $19.69\sim25.96\times10^{-6}$，LREE/HREE 0.73～3.45，δEu 0.9～1.0，$(La/Yb)_N$ 0.84～7.19，稀土配分型式为轻稀土弱富集或平坦型曲线，类似于现代岛弧钙碱性拉斑玄武岩系列和洋岛拉斑玄武岩系列(图 4-27)。花岗质片麻岩以 4、5、9 样品为代表，ΣREE $165.68\times10^{-6}\sim237.28\times10^{-6}$，LREE/HREE 2.83～16.65，δEu 0.785～0.906，$(La/Yb)_N$ 6.14～82.81，其稀土配分型式为左倾轻稀土富集型(图 4-28)，铕异常不明显，与同熔型花岗岩相似。副变质岩，以 3、5、13 样品为代表，ΣREE $86.86\times10^{-6}\sim190.08\times10^{-6}$，LREE/HREE 4.74～12.04，δEu 0.4～1.0，$(La/Yb)_N$ 12.3～57.3，稀土配分型式为右倾轻稀土富集型(图 4-29)。基本无铕异常，总体与被动边缘形成的现代和显生宙沉积岩的稀土特征一致。

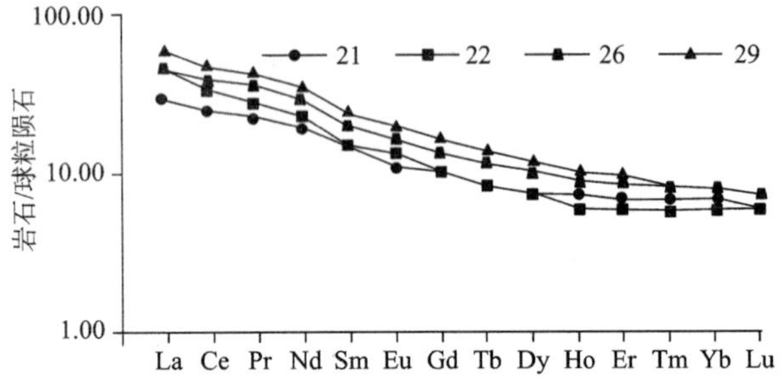

图 4-26　念青唐古拉岩群稀土元素配分曲线

(仿 Boynton，1984)

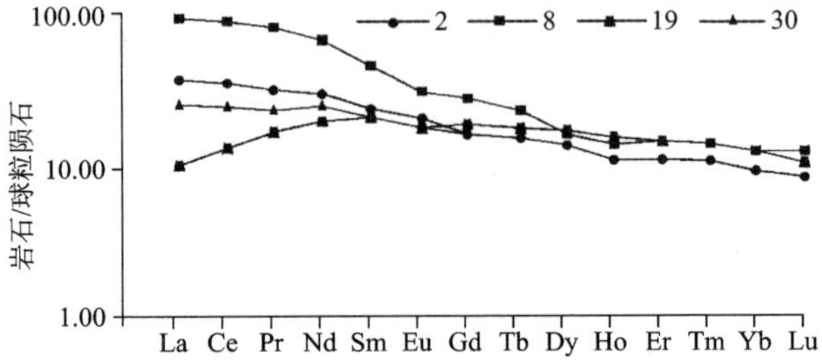

图 4-27　念青唐古拉岩群稀土元素配分曲线

(仿 Boynton，1984)

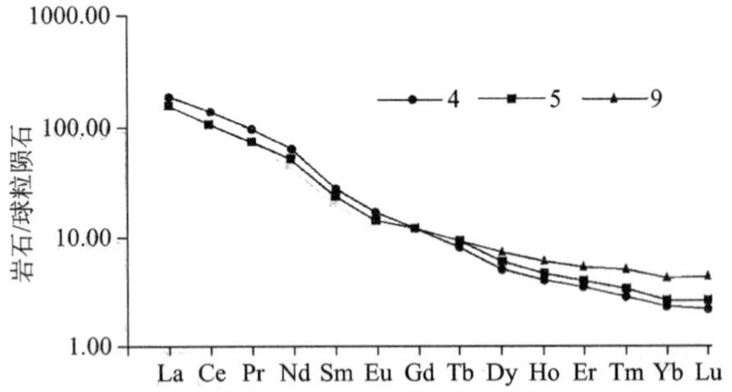

图 4-28　念青唐古拉岩群稀土元素配分曲线

(仿 Boynton，1984)

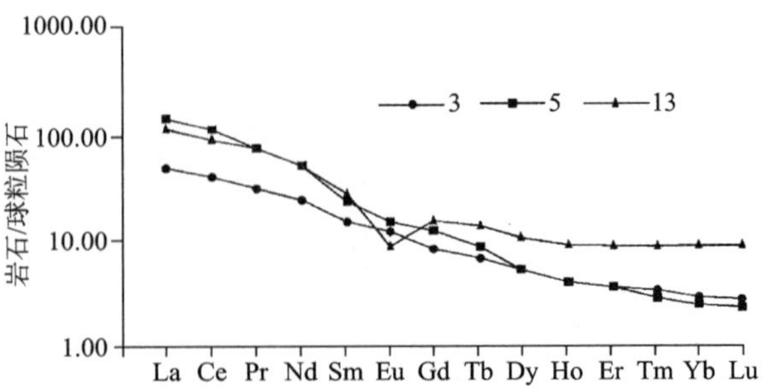

图 4-29　念青唐古拉岩群稀土元素配分曲线

(仿 Boynton，1984)

各类岩石的微量元素含量列于表 4-16，其中除 Rb、U、Cu、Zn 高于泰勒克拉克值外，Sc、Zr、Ba、Sr、Nb、Hf、Th、V、Cs、Pb、Sn、W、Be、Li、Ti、Ga 的平均值均低于泰勒克拉克值。Rb、Zr、Ba、Sr、W、Be 等在富铝岩石中富集，Hf、Th、U、V、Cu、Cr、Ni、Pb、Zn、Ti 在斜长角内质岩石中较稳定。角闪质岩类和麻粒岩类显示与中基性—基性岩类相近，片岩类和黑云二长变粒岩类则类似于沉积岩，具低 Cr、Ni、Co、Ti 特征。其特征微量元素比值 Ti/Zr 5.1～32.4，Th/Sc 1.0～1.5，主要显示被动边缘型杂砂岩的特点（Bahatia，1986）。

表 4-16 林芝变质岩亚带念青唐古拉岩群微量元素成果表

序号	样品编号	微量元素含量（10^{-6}）									
		Ti	V	Zn	Pb	Rb	Sr	Zr	Nb	Ba	Th
1	LZ5001-12	2673	257	84.10	0.48	6.50	164	16.9	2.04	56.80	<4
2	LZ5001-14	7190	262	178	0.43	8.70	113	26.9	4.48	71.40	<4
3	LZ5002-3	3463	104	74.50	0.37	36.70	730	107	1.95	535	<4
4	LZ5002-6	3086	80.90	57.10	0.43	50.30	867	160	4.54	880	6.00
5	LZ5002-11	2389	55.20	63.70	0.59	52.40	744	145	2.86	980	5.90
6	LZ5002-14	2038	34.90	61.70	0.86	119	524	217	8.50	993	17.90
7	LZ5002-18	6191	204	118	0.96	75.10	457	172	7.76	372	<4
8	LZ5003-2	5040	278	122	0.32	40.80	870	114	3.62	500	<4
9	LZ5003-7	1981	35.70	43.60	0.86	114	430	184	7.97	1398	11.40
10	LZ5003-30	5588	180	96.30	0.54	97.60	309	166	8.38	423	4.90
11	LZ5003-44	1416	37.50	34.00	0.48	34.20	389	57.20	1.83	333	<4
12	LZ5003-47	7615	210	145	0.32	53.60	638	156	8.05	398	<4
13	LZ5006-9	2705	34.80	26.30		43.20	66.6	535	10.34	166	12.3
14	LZ534-1	6206	310	110		7.20	662	24.9	3.28	144	<4
15	LZ567-2	4917	148	54.70		30.10	275	190	12.37	103	11.30
16	LZ648-1	2660	84.8	56.90		127.0	307	134	8.94	511	7.80
17	LZ700-1	1400	31.50	45.20		114	205	105	8.6	589	5.70
18	LZ2836-2		149.0	88.0	10.0	9.8	126	7.0	1.4	154.0	<1.0
19	LZ2847-1		476.0	113.0	10.0	1.7	133	29.0	3.1	107.0	<1.0
20	LZ2640-1		154.0	80.0	7.10	<3.0	119	28.0	2.7	77.0	<1.0
21	LZ2795-1		154.0	113.0	8.00	<3.0	559	38.0	2.6	133.0	<1.0
22	LZ2799-1		144.0	91.0	13.00	46.8	436	108.0	5.6	291.0	4.6
23	LZ2847-4		469.0	86.0	6.50	<3.0	151	39.0	2.5	86.0	<1.0
24	LZ2847-5		298.0	90.0	8.90	<3.0	574	4.0	3.2	81.0	<1.0
25	LZ2849-2		168.0	103.0	7.30	<3.0	35.0	20.0	2.2	62.0	<1.0
26	LZ2540-1		183.1	114.0		8.0	556	104.0	4.5	217	1.7
27	LZ2639-1		121.0	132.0	9.70	<3.0	59.0	25.0	<2.0	97.0	1.00
28	LZ2875-1		366.0	77.0	6.70	3.1	142	36.0	<2.0	78.0	<1.0
29	LZ1927-1		190.7	97.0		39.4	474	87.0	4.9	305	2.8

续表 4-16

序号	样品编号	微量元素含量(10^{-6})									
		Ti	V	Zn	Pb	Rb	Sr	Zr	Nb	Ba	Th
30	LZ2016-1	10 425	313	61.10		25.60	485	63.30	5.12	164	<4
31	LZ2164-2	828	88.60	32.10		4.80	38.60	10.80	2.93	41.20	<4

序号	样品编号	微量元素含量(10^{-6})								
		Hf	Sc	Cs	W	Be	Sn	Li	Cu	Ta
1	LZ5001-12	1.60	21.40	2.00					79.90	3.12
2	LZ5001-14	2.60	27.00	4.60					20.70	4.48
3	LZ5002-3	6.20	8.30	2.50					30.40	1.49
4	LZ5002-6	6.50	8.20	1.80					45.20	1.35
5	LZ5002-11	5.20	6.10	2.30					20.70	1.25
6	LZ5002-14	5.30	11.20	2.80					15.80	1.04
7	LZ5002-18	6.00	13.60	5.60					20.00	2.37
8	LZ5003-2	8.50	13.10	2.90					48.10	3.08
9	LZ5003-7	6.40	9.50	3.10					18.70	1.47
10	LZ5003-30	4.20	13.00	6.80					16.60	2.23
11	LZ5003-44	4.40	6.40	2.50					32.30	1.02
12	LZ5003-47	9.50	16.50	3.30					28.30	3.65
13	LZ5006-9	10.40	8.20	2.80	0.54	0.65	1.60	<3	20.90	0.71
14	LZ534-1	6.50	18.10	<1	0.32	<0.3	1.40	6.00	266	3.24
15	LZ567-2	5.60	20.80	11.70	0.48	2.20	2.60	276	76.10	2.33
16	LZ648-1	4.90	9.80	9.50	0.75	1.20	2.60	36.5	30.40	1.76
17	LZ700-1	4.60	8.20	3.90	0.86	1.30	2.30	29.80	18.30	1.08
18	LZ2836-2	1.30	40.0	9.00				20.6	6.0	<0.5
19	LZ2847-1	1.50	106	13.00				9.2	167.0	<0.5
20	LZ2640-1	1.60			55.1				142.0	
21	LZ2795-1	1.60	23.5						79.0	
22	LZ2799-1	3.30	17.5						59.0	
23	LZ2847-4	2.40	98.4						339.0	
24	LZ2847-5	1.10	24.5						25.0	
25	LZ2849-2	0.90	39.6						377.0	
26	LZ2540-1	3.10	25.3	6.0			0.7	9.2	83.6	<0.5
27	LZ2639-1	1.30	44.0						10.0	
28	LZ2875-1	1.40	77.5						85.0	
29	LZ1927-1	2.80	27.5	9.0			0.7	13.2	68.5	0.6
30	LZ2016-1	4.60	30.60	4.20	0.32	<0.3	1.50	7.80	73.30	2.73
31	LZ2164-2	<1	30.90	3.60	0.43	<0.3	0.90	3.80	10.00	2.51

从以上图解看出：麻粒岩多分布于火成岩区，少量分布于沉积岩区，原岩可能为科马提岩和部分不纯碳酸盐岩经麻粒岩相变质作用形成。片麻岩类原岩以中酸性火山岩为主，部分为砂岩、杂砂岩、凝灰质砂岩等；花岗质片麻岩原岩为中酸性侵入岩。角闪质岩类主要为富钠质基性火山岩，部分为沉积岩，具多成因的特点。变粒岩以杂砂岩为主，少量为火成岩。石英岩和片岩多分布于沉积岩区，原岩为石英砂岩、粉砂岩和泥岩、碳酸盐岩。

综上所述，念青唐古拉岩群八拉岩组、贡嘎岩组原岩为一套富钠质基性—中酸性火山岩及少量碎屑岩、碳酸盐岩建造；同时由于其中分布有少量基性—超基性麻粒岩(原岩可能为科马提岩)及大量花岗质片麻岩(古老花岗岩)，显示有明显的花岗—绿岩带的特征。真巴岩组为一套碎屑岩夹碳酸盐岩建造。

(四) 变质带、变质相和变质相系

1. 变质带

区内念青唐古拉岩群出露较全，根据出现的特征变质矿物紫苏辉石、单斜辉石、斜长石、普通角闪石、十字石、蓝晶石、夕线石、钾长石、石榴石等，划分为二辉石带、斜长石＋普通角闪石带、蓝晶石带、夕线石带、夕线石＋钾长石带等，变质带呈近东西向展布，由南北两侧向中心具递增变质带的特点，中心在真巴一带似存在一东西向的热轴(图 4-1)。

2. 变质相

根据测区念青唐古拉岩群中出现的特征变质矿物和岩石中的矿物平衡共生组合特点，可划分为低角闪岩、高角闪岩和麻粒岩 3 个变质相。念青唐古拉岩群变质相总体以低角闪岩相为主，麻粒岩相沿雅鲁藏布江两岸零星分布，少量高角闪岩相分布于林芝以北真巴一带。

低角闪岩相：有斜长石＋普通角闪石带、蓝晶石带及夕线石带。斜长石＋普通角闪石带为变质岩带的主要变质矿物带，广泛分布于南部的大周塘—扎西绕登一带；蓝晶石带断续分布于北部的念久—八一镇，直至白及弄巴；夕线石带分布于中部的多堆—布久乡一带林芝高角闪岩相夕线石＋钾长石带两侧。角闪石为绿色或黄绿色，黑云母为浅棕—浅红棕色，斜长石 An30～36，钾长石为微斜长石，变质相图见图 4-30，各类岩石矿物共生组合如下。

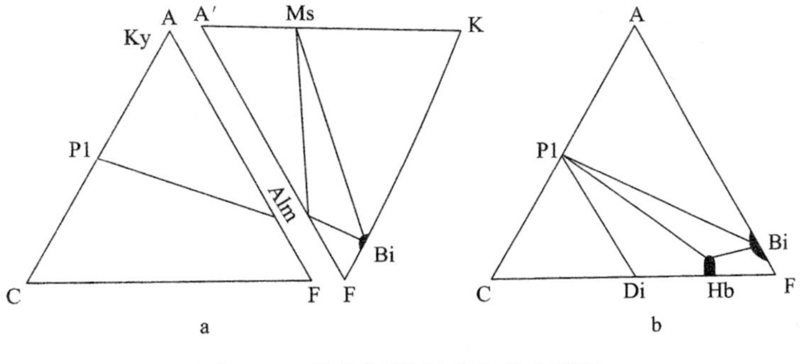

图 4-30　低角闪岩相矿物共生图解

a. 泥质岩；b. 基性岩

变质泥质岩的矿物共生组合为 Sill＋Alm＋Bi±Ms＋Pl＋Q，Ky＋Alm＋Bi＋Ms＋Pl＋Q±Ep，St＋Bi＋Pl＋Kf＋Q±Gt，Bi＋Pl＋Q±Kf，Bi＋Alm＋Pl＋Kf＋Q，Sill＋Gt＋Bi＋Q±Pl，Bi＋Hb±Gt±Di＋Pl＋Kf＋Q，Sill＋Bi＋Pl＋Q，Ky＋Alm＋Bi＋Pl＋Q＋C(炭质)，Ky＋C(炭质)＋Bi＋Pl＋Q。

变质基性岩的矿物共生组合为 Pl＋Hb±Q，Pl＋Hb±Bi±Q，Di＋Pl＋Hb±Q，Bi＋Gt＋Pl＋Hb＋Q。

变质碳酸盐岩的矿物共生组合有 Phl＋Cal＋Di＋Tr，Di＋Tr＋Cal，Cal＋Di，Di＋Scp＋Cal，Di＋Scp＋Cal＋Q，Tr＋Phl＋Cal。

高角闪岩相夕线石＋钾长石带：分布于打马伦—林芝一带。角闪石为褐绿色或黄绿色，黑云母为棕—红棕色，斜长石 An 大于 36，(—)2V 小于 45°，钾长石为微斜长石，变质相图见图 4-31。

变质泥质岩的矿物共生组合为 Sill＋Alm＋Bi±Ms＋Pl＋Kf＋Q，Sill＋Bi＋Pl＋Kf＋Q±Ser，Gt＋Ky＋Sill＋Bi＋Pl＋Kf＋Q。

麻粒岩相二辉石带：为变质基性、超基性岩。紫苏辉石正高突起，Ng 淡蓝绿色，Np 浅红；透辉石正高突起，无色—淡蓝绿色，辉石式解理，Ng∧C＝40°～42°。变质相图见图 4-32。其矿物共生组合为 Opx＋Hb＋Pl，Opx＋Hb＋Bi＋Pl，Opx＋Hb，Opx＋Di＋Hb＋Pl，Opx＋Hb＋Di。

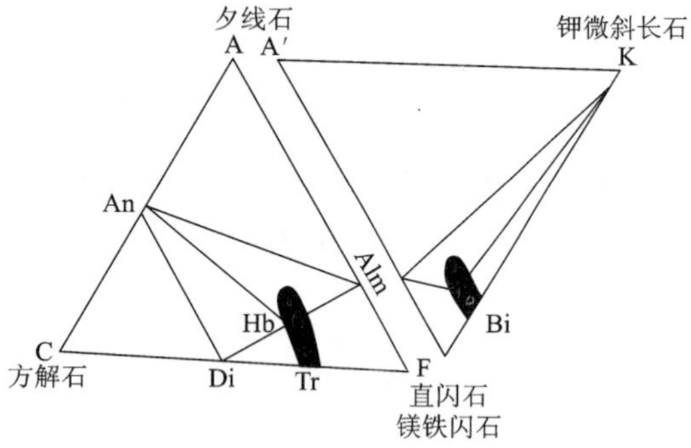

图 4-31　念青唐古拉岩群高角闪岩相 ACF、A′KF 图解

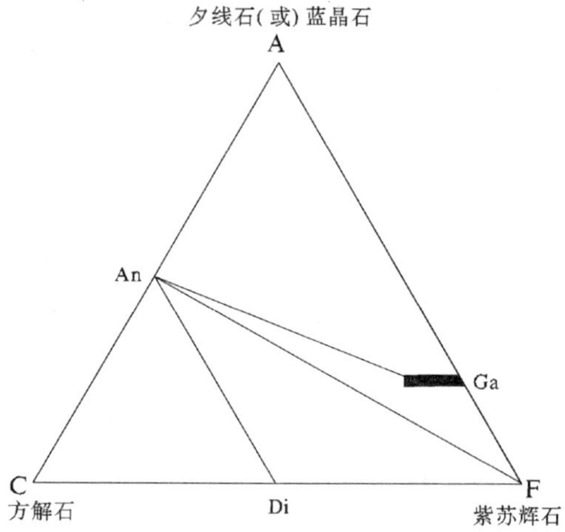

图 4-32　念青唐古拉岩群麻粒岩 ACF 图解

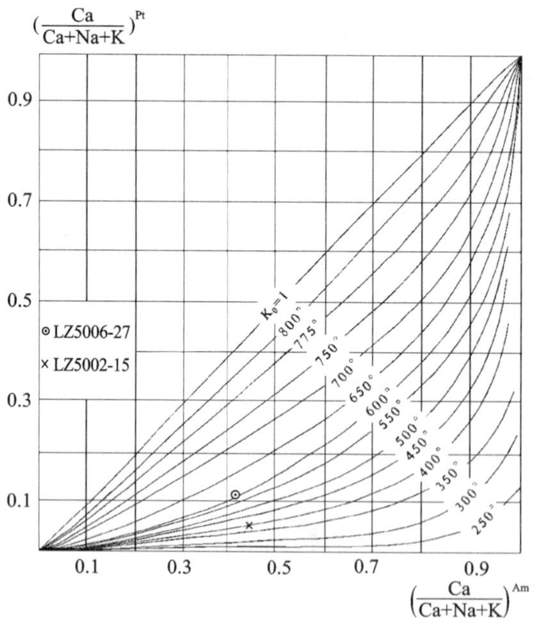

图 4-33　变质岩中共存的黑云母和石榴石之间 Mg-Fe^{2+} 分配系数与变质温度的关系(Hepqyk，1970)

根据上述矿物共生组合、石榴石—黑云母矿物对以中心至边缘成分计算温压条件，以及在共存的黑云母和石榴石之间 Mg-Fe^{2+} 分配系数与变质温度的关系见图 4-33 图解、角闪石和斜长石之间 Ca 分配等温线图解(图 4-34)中落点，斜长石＋普通角闪石带、蓝晶石带、夕线石＋钾长石带古温度 500～649℃，压力 4～8kb，麻粒岩相二辉石带温度 1118～1300℃，压力 38.2kb。变质作用后期温压条件小于 500℃和 6.3kb。结合变质带内蓝晶石的普遍出现，变质带应属都城秋惠划分的三重压力类型中的蓝晶

石—夕线石型系列，为中—中高压相系。

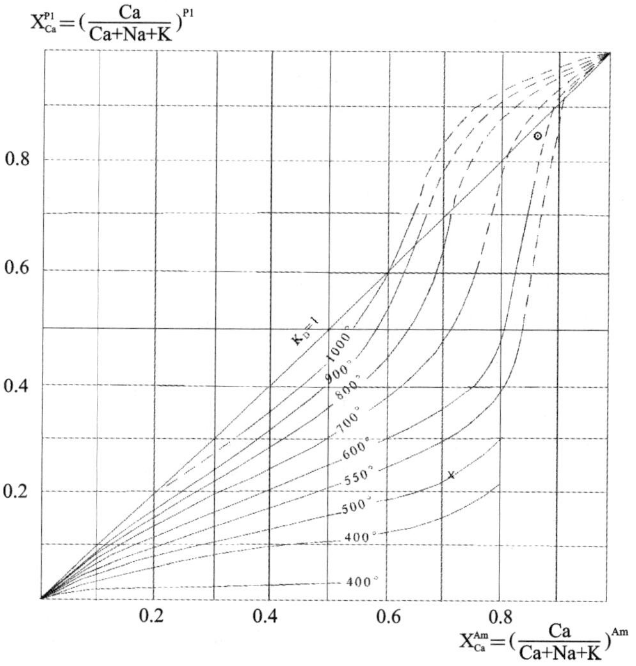

图 4-34　在共存的角闪石和斜长石之间 Ca 分配等温线图

×. LZ5001；⊙. LZ2806－1

（五）变质变形期次及变质作用

通过对岩石的叠加变形构造解析，以及矿物共生组合及其世代、地球化学和同位素年龄及变质作用类型、变质相等研究，结合前人和邻区研究成果，本变质岩带主要经历了新元古代早期(Pt_3^1)、早加里东期(Є)、燕山晚期(K)及早喜马拉雅期(E—N)4 期变质。

元古期(Pt_3^1)：属主变质变形期，为区域动力热流变质作用，形成一套低—高角闪岩相变质岩系，构成冈底斯陆块的结晶基底。在念青唐古拉岩群中多见三组(片麻理)互相交截现象(图 4-35)，S_n 与 S_{n+1} 斜交，S_{n+2} 为晚期注入的混合片麻理等。在布久乡南侧见 2 期片麻理 S_n 与 S_{n+1} 近直交，且 S_n 还形成共轴叠加褶皱。其中平卧褶皱、紧闭同斜褶皱(图版ⅩⅣ-7、ⅩⅣ-8)、不协调叠加褶皱(图版ⅩⅢ-2、ⅩⅢ-3)、钩状无根褶皱等均较发育。在斜长角闪岩中获得全岩 Sm-Nd 同位素模式年龄 696～1178Ma、1327～1509Ma；角闪石 $^{40}Ar/^{39}Ar$ 坪年龄 $t_p=946.29\pm0.81$Ma(表 2-4)。10 亿年以下者可能代表新元古代(泛非早期)早期变质事件。

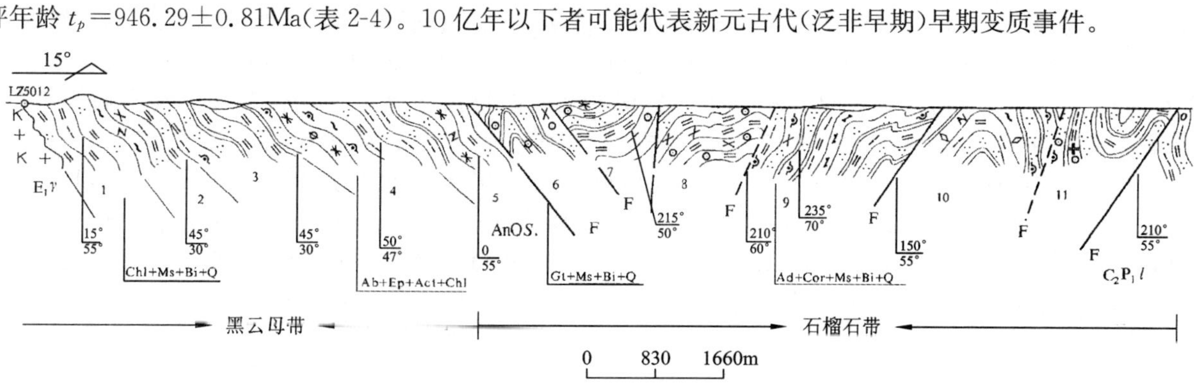

图 4-35　工布江达县仲沙乡达叶前奥陶纪松多岩群变质岩剖面图

早加里东期(Є)：本期变质区域上表现为区域低温动力热流变质，变质程度达高绿片岩相，对本变质岩带的影响主要表现为退变质。即夕线石退变为白云母，或被白云母交代、包裹；透辉石退变为角闪石、黑云母等；麻粒岩中紫苏辉石周围具角闪岩相→绿片岩相退变质的矿物共生组合。新生矿物组成的面理部分置换早期片理。

念青唐古拉岩群中存在一组 489～696Ma 的 Sm-Nd 同位素模式年龄，时代大致属加里东期（1∶20 万波密幅）。

燕山晚期（K）：起始期为早白垩世，变质高峰期为晚白垩世。由于喜马拉雅陆块向北强烈挤压，使念青唐古拉岩群叠加了强烈变形和糜棱岩化，从南东往北西糜棱岩化作用逐渐减弱。糜棱岩化作用使念青唐古拉岩群中的强应变带或局部产生平行—直交 S_n 的 S_{n+1} 条纹条带状构造、眼球状构造、塑性流变、S-C 组构、剪切褶皱，以及“σ”碎斑和“δ”碎斑，及窗棱构造（图版 XV-3）。新生矿物有细鳞片状白云母、黑云母等。形成糜棱岩化角闪石岩（图版 XIV-5）、糜棱岩和斜长角闪石糜棱岩（图版 XV-4、XV-5）、构造片岩（图版 XV-6），角闪石具黑云母反应边等。受白垩纪大规模侵位的花岗岩的蚕蚀和热变质，接触带产生达辉石角岩相、绿帘角闪角岩相变质。同时，在岩体边缘或局部热轴地带产生边缘混合岩和带状分布的超变质混合岩化岩石。

喜马拉雅期：喜马拉雅陆块的隆升与向北运移挤压和走滑剪切，叠加了糜棱岩化，从南东往北西糜棱岩化作用逐渐减弱。糜棱岩化使早期产生了条纹条带状构造及糜棱岩组构和新生矿物等。还遭受古近纪花岗岩的热变质，达绿帘角闪角岩相接触变质（22.75～45.0Ma）。

二、多青岗变质岩亚带（$Ⅳ_2$）

多青岗变质岩亚带分布于图区西图边多青岗等地区，西延出图。受变质地层为呈残留体或帽盖、捕虏体存在的侏罗系叶巴组（$J_{2-3}y$）、多底沟组（J_3d）。遭受燕山晚期（K）区域低温动力变质作用，叠加接触变质作用。

（一）燕山晚期（K）区域低温动力变质作用

岩石类型有变质英安流纹岩、变质英安质凝灰熔岩、变质火山角砾岩、变基性火岩、变质石英砂岩、粉砂质绢云板岩、绢云千枚岩、二云片岩、二云石英片岩，以及结晶灰岩、泥晶灰岩等。新生变质矿物为：绢云母、绿泥石、方解石、钠长石、绿帘石、阳起石、白云母、黑云母等。共生组合为 Ep＋Chl＋Act＋Ab＋Cal，Ms＋Bi＋Q，Ab＋Ser＋Chl＋Q，Ser＋Ms＋Bi，Ser＋Chl＋Q，Ab＋Ep＋Q，Ab＋Ser＋Ep＋Q。

叶巴组原岩为一套中基性—中酸性火山岩、碎屑岩建造；多底沟组为滨浅海碳酸盐岩建造。从上述矿物组合可划分出绢云母-绿泥石带，局部达黑云母带，变质仅为低绿片岩相。

（二）白垩纪—古近纪接触变质作用

发育于侏罗系与白垩—古近纪花岗岩外接触带，尤其在侏罗系呈弧岛状延入岩体中，或于岩体突出部位，常形成强度较高、分布较宽的接触变质岩带。主要为角岩化长石石英砂岩、长英质角岩、黄铁矿化条带状长英质角岩、红柱堇青云母角岩、石英堇青石角岩、斜黝帘透辉阳起石角岩、透辉长英质角岩、含帘石透辉斜长方解石角岩等。矽卡岩仅见于陇马王马西南早白垩世黑云二长花岗岩与多底沟组接触带，有石榴方柱二长透辉矽卡岩、透辉石榴矽卡岩。特征变质矿物有粒柱状红柱石、粒状透辉石、堇青石、石榴石、绿帘石和绿泥石、绢云母、白云母、黑云母等。矿物共生组合为 Ep＋Ms＋Bi＋Q，Hb＋Act＋Bi＋Pl，Cz＋Act＋Pl＋Q，Act＋Ms＋Bi＋Q，Ser＋Bi＋Q，Ser＋Ms＋Bi＋Ab＋Q，Ep＋Bi＋Hb＋Di＋Pl＋Cal＋Q，Act＋Ep＋Di＋Gt＋Q，Ser＋Ep＋Di＋Pl＋Q。变质带为绿泥石-绢云母带、黑云母带，分别已达钠长-绿帘角岩相和辉石角岩相变质。

第五节　工布江达—尼西变质岩带（Ⅴ）

工布江达—尼西变质岩带分布于测区北部工布江达—尼西一带尼洋河沿岸。面积约 2430km²，东西均延出图外。进一步划分为工布江达变质岩亚带（V_1）和尼西变质岩亚带（V_2）。

一、工布江达变质岩亚带（V_1）

工布江达变质岩亚带分布于工布江达及其以南一带，面积约 280km²。受变质地层为前奥陶纪松多岩群（AnOS.），其变质特征见达叶剖面（图 4-35）。主体分布于西邻 1∶20 万下巴淌幅内。经加里东期等多期变质作用产生了低绿片岩相—高绿片岩相区域变质。后期叠加了接触变质作用。

（一）加里东期区域动力热流变质作用

1. 岩石类型

绿片岩、角闪片岩类：呈似层状产于白云母石英片岩中。岩石类型有绿泥透闪片岩、绿帘钠长透闪片岩、石墨黑云阳起片岩、石英角闪片岩、斜长角闪岩、斜长角闪片岩、钠长阳起片岩、绿帘阳起片岩、钠长绿帘阳起片岩、钠长黑云阳起片岩、钠长方解绿泥片岩。具鳞片粒状变晶结构，片状构造；主要矿物成分及含量：绿泥石 4%～40%、钠长石 2%～35%、阳起石 20%～55%、绿帘石 30%～65%、角闪石 30%～55%等，少量黑云母、白云母、绢云母、石榴石、石英等。

片岩类：有白云母片岩、二云片岩、含红柱石榴炭质白云母片岩、红柱黑云片岩、堇青二云片岩、十字石榴二云片岩、含堇青二云石英片岩、含夕线红柱黑云石英片岩、白云母石英片岩、二云石英片岩等。具粒状鳞片变晶结构，片状构造；主要矿物成分及含量：白云母 3%～40%、钠长石 2%～35%、黑云母 2%～30%、石英 55%～75%等，少量绿帘石、绢云母、石榴石等。

石英岩：区内少见，有石英岩、含二云母石英岩、含红柱二云石英岩、含石榴石英岩、含堇青二云石英岩、含石榴堇青黑云石英岩等。具鳞片粒状变晶结构，定向构造；主要矿物成分及含量：白云母 3%～20%、黑云母 1%～15%、石英 60%～90%，有少量绢云母、石榴石、红柱石、堇青石等。

2. 特征变质矿物

松多岩群中特征变质矿物较多，常见有绿泥石、绢云母、阳起石、白云母、黑云母、石榴石、透闪石、角闪石等。

黑云母：半自形片状，Ng 红褐色，Np 浅黄色；黑云母常与白云母、石榴石、长石、石英等共生；部分交代角闪石边缘产出，自身常具绿泥石化、绢云母化，电子探针分析结果（表 4-17）。

表 4-17　工布江达变质岩亚带松多岩群石榴石、黑云母电子探针分析结果表（10^{-2}）

样品编号	LZ5014-45							
矿物对	Gt(core)		Gt(rim)		Bi(core)		Bi(rim)	
化学组成	Wt(%)	阳离子数	Wt(%)	阳离子数	Wt(%)	阳离子数	Wt(%)	阳离子数
SiO_2	36.892	2.966	37.738	2.98	31.542	2.672	35.283	2.922
TiO_2	0.123	0.010	0.122	0.009	1.42	0.092	1.813	0.114
Al_2O_3	21.221	2.010	21.577	2.012	20.002	1.995	19.245	1.881
Cr_2O_3	0.022		0.019		0.043		0.013	
Fe_2O_3	0.000		0.000		0.000		0.000	
MgO	0.879	0.106	2.571	0.304	11.047	1.394	8.946	1.105
CaO	6.258	0.541	5.213	0.441	0.028		0.048	0.005
MnO	8.192	0.556	0.712	0.047	0.000		0.000	

续表 4-17

样品编号	LZ5014-45							
矿物对 / 化学组成	Gt(core)		Gt(rim)		Bi(core)		Bi(rim)	
	*W*t(%)	阳离子数	*W*t(%)	阳离子数	*W*t(%)	阳离子数	*W*t(%)	阳离子数
FeO	27.211	1.831	33.488	2.211	26.021	1.842	23.456	1.623
NiO	0.000		0.000		0.000		0.025	
ZnO	0.003		0.018		0.000		0.000	
Na_2O	0.000		0.000		0.050	0,010	0.051	0.010
K_2O	0.000		0.000		4.409	0.478	6.970	0.737
Total	100.801		101.457		94.56		95.85	
T(℃)	400				620			

石榴石：主要为锰铝榴石和铁铝榴石，正高突起，无色，常包含有早期的石英、长石、黑云母等矿物包体，形成筛状变晶结构；常与黑云母、白云母、长石等共生；电子探针结果显示(表 4-17)：石榴石成分由中心→边部 CaO6%～11%，MgO2.5%～5%，FeO22%～27%，MnO0.94%～1.8%，含量变化大，石榴石具成分环带和冠状反应边，显示矿物曾经发生叠加变质。

角闪石：正中突起，具闪石式解理，Ng 黄绿色，Np 浅黄绿色，常与黑云母、白云母、石榴石、长石等共生，退变后被黑云母、白云母、阳起石、绿帘石等包绕，形成反应边结构。

3. 原岩恢复与原岩建造

3 件绿片岩样品岩石化学分析见表 4-18，样品在 A-C-FM 图解(图 4-13)中，②、③分布于正系列碱土铝基性岩组内，岩性为基性火山岩及铁质白云质泥灰岩区，①分布于粘土岩亚杂砂岩区内。在(al+fm)-(c+alk)-Si 图解(图 4-14)中，①、②位于火山岩区，③位于钙质沉积岩区。在(Al+Fe+Ti)-(Ca+Mg)图解中(图 4-15)，样品均位于基性、中性火山岩区内。结合邻区 1∶20 万下巴淌幅资料分析，原岩为中基性火山岩-碎屑岩建造。

表 4-18 工布江达变质岩亚带松多岩群岩石化学及特征参数表

序号		①	②	③
样品编号		LZ5013-12	LZ5026-7	LZ5013-5
岩石名称		斜黝帘钠长透闪石片岩	钠长绿帘阳起石片岩	斜黝绿帘钠长透闪片岩
氧化物质量 (10^{-2})	SiO_2	49.29	57.32	49.04
	TiO_2	1.00	0.870	1.700
	Al_2O_3	15.90	16.33	15.50
	Fe_2O_3	1.52	2.76	4.42
	FeO	6.28	4.74	3.89
	CaO	10.14	7.83	11.75
	MgO	8.15	3.74	9.98
	MnO	0.15	0.140	0.150
	K_2O	0.40	2.13	0.51
	Na_2O	3.05	2.14	2.06
	P_2O_5	0.11	0.270	0.280
	总量	95.99	98.27	98.78

续表 4-18

序号		①	②	③
样品编号		LZ5013-12	LZ5026-7	LZ5013-5
岩石名称		斜黝帘钠长透闪石片岩	钠长绿帘阳起石片岩	斜黝绿帘钠长透闪片岩
尼格里值	al	23	29	20
	fm	45	35	47
	c	25	26	28
	alk	7	10	5
	c/fm	0.58	0.74	0.59
	mg	0.65	0.48	0.69
	si	115	169	105
al-alk		15	18	14
(al+fm)-(c+alk)		33	27	23
Al_2O_3	分子数	156	160	147
K_2O+Na_2O	分子数	53	58	38
Ca+Mg		383	233	458
$A_1^{※}$		432	430	425
A_1/3-K		136	98	132
A_1/3-Na		46.0	73.7	75.7
A		24	33	21
C		28	28	29
FM		48	39	50

注：※A_1=Al+Fe+Ti。

绿片岩稀土元素含量见表 4-19，ΣREE 88×10^{-6}～123.84×10^{-6}，$(La/Yb)_N$ 3.70～5.47，稀土配分型式见图 4-36，略右倾，轻稀土弱富集，δEu 正异常不明显(0.99～1.06)。

表 4-19　工布江达变质岩亚带松多岩群稀土元素成果表(10^{-6})

序号	样品编号	岩石鉴定名称	La	Ce	Pr	Nd	Sm	Eu
①	LZ5013-5	斜黝帘钠长透闪石片岩	13.99	27.64	3.77	15.34	3.86	1.33
②	LZ5013-12	斜黝帘钠长透闪石片岩	12.03	22.81	3.03	12.18	3.19	1.13
③	LZ5026-7	钠长绿帘阳起石片岩	18.90	37.38	4.81	18.84	4.17	1.48

序号	样品编号	Gd	Tb	Dy	Ho	Er	Tm	Yb	Lu	Y	总量	δEu	$(La/Yb)_N$
①	LZ5013-5	4.21	0.71	4.43	0.90	2.51	0.39	2.29	0.33	22.97	104.67	1.004	4.12
②	LZ5013-12	3.80	0.61	3.92	0.80	2.21	0.34	2.19	0.33	19.43	88.00	0.991	3.70
③	LZ5026-7	4.32	0.73	4.48	0.87	2.46	0.38	2.33	0.33	22.36	123.84	1.058	5.47

微量元素含量见表 4-20，岩石为基性火山岩，属钙碱性系列。

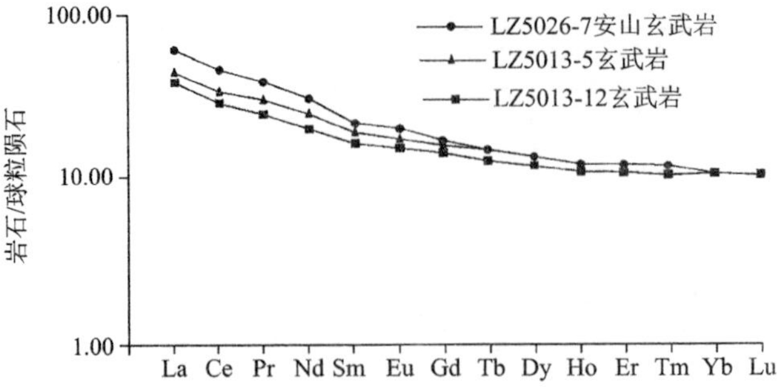

图 4-36　松多岩群稀土元素配分曲线

(球粒陨石据 Boynton,1984)

表 4-20　工布江达变质岩亚带松多岩群微量元素含量表

序号	样品编号	微量元素含量($\times10^{-6}$)														
		V	Zn	Pb	Rb	Sr	Zr	Nb	Ba	Th	Hf	Sc	Cs	Li	Cu	Ta
①	LZ5013-5	249.0	96.0	7.9	0.9	374	98.0	16.2	95.0	2.1	2.40	50.1	9.00	18.6	58.0	1.4
②	LZ5013-12	192.0	81.0	8.10	10.4	237	85.0	13.9	208.0	1.1	1.80	45.9			30.0	
③	LZ5026-7	211.0	81.0		25.4	180	129.0	26.8	265.0	3.4	2.50	41.5	11.00	30.8	55.0	1.0

4. 变质带、变质相

根据特征变质矿物的出现及其共生组合,松多岩群中存在黑云母带、石榴石带、角闪石带,由于角闪石分布很少,故由南至北暂划为黑云母带、石榴石带。

变质泥质岩:矿物共生组合为 Ser+Ms+Chl+Q±C(炭质),Gt+Bi+Ms+Q,Bi+Ms+Q。

变中基性岩:矿物共生组合为 Ab+Act+Ep+Chl,Hb+Ep,Chl+Pl+Hb±Q,Ab+Tr+Ep+Chl,Ab+Cal+Chl。

由矿物共生组合和黑云母-石榴石矿物对(表 4-17)中心的成分作温压估算为 470℃,变质程度达高绿片岩相;用边缘的成分作温压估算为 600℃,表明变质作用为增温过程,或后期至少叠加了一次增温变质作用。

5. 变质时代及变形特征

1∶20 万下巴淌幅在松多岩群绿中分别获得了 466Ma 的 Sm-Nd 等时线年龄和 507.71Ma 的 Rb-Sr 等时线年龄,代表了松多岩群经早加里东期变质热事件,彻底置换了原生层理构造,形成透入性片理 S_1,由新生绿泥石、白云母、阳起石、石榴石等定向排列构成,达高绿片岩相。

(二) 燕山—喜马拉雅期糜棱岩化作用

燕山晚期(K)—喜马拉雅期叠加有糜棱岩化作用与韧性剪切变形,以片理为变形面理,形成叠加褶皱(早期尖棱平卧褶皱,枢纽走向南北向,晚期直立等厚褶皱枢纽近东西向)、直立紧闭褶皱、肠状无根褶皱、牵引褶皱等;与褶皱相伴,还发育大型窗棂构造,产生间隔折劈理 S_2,以及绢云母、绿泥石等新生矿物,S_1 面上的黑云母、角闪石边缘产生了绿泥石、绿帘石退变质。

(三) 白垩纪—古近纪接触变质作用

该变质作用主要发育于松多岩群西南部,形成强度较高、分布较宽的接触变质岩带。

有含红柱石榴炭质云母石英片岩类、夕线红柱堇青二云石英岩类,以及少量长英质角岩、黄铁矿化条带状长英质角岩、红柱堇青云母角岩、二云母红柱石堇青石角岩、角闪黑云阳起石角岩、斜黝帘透辉阳起石角岩、含帘石透辉斜长方解石角岩等。具鳞片粒状变晶结构、条带状和块状构造。特征变质矿物有毛发状夕线石、粒柱状红柱石、十字石及粒状石榴石、透辉石、堇青石、石榴石、绿帘石、角闪石、长石和片状绿泥石、绢云母、白云母、黑云母等。石榴石、堇青石矿物中常包裹有黑云母、石英、炭质等，黑云母、石英应为早期变质矿物。

堇青石：粒状变斑晶，负突起，变晶中心常具绢云母、黑云母、石英等包体，与石榴石、红柱石、黑云母等共生。

十字石：柱状一他形变斑晶，Ng 亮黄色，Np 浅黄色，与石榴石、红柱石、堇青石、黑云母等共生。

红柱石：无色，微带粉红色色调，板柱状变斑晶，$d=0.5\sim2$mm 之间，解理发育，柱面平行消光，负延性，常具绢云母化。

岩石中矿物共生组合为 Ad＋Bi＋Ms＋Q±Cord，St＋Gt＋Bi＋Ms＋Q，Sill＋Ad＋Bi＋Ms＋Q±C，Hb＋Act＋Bi＋Pl，Cz＋Di＋Act＋Pl＋Q，St＋Ser＋Bi＋Q，Ser＋Ep＋Di＋Pl＋Q。根据上述出现接触变质矿物及其共生组合，划为红柱石-堇青石带，叠加于黑云母和石榴石带之上（图 4-1），分别已达角闪角岩相和辉石角岩相变质。

二、尼西变质岩亚带（V_2）

尼西变质岩亚带分布于测区北部尼洋河两岸，面积约 2150km^2。受变质地层为石炭系—二叠系。原岩为一套滨浅海陆缘碎屑岩建造。经燕山晚期区域低温动力变质作用，达低绿片岩相二云母带和绢云母-绿泥石带。由于白垩纪—古近纪花岗岩的侵入，与花岗岩接触带叠加了接触变质作用，达绿帘角闪角岩相—辉石角岩相。

（一）燕山晚期区域低温动力变质作用

1. 岩石类型

变质砂岩类：变质细粒石英砂岩、变质中细粒长石石英砂岩、绢云石英杂砂岩、变质石英质砾岩、变质石英砂岩、变质含石榴岩屑石英砂岩、变质含砾砂岩等。

板岩类：绢云板岩、粉砂质绢云板岩、含石榴黑云斑点粉砂质绢云板岩、含十字含砂质绢云板岩、十字粉砂质绢云板岩、炭质绢云千枚岩、粉砂质绢云千枚岩、含石榴砂质黑云-绢云千枚岩等。

石英岩类：石英岩、含石榴石英岩、含石榴含云石英岩、含堇青石英岩、含红柱石榴石英岩。

大理岩类：含白云母金云母砂质大理岩、含方柱金云母砂质大理岩等。

变粒岩、片岩：含堇青二云二长变粒岩、千枚状白云母片岩、千枚状石榴白云母石英片岩、二云石英片岩等。

2. 变质带、变质相特征

上述石炭系—二叠系的变质岩系中变质矿物及其共生组合为 Gt＋C(炭质)＋Bi＋Q，Gt＋Chl＋Bi(雏晶)＋C(炭质)＋Ser＋Ms＋Q，Ser＋Ms＋Chl＋Q±C(炭质)，Gt＋Bi＋Ms＋Q，Ad＋Bi＋Ms＋Q±Cord，St＋Gt＋Bi＋Ms＋Q，Ad＋Bi＋Ms＋Q±C(炭质)，Bi＋Ms＋Q，Ms＋chl＋Cal＋Q，Scp＋Ms＋Phl＋Cal＋Q。根据出现的变质矿物绢云母、绿泥石、白云母、黑云母、石榴石及其含量与组合，划分出低绿片岩相二云母带和绢云母-绿泥石带，并具递增变质带的特点，沿尼洋河两岸，为绢云母-绿泥石带，向南北两侧，渐变为黑云母带。由新生矿物绢云母、绿泥石、白云母、黑云母等定向排列形成透入性片理 S_1，对原生层理构造进行了置换、改造。

喜马拉雅期叠加了韧性剪切变形和糜棱岩化。以片理为变形面理，形成了平卧褶皱、直立紧闭顶厚褶皱（图版 XV-7、XV-8）、大型斜歪褶皱、牵引褶皱等；与褶皱相伴，还发育大型窗棂构造等。后期构造变形未对 S_1 产生较大的改造和变质叠加，仅沿尼洋河产生一些小型倾竖褶皱，沿 S_1 片理面上有呈水平生长、走向近东西的矿物生长线理等滑脱剪切构造变形组合。

（二）白垩纪—古近纪接触变质作用

白垩纪—古近纪花岗岩大面积出露，与石炭系—二叠系呈广泛的侵入接触。常在接触部位，尤其在地层呈弧岛状延入岩体中，或于岩体突出部位，常形成强度较高、分布较宽的接触变质岩带（图 4-1），而接触交代矽卡岩不甚发育。

岩石类型主要有角岩化长石石英砂岩、长英质角岩、黄铁矿化条带状长英质角岩、刚玉红柱石黑云母角岩、红柱堇青云母角岩、二云母红柱石堇青石角岩、石英堇青石角岩、含夕线石榴堇青黑云长英质角岩、条纹状黑云长英质角角岩、角闪黑云阳起石角岩、斜黝帘透辉阳起石角岩、透辉长英质角岩、含帘石透辉斜长方解石角岩、含十字砂质绢云板岩、含夕线红柱黑云石英片岩、萤石黄晶白云母化花岗岩、蛇纹岩等。具鳞片粒状变晶结构、条带状和块状构造。少见矽卡岩类，规模较小，其中较大者见于本带北东依定半果一带。有石榴方柱二长透辉矽卡岩、透辉石榴矽卡岩、石榴透辉矽卡岩。

特征变质矿物有毛发状夕线石，粒柱状红柱石、十字石及粒状透辉石、堇青石、石榴石、绿帘石、角闪石、长石和片状绿泥石、绢云母、白云母、黑云母等。石榴石、堇青石矿物中常包裹有黑云母、石英、炭质等，说明被包裹的黑云母、石英应为早期变质矿物。矿物共生组合为 Bi＋Ms＋Pl＋Q，Ep＋Ms＋Bi＋Pl＋Q，Gt＋Di＋Pl，Hb＋Act＋Bi＋Pl，Cz＋Di＋Act＋Pl＋Q，C（炭质）＋Sill＋Act＋Ms＋Bi＋Q，St＋Ser＋Bi＋Q，Ser＋Ms＋Bi＋Ab＋Q＋Py，Ep＋Bi＋Hb＋Di＋Pl＋Cal＋Q，Pl＋Kf＋Ms＋Bi＋Ad＋Cord＋Q，Tr＋Ep＋Di＋Gt＋Q，Ser＋Ep＋Di＋Pl＋Q，Gt＋Sill＋C（炭质）＋Cord＋Bi＋Pl＋Q＋电气石，Bi＋Hb＋Gt＋Di＋Ab＋Kf＋Scp。据上述矿物出现及共生组合，区内划分了绿泥石带、黑云母带、红柱石带、堇青石带、十字石带等，分别已达钠长-绿帘角岩相、角闪角岩相和辉石角岩相变质。因规模有限，在图 4-1 中仅大致表示为绿帘角闪角岩—辉石角岩相及矽卡岩。

第六节　雪卡变质岩带（Ⅵ）

雪卡变质岩带位于图幅北部冲九—哧巴韧性剪切带之北侧，呈近东西向带状断续展布，主体部分已延出图外，面积约 250km^2。受变质地层为念青唐古拉岩群贡嘎岩组和真巴岩组，其变质特征见巴河剖面（图 4-37），假厚度大于 2775m。经新元古代早期区域动力热流变质作用，原生层理已完全被置换和改造，并叠加有喜马拉雅期韧性剪切糜棱岩带。

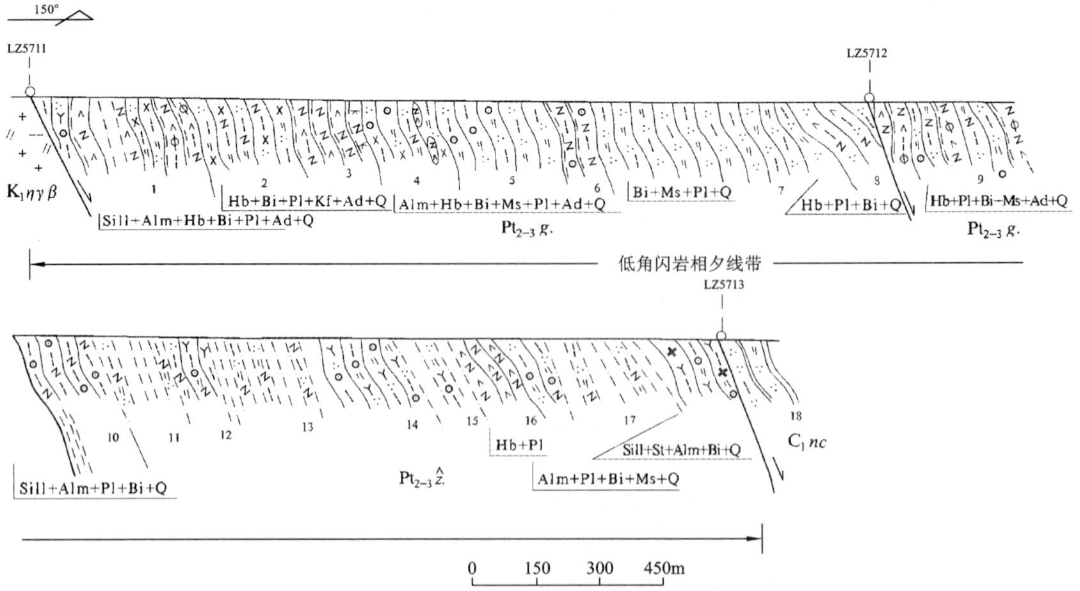

图 4-37　工布江达县巴河镇念青唐古拉岩群贡嘎岩组真巴岩组变质岩剖面图

（一）岩石类型

片麻岩类：出露较少。主要有石榴黑云斜长片麻岩、黑云斜黝帘石化角闪斜长片麻岩、黑云角闪斜长片麻岩、黑云二长片麻岩、斜长角闪片麻岩等。岩石粒状鳞片变晶结构、变余嵌晶结构。片麻状构造；主要矿物成分及含量：中长石和更长石 20%～58%，常见不明显的聚片双晶；钾长石 0～56%，为微斜长石，具格子双晶；黑云母 6%～30%；石英 5%～25%，具波状消光；还含少量磷灰石、磁铁矿、锆石、褐帘石、金红石、榍石等。特征变质矿物为石榴石、夕线石、透辉石、角闪石等。

片岩类：构成该变质岩带的主体。有角闪黑云片岩、二云长石石英片岩、含石榴二云石英片岩、红柱石长石二云石英片岩、含石榴红柱长石二云石英片岩、含夕线石榴二云石英片岩、含十字夕线石榴二云石英片岩等。岩石多具粒状鳞片变晶结构、片状构造；主要矿物成分及含量：石英 5%～70%，斜长石 0～32%，钾长石 0～25%，黑云母 5%～60%，白云母 5%～60%及锆石、磷灰石、磁铁矿、电气石、金属矿物等。特征变质矿物为夕线石、石榴石、蓝晶石、十字石、钾长石、角闪石等。

（二）特征变质矿物

主要特征变质矿物有石榴石、十字石、蓝晶石、夕线石、角闪石等。

铁铝榴石：正高突起，无色，常包含有石英、长石、黑云母，形成筛状变晶结构，部分退变形成成分环带和冠状反应边结构。

普通角闪石：正中突起，具闪石式解理，$Ng \wedge C=22°$，Ng 黄绿、蓝绿色，Np 浅黄绿色，与长石、石榴石、黑云母等共生，常具黑云母、绿帘石、阳起石反应边。

十字石：柱状—他形变晶，沿片理面生长，Ng 亮黄，Np 浅黄，与夕线石、石榴共生或聚集成变晶集合体，集合体常被长石、石英、云母等包绕。

夕线石：针柱状、束禾状变晶，正高突起，正延性，菱形横切面上可见平行对角线方向的解理，沿片理面生长，与斜长石、钾长石、石榴石、石英等共生；部分分布于白云母中呈交代残余状。

红柱石：无色，微带粉红色色调，板柱状变斑晶，$d=0.5 \sim 2mm$ 之间，解理发育，柱面平行消光，负延性，常具绢云母化。

黑云母：为常见矿物，半自形片状，Ng 红棕、暗褐、棕、红褐色，Np 浅黄色。多数黑云母 Ng 橙黄色，Np 浅黄色，属峰期的与石榴石、长石等共生；少量为交代角闪石边缘产出，自身常具绿泥石化、绢云母化的后期改造，少量残留于石榴石变斑晶中。

（三）原岩恢复

3 件样品岩石化学特征见表 4-21，在 A-C-FM 图解（图 4-38）中，1、2、3 均投在沉积岩区内；在（al＋fm）-（c＋alk）-Si 图解（图 4-39）中，1、2、3 均投在砂质沉积岩区；在[（Al＋Fe＋Ti）/3-K]-[（Al＋Fe＋Ti）/3-Na]图解（图 4-40）中，2、3 投入亚杂砂岩区，1 投在前者与砂质碳酸岩区附近。在尼格黑四面体图解中均位于粘土质沉积物区。

表 4-21　雪卡变质岩带念青唐古拉岩群真巴岩组岩石化学及特征参数表

序号		1	2	3
样品编号		LZ1033-3	LZ3638-2	LZ1038-1
岩石名称		含石榴夕线石二云斜长片麻岩	斜黝帘石黑云角闪斜长片麻岩	长石二云石英片岩
氧化物质量 10^{-2}	SiO_2	86.98	42.24	88.34
	TiO_2	0.330	2.340	0.367
	Al_2O_3	5.68	14.79	4.68
	Fe_2O_3	0.14	6.46	0.38
	FeO	3.05	6.34	2.31
	CaO	0.48	10.47	0.33
	MgO	0.54	13.31	0.33
	MnO	0.023	0.150	0.270
	K_2O	1.32	0.55	0.97
	Na_2O	0.84	2.06	0.61
	P_2O_5	0.080	0.160	0.039
	总量	99.99	98.87	99.75
尼格里值	al	36	33	17
	fm	37	31	57
	c	6	17	22
	alk	18	17	4
	c/fm	0.16	0.55	0.39
	mg	0.23	0.19	0.66
	si	940	964	81
al-alk		18	12	3
(al+fm)-(c+alk)		49	30	48
Al_2O_3	分子数	56	50	145
K_2O+Na_2O	分子数	28	25	39
Ca+Mg		22	34	466
$A_1^{※}$		160	141.9	429
$A_1/3$-K		25	25.3	150
$A_1/3$-Na		25	19.3	96.3
A		46	41	17
C		7	20	40
FM		47	38	43

注：※ A_1 = Al+Fe+Ti。

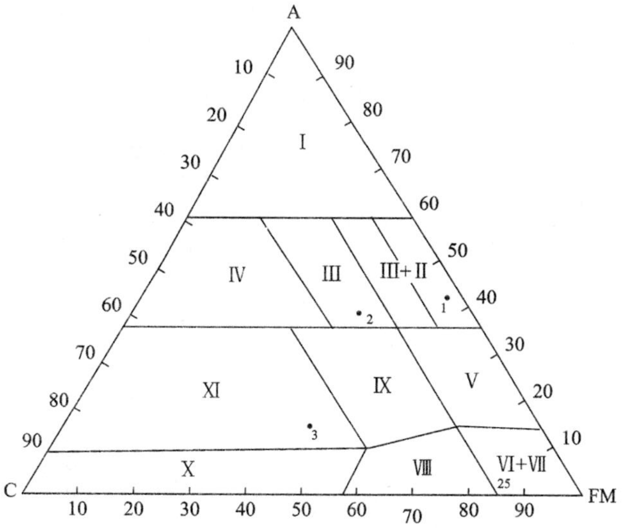

图 4-38　A-C-FM 图解

（据谢缅年科，1966）

Ⅰ.正铝硅酸盐岩亚组；Ⅱ.铁镁铝硅酸盐岩亚组；Ⅲ.正系列碱土铝硅酸盐岩亚组；Ⅳ.钙铝硅酸盐岩亚组；Ⅴ.铝镁铁硅酸盐岩亚组；Ⅵ.铁硅酸盐岩亚组；Ⅶ.正系列镁质超基性岩组；Ⅷ.正系列碱土低铝超基性岩组；Ⅸ.正系列碱土铝基性岩组；Ⅹ.碱土钙系列钙质碳酸盐岩亚组；Ⅺ.碱土钙系列铝钙质岩亚组

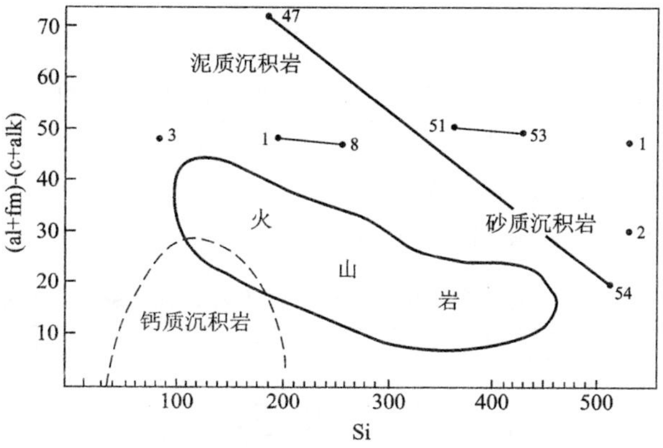

图 4-39　(Al＋fm)-(c＋alk)-Si 图解

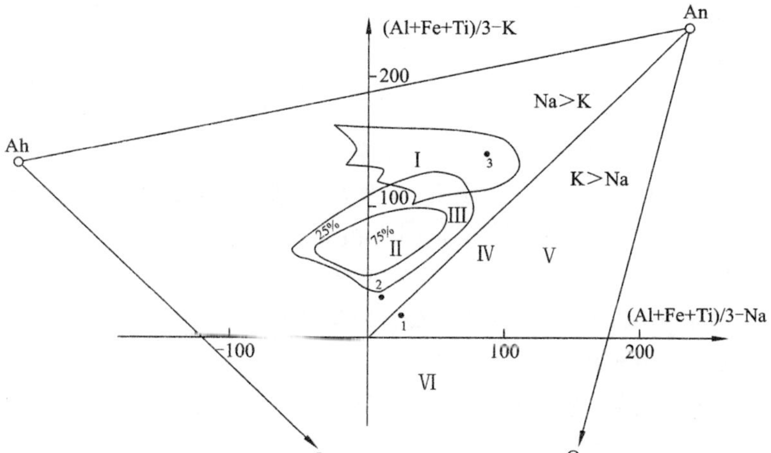

图 4-40　[(Al＋Fe＋Ti)/3-K]-[(Al＋Fe＋Ti)/3-Na 图解

（据莫伊纳和罗谢，1968 简化）

Ⅰ.基性火山岩；Ⅱ.杂砂岩；Ⅲ.亚杂砂岩；Ⅳ.页岩；Ⅴ.泥质碳酸盐岩；Ⅵ.长石砂质

岩石稀土元素含量(表 4-22):ΣREE99.78×10^{-6}～175.51×10^{-6},LREE/HREE5.9～7.1,δEu0.61～0.76,$(La/Yb)_N$8.3～9.63,其稀土配分型式为右倾轻稀土富集(图 4-41),重稀土平坦并普遍存在负铕异常的特征。与被动大陆边缘形成的现代和显生宙沉积岩的稀土组成特征相似(赵振华,1997)。

表 4-22　雪卡变质岩带念青唐古拉岩群真巴岩组稀土元素成果表(10^{-6})

序号	样品编号	La	Ce	Pr	Nd	Sm	Eu	Gd	Tb	Dy	Ho	Er	Tm	Yb	Lu	Y
1	LZ1033-3	18.25	38.01	4.46	15.27	2.90	0.76	2.44	0.39	2.18	0.43	1.30	0.22	1.34	0.21	11.26
2	LZ1038-1	20.81	38.80	4.91	18.08	3.46	0.65	2.92	0.51	2.77	0.55	1.63	0.27	1.69	0.27	14.81
3	LZ3638-2	31.58	61.06	7.66	29.44	6.44	1.48	5.22	0.79	4.50	0.88	2.36	0.36	2.23	0.34	21.17

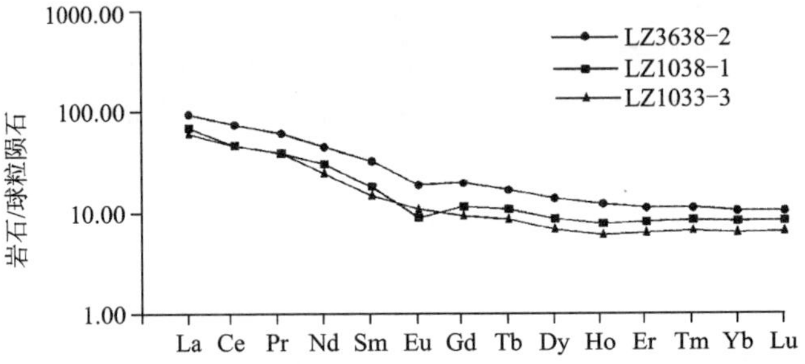

图 4-41　雪卡变质岩带稀土元素配分曲线

(仿 Boynton,1984)

岩石微量元素含量(表 4-23):与元素丰度泰勒值(1964)相较,Th、Hf、Cs 普遍较高,余者则偏低,其微量元素比值具 Ti/Zr5.6～7.1 低,而 Zr/Nb29.8～32.3、Zr/Th47～58.5 高为特征,与 Bhatia 等(1986)给出的被动边缘杂砂岩比值基本一致。

综上所述,真巴岩组原岩为一套碎屑岩夹碳酸盐岩建造。

表 4-23　雪卡变质岩带念青唐古拉岩群真巴岩岩石微量元素成果表(10^{-6})

序号	样品编号	Ti	V	Zn	Rb	Sr	Zr	Nb	Ba	Th	Hf	Sc	Cs	Ta	W	Cu	Pb	Co
1	LZ1033-3	2026	34.90	38.90	59.60	97.40	286	9.59	291	4.90	5.6	10.7	3.90	0.66	2.14	21.0		
2	LZ1038-1	2120	35.70	23.5	41.0	84.9	382	11.81	264	8.1	8.7	9.4	0.7	1.98	18.9			
3	LZ3638-2		222	108	87	490	145	12.7	430	13.1	3.3	36.8	9				18.5	24.2

(四) 变质带、变质相

本变质带仅相当于测区念青唐古拉岩群贡嘎岩组上部真巴岩组下部,区内出露有限,根据片麻岩、片岩中出现特征变质矿物有普通角闪石、十字石、夕线石、石榴石、黑云母及红柱石等,划分为夕线石带。据特征变质矿物及其共生组合特点,其已达低角闪岩相变质。

变质泥质岩的矿物共生组合:Sill+Alm+Bi±Ms+Pl+Q,Sill+St+Bi+Pl+Kf+Q±Gt,Bi+Pl+Q±Kf,Bi+Alm+Pl+Kf+Q,Sill+Gt+Bi+Q±Pl,Sill+Alm+Bi±Ms+Q,Sill+Ms+Bi+Pl+Q,Ad+Ms+Bi+Pl+Q±Gt,Ms+Bi+Pl+Q。

变质基性岩的矿物共生组合:Pl+Hb±Q,Pl+Hb+Bi±Q,Pl+Hb+Cz+Bi±Q,Bi+Pl+Kf+Q,Bi+Gt+Pl+Hb±Q,Bi+Gt+Pl+Q。

本带的变质温压条件及变质相系,以及变质作用与期次等特征类同于拉日芝—林芝变质岩带。

第七节　动力变质作用及韧性剪切糜棱岩带

区内动力变质作用普遍而强烈，除第四系外，几乎其他所有岩石和地层(体)均不同程度卷入了动力变质并具多期次叠加活动特点。大体分为脆性和韧性(塑性)动力变质岩及变质作用两类。

一、脆性动力变质岩及变质作用

脆性动力变质岩是发育于沿脆性断裂带及层间破碎带等浅表层次构造作用上的岩石。主要为各类岩石的碎裂岩化作用，形成岩石类型为碎裂岩、构造角砾岩、碎斑岩、碎粒岩、碎粉岩、断层泥等，主要以碎裂岩、构造角砾岩为主。

碎裂岩：岩石呈灰、灰绿色，具变余斑状结构，基质变余微粒状结构、碎裂结构，片状构造；斑晶一般为斜长石、石英，粒度 0.3～0.8mm；基质由石英、斜长石、黑云母、绿泥石、绢云母等组成，粒度 0.01～0.16mm；次生矿物为绿泥石、绢云母，呈鳞片状、片状，定向排列。岩石具强烈的碎裂现象，基质中出现较多的应力矿物绿泥石。

构造角砾岩：岩石角砾状构造，岩石强烈破碎且角砾岩化，角砾呈棱角—次棱角状，大小在 3.2～60mm。角砾成分为石英岩以及其他受脆性变形岩石。角砾岩中石英矿物具强烈的波状、带状消光。胶结物重结晶现象普遍，并沿角砾长轴方向排列。

二、韧性(塑性)变质岩及变质作用

韧性变质岩发生在中深层次的构造部位，形成一定规模的韧性剪切糜棱岩带，较大型的剪切糜棱岩带往往构成大的构造单元的边界，次级的糜棱岩带常构成不同岩石地层单位的边界。具挤压性质、伸展剥离性质者，以及走滑剪切性质等。区内共划分出 4 个较大韧性剪切糜棱岩带。

铜果—纳玉韧性剪切糜棱岩带(1)：发育于测区东南隅铜果—纳玉一带南迦巴瓦岩群中，北东延入 1:25 万墨脱县幅，往南延入 1:25 万扎日区幅，区内长约 70 余千米，宽 15～18km，构成雅鲁藏布江结合带与喜马拉雅陆块的分界。从南东往北西糜棱岩化有变强的趋势，由糜棱岩化岩石→初糜棱岩→糜棱岩。岩石类型有糜棱岩化片麻岩、棱岩化片岩、糜棱岩化斜长角闪片岩、角闪黑云斜长初糜棱岩、长英质糜棱岩(图版Ⅻ-1、Ⅻ-3)、黑云斜长质变晶糜棱岩(图版Ⅺ-7)、斜长绿帘绿泥千糜岩等。糜棱岩带具条纹状构造，塑性流变、弱眼球纹理构造、肠状流褶皱及石香肠构造(图版Ⅻ-5、Ⅻ-6)；长石、石英与暗色矿物呈条纹、条痕、眼球状、豆荚状排列，具 S-C 组构(图版Ⅺ-8、图版Ⅻ-7)；石英、长石、石榴石压扁拉长，形成不对称压力影；石英具亚颗粒化和波状消光；“σ”碎斑和“δ”碎斑，显左行走滑剪切(图版Ⅻ-4)；黑云母、白云母具褶曲、膝折和云母鱼构造。带中糜棱面理由东往西急剧变化，由北倾→北西倾→西倾，糜棱岩带北西弧状围绕南迦巴瓦岩群展布，向南东逐渐过渡为片岩、片麻岩。

糜棱岩中新生矿物为微粒状钠长石、石英、绢云母、显微鳞片状白云母和黑云母、绿泥石、绿帘石等。矿物共生组合有 Ab＋Bi＋Q，Bi＋Chl＋Q，Ab＋Bi＋Ms＋Q，Ser＋Chl，Ser＋Do＋Q，Chl＋Ser＋Cal，Ep＋Ser＋Bi＋Q，Bi＋Ep，Ab＋Ms＋Q。为低绿片岩相绢云母—绿泥石带，糜棱岩化变质达低绿片岩相。据糜棱岩中矿物组合和交切关系，及线理构造分析表明燕山晚期具有推覆—左行走滑剪切，喜马拉雅期具向北—西滑脱剪切特点。

五一—八拉韧性剪切糜棱岩带(2)：发育于米林县的五一至林芝县的八拉村一带，雅鲁藏布江结合带边界滚没—色苏断裂及其北侧念青唐古拉岩群中，北东延入 1:25 万墨脱县幅，往南西被夺松—比丁断裂所截切，区内长约 50km，宽 1～3km，构成雅鲁藏布江结合带与冈底斯陆块的分界线。

糜棱岩化作用从南东结合带往北西远离结合带逐渐减弱，过渡为片岩、片麻岩。岩石类型有糜棱岩化斜长绿帘角闪岩（图版XIV-5）、糜棱岩化角闪斜长变粒岩、花岗质初糜棱岩、长英质糜棱岩、（千枚状）长英质（变晶）糜棱岩、角闪斜长变晶糜棱岩（图版XVI-1）、斜长角闪质变晶糜棱岩（图版XV-4、XV-5）、英云闪长质变晶糜棱岩（图版XVI-2），构造片岩（图版XIII-3）。岩石具条纹条带状构造、眼球状构造、塑性流变、剪切褶皱；长石、石英与暗色矿物呈条纹、条痕、眼球状、豆荚状排列，具S-C组构；石榴石压扁、旋转，形成不对称压力影构造；石英具波状消光，黑云母、白云母具褶曲、膝折和云母鱼构造；"σ"碎斑和"δ"碎斑，窗棱构造（图版XV-2），显左行走滑剪切；糜棱面理与片理、片麻理产状大体一致，倾向北西。

糜棱岩中新生矿物为微粒状钠长石、石英、绢云母、绿泥石、绿帘石、阳起石、显微鳞片状白云母和黑云母等。共生组合有Bi＋Ser＋Chl＋Ep，Ser＋Ms＋Q，Ep＋Ser＋Bi＋Q，Bi＋Ser＋Chl，Ser＋Chl，Bi＋Ab＋Q，Bi＋Ep，Ab＋Ms＋Q。划分为绢云母-绿泥石带，变质达低绿片岩相。带内见两期糜棱结构及线理构造，表明燕山晚期推覆、左行走滑剪切，喜马拉雅期叠加有斜向滑脱特征。

多堆—色格娘韧性剪切糜棱岩带（3）：呈楔形状位于图幅中部，西被盈则—积拉断裂截切，往东逐渐变窄尖灭，长约30km，宽约0～5km，发育于念青唐古拉岩群中。

岩石类型有糜棱岩化绢英岩、糜棱岩化含透辉石大理岩、糜棱岩化花岗岩、二云长英质初糜棱岩、二长花岗质初糜棱岩、二云长英质糜棱岩、黑云长英质糜棱岩、花岗质糜棱岩、阳起绿帘钠长黑云千糜岩等。糜棱岩中石英、方解石塑性压扁、拉长，部分碾碎呈粉晶状、条纹状，定向排列，$d<0.5\sim0.02$mm；石英具亚颗粒化和波状消光；长石呈眼球状，具拖尾。糜棱面理北倾。糜棱岩中新生矿物有绢云母、石英、方解石、绿泥石、绿帘石及显微鳞片状白云母和黑云母等。共生组合有Ser＋Cal＋Chl＋Q，Ser＋Ms＋Q，Ep＋Bi＋Q±Ser，Ser＋Chl＋Ep＋Q。组成低绿片岩相绢云母—绿泥石带。燕山晚期具挤压韧性剪切变质变形特征，残留于喜马拉雅期向北滑覆韧性剪切糜棱岩中。

冲九—哧巴韧性剪切糜棱岩带（4）：位于图幅北边并延出图外，区内长约50km，宽约1～3km，为石炭系—二叠系与念青唐古拉岩群真巴岩组分界线，在接触带紧靠真巴岩组一侧，走向上呈波状弯曲，糜棱面理向南陡倾。

岩石类型有糜棱岩化红柱长石石英片岩、长石二云石英糜棱岩、长英质糜棱岩等。糜棱岩具条纹状、片状构造，塑性流变、肠状褶皱；长石、石英与暗色矿物呈条纹、条痕、眼球状排列，具S-C组构。石英、长石、石榴石压扁拉长；石英具亚颗粒化和波状消光。黑云母、白云母具褶曲、膝折和云母鱼构造。新生矿物有绢云母、绿泥石、绿帘石、方解石、钠长石、显微鳞片状白云母和黑云母等，矿物共生组合为Ser＋Cal＋Chl＋Q，Ser＋Ms＋Q，Ms＋Bi＋Q，Ser＋Bi＋Q，Ser＋Chl±Ep＋Q，Chl＋Ab＋Ms＋Q。矿物组合为绢云母-绿泥石带，达低绿片岩相。糜棱岩化主期为燕山晚期，具左行水平—斜向走滑剪切特点；晚喜马拉雅期叠加向南滑脱剪切变质变形。

第五章 地质构造及构造演化史

区内地跨冈底斯陆块、雅鲁藏布江结合带、喜马拉雅陆块东部南迦巴瓦构造结的西侧，为一强烈挤压、碰撞、旋扭走滑、急剧伸展隆升地质构造极其复杂的造山带。依据《青藏高原及邻区大地构造单元初步划分》(潘桂棠等，2002)，结合本区实际由北至南划分为冈底斯陆块(Ⅰ)、雅鲁藏布江结合带(Ⅱ)、北喜马拉雅特提斯褶冲带(Ⅲ)、高喜马拉雅基底逆冲带(Ⅳ)4个二级构造单元，进一步划分出工布江达断隆($Ⅰ_1$)、冈底斯岩浆弧(东缘)($Ⅰ_2$)、朗县构造混杂岩带($Ⅱ_1$)、纳伊普曲褶皱束($Ⅲ_1$)、南迦巴瓦基底隆升带($Ⅳ_1$)5个三级构造单元(表5-1)。各构造单元构造形迹总体表现为东西向为主，伴有北西向、北东向及南北向(图5-1)。

表5-1 1:25万林芝县幅构造单元划分简表

二级构造单元		三级构造单元	
冈底斯陆块	Ⅰ	工布江达断隆	$Ⅰ_1$
		冈底斯岩浆弧(东缘)	$Ⅰ_2$
雅鲁藏布江结合带	Ⅱ	朗县构造混杂岩带	$Ⅱ_1$
北喜马拉雅特提斯褶冲带	Ⅲ	纳伊普曲褶皱束	$Ⅲ_1$
高喜马拉雅基底逆冲带	Ⅳ	南迦巴瓦基底隆升带	$Ⅳ_1$

第一节 各构造单元建造特征

建造是特定的构造演化阶段的物质表现，其特征受相应的大地构造演化阶段和构造带、单元的制约。因此，研究区域沉积建造序列及其分布规律，是研究区域地质构造时空演变的重要基础。现将本区的各类建造按构造单元分述如下。

一、工布江达断隆($Ⅰ_1$)

工布江达断隆属冈底斯—念青唐古拉陆块的东延部分。由中—新元古代基底岩系念青唐古拉岩群真巴岩组、前奥陶纪松多岩群、石炭系—二叠系及喜马拉雅期碰撞“S”型花岗岩和造山期后花岗岩组成。

中—新元古代念青唐古拉岩群，为一套基底杂岩。由各类片岩、片麻岩、变粒岩、大理岩等组成，厚度达7078m以上，变质达高绿片岩—角闪岩相。原岩为一套中基性火山、碳酸盐岩、碎屑岩建造。

前奥陶纪松多岩群为绿片岩相绢云千枚岩、二云英片岩、绿片岩等，厚度大于6847m。其原岩为一套基性火山—碎屑岩建造。下与中—新元古代念青唐古拉岩群间为面型韧性剪切糜棱岩带，两者间可能为一隐蔽不整合。据1:20万沃卡幅所获Rb-Sr同位素年龄507.7Ma，可能为泛非末期变质年龄，其原岩时代应更老，属冈底斯陆块泛非中晚期基底增生部分的陆缘火山-陆源复理石建造。与东南含*Micrhystridium-Ooidium-Reticulum*微古植物的波密群和雅久组相当。

石炭纪时海盆进一步拉伸发展，直至晚二叠世沉积了厚度达3592m以上的诺错组、来姑组、蒙拉组浅海陆源碎屑建造,陆内裂陷钙碱性安山玄武岩建造和浅海台地相陆源碎屑岩-碳酸盐岩建造。

三叠纪以来,本区以隆升为主,北部受怒江带封闭,碰撞造山在前陆山间盆地沉积了少量中侏罗世磨拉石建造。随着雅鲁藏布江洋盆封闭,喜马拉雅陆块与冈底斯陆块强烈挤压碰撞,在工布江达断隆带南部发生巨大规模的晚白垩世—古新世S型花岗岩以及始新世、渐新世造山期后浅色花岗岩、花岗斑岩的侵位。

二、冈底斯岩浆弧($Ⅰ_2$)

冈底斯岩浆弧在测区的分布面积极为广泛,其东西均延出图外。

中—新元古代结晶基底变质杂岩,由变质程度达角闪岩相、麻粒岩相之念青唐古拉岩群八拉岩组、贡嘎岩组、真巴岩组组成。八拉岩组为一套厚度达8671.71m以上,由角闪岩、紫苏角闪麻粒岩、紫苏角闪透辉麻粒岩、各类片麻岩、变粒岩、片岩、斜长角闪岩、大理岩等组成;贡嘎岩组厚度达6140.91m以上,由片麻岩、变粒岩、片岩、斜长角闪岩、大理岩等组成;真巴岩组厚度达7078.78m以上,由片岩夹片麻岩、变粒岩、大理岩等组成。八拉岩组的原岩为一套具科马提岩特征的基性—超基性火山绿岩建造,贡嘎岩组为一套富钠质基性—中酸性火山-沉积建造,真巴岩组则为碎屑岩夹碳酸盐岩建造。

区内未发现古生代地层,在岩浆弧南部在活化基底中尚发育了早加里东期同构造碰撞S型片麻状花岗岩建造。

中—晚侏罗世,叶巴组岩石组合为变质中酸性—酸性岩,及变质砾岩、砂砾岩、石英砂岩、板岩、大理岩组合,厚度达5106.68m以上;晚侏罗世多底沟组为大理岩、板岩互层夹中酸性火山岩,厚1228.46m以上。中—晚侏罗世叶巴组、晚侏罗世多底沟组为岛弧火山-沉积建造,多呈帽盖状残留体产于岩浆弧中。

伴随雅鲁藏布江洋盆的消减、封闭,由南向北发育了早白垩纪同熔型闪长岩-石英闪长岩-英云闪长岩为主体的岛弧花岗岩建造和晚白垩世-古新世碰撞造山S型花岗岩建造。

古近纪—新近纪,大竹卡组为一套复成分砾岩、含砾砂岩夹砂岩和含渐新世—中新世淡水双壳类及植物化石,厚度达314.17m以上。古近纪渐新世—新近纪中新世大竹卡组为一套山前磨拉石建造。并沿雅鲁藏布江结合带北侧呈带状延伸,不整合覆于早白垩世花岗岩和朗县蛇绿混杂岩之上。

三、雅鲁藏布江结合带(Ⅱ)

本区沉积建造较为复杂,为一些不同时代、不同岩石类型、不同构造环境、不同变质程度、不同变形样式的构造块体拼合而成的构造混杂带。带中最老岩块为最大宽度达1000m以上的早二叠世稳定型浅海台地相碳酸盐岩块。随着雅鲁藏布江洋盆的逐渐打开,本区除串珠状变形橄榄岩、堆晶辉长岩外,并发育了Rb-Sr同位素年龄为215.57Ma的晚三叠世基性熔岩,中—晚三叠世厚度达100m以上的远洋深水含放射虫硅泥质岩;Rb-Sr等时线年龄为168.44~173.27Ma,侏罗纪枕状拉斑玄武岩厚度达657m以上,侏罗纪—白垩纪厚度达1000m以上的远洋深水含放射虫硅泥质岩和厚度达2000m以上的早白垩纪斜坡扇类复理石建造。白垩纪末雅鲁藏布江洋盆封闭挤压逆冲,形成了多个不同时代构造-建造块体组成,经板块俯冲消减及闭合、碰撞混杂在一起,构成雅鲁藏布江蛇绿构造混杂岩带。

四、北喜马拉雅特提斯褶冲带(Ⅲ)

本区为北喜马拉雅特提斯褶冲带的东端,仅出露新元古代—寒武纪肉切村岩群。其西延为稳定的特提斯海盆地,古生代—白垩纪地层发育较完整,受后期构造破坏,基底为元古代聂拉木岩群结晶杂岩建造。其上为泛非末期由绿片岩、片岩组成，厚度达 4075m 以上，基底增生体为一套陆缘岛弧火山-陆源复理石建造。奥陶纪—泥盆纪为以碳酸盐岩为主的台地碳酸盐岩-冰海坠积岩-碎屑岩组合，反映了喜马拉雅特提斯带在古生代为开阔陆棚台地浅海和近陆滨海沉积环境。

五、高喜马拉雅基底逆冲带（Ⅳ）

高喜马拉雅基底逆冲带位于图幅南东隅，由中—新元古代南迦巴瓦岩群 a、b 两个亚群组成。a 亚群主要为一套花岗质片麻岩、蓝晶夕线石榴斜长片麻岩、斜长角闪岩、角闪石岩、夕线石榴黑云长英质糜棱岩，其中夹有石榴蓝晶麻粒岩构成的高压麻粒岩残留体，厚度达 6485m 以上，原岩可能为一套含火山-碎屑岩夹碳酸盐岩建造；b 亚群为一套含石榴蓝晶夕线斜长片麻岩、黑云斜长变粒岩、大理岩组合，厚度达 5915m 以上，其原岩可能为含基性—中酸性火山-碎屑岩夹碳酸盐岩建造。构成冈瓦纳大陆北部边缘结晶杂岩增生带。

第二节　构造变形相及构造变形相序列

在岩石变形过程中，同一构造事件所造就的构造变形在不同的构造层次反映出不同的变形机制和变形形态。构造变形相是岩石在地壳运动过程中一定变形环境的构造表现，是一定物理化学条件范围内形成的各种岩层和岩体以某一变形机制的变形为主导的变形构造的共生组合（单文琅等，1987）。按照《变质岩区 1∶5万区域地质填图方法指南》（1991），通过野外宏观观察及结合室内镜下微观研究，对本区构造样式、构造群落的综合分析，拟订出调查区构造变形相及构造变形相序列的基本类型。

一、构造变形相

主要依据褶皱形态、断裂性质、面理、线理及显微构造特征、构造置换方式、置换类型及特征，变质程度、变形机制等因素将区内构造变形相划分为表部、浅部、中部、深部 4 个构造变形相及 2 个变形亚相（表 5-2）。

表 5-2　1∶25 万林芝县幅构造变形相划分表

划分标志		A：表部构造变形相	B：浅部构造变形相		C：中部构造变形相	D：深部构造变形相
			B_1：上亚相	B_2：下亚相		
大型标志	褶皱	开阔、平缓状直立褶皱	开阔-闭合状斜歪倾伏褶皱，同斜倒转褶皱，以等厚型为主	闭合-紧闭状斜歪，同斜倒转褶皱、倾竖褶皱	平卧褶皱、褶叠层	以 S_n 片麻理构成掩卧褶皱，以 S_{n+1} 新生面理 S_{n+2} C 面理、S_{n+3} 滑劈理构成单斜状
	断裂构造	脆性破裂	脆性断裂、脆-韧性断裂	脆-韧性断裂、走滑剪切	韧性伸展、走滑剪切	韧性剪切带
	卷入地层	E_3N_1d、K－E 花岗岩	$J_{2-3}y$、J_3d、KL	C_1nc、C_2P_1l、P_3m	$Pt_3∈R.$、AnOS.	$Pt_{2-3}N.$、$Pt_{2-3}Nj.$

续表 5-2

划分标志		A:表部构造变形相	B:浅部构造变形相		C:中部构造变形相	D:深部构造变形相
			B_1:上亚相	B_2:下亚相		
中小型标志	构造变形面理	S_0 层理	S_0 层理、S_1 板(片)理、S_2 褶劈理、S_1 // S_0、$S_2 \perp S_1$	S_0 层理、S_1 板(片)理、S_2 褶劈理、S_1 平行或斜交 S_0、S_2 斜交 S_1	S_0 层理、S_1 片理、S_2 流劈理	S_n 片麻理、S_{n+1} 流劈理、S_{n+2} C 面理、$S_{n+1} \wedge S_{n+2}=0\sim30°$
	主期褶皱样式及叠加褶皱	局部拖曳、牵引褶皱	等厚型同斜倒转褶皱、牵引褶皱、叠加次级不规则等厚褶皱、滑褶皱	同斜倒转褶皱,牵引褶皱、倾竖褶皱	层间平卧褶皱、波状、肠伏褶皱及无根褶皱	肠状、平卧、流变褶皱无根褶皱、褶叠层
	变形机制	剪切、弯滑	剪切、弯滑、纵弯	剪切—滑流	弯流、压扁	弯流—柔流
	劈理类型	间隔破劈理	间隔破劈理、轴面劈理、褶劈理	轴面劈理、滑劈理	透入性流劈理、片理、滑折劈理	流劈理、滑劈理、片理、片麻理等
	构造置换方式及发育程度	未置换	S_1 平行置换 S_0、S_2 局部纵向置换 S_1	S_1 平行式斜交置换 S_0、S_2 纵向置换 S_1	S_1 平行置换 S_0 S_2 纵向置换 S_1	S_{n+1}、S_{n+2} 置换早期面理、S_{n+1} 横向置换 S_n
	线理类型	不发育	交面线理、拉伸线理	拉伸线理、交面线理	矿物生长线理、拉伸线理、皱纹线理	矿物生长线理、拉伸线理、布丁构造等
	同构造分凝石英脉	石英脉沿裂隙出现	沿裂隙与劈理出现,局部布丁化	沿劈理出现,布丁化	沿劈理出现,布丁化	同构造熔融长英质脉与暗色条带分布成层
显微标志	构造岩类型	碎裂岩系	构造角砾岩、糜棱岩化、糜棱岩系	构造角砾岩、糜棱岩化、糜棱岩系	糜棱片岩、千糜岩糜棱岩	千糜岩、强置片麻岩、糜棱片岩
	显微构造	原生结构保存较好	原生结构局部破坏	矿物压扁、拉长、次生结构发育,具 S-C 组构	矿物压扁、拉长、发育旋较碎斑、S-C 组构	变质新生组构,发育 S-C、S、L 构造、长英质矿物流变、核幔构造、压力影等
变质程度		亚绿片岩—低绿片岩相	低绿片岩相	低绿片岩相	高绿片岩相	角闪岩相—麻粒岩相
分布地区		图幅南西	图幅北、西部	图幅北部	图幅北西、南东部	图幅南东及中北部

(一) 表部构造变形相(A)

卷入地层为大竹卡组(E_3N_1d)及白垩纪、古近纪花岗岩。岩石以浅—表环境下的脆性破裂为主,在花岗岩中发育破碎带、断层泥、碎裂岩,在构造强烈变形地带——雅鲁藏布江结合带北侧,大竹卡组复成分砾岩中则发育挤压剪切破碎,泥质(胶结物)产生亚绿片岩—低绿片岩相变质。

(二) 浅部构造变形相(B)

上亚相(B_1):是测区浅部构造变形相中变形较弱的构造变形相,卷入地层有白垩纪朗县混杂岩(KL)、侏罗纪多底沟组(J_3d)、叶巴组($J_{2-3}y$)等。受印度板块与欧亚板块的"超碰撞"作用,受变形体白垩纪朗县混杂岩基体碎屑沉积物以较低的能干性而形成了强烈的剪切及褶皱变形和面理置换,形成歪斜褶皱、同斜倒转褶皱、不协调褶皱以及叠瓦状逆冲推覆断裂、横向置换面理(板理、千枚理)和轴面劈理,变形特征表现出脆-韧性特点;在强烈的挤压推覆环境下,同构造卷入洋壳残片(超镁铁岩、镁铁质岩等)、二叠纪碳酸盐岩等构造岩块(片),形成了雅鲁藏布江结合带构造混杂岩及蛇绿混杂岩。在结合带北侧,侏罗纪多底沟组、叶巴组等岛弧火山-沉积岩系则形成一系列逆冲断层和等厚型褶皱。在朗县混杂岩中 S_0 原生沉积面理被 S_1 板理(片理)横向置换,逆冲断裂和同斜褶皱发育。该变形亚相以脆-韧性变形为主,同构造变质达低绿片岩相。

下亚相(B_2):卷入地层为石炭纪诺错组(C_1nc)、石炭纪—二叠纪来姑组(C_2P_1l)、蒙拉组(P_3m)等,褶皱构造以剪切-弯滑机制下形成的相似褶皱、同斜褶皱、紧闭褶皱和倾竖褶皱等。S_0 原生面被 S_1 板理(片理)横向置换,S_2 轴面劈理纵向置换 S_1。断裂以脆-韧性正断层、剪切走滑断层为主,发育碎裂岩、糜棱岩化岩石和糜棱岩。局部出现拉伸线理、交面线理。同构造变质达绿片岩相。

(三) 中部构造变形相(C)

该变形相分布于测区南东、北西两地,卷入地层为新元古代—寒武纪肉切村岩群($Pt_3\epsilon R.$)、前奥陶纪松多岩群(AnOS.),分属中—新元古代念青唐古拉山岩群($Pt_{2-3}N.$)、南迦巴瓦岩群($Pt_{2-3}Nj.$)结晶基底与沉积盖层之下的变形域,变形机制为伸展环境下的韧性变形,以江达—麦村断裂和珞巴村—来果桥基底剥离断裂为代表,发育一系列同向低角度顺层韧性剪切带和伴生的褶叠层、无根褶皱、肠状褶皱。糜棱片理 S_1 彻底置换原生沉积面理 S_0,拉伸线理、布丁构造普遍发育,同构造变质达高绿片岩相。

(四) 深部构造变形相(D)

受变形地质体为中—新元古代念青唐古拉山岩群($Pt_{2-3}N.$)、南迦巴瓦岩群($Pt_{2-3}Nj.$)。前期为固态塑性流变机制,先期面理被 S_n 片麻理强烈置换,后期在弯流—柔流变形机制下,以 S_n 为变形面形成顺层掩卧褶皱、流变褶皱、无根褶皱,矿物拉伸线理、布丁构造发育,S_{n+1} 流劈理、S_{n+2}(Sc)面理强烈置换 S_n。同构造变质达角闪岩相。

二、构造变形相序列

在上述构造变形相分析的基础上,根据前后相继的变形相转换在同一变形地质体中构成的不同构造群落的叠置关系,从基底到盖层,可划分出 4 个变形旋回的构造变形相演化序列,即前期(Pt)固态流变变形相序列,早期(Pt_3—P)弯流—压扁韧塑性变形相序列,主期(T—K)脆-韧性挤压—剪切变形相序列,后期(N)脆性变形相序列,详见表 5-3。

表 5-3 1:25 万林芝县幅构造变形相序列表

变形旋回	时限	工布江达断隆	冈底斯岩浆弧	雅鲁藏布江结合带	北喜马拉雅特提斯褶冲带	高喜马拉雅基底逆冲带
后期	N	A 相:后期断块抬升,结晶基底及盖层褶皱体的表部脆性破裂和碎裂岩发育	A 相:隆升后的结晶基底与岩浆弧、岛弧沉积中发育浅表相脆性断裂	A 相:在主期形成的脆-韧性强烈挤压推覆构造形迹之上叠加脆性破裂和碎裂	A 相:在主期挤压逆冲构造形迹之上叠加浅表相脆性破裂和碎裂岩化	A 相:断块抬升叠加脆性断裂及碎裂岩系列

续表 5-3

变形旋回	时限	工布江达断隆	冈底斯岩浆弧	雅鲁藏布江结合带	北喜马拉雅特提斯褶冲带	高喜马拉雅基底逆冲带
主期	K—T	B_1 相：在挤压-走滑剪切机制下，AnOS.、C_1nc、C_2P_1l、P_3m 等地层在初期褶皱之上叠加了同斜褶皱、紧闭褶皱、倾伏褶皱等，沿褶皱轴部发育 S_2 轴面劈理。 B_2 相：在伸展机制下形成基底与盖层间的伸展剥离断层，盖层复式向斜形成，在 C_1nc、C_2P_1l、P_3m 中产生褶叠层，平卧褶皱、S_0 原生层理被 S_1 片理横向置换	B_1 相：$J_{2-3}y$、J_3d 首次变形发育纵弯褶皱及脆性、脆-韧性断裂，白垩纪花岗岩局部脆性剪切变形	B_1—B_2 相：晚期脆性-脆韧性右旋平移剪切，中期左旋平移走滑，早期伸展拆离，初期陆—陆碰撞，在强烈的挤压推覆体制下，*KL* 弧前盆地相碎屑沉积产生叠瓦式逆冲断裂、伴生紧闭褶皱、同斜褶皱，同构造卷入不同时代的构造岩块、蛇绿岩块，原生层理 S_0 被 S_1 板理（片理）、S_2 褶劈理置换	B_1 相：在强烈的挤压逆冲推覆和走滑剪切机制下，*KL* 碎屑沉积形成一系列向南倾、向北逆冲的断裂和同斜倒转褶皱、歪斜褶皱 S_0 原生层理被板理（片理）S_1 横向置换，局部 S_2 褶劈理纵向置换 S_1，早期在伸展机制下 Pt_3∈*R*. 与 $Pt_{2-3}Nj$. 间产生大规模的伸展剥离断层，形成宽数千米的韧性剪切带，带内发育布丁构造、S-C 组构，无根褶皱、拉伸线理等韧性变形组合，在剥离面之上则发育褶叠层、S_1 片理横向置换 S_0 原生层理	B_1—B_2 相：晚期沿早期伸展剥离断层发生左旋走滑剪切形成 S-C 组构，矿物拉伸线理等变形序列
早期	P—Pt_3	C 相：AnOS. 在弯流、压扁机制下形成层间平卧褶皱，无根褶皱、褶叠层，S_0 原生沉积面理被 S_1 片理置换，发育矿物生长线理、拉伸线理，局部出现布丁化构造			C 相：Pt_3∈*R*. 在剪切—弯流机制下，以 S_0 为变形面形成掩卧褶皱、无根褶皱，Sc 糜棱面理，并对 S_0 横向置换，出现长英质脉布丁化构造	
前期	Pt	D 相：$Pt_{2-3}N$. 形成固态流变组合，以 S_n 为变形面形成肠状褶皱，无根褶皱、掩卧褶皱，以及矿物生长线理、拉伸线理，布丁构造，S_{n+1} 流劈理、S_{n+2}、S-C 面理置换早期面理 S_n 早期：固流相，S_n 片麻理置换先期面理				D 相：$Pt_{2-3}Nj$. 晚期固态流变组合，以 S_n 为变形面，形成无根褶皱，掩卧褶皱、肠状褶皱及矿物生长线理，拉伸线理，S_{n+1} 流劈理、S_c 糜棱面理置换早期面理 S_n 早期：固流相 S_n 片麻理置换先期面理

第三节　各构造单元构造形迹特征

一、工布江达断隆（I_1）

工布江达断隆位于江达—麦村断裂(3)以北，是区内主要的古生代地层分布区，出露有真巴岩组（$Pt_{2-3}\hat{z}.$）、松多岩群（AnOS.）、诺错组（C_1nc）、来姑组（C_2P_1l）、蒙拉组（P_3m）等地层及白垩纪、古近纪 S 型花岗岩侵入体。构造以嘎拉复式向斜为主干，翼部发育次级褶皱和伴生的同向断裂。构造线北西向转近东西向，是测区褶皱、断裂最发育的构造单元（图 5-2）。现将调查区主要断裂、褶皱特征分述如下。

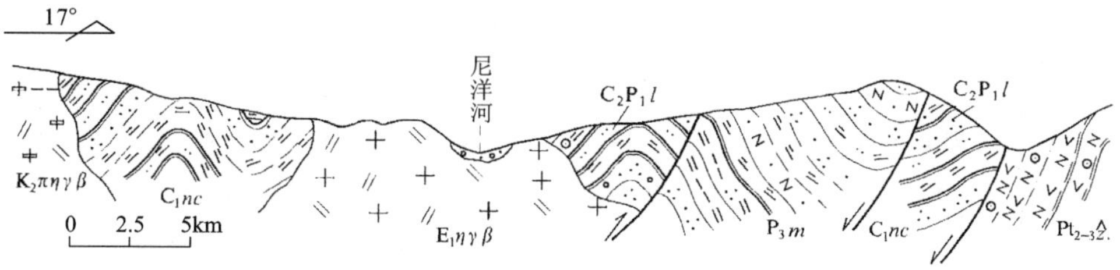

图 5-2　工布江达断隆构造剖面图

（一）褶皱

嘎拉复式向斜(1)：轴向北西西向，轴迹略弯曲呈弧形，西端延伸出图，东端被晚白垩世花岗岩侵入体破坏，长大于 65km。向斜两翼地层为 C_1nc、C_2P_1l，核部地层为 P_3m，北翼岩层倾角 30°～60°，南翼岩层倾角 35°～73°，起伏较大。向斜北翼被近东西向的芦堆—边平巴断裂(2)破坏而不完整，南（南西）翼保存较好，发育次级的背、向斜，构成复式向斜（图 5-3）。

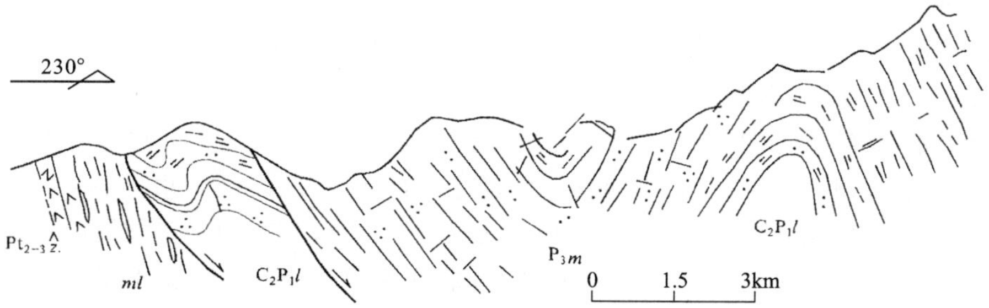

图 5-3　嘎拉复式向斜构造剖面素描图

则桑背斜(2)：轴向北西向、北西端出图，轴面南西倾，南东端被帮达断裂(7)所截，核部地层为 C_1nc、翼部为 C_2P_1l，南西翼岩层倾角 68°～85°，北东翼岩层倾角 78°，局部倒转。枢纽平直，向北西倾伏，倾角 45°，为一线型紧闭褶皱。

白拉向斜(3)：轴向北西，轴部起伏，北西端延伸出图，中部及东端被花岗岩侵入体和东西向断裂破坏，轴迹断续延伸长大于 82km。轴面南西倾，核部地层为 C_2P_1l，两翼由 C_1nc 组成，南西翼岩层倾角 43°～80°，北东翼岩层倾角 52°～80°，两翼起伏较大，总体产状陡倾，局部倒转，为一线型紧闭褶皱。

其余褶皱见表 5-4。

表 5-4　1∶25 万林芝县幅工布江达断隆部分褶皱特征表

编号	褶皱名称	产状(°)			褶皱特征	轴面劈理	长度(km)
		枢纽	南翼	北翼			
4	盈刚背斜	起伏状 SE 缓倾	230∠70	30∠79	核部、两翼地层均为 C_1nc，中部、SE 端、被 K 花岗岩侵入体破坏，NW 端被断裂所截	发育	>70
5	贡多向斜	起伏状	45∠75	230∠65	褶皱地层为 C_1nc，NW 端被断裂所截，SE 端被 K 花岗岩侵入体破坏，轴面近直立，为一紧闭向斜	发育	>40
6	打底列嘎背斜	起伏状	225∠50	50∠55	褶皱地层为为 C_1nc，NW 端被断裂所截，中部及 SE 端被 K、E 花岗岩侵入体破坏，轴面近直立，局部起伏，为一紧闭背斜	发育	>50
7	忠村向斜	略起伏状	42∠70	195∠85	褶皱地层为 AnOS.，背斜两端均被断裂破坏，两翼岩层陡倾，轴面近直立，为一紧闭背斜	发育	>12
8	贡巴背斜	略起伏状	35∠65	235∠70	褶皱地层为 AnOS.，背斜两端均被 NW 向断裂斜截，SW 翼不完整，局部倒转，为一紧闭背斜	发育	>22
9	白马供背斜	向西倾伏	195∠75	20∠55	褶皱地层为 C_2P_1l，南翼倾角陡，北翼倾角略缓，轴面北倾，为一斜歪紧闭背斜	发育	5

（二）断裂

雪卡—洞比断裂(1)：呈近东西向弧形展布于图区北部边缘，两端均延出图外，图内长约 62km。断裂北盘为真巴岩组($Pt_{2-3}\hat{z}.$)，南盘为晚古生代诺错组、来姑组、蒙拉组上盖层稳定型沉积。卫片影像断裂特征为线状连续色异常带、两侧色斑、色块及纹饰图案不连续，地貌特征为沟谷、陡坎。沿断裂有大于 100m 的韧性剪切带，其特征见第四章冲九—哧巴韧性剪切糜棱岩带。同时发育有破碎带。断面平滑呈微波状起伏，南倾，倾角 20°～30°，为早期具压性，后期为张性。断裂面倾角可达 60°～70°。南盘古生代盖层沉积中常见高角度正断层及牵引褶皱，与主断层共同组成剥离断层-伸展滑脱系(图 5-4)。

芦堆—边平巴断裂(2)：呈北西西—东西向展布，北西端延出图外，东端被夺松—比丁伸展断裂所截，长约 80km。断裂北盘为 C_1nc、C_2P_1l，南盘为 P_3m。断裂北盘 C_2P_1l 沿走向缺失，C_1nc 与 P_3m 直接接触，并发育 50～100m 不等的构造破碎带。构造角砾岩中可见少量碎裂糜棱岩。南盘 P_3m 中发育透镜体(图版 XVI-5)，“σ”碎斑(图版 XVI-6)。说明断裂早期具韧性剪切特征，晚期叠加了脆性活动。北盘上升南盘下降，断裂面倾向南—南南西，倾角 70°～75°，为一高角度正断层(图 5-5)。

江达—麦村断裂(3)：是工布江达断隆(Ⅰ$_1$)南界断裂与冈底斯岩浆弧(Ⅰ$_2$)分界断裂，断裂走向北西转东西向，呈弧形，其北西端被第四系掩盖延出图外，东端被北东向夺松—比丁伸展断裂(24)所截，长 140km 以上。断裂北盘出露地层为 $Pt_{2-3}\hat{z}.$、AnOS.、C_1nc、C_2P_1l 等，南盘为 $Pt_{2-3}N.$ 及 $J_{2-3}y$、J_3d。卫片上断裂影像显示为断续状白色异常带，其两侧色斑、纹饰图案不连续。野外宏观标志是沿断裂断续发育构造角砾岩、碎裂化糜棱岩，直立劈理带，北盘中发育牵引褶皱以及地层中断、缺失等。断裂倾向北—北东，倾角 35°～60°，起伏较大，具早期挤压晚期张裂的特征，为一多期活动控制性断裂。

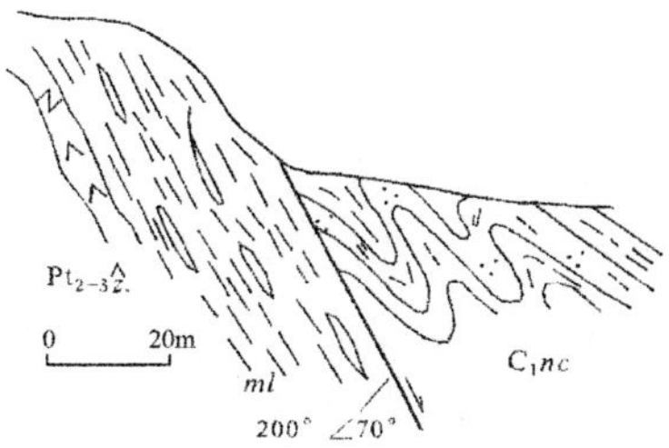

图 5-4　雪卡—洞比断裂剖面示意图

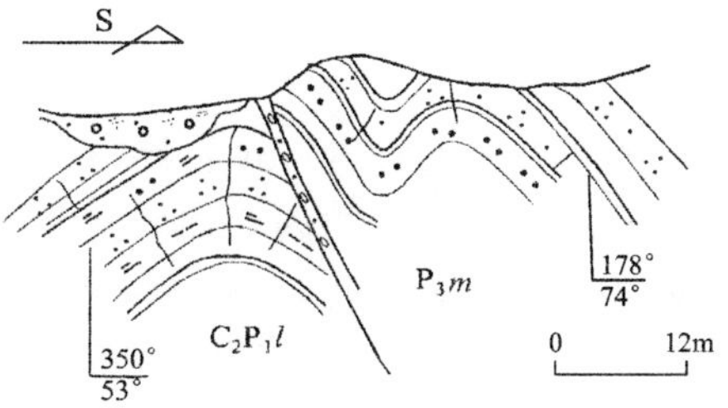

图 5-5　芦堆—边平巴断裂剖面示意图

决村—白间断裂(4)：走向北西呈弧状弯曲延伸，北东盘出露地层为 C_1nc 及白垩纪、古近纪花岗岩，南西盘为 AnOS.，其间地层缺失。沿断裂可见 50～150m 不等的糜棱岩化带、破碎带和直立劈理带，南西盘中掩卧褶皱、同斜褶皱、不协调褶皱、倾竖褶皱及肠状褶皱、钩状褶皱、布丁构造，“σ”碎斑、S-C 组构发育，北东盘则发育紧闭褶皱(图版 XV-7、XV-8，图版 XVI-7、XVI-8)和直立劈理带。断裂经历了早期伸展剥离和晚期挤压逆冲改造，断裂面倾向南西，倾角 40°～70°，呈起伏状，总体显示北东盘下降，为一逆断层。

其余断裂见表 5-5。

表 5-5　1∶25 万林芝县幅工布江达断隆部分断裂特征表

编号	断裂名称	走向	长度(km)	断裂产状		结构面特征	性质
				倾向	倾角		
5	伍楼岗断裂	近 EW	7.5			较平直，切割 AnOS.、K 花岗岩、断裂标志明显	右行平移
6	金普断裂	NEE	7.5			线性影像清晰，切割 K_1、K_2 花岗岩发育糜棱岩化带	左行平移
7	帮达断裂	NEE	20			微弯曲、横向切割 C_1nc 和 NW 向褶皱，发育破碎带	
8	帮坝断裂	NWW	41.5	S	70°	线性影像清晰，断层线微弯曲，断层面粗糙不平整，发育破碎带，牵引褶皱，地层断失、产状零乱	正断层

二、冈底斯岩浆弧(Ⅰ₂)

冈底斯岩浆弧分布于江达—麦村断裂(3)与茄子弄—滚没—色苏断裂(17)之间(图 5-6)，是测区分布面积最大的构造单元，约占图区总面积的二分之一。主要出露中—新元古代念青唐古拉岩群结晶基底岩系，中—晚侏罗世岛弧火山—沉积岩、大竹卡组(E_3N_1d)磨拉石沉积和 I 型、S 型花岗岩。基底岩系中主要发育韧性(断裂)剪切带和小尺度固态流变褶皱序列，中—晚侏罗世地层中则发育脆韧性断裂和短轴褶皱，后期在全区叠加了脆性—脆韧性断裂。总体构造线以东西向为主兼有南北、北西和北东向，褶皱多被花岗岩体破坏，而断裂较为发育，现将区内主要褶皱、断裂分述如下。

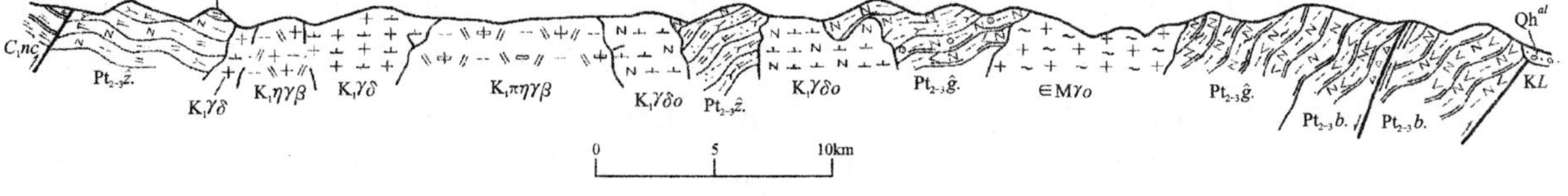

图 5-6　冈底斯岩浆弧构造剖面图

（一）褶皱

基底中—新元古代念青唐古拉岩群由南向北由八拉岩组、贡嘎岩组和真巴岩组总体构成一个向北倾斜的单斜构造。在斜长角闪片岩、角闪变粒岩、斜长角闪片岩中发育层间固态流变褶皱，并以各岩组间韧性剪切带中最为发育，一般为露头尺度，也有较多手标本尺度者。其类型有倾竖褶皱、同斜褶皱（图版 XIV-7）、无根褶皱、相似褶皱、不协调褶皱（图版 XV-1）、肠状褶皱及褶叠层等（图版 XIV-8、图版 XV-2，图5-7～图 5-10）。

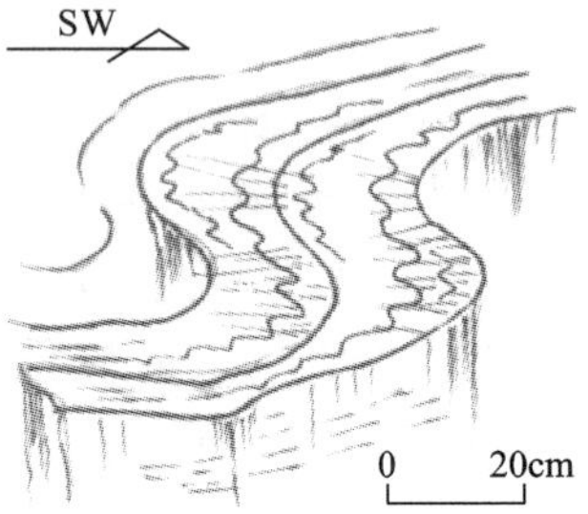

图 5-7　$Pt_{2-3}N$. 片麻岩中的倾竖褶皱

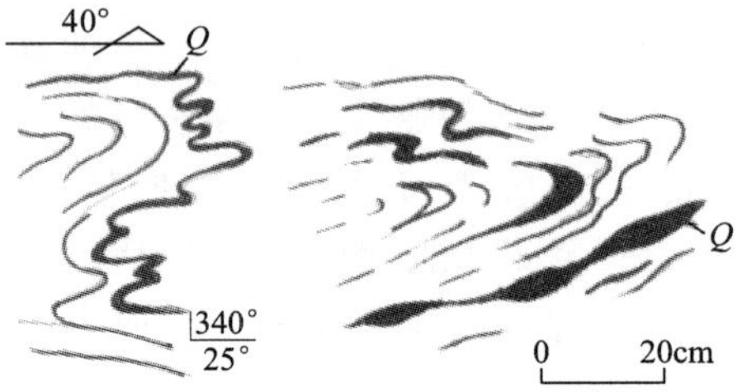

图 5-8　$Pt_{2-3}N$. 斜长角闪片岩中的无根褶皱

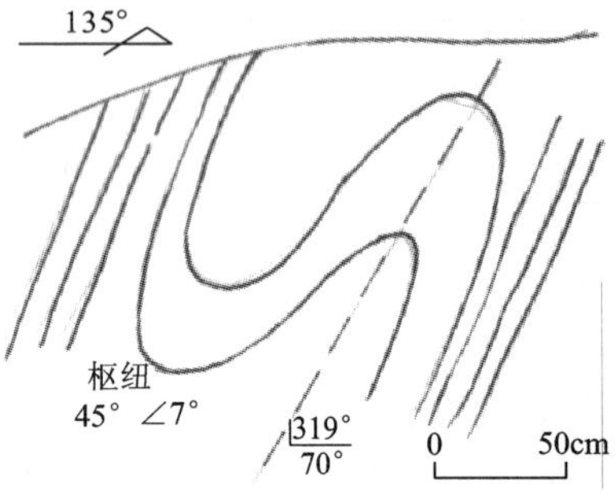

图 5-9　$Pt_{2-3}N$. 角闪片麻岩中的相似褶皱

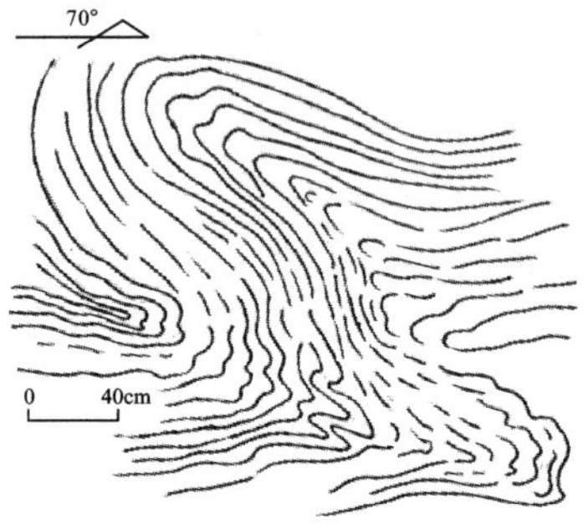

图 5-10　$Pt_{2-3}N$. 中的不协调褶皱

盖层褶皱则以侏罗纪叶巴组、多底沟组中酸性火山岩、大理岩夹板岩呈帽盖状残留于白垩纪花岗岩基中。其中以沙锅向斜(10)保存较好，轴向近东西，西延出图，东端为白垩纪花岗岩破坏，图内轴长约17km，轴部为叶巴组上部火山碎屑岩，翼部由叶巴组中酸性火山岩组成。北翼较陡∠72°，局部倒转，南翼稍缓∠59°，为一轴面北倾的向斜构造。

（二）断裂

区内断裂较发育，以近南北向和近东西向两组规模较大，前者为张性，后者多为压扭性。尚有少量北东向和北西向者。五一—八拉和多堆—色拉娘韧性剪切带在第四章中已论述，现择其主要断裂分述如下。

巴拉劣果—列木切断裂(13)：走向近南北，略呈弯曲状，其南、北两端分别切穿早白垩世二长花岗岩和晚白垩世似斑状花岗岩，长 51km 以上。其卫片影像特征呈断续直线状，略弯曲状色异常带及两侧色斑、色块不连续，地貌上为一近南北向的深切河谷。沿断裂断续分布有宽 50～150km 不等的破碎带。发育褐铁矿化构造角砾岩、碎裂岩，部分具硅化、绢云化及绿泥帘石化。断裂横向切错中—新元古代念青唐古拉岩群及寒武纪、白垩世、古近纪花岗岩和东西向延伸的韧性剪切带，属测区浅表层次脆性断裂。断裂面粗糙不平整，断面倾向西，倾角 65°～70°，为一张性正断层。

加拉沙韧性剪切断裂(19)：为中—新元古代念青唐古拉岩群贡嘎岩组与真巴岩组的分界断裂。北盘由真巴岩组片岩类、大理岩组成，南盘为贡嘎岩组片麻岩。两者间发育 200～300m 糜棱岩带，在西段捌嘎—多堆一带最宽可达 5km。糜棱岩带以片麻二云长英质糜棱岩为主，外侧发育片麻状黑云长英质初糜棱岩和糜棱岩化斜长角闪岩、糜棱岩化变粒岩，糜棱岩带中常见变粒岩、斜长角闪岩、片麻岩扁豆体。糜棱岩发育 S-C 组构、"σ"旋转碎斑（图 5-11），片岩中发育褶叠层。带中糜棱面理产状较稳定，0～25°∠60°～80°。

马与帮嘎—司玛洗韧性剪切断裂(20)：为中—新元古代念青唐古拉岩群八拉岩组与贡嘎岩组的分界断裂。北盘为贡嘎岩组，南盘由八拉岩组组成。走向近东西，其间被南北向断裂(13)、(23)、(24)分割为不连续的 4 段。西端为白垩纪花岗岩所吞噬，图内长达 185km 以上。糜棱岩带宽达 300～500m 不等，断裂面附近常出现糜棱片岩。糜棱岩、糜棱片岩之糜棱质成分变质达绿片岩相。糜棱岩中发育 S-C 组构、"σ"旋转碎斑（图 5-12）及布丁构造，并发育露头尺度的同斜褶皱、肠状褶皱、无根褶皱及褶叠层等。断裂面模糊；大致以强应变的糜棱岩、糜棱片岩作为界面，其糜棱面理较为稳定，其产状多为 10°～340°∠60°～75°。

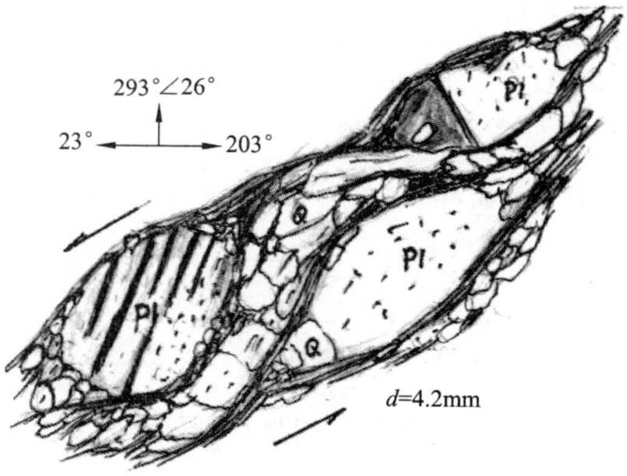

图 5-11 σ 左旋变斑

Bi. 黑云母；Pl. 斜长石；Q. 石英

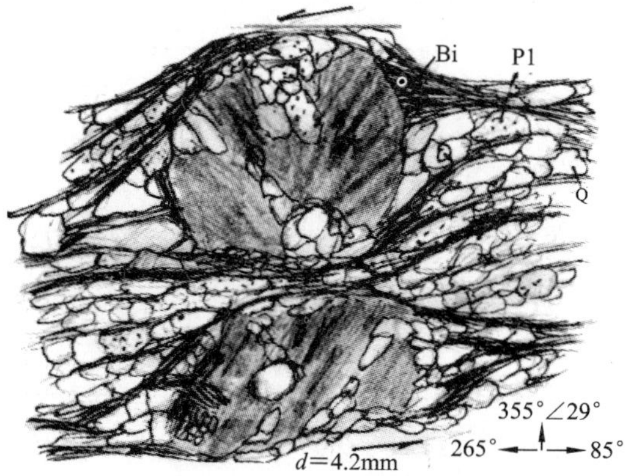

图 5-12 十字石变斑呈左旋 σ 型

Pl. 斜长石；Q. 石英

色崩断裂(22)：呈北西—南东向延伸，南东延出图外，图内长约 36km。断裂切割早白垩世石英闪长岩、英云闪长岩和晚白垩世似斑状花岗岩。沿断裂带发育宽约 50～100m 的糜棱岩带，花岗质糜棱岩发育绿泥石化、帘石化、绢云母化，糜棱片理与断裂一致，产状 10°～25°∠50°～60°，断裂面平直，为一右行走滑的逆冲断层。

盈则—积拉断裂(23)：近南北向延伸，由北向南断裂走向呈略显弯曲状，在南部则转向南东，呈一向南西突出的弧形，调查区内长 100km 以上。其影像显连续线状色调异常和束状、带状色块异常。断裂北部延入工布江达断隆带，并发育 100～200m 破碎蚀变带，碎裂岩、碎粒岩呈带状分布，碳酸盐化、绢云母化、绿泥石化、硅化、绿帘石化强烈。断裂面北段倾向西，倾角 70°以上，南端倾向南西，倾角变缓∠45°左右，为一西盘下降东盘上升的正断层。

夺松—比丁断裂(24)：走向近南北，北段弯曲呈近东西向，卫片影像显示为断续、连续状线性束，两侧纹饰图案不连续，色斑、块差异常明显。断裂中段、北段发育宽达 100m 以上的脆-韧性剪切破碎带（图版 XⅧ-1），碎裂化糜棱岩、构造角砾岩及断层擦痕断续可见；断裂南段，主要表现为左旋走滑兼西盘下降特征，糜棱岩、长英质"σ"碎斑，构造透镜体及倾竖褶皱发育。断裂面倾向西，倾角 45°～60°。断裂切错了念青唐古拉岩群($Pt_{2-3}N.$)，雅鲁藏布江结合带东段，错距约 23km，造成念青唐古拉岩群与肉切村岩群($Pt_3\epsilon R.$)直接接触，在工布江达断隆分布的 C_1nc、C_2P_1l、P_3m 等地层均未在该断裂东侧出现，为南迦巴瓦构造结在喜马拉雅期急剧抬升过程中而产生。

其他断层规模较小，现列表 5-6 如下。

表 5-6　1:25 万林芝县幅冈底斯岩浆弧部分断裂特征表

编号	断裂名称	走向	长度(km)	断裂产状		结构面特征	性质
				倾向	倾角		
9	斯弄朗断裂	近 EW	12.5	N	55°	向 S 弯曲呈弧形，断层面不平整，切割 $J_{2-3}y$、K、E 花岗岩。发育破碎带和低温动力变质	正断层
10	茶拉朗断裂	NW	15	NE	65°	影像呈连续线状切割色斑、图案，断层面不平整，发育碎裂岩，NW、SE 端被 EW 向断裂所截，切割 K 花岗岩	正断层
11	参木拉断裂	近 EW	20	N	60°～70°	切割 $Pt_{2-3}\hat{z}.$、K 花岗岩，发育糜棱岩、破碎带，E 端与 NW 向断裂复合	正断层
12	巴拉西断裂	NE	6			切割 $J_{2-3}y$、J_3d 及 K 花岗岩，发育破碎带，局部糜棱岩化	
14	哄断裂	NE	>7	NW	60°	断层面较平整，碎裂岩、破碎蚀变带发育，切割 $Pt_{2-3}b.$、J_3d 及 E 花岗岩	正断层
15	嘎贡村断裂	NE	19			断层面微弯曲，粗糙，发育破碎蚀变带，切割 $Pt_{2-3}b.$、Є、K、E 花岗岩	
16	衣群断裂	NE	8.5			断裂面较平滑，切割 E 花岗岩，沿断裂发育破碎蚀变	
21	扑龙麦断裂	EW	12			断层面平直，发育破碎带，切割 $Pt_{2-3}b.$、K 花岗岩	
25	白及弄巴断裂	NE	>13			发育破碎带，碎裂岩、切割 $Pt_{2-3}\hat{z}.$、K 花岗岩、SW 端被 Q 掩盖	

三、雅鲁藏布江结合带（Ⅱ）

雅鲁藏布江结合带北以茹子弄—滚没—色苏断裂(17)与冈底斯陆块为界，南界米林断裂(18)与北喜马拉雅特提斯褶冲带和高喜马拉雅基底逆冲带相接，向南延入 1:25 万扎日区幅。图内为一宽 3～5km 的狭窄朗县构造混杂岩带（$Ⅱ_1$）(图 5-13)，其构造变形达浅部相(B)，西延罗布莎构造混杂岩带中出现钠闪石、青铝闪石、黑硬绿泥石及绿纤石等，显示了高压相系变质特征(1:20 万加查幅，1995)。图内近南北向夺松—比丁伸展走滑断裂(24)被截断，使东段向北推移了约 23km。西段仅出露图幅西南隅朗县一带，图内长约 30km，南延 1:25 万扎日区幅金东—朗贡一带。东段从比丁、米林沿雅鲁藏布江河谷断续出露，图内长达 45km 以上。

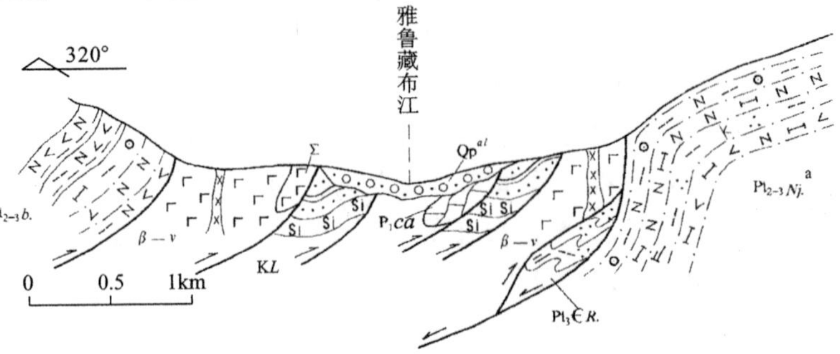

图 5-13　雅鲁藏布江结合带米林混杂岩带综合剖面图

朗县构造混杂岩带（$Ⅱ_1$）由外来系统和原地系统两部分组成。外来系统来自北喜马拉雅特提斯带稳定型浅海台地相的早二叠世灰岩块和洋壳地幔变形橄榄岩、蛇纹岩、堆晶岩等无根残片；原地系统由中晚三叠世、侏罗纪—白垩纪远洋含放射虫深水复理石沉积和中晚三叠世变质玄武岩和侏罗纪、白垩纪枕状、块状玄武岩组成。

（一）褶皱

带内发育多组韧性剪切断裂束，使大中型尺度的褶皱构造难以恢复，而以小尺度轴面南倾的紧闭同斜倒转褶皱（图 5-14）、无根褶皱、平卧褶皱与糜棱岩、千糜岩、初糜棱岩发育韧性剪切断裂构成由南向北逆冲推移之叠瓦状构造。糜棱岩带中 S-C 组构、"σ"旋转碎斑、布丁构造及多米诺骨牌构造（图 5-15，图版 XⅦ-2）发育。

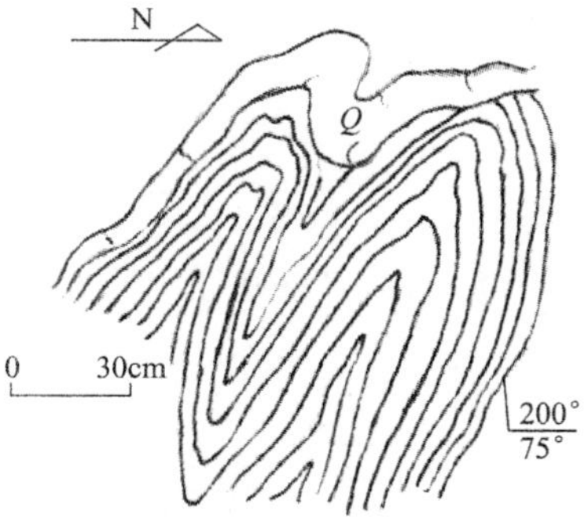

图 5-14　朗县混杂带中的同斜紧闭褶皱

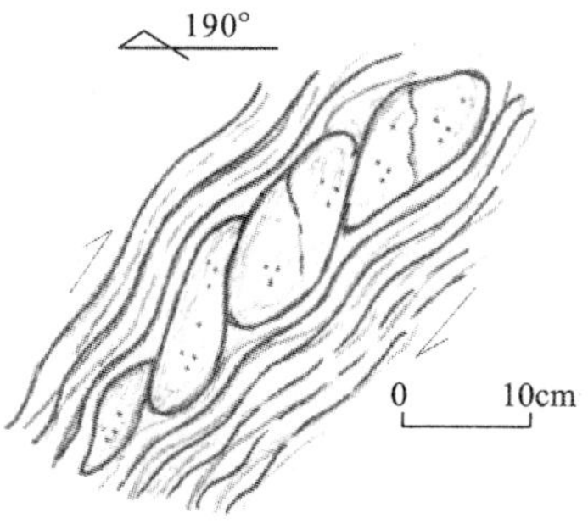

图 5-15　KL 基质变质砂岩挤压呈透镜体
（XZ 面：示右行走滑）

（二）断裂

茄子弄—滚没—色苏断裂（17）：东西两端延出图外。断裂两端呈北西、北东向，中部向南突出的弧形，并南延入 1∶25 万扎日区幅，具有单体组合而成的束状、带状、联合弧状影像特征。在东部比丁一带被近南北向夺松—比丁拆离断裂切割为东西两段，使其南北错移约 23km，并转成北东向沿雅鲁藏布江河谷延展。西段（茄子弄—滚没段），北盘出露中—新元古代念青唐古拉岩群，渐新—中新世大竹卡组和白垩纪岛弧花岗岩；南盘为朗县混杂岩。在图内长约 30km，发育宽 50～100m 的韧性剪切带，由糜棱岩、糜棱片岩、糜棱岩化岩石和碎裂岩组成，同时具露头尺度的相似褶皱、不协调褶皱、倾竖褶皱，出现了 S-C 组构和矿物拉抻线理、布丁构造、杆状构造、钩状构造、长英质旋转碎斑（图版 XⅦ-3）及其雁行状排列等小型变形构造（图版 XⅦ-4），以及"I"型面理置换（图版 XⅦ-5），面理总体近东西向。断裂面倾向南、南南西，倾角 50°～70°，早期为左旋走滑，晚期形成高角度向南倾、南盘向北逆冲的逆断层兼走滑性质。该断裂经历了韧性剪切—脆性挤压破碎等多期次、多层次的活动特点；而东段北西盘为中元古代—新元古代念青唐古拉岩群，南东盘为朗县混杂岩，其西断续延长达 45km 以上。沿断裂发育 30～50m 宽韧性剪切带，岩石具变余糜棱结构，在米林县岗嘎大桥一带，糜棱岩发育 2 期结构，其早期是左旋走滑；晚期北西盘向北西滑落，显示伸展剥离的特征。

下白若—帮布卡—米林断裂（18）：大致与茄子弄—滚没—色苏断裂（17）平行分布于其南侧。西段在图区西南角仅出露约 12km。朗县以东延出图外。东段从比丁经米林沿雅鲁藏布江河谷延展，图内长达 45km 以上。

西段在朗县下白若一带断面平直南倾，倾角 45°～60°，具有左行走滑和向北逆冲特征。东段在米林以西断裂面倾向北西，上盘为变质基性熔岩，变质辉长辉绿岩及硅质岩，发育左行走滑的倾竖褶皱、拉伸线理及"σ"旋转碎斑（图版 XⅦ-6）。米林以东与珞巴村—来果桥伸展断裂（26）复合，则显出早期左行走滑，晚期伸展的特征。

四、北喜马拉雅特提斯褶冲带(Ⅲ)

北喜马拉雅特提斯褶冲带位于雅鲁藏布江结合带南侧,图内划为纳伊普曲褶皱束($Ⅲ_1$),为北喜马拉雅特提斯褶冲带受南迦巴瓦构造结强烈抬升出露的南东缘部分,面积230km²。出露地层为绿片岩相的肉切村岩群等。构造变形为中部构造变形相的韧性伸展、走滑剪切变形,发育中小尺度不协调褶皱(图5-16)和顺层掩卧褶皱(图5-17)。主剥离面上发育重力滑脱褶皱(图5-18)和褶叠层(图5-19)。基底岩系则发育面型糜棱片麻岩。

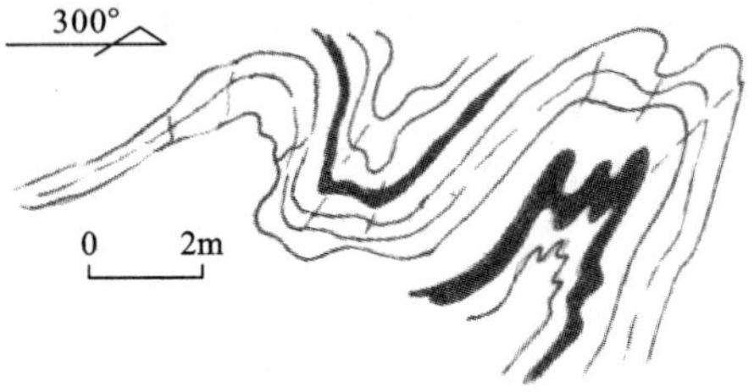

图5-16　$Pt_3∈R$. 中的不协调褶皱

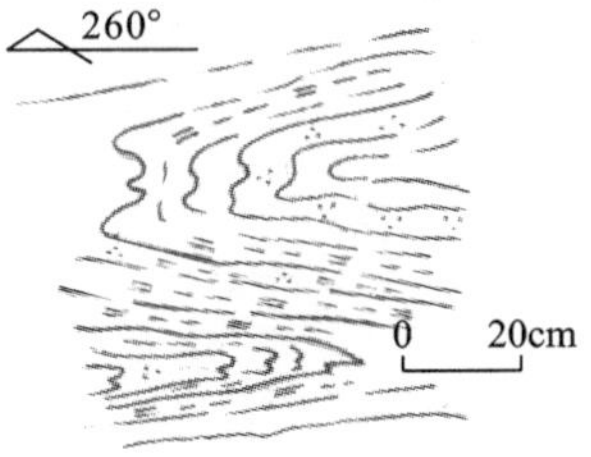

图5-17　$Pt_3∈R$. 中顺层掩卧褶皱

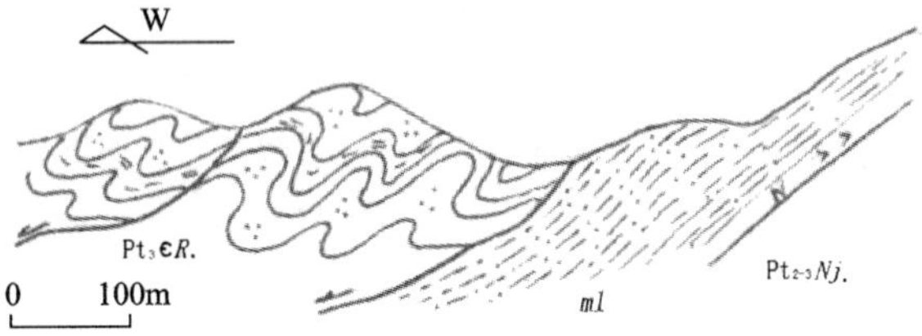

图5-18　洛巴村—来果桥基底剥离断裂剖面图

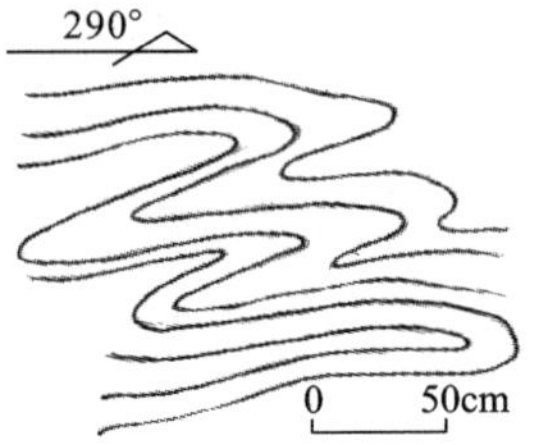

图5-19　$Pt_3∈R$. 中褶叠层

五、高喜马拉雅基底逆冲带(Ⅳ)

高喜马拉雅基底逆冲带位于测区东南隅,基底逆冲带东端,为南迦巴瓦基底隆升带($Ⅳ_1$)的一部分。北西以米林断裂(18)、珞巴村—来果桥断裂(26)为界,图内面积820km²。由中—新元古代南迦巴瓦岩群组成。由于南迦巴瓦构造结急剧隆升,在其北西形成向西滑落的伸展剥离断裂,南迦巴瓦岩群a、b亚群间韧性剪切断裂及主中央断裂构成向南强烈推掩的逆冲带。带内发育固态流变构造,以S_n为变形面,形成小尺度掩卧褶皱、无根褶皱、钩状褶皱、发育S_{n+1}流劈理的相似褶皱、"σ"旋转碎斑和石香肠构造(图版Ⅻ-4、Ⅻ-5)、多米诺骨牌构造(图5-20、图5-21)等。

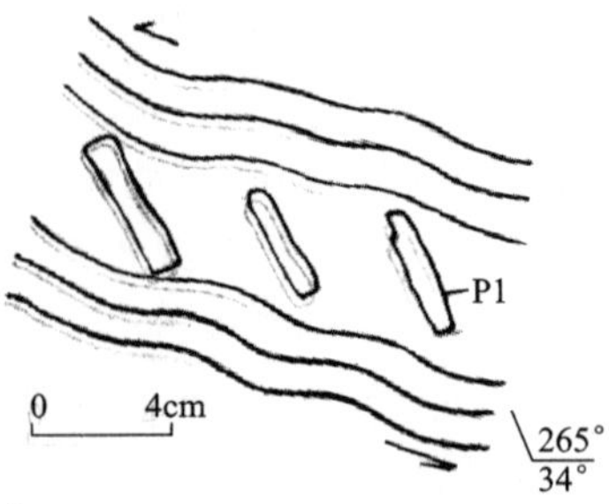

图5-20　$Pt_{2-3}Nj$. 糜棱岩中的多米诺骨牌构造

(XY面:示左旋)

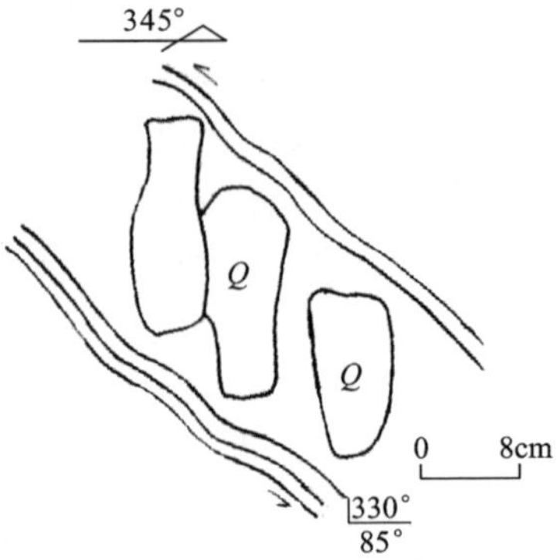

图5-21　$Pt_{2-3}Nj$. 岩石中的多米诺骨牌构造

(XY面:示左旋)

珞巴村—来果桥伸展断裂(26):南延图外,北东与米林断裂(18)复合。区内断裂走向近南北向,长23km以上,沿断裂发育糜棱岩、碎裂岩带。西盘由肉切村岩群,并发育顺层掩卧褶皱、褶叠层及韧性剪切带。东盘南迦巴瓦岩群则发育透入性糜棱面理、"σ"碎斑和拉伸线理、多米诺骨牌构造。断裂面西倾,倾角10°~35°,为一低角度的伸展剥离断层。

岭松牧场韧性断裂(27):南迦巴瓦岩群a、b亚群分界断裂,呈向北西弯曲弧状,北东端、南端均延出图外,图内长40km以上。沿断裂及西侧发育宽数千米的韧性剪切带,其北西盘韧性剪切带与米林南东韧性剪切带复合构成铜果—纳玉韧性剪切带,最宽可达16km(见第四章论述)。南东盘剪切带宽1~2.5km。沿断裂向两侧发育密集的透入性剪切位移面,剪切带由长英质糜棱岩组成,具剪切带的构造特征。剪切面理产状330°∠66°~72°,与断裂面一致,显示由北西向南东逆冲性质。

第四节　新构造运动

测区自中新世—渐新世急剧造山,随印度陆块在喜马拉雅南麓—西瓦里克发生陆内俯冲,使青藏高原急剧隆升,在本区表现为上新世末以来多次抬升所形成的各级夷平面和活动断裂、地震等活动,以及冰川、河流阶地的形成。

(一)夷平面

根据区内现代地形、地貌及相关堆积物,可分为5802~6282m、5076~5383m和4500~4800m三级夷平面。

一级夷平面(山顶面):位于冈底斯山脉的错拉果、热多抗日、念久一带,海拔5802~6282m。呈截顶的平台状,保留面积小,多被古冰帽和现代冰川所占据。受强烈的冰蚀作用,在该夷平面形成海拔最高的冰蚀堆积体。所切最新岩体为$K_2\pi\eta\gamma\beta$,该级夷平面可能形成于上新世末—早更新世初。

二级夷平面:位于冈底斯山一级夷平面外围的巴朗、安布桑拉、结庆日等地及喜马拉雅山脉东段的才巴混、5076无名高地一带,海拔5076~5383m,形成平台、浑圆状山顶。形成于中更新世晚期。

三级夷平面(主夷平面):主要位于冈底斯山一、二级夷平面外围及喜马拉雅山脉东段的雪嘎山口以西,是区内分布范围最广、向心水系的源头。海拔4500~4800m,常形成开阔的平台或浑圆状山顶,沿此夷平面分布有众多的冰川湖泊及冰蚀堆积。形成于晚更新世中晚期,自全新世以来抬升受切。

综上所述,测区在喜马拉雅期曾经历了3次大幅度的间歇性整体性隆升,每次快速整体隆升后,在相对宁静期则以遭剥蚀和切削夷平作用为主,其中则以三级主夷平面切削夷平作用最为强烈,遭剥蚀期也相对较长,夷平面保留面积亦相对较大。

(二)河流阶地

区内发育有雅鲁藏布江、尼洋河两条一级水系。呈近东西向横穿测区,并在林芝县嘎玛附近汇合。江河的主要支流为2~3级水系。一级水系河谷呈U形——宽谷状,沿雅鲁藏布江河谷卧龙—米林段及泥洋河工布江达—林芝段,两岸发育对称或不对称的Ⅰ~Ⅱ级河流阶地和少量Ⅰ~Ⅳ级侵蚀阶地和基座阶地。而2~3级水系常呈V形—U形,偶见Ⅲ~Ⅳ级阶地。

Ⅰ级阶地:沿雅鲁藏布江两岸的卧龙、里龙、塘嘎、扎西绕登、党纽窝和尼洋河岸的帕朗萨、雪巴农场、八一镇毛纺厂等地发育,阶地海拔2940~3020m,总体显示上游高、下游低的特点,由全新世河流冲积物构成,多为内叠阶地,一般厚2~86.3m不等。

Ⅱ级阶地:常与Ⅰ级阶地相伴,分布于雅鲁藏布江两岸的卧龙—巴嘎一带及尼洋河岸的工布江达—林芝一带,海拔2945~3190m。Ⅱ级阶地相对宽缓、平坦,宽80~1400m,长可达数千米。由河流冲积、洪冲积构成，堆积厚7.09～>82.54m。阶地形成后间歇期较长，剥蚀强烈，但阶地保留较好，是江、河两岸主要居住地和耕地之一。

Ⅲ级阶地：以内叠式与Ⅳ级阶地相伴分布，部分为侵蚀阶地，沿雅鲁藏布江卧龙、里龙、米林和主干支流纳伊普曲、工字弄、巴嘎河以及尼洋河晒登、八一镇一带分布，海拔2955～3210m。阶地由更新世冲积构成，堆积厚度50.0～>102.5m。在八一镇毛纺厂、米林党纽窝保留有冰川堰塞湖沉积，厚度分别大于99.0m和大于61.14m。形成时代应属晚更新世。

Ⅳ级阶地：多为侵蚀阶地和基座阶地，保留较差，海拔2960～3250m，零星分布于雅鲁藏布江沿岸的里龙、塘嘎和尼洋河谷的雪巴农场等地。阶地堆积物以冲积物为主，厚0.9～>47.1m。

上述表明，测区自更新世以来曾经历了4次隆升和相对宁静期，Ⅱ、Ⅲ级阶地分布广、宽缓、面积大，表明阶地形成后间歇期较长，剥夷强烈。

（三）冰川活动

测区经历了晚更新世以来白玉冰期、错高湖冰期和全新世新冰期及现代冰期4次强烈的冰川活动。在冈底斯山脉主山脊一带及喜马拉雅山脉东段主山脊附近，尤其在分水岭及5000m以上的高海拔地带，发育有众多的刃脊、角峰，其形态各异、惟妙惟肖、峻秀挺拔、十分壮观。冰斗、冰窖主要分布于海拔5076～5383m的二级夷平面和海拔4500～4800m的主夷平面附近。在冈底斯山的安布朗、八那普、罗布松多、巴家下、岗巴扛、扎门错等地，冰窖、冰斗星罗棋布，在5300m以上常年积雪区，冰斗、冰窖中囤积了大量的冰雪，而在主夷平面分布的冰斗、冰窖中冰雪融化，被水充填形成冰湖。受强烈的冰川刨蚀作用，在冈底斯山主山脊两侧和喜马拉雅山脉东段北坡冰川U形谷较为发育，其中以安布朗和下目稀U形谷为代表，U形谷宽0.5～1.5km，深300～500m，长可达5km。在强烈的冰蚀作用和冰川搬运作用下，冰碛广泛分布于海拔2955～6300m的槽谷和冰斗、冰窖中。主要有冰川堆积、冰水冲积扇、冰川漂砾等。分布海拔由低至高分别代表白玉冰期、错高湖冰期、新冰期的冰川堆积。现代冰期堆积主要分布于4500m以上的高海拔区，大部分为原地冰蚀堆积，而在巴拉劣果、喳个啦可见冰碛倒石堆和冰碛垅。在阿九巴拉、错帮、么青及色崩、普雄等地可见槽谷中保留完好的冰溜面，花岗岩表面被磨光呈弧形面并发育擦痕。而在普雄尼池帮嘎片麻岩、糜棱岩表面也常见磨光面。冰川瀑布主要分布于槽谷出口处，由于冰雪消融而显露出保留完好的悬谷地貌和冰蚀陡崖，在麦村、强嘎靶果等其高可达200～250m，在安布朗、加仓国等地则发育有梯级陡崖，高差20～100m。

（四）活动断裂

区内活动断裂有第四纪以来的新生断裂，又有继承性活动的老断裂。第四纪新生断裂在工布江达县伍楼岗、林芝县达则、米林县党纽窝等地的第四系中均有发现，断裂均具正断层性质，倾角60°～70°，发育牵引褶曲，沉积层错距20～50cm。东西向雅鲁藏布江断裂带和巴拉劣果—列木切断裂、珞巴村—来果桥断裂具有较为明显的活动断裂特征，表现为沿雅鲁藏布江河谷持续的断陷作用，形成了更新世以来的4级阶地，最高阶地高出河面100～150m，形成于更新世，最低阶地高出河面3～20m，形成于全新世。在雅鲁藏布江河谷及南北向断裂带的工字弄、纳伊普曲中常发生山体滑坡、泥石流等地质灾害；在吉普见有沿断裂带分布的温泉。

（五）地震活动

地震是现代地壳活动的直接证据和主要表现形式。据前人资料，本区及波及本区的6级以上的大地震有9次。林芝曾发生过6.25级大地震，1950年米林发生过两次6级以上地震，特别是1950年8月15日发生的察隅—墨脱8.6级地震，是我国记录到的第一特大地震。

综上所述，新构造动动在测区表现强烈，其特点是以断裂复活，大面积整体间歇性掀斜抬升、垂直差异升降运动及水平运动、地震等，具有继承性、新生性和节奏性。区内众多的冰川地貌、夷平面、河流阶地、近东西向及南北向的深切河谷、温泉、地震等都是新构造运动的产物。

第五节　构造发展史

在深入研究区内各时代各期次沉积作用、火山活动、岩浆侵入、变质作用、构造变动以及地球物理资料的基础上，结合邻区资料分析，在区内划分出5个变形期：泛非造壳期、克拉通化期、板内调整扩张期、洋壳消减闭合期和伸展隆升期，并建立了本区构造变形序列与其他地质事件关系表（表5-7）。按照板块构造理论将调查区地质构造演化划分为6个阶段：克拉通化阶段、克拉通阶段、雅鲁藏布江洋盆扩张阶段、俯冲消减阶段、闭合—碰撞阶段和伸展隆升阶段，并围绕测区雅鲁藏布江缝合带及其两侧地质及区域地质资料，初步探讨本区的大地构造演化特点（图5-22）。

一、克拉通化阶段

测区南迦巴瓦岩群、念青唐古拉岩群及其北东向延展的德玛拉岩群—滇西高黎贡山岩群—缅甸中央陆块的抹谷片麻岩，可能属于聂拉木岩群时代相当的冈瓦纳古陆北部不断增生的基底岩系。中元古代时，在雅鲁藏布江之北与冈底斯之间为一地幔隆起带，地壳向南北拉伸变薄，地幔物质沿脆弱带涌出的一套超镁铁—镁铁质火山熔岩——科马提岩，成为中元古代初始洋盆绿岩带（图5-22A）。其后初始洋盆俯冲消减，在察隅陆块、冈底斯陆块、喜马拉雅陆块上发育了震旦纪——寒武纪早期大陆边缘类复理石和陆缘岛弧型火山岩，在工布江达一带出现局部拉张弧后盆地。在寒武纪晚期的泛非运动，伴有U-Pb年龄639～441Ma的察隅娄巴花岗岩、Rb-Sr年龄为581～484Ma的康马片麻状花岗岩基和525.9～495Ma的滇西平河花岗岩基，从而在前奥陶纪转化为稳定的克拉通阶段（图5-22B）。

二、克拉通阶段

冈瓦纳古陆经泛非末期褶皱和同构造岩浆侵入而回返并进入克拉通阶段。在奥陶纪初地壳拉张转化为多个克拉通陆表海，沉积了奥陶纪—泥盆纪的一套稳定型陆表海台地相碳酸盐岩建造，石炭纪—二叠纪时，受怒江洋扩张使工布江达一带转化为被动大陆边缘，沉积了石炭纪—二叠纪浅海陆棚陆源碎屑岩和陆源碎屑岩夹碳酸盐岩建造。喜马拉雅特提斯带仍以陆表海台地碳酸盐岩建造为主（图5-22C）。

三、雅鲁藏布江洋盆扩张阶段

三叠纪初，雅鲁藏布江洋盆逐渐打开，中晚三叠世时出现Rb-Sr同位素年龄215.57Ma变质基性熔岩和含中—晚三叠世放射虫硅质岩的远洋深水沉积，在喜马拉雅特提斯带也出现含*Halobia* sp.深水沉积夹层的枕状玄武岩（图5-22D）。

侏罗纪—白垩纪时，雅鲁藏布江洋盆进一步扩张，发育了Rb-Sr等时线年龄为168～173Ma大套枕状深海拉斑玄武岩，其上为含晚侏罗世、早白垩世放射虫远洋深水沉积（图5-22E）。

表 5-7 1:25 万林芝县幅构造变形序列与其他地质事件关系表

时代	构造事件及其特征						沉积建造	变质事件	岩浆事件	成矿作用
	变形期	世代	体制	主要构造事件	主要构造类型	变形相				
Q—N_2	伸展隆升期	D_8	隆升	断续抬升	切穿性断裂系列，四级阶地、深切河谷发育	脆性破裂变形相	第四系冰碛		x、ρ、q、γ、$\gamma\pi$、l 岩脉	
N_1—E_3		D_7	走滑	挤压抬升左行走滑	切穿性脆性断裂，E_3N_1d 与下伏不整合	脆-韧性剪切变形相	山前磨拉石建造	动力递进变质、热接触变质	二云母花岗岩、浅色花岗岩侵入	岩浆热液 Cu、Au、Sb 成矿作用
		D_6	伸			裂陷作用				
E_1—K	洋壳消减闭合期	D_5	缩	雅鲁藏布江洋盆封闭	雅鲁藏布江构造混杂带形成	韧性剪切纵弯褶皱变形相	弧前盆地复理石建造、岛弧火山-沉积建造	中高压低温变质、低压高温变质、接触变质	S 型、I 型花岗岩侵入及中酸性火山喷发	岩浆弧 Pb、Zn、Ag、Cu、Fe、Au 成矿作用
J—O	板内调整扩张期	D4	伸	雅鲁藏布江洋盆扩张、板内拉张及特提斯边缘海盆形成	C_1nc—P_3m 弯滑褶皱、脆-韧性断裂形成，S_1 板理置换 S_0 层理，AnOS.、Pt_3ЄR. 与 Pt 结晶基底间剥离断裂形成，AnOS.、Pt3ЄR. 发育褶叠层、顺层韧性伸展断裂	弹—塑性变形相	浅海台地相碳酸盐岩及陆源碎屑岩建造	区域低温动力变质	T、J 大洋拉斑玄武岩	外生成矿作用
AnO	克拉通化期	D_3	缩	地壳缩短、岩浆侵入、区域变质	含化石的 O_1 与 AnO、Pz_1 不整合，及其发育纵向弯曲变形	弹塑性变形相		高绿片岩相区域动力热流变质作用	Є晚期同构造花岗岩侵入	变质成矿作用
		D_2	伸	前期顺层韧性剪切	Pt_1 的伸展拆离及其顺层韧性剪切褶叠层，掩卧褶皱组合，AnO、Pz_1 发育紧闭—开阔斜歪褶皱	变质顺层固态流变相	陆缘岛弧火山-类复理石建造		岛弧火山岩	
Pt_3—Pt_2	泛非造壳期	D_1	缩	基底固化	S_n 置换先存面理 S_0、S_1，形成片麻理、片理，与上覆间隐闭不整合	变质固态流变相	泥质碳酸盐岩、中酸性火山-沉积、基—超基性火山建造	角闪岩—麻粒岩相区域动力热流变质作用	古老花岗岩、绿岩—科马提火山岩	

四、俯冲消减阶段

雅鲁藏布江洋盆至少在侏罗纪时向北俯冲消减，使冈底斯陆块转化为活动大陆边缘，发育了中晚侏罗世叶巴组岛弧火山岩和白垩纪岛弧火山碎屑岩建造(1:20 万拉萨幅，1991)，伴随火山活动由南向北发生了早白垩世大规模的同熔 I 型苏长岩-闪长岩-石英闪长岩-英云闪长岩-花岗闪长岩岩浆侵入，以及与其有关的斑岩型 Cu、Mo、Au 的成矿作用。南部喜马拉雅特提斯带继三叠纪之后沉积了一套侏罗纪—白垩纪被动大陆边缘泥质碳酸盐岩建造和陆源碎屑岩建造(图 5-22F)。

五、闭合—碰撞阶段

白垩纪末—古近纪，雅鲁藏布江洋盆相继封闭，喜马拉雅陆块与冈底斯陆块强烈挤压碰撞，使雅鲁藏布江洋盆残片地幔岩—超镁铁岩、枕状玄武岩、块状玄武岩、辉长堆晶岩、三叠纪和侏罗纪—白垩纪远洋含放射虫深水沉积、喜马拉雅特提斯带中稳定型台地相早二叠世碳酸盐岩块，以及白垩纪弧前盆地类复理石沉积混杂在这一窄长地带内，形成了规模巨大的雅鲁藏布江地缝合带，在冈底斯带上发生大规模的同构造S型花岗岩浆侵入，以及与之有关的W、Sn、Be等的矿化作用(图5-22F)。

六、伸展隆升阶段

随着古新世—渐新世急剧造山，在冈底斯南麓弧前盆地形成山间盆地，沉积了巨厚渐新世—中新世山麓磨拉石沉积。

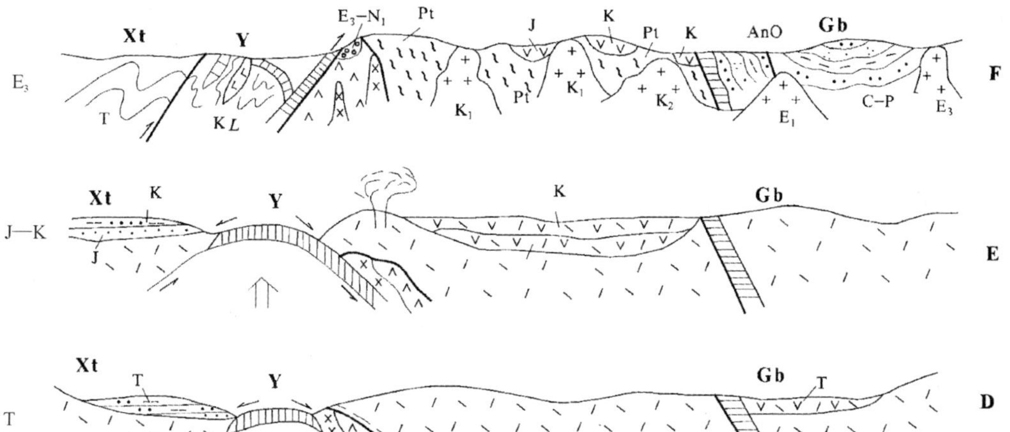

图5-22　林芝地区板块构造演化示意图

Xt. 喜马拉雅特提斯带；Y. 雅鲁藏布江洋盆；G. 冈底斯陆块；Gb. 工布江达陆内裂陷；C. 察隅陆块；X. 喜马拉雅结晶基底；1. 山前磨拉石堆积；2. 河湖相沉积；3. 浅海相细碎屑沉积；4. 台地相碳酸盐岩沉积；5. 岛弧安山岩；6. 基性岩；7. 岛弧火山岩；8. 结晶基底；9. 绿岩带；10. 花岗岩；11. 陆壳；12. 洋壳；13. 地幔

其后受印度板块持续向北与亚洲大陆汇聚，喜马拉雅陆块再次缩短而产生右行走滑和藏南拆离系的形成，并在南迦巴瓦构造结外围发生顺时针旋扭和抬升，沿伸展断裂带发生壳源浅色花岗岩、花岗斑岩侵位，上新世以来，大陆壳显著加积增厚而快速均衡隆升，雅鲁藏布江急剧下切在本区之东形成雄伟壮观的世界第一的雅鲁藏布江大峡谷。

第六章　矿产资源与旅游资源及区域环境地质

第一节　矿产地质与资源

一、概述

测区横跨冈底斯陆缘火山—岩浆弧、雅鲁藏布江结合带和喜马拉雅陆块3大构造单元。超基性—酸性岩浆活动频繁，变质作用强烈，断裂和韧性剪切带发育，对钨、钼、镍、铬、铁、钴、铂、金、铜、铅、锌金属及稀有金属矿产，以及宝(玉)石、石墨、白云母、石榴石、红柱石、刚玉、蓝晶石、大理岩、水晶等非金属成矿较为有利。此外，温泉、第四系中砂金、粘土矿、砂、砂砾，以及花岗岩、片麻岩建筑石料较为丰富。

测区属西藏著名的雅鲁藏布江成矿区和喜马拉雅山成矿区。由于测区工作条件极差，尤其冈底斯山脉的巴拉、念久、结日庆一线和广大无人区矿产工作难度大。据以往矿产资料，区内仅有铬铁矿化点2个，砂金矿化点1个，白云母矿化点1个，粘土矿点3个，温(热)泉1处共8个。项目在前人工作基础上，全区共发现黑色金属矿产5处，有色金属矿产6处，贵金属矿产4处，非金属矿产46处，地下水冷泉1处，地下热能资源温泉1处等矿产地63(点)处(图6-1)，其中55处为新发现。

通过1:25万区域地质矿产调查，对陆缘火山—岩浆弧有关的铜金钼找矿获得了新进展与认识，将测区由北向南划分为冈底斯—念青唐古拉铜(钼)、多金属成矿带(Ⅰ)，工布江达—八一镇金、铅、锌、银多金属成矿亚带($Ⅰ_1$)和生浦—林芝铜(钼)、金多金属成矿亚带($Ⅰ_2$)，喜马拉雅铬金成矿带(Ⅱ)，雅鲁藏布江多金属成矿亚带($Ⅱ_1$)，以及4个找矿远景区(图6-1)。其成矿作用以斑岩型、热液型为主，成矿时期为白垩纪—古近纪。

二、矿产各论

(一) 贵金属矿产

测区贵金属矿产有金矿3处(编号1、31、61，下同)，铜金矿1处(57)。因工作程度较低，将其矿产特征列于表6-1中。

表6-1　贵金属、有色和黑色金属矿(化)点特征表

矿点名称及编号	矿种	产地及地理坐标	地质矿产简况	类型	规模及评价	工作程度	资料来源
工布江达县江达乡江嘎普金矿(1)	金	工布江达县江达乡70°方向，11km处东经93°13′18″、北纬29°59′35″	矿体赋存于白垩纪黑云二长花岗岩与晚石炭世—早二叠世来姑组外接触带中。矿化岩石为二云母红柱石堇青石角岩，品位Au0.15×10^{-6}。因工作程度低，矿体规模不详。提供找矿线索	斑岩型	矿化点	踏勘检查	云南地调院

续表 6-1

矿点名称及编号	矿种	产地及地理坐标	地质矿产简况	类型	规模及评价	工作程度	资料来源
米林县扎西绕登乡马良拉金矿(31)	金	扎西绕登乡马良拉垭口 103°方向，400m 处 东经 94°10′37″北纬 29°45′11″	矿体赋存于中元古一新元古代真巴岩组韧性剪切带中。矿化体长 200m 以上，宽 100m，呈透镜状产出，向北东陡倾。硅化、黄铁矿化、褐铁矿化、碎裂岩化强烈。矿化岩石为黄铁矿化石英岩。金属矿物主要为黄铁矿、褐铁矿，为致密块状、稠密浸染状等。品位 Cu0.02×10^{-2}，Au0.18×10^{-6}	变质热液型	矿化点	踏勘检查	云南地调院
米林县里龙乡里龙铜金矿(57)	铜金	米林县里龙乡里龙村 103°方向，3.1km处 东经 93°50′04″ 北纬 29°07′14″	矿体产于黑云斜长片麻岩及穿插其中的石英脉中。构造透镜体、碎裂岩化、片理化、石英脉发育。含矿岩石为碎裂岩化绿泥钠长绢云千糜岩，可见矿体出露长＞45cm，宽＞15cm。金属矿物为孔雀石、铜蓝、褐铁矿，呈被膜状、斑块状。打块化学样分析：Cu1.22×10^{-2}，Au1.44×10^{-6}，Ag12.2×10^{-6}	热液型	矿化点	踏勘检查	云南地调院
朗县朗镇普曲砂金矿(61)	金	郎县县城 132°方向，600m 处 东经 93°04′41″ 北纬 29°02′37″	砂金赋存于全新世河床边滩冲积物中。边滩长约 120m，宽 0.8～6.5m，高 0.4～1.6m。取样 15 件，仅 1 件含金 94 粒/30 kg。重砂矿物以磁铁矿、钛铁矿、石榴石为主，锆石、金红石次之，常见矿物有褐铁矿、黄铁矿、板钛矿、白钨矿等。自然金呈金黄色，树枝状、浑圆粒状等，粒径一般 0.4～0.6mm，最大者为 0.9mm	沉积型	矿化点	踏勘检查	云南地调院
工布江达县斯弄朗铜钼多金属矿(16)	铜钼金多金属	峡龙镇 185°方向，12.3km 处 东经 93°13′56″ 北纬 29°39′28″	矿化点北侧有古新世黑云二长花岗岩侵入和近东西向北倾的正断层通过。具大量的中—晚侏罗世叶巴组灰、灰黄色褐铁矿化石英岩残块，分布面积 1～2.5m^2。褐铁矿化石英岩拣块化学分析：Au 0.18×10^{-6}；光谱分析(10^{-6})：Cu 60，W 350，Pb 35，Zn 10，Ag＜1.0，Sn1.6，V180，Co11，Ti2300	斑岩型	矿化点	踏勘检查	云南地调院
工布江达县仲沙乡安布朗铜钼多金属矿(17)	铜钼金多金属	工布江达县县城 220°方向，21km 处 东经 93°05′25″ 北纬 29°44′45″	产于古新世黑云二长花岗岩体中，并有两条近东西向北倾的正断层相交的构造破碎带。野外见大量炉渣，分布面积为 13～15m^2，厚 0.4～1m，目估炉渣约 20～25 吨以上，拣块化学样分析：Au 0.12×10^{-6}；光谱分析(10^{-6})：Mn3000，Pb30，Zn6.5，Ag＜1.0，Cu150，W 150，Sn1.5，Fe_2O_3＞10×10^{-2}	斑岩型	矿化点	踏勘检查	云南地调院
林芝县八一镇帮达帮绳钨矿(5)	钨	八一镇尼西村 25°方向，27km 处 东经 94°22′52″ 北纬 29°58′37″	矿化体产于早白垩世花岗闪长岩与晚石炭世—早二叠世来姑组外接触带内。因第四纪冰川堆积掩盖，矿体规模不详。含矿岩石为黑云长英质角岩、透辉矽卡岩。矽卡岩化及角岩化发育。矿石矿物为白钨矿。拣块化学分析品位(10^{-2})：$WO_3$0.049，Sn 0.00，Cu 0.14，Au0.12×10^{-6}	热液交代型	矿化点	踏勘检查	云南地调院
朗县洞嘎镇比那钨矿(29)	钨	朗县县城 4°方向，46.75km 处 东经 93°06′30″ 北纬 29°27′44″	矿体产于早白垩世中细粒英云闪长岩与晚侏罗世多底沟组条带状大理岩外接触带的矽卡岩中。含矿岩石为褐色石榴矽卡岩，矽卡岩带形态简单，呈似层状；有黄铁矿化、黄铜矿化及矽卡岩化。矿体呈 NE 向延伸，具一定规模。矿石矿物为白钨矿。拣块化学分析品位(10^{-2})：$WO_3$0.096，Sn0.056，Cu0.052	热液交代型	矿化点	踏勘检查	云南地调院

续表 6-1

矿点名称及编号	矿种	产地及地理坐标	地质矿产简况	类型	规模及评价	工作程度	资料来源
林芝县八一镇更张褐铁矿(11)	铁	八一镇 285°方向，25km 处 东经 94°06′10″ 北纬 29°44′12″	矿体赋存于晚石炭世—早二叠世来姑组层间破碎带中。矿石为碎裂岩化褐铁矿，矿化不均。褐铁矿化、碎裂岩化发育。矿化体长＞10m，宽 1～1.5m，呈透镜状产出。拣块化学分析品位(10^{-2})：TFe41.32，Cu0.014，Au0.19×10^{-6}，其中铁已达工业要求	热液交代型	矿点	踏勘检查	云南地调院
林芝县布久乡钛铁矿(36)	钛	布久乡嘎马寺 东经 94°21′57″ 北纬 29°25′00″	矿化体赋存于中元古代—新元古代八拉岩组中，含矿岩石为斜长角闪（变基性火山）岩类，矿体规模不详。矿石矿物为金红石（氧化钛），变质成因。岩石化学分析品位(10^{-2})：$TiO_2$2.42。矿化点为西藏第二地质大队 1993 年 1:20 万加查—林芝矿产报告所列	变质型	矿化点	踏勘检查	西藏二大队
米林县来果桥钛铁矿(63)	钛	来果桥北西约 3km 处 东经 94°13′42″ 北纬 29°03′09″	矿化体赋存于新元古代—寒武纪肉切村岩群中。含矿岩石为白云母石英岩，岩层厚度 200m 以上，延伸长不明，南与石英岩，北与云母片岩过渡。矿石矿物为金红石（氧化钛），变质成因。岩石化学分析品位(×10^{-2})：$TiO_2$3.72，达工业品位要求。矿点为西藏第二地质大队 1993 年 1:20 万加查—林芝矿产报告所列	变质型	矿点	踏勘检查	西藏二大队
朗县子龙乡隆村铬铁矿(58)	铬铁矿	子龙乡隆村 东经 93°00′06″ 北纬 29°03′09″	含矿超基性岩体以断块形式产于朗县混杂岩中，属鲁见沟岩体的西延部分。岩体长轴延伸北西向，倾向 232°，倾角 82°，长 400m，宽 60～110m，出露面积 0.3km^2。蛇纹石化、滑石化、碳酸盐化、次闪石化强烈。矿化岩石类型为叶蛇纹石化斜辉橄榄岩，见浸染状铬铁矿化。目估品位(×10^{-2})：$Cr_2O_3$15～25。西藏综合普查大队 1:100 万拉萨幅发现，项目作了进一步检查	岩浆熔离型	矿化点	踏勘检查	100 万区调、云南地调院

（二）有色金属矿产

测区有色金属矿产有斑岩型铜钼金多金属矿 3 处(7、16、17)，斑岩型铜矿 1 处(54)，热液型钨矿 2 处(5、29)，共 6 处矿(化)点。

1. 铜钼金多金属矿产

工布江达县仲沙乡强昂多杰铜钼金多金属矿点(7)：位于工布江达县城西南 220°方向约 21km 处，坐标为东经 93°05′25″，北纬 29°44′45″，矿区海拔 5120～5400m。地形多为角峰、直立陡崖和坡度 25°～40°的乱石堆，工作中偶尔会发生落石。由 318 国道经仲沙乡至麦村有约 16km 简易公路，麦村至矿区约需 3 天的山路路程，交通极为不便。

矿区位于谢通门—工布江达铜、钼、铅、锌、银、金异常带北侧之冲江—吹败子次级铜钼多金属异常带东侧，冈底斯陆缘火山—岩浆弧东段。出露地层中—晚侏罗世叶巴组变基性—中酸性火山岩、石英砂岩、绢云板岩、大理岩等，及早白垩世花岗闪长岩、零星小规模的二长花岗(斑)岩。矿(化)体明显受岩浆侵位产生的岩浆期后热液蚀变及接触交代变质控制。矿区具明显的绿帘石化、黄铁矿化、褐铁矿化、孔雀石化等，并沿花岗闪长岩体与叶巴组接触带及其内带展布，呈北西向突出的马蹄状，局部膨大(图6-2)。蚀变带长约 4km，最宽 1.25km，最窄 0.2km，平均 0.45km，风化后具有紫红色(火烧皮)地貌外观。据矿(化)体分布，以强昂多杰沟第四系全新统残坡积为界，分为南北两个矿(化)段、带，尤以南矿段成矿较好。

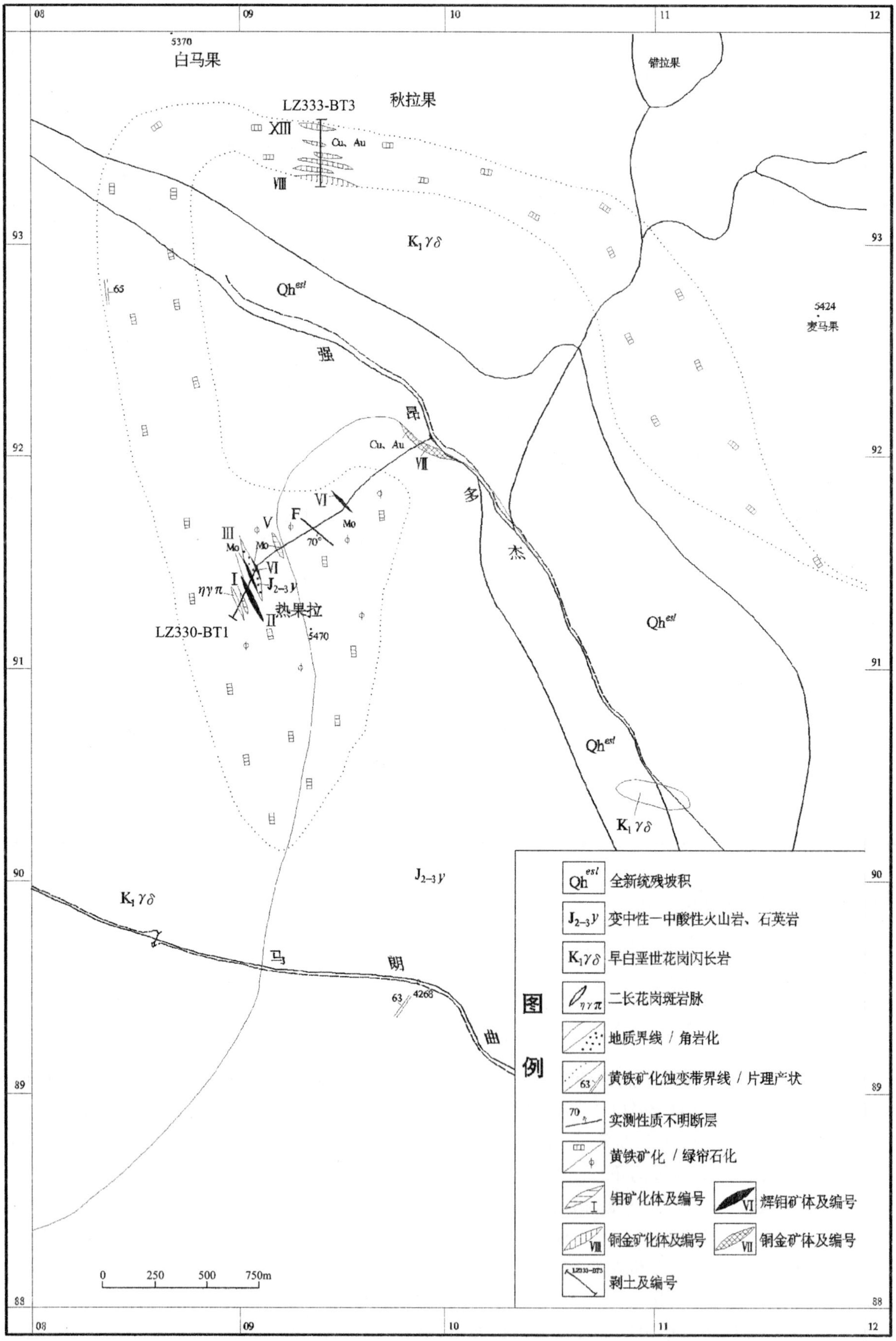

图 6-2　工布江达县强昂多杰铜钼金多金属矿地质图

南矿段：由 7 个矿(化)体组成。矿体产于早白垩世花岗闪长岩体与叶巴组变质英安(安山)岩接触蚀变带中。含矿岩石主要为花岗闪长岩、变质英安(安山)岩、灰白色石英质角岩、石英岩；蚀变主要为绿泥石化、角岩化、黄铁矿化、褐铁矿化、绢云母化及轻微绿帘石化，显青磐岩化特征。青磐岩化越强对矿化越有利。矿石均为细脉浸染状，具半自形粒状结构、压碎和交代结构，金属矿物为黄铁矿、黄铜矿、铜蓝、孔雀石、褐铁矿、辉钼矿等，脉石矿物有石英、方解石、绢云母、绿帘石。

矿(化)体走向北西，延伸长 100～350m，宽 4～250m，产状 220°∠70°；矿体呈透镜状、似层状。其中Ⅰ、Ⅴ号为钼矿化体，Ⅰ号长 120m，宽 10m，含 Au0.12×10^{-6}、Mo0.032×10^{-2}，Ⅴ号长 100m，宽 15m；其他Ⅱ、Ⅲ、Ⅳ、Ⅵ为钼矿体，矿体长 40～130m，厚 4～12.1m，含 Mo0.057×10^{-2}～0.11×10^{-2}；Ⅶ矿体为铜金矿体，长 250m，厚 24.5m，含 Cu0.057×10^{-2}～0.11×10^{-2}，Au2.47×10^{-6}。化学分析结果见表 6-2。估算矿区 334 级远景储量，矿石小体重取经验值 2.69t/m^3，矿体推深取 25m(表 6-3)，估算 Cu1482.86t，Au1.02t，Mo187.83t。

北矿带：由Ⅷ—ⅩⅢ号 6 个矿化体组成。矿体产于秋拉果花岗闪长岩体内蚀变带中。矿化体走向东西，延伸长 60～120m，宽 10～30m，产状 185°∠70°。矿化体呈透镜状、脉状。其中分析了Ⅷ号 LZ333-BT3-H3 和 H7 两件化学样(表 6-2)，未达工业要求，故其他样品未送。但从成矿地质特征及矿化蚀变显示等暂将其他一并划归矿化体。

表 6-2　工布江达县强昂多杰铜钼金多金属矿区化学分析结果表

序号	样品编号	成分及含量(10^{-2})　Au(10^{-6})					矿(化)体
		Au	Cu	Mo	WO_3	Sn	
1	LZ330-BT1-H1	0.18	0.015	0.008	0.034		
2	LZ330-BT1-H2	0.16	0.023				
3	LZ330-BT1-H3	0.12		0.000	0.053		
4	LZ330-BT1-H4	0.10		0.000	0.041		
5	LZ330-BT1-H5	0.12		0.032	0.034		Ⅰ
6	LZ330-BT1-H6	0.19	0.035				
7	LZ330-BT1-H7	0.15		0.11	0.054		Ⅱ
8	LZ330-BT1-H8	0.14		0.014			
9	LZ330-BT1-H10	0.12		0.057			Ⅲ
10	LZ330-BT1-H11	0.15		0.003	0.051		
11	LZ330-BT1-H14	0.25	0.025	0.11			Ⅳ
12	LZ330-BT1-H16	0.11	0.078				
13	LZ330-BT1-H17	0.19	0.021				
14	LZ330-BT1-H18	0.18	0.021				
15	LZ330-BT1-H20	0.15	0.003				Ⅴ
16	LZ330-BT1-H21	0.12	0.049	0.004	0.026		
17	LZ330-BT1-H25	0.15	0.019				
18	LZ330-BT1-H31	0.10	0.013				
19	LZ330-BT1-H32	0.19	0.033				
20	LZ330-BT1-H35	0.12		0.066			Ⅵ
21	LZ330-BT1-H37	0.12	0.024				

续表 6-2

序号	样品编号	成分及含量(10^{-2}) Au(10^{-6})					矿(化)体
		Au	Cu	Mo	WO_3	Sn	
22	LZ330-BT1-H42	0.15	0.13				
23	LZ330-BT1-H44	0.12			0.048		
24	LZ330-BT2-H2	0.15	0.022				
25	LZ330-BT3-H3	0.19	0.005				Ⅷ
26	LZ330-BT3-H7	0.16	0.007				
27	LZ330-BT3-8	0.15			0.051		
28	LZ330-BT3-9	0.12		0.000	0.044		
29	LZ330-BT3-10	0.16		0.000	0.039		
30	LZ242-2	2.47	0.36		0.000	0.02	Ⅶ

表 6-3 强昂多杰铜钼金多金属矿 334 级储量估算表

矿段	矿体编号	矿体长度(m)	矿体宽度(m)	矿体厚度(m)	矿体推深(m)	小体重(t/m^3)	平均品位			远景储量		
							Cu(10^{-2})	Au(10^{-6})	Mo(10^{-2})	Cu(t)	Au(t)	Mo(t)
南矿段	Ⅱ	180	100	9.7	25	2.69			0.11			71.75
	Ⅲ	155	130	12.1	25	2.69			0.057			60.30
	Ⅳ	100	40	4	25	2.69			0.11			11.48
	Ⅵ	160	100	9.9	25	2.69			0.066			43.94
	Ⅶ	350	250	24.5	25	2.69	0.36	2.47		1482.86	1.02	
合计										1482.86	1.02	187.83

区内矿体产于花岗闪长岩与变质安山岩接触带，含矿围岩中绿泥石化、黄铁矿化、绢云母化、青磐岩化发育，矿石矿物具有黄铜矿、辉钼矿等中高温热液矿物组合。在南矿段中，含矿岩石经中国地质调查局同位素地球化学开放研究室(湖北宜昌所)同位素分析(LZ330-CT1-1)：1 件全岩铅同位素比值 $^{206}Pb/^{204}Pb$ 18.574±0.001、$^{207}Pb/^{204}Pb$ 15.603±0.002、$^{208}Pb/^{204}Pb$ 38.776±0.007，Φ 值 0.573，μ 值 9.45，Th/U3.79，表面年龄 50.6Ma，成矿时期可能为早喜马拉雅期；两件黄铁矿稳定同位素也经湖北宜昌所分析测试，$\delta^{34}S$-CDT 为 4.89‰(LZ330-CT1-1-H12)、4.55‰(LZ330-CT1-1-H18)、4.60‰(重复样 LZ330-CT1-1-H18)。$\delta^{34}S$-CDT 在 4.55‰～4.89‰之间，隶属岩浆气—液成矿范围，表明强昂多杰铜金钼多金属矿为岩浆期后中高温热液矿床成因类型，兼具有斑岩铜矿成因特征。

该矿为我项目组在 2002 年 7 月地质填图时发现。拣块组合样 Cu、Au 已达工业品位，9 月初又再次进一步工作，发现矿化规模较大，但地形、气候恶劣，海拔高，仅初步作了两条(LZ330-BT1、LZ333-BT3)地表剥土工程，采连续拣块化学样 61 件，大致可控制矿化范围。矿区以黄铁矿氧化后形成较大规模的褐铁矿膜(火烧皮)、花岗闪长岩及其与叶巴组接触带为找矿标志，具有中—大型铜钼金多金属矿床远景。

其余两矿化点(16、17)特征参见表 6-1。

2. 铜矿

朗县子龙乡生浦铜矿点(54)：位于朗县县城 342°方向平距 10km 处，坐标为东经 93°02′38″，北纬 29°08′06″，矿区海拔 4400m。矿点处仅有山路可通行，交通不便。

矿体产于古近纪渐新世花岗闪长斑岩($E_3\gamma\delta\pi$)、石英二长斑岩($E_3\eta o\pi$)与中—新元古代八拉岩组黑云斜长片麻岩、斜长角闪岩的内接触带内。斑岩体分布面积约 $10km^2$,普遍具稀疏浸染状黄铁矿化、黄铜矿化、孔雀石化,但矿化蚀变强度不均匀,中部较弱,靠斑岩体边部矿化较强。矿化带宽约 10m,长度不详。沿矿化蚀变带有前人开采老硐一个,呈 S—N 向展布。黄铁矿化、黄铜矿化、孔雀石化、硅化、碎裂岩化强烈。

含矿岩体中发育两组节理,产状分别为 32°∠58°、320°∠50°,沿岩石节理面见黄铁矿化、黄铜矿化、孔雀石化呈被膜状分布。高岭土化、褐铁矿化、孔雀石化为明显的找矿标志。

矿化带中共圈出 3 个铜矿(化)体(图 6-3),其中Ⅰ、Ⅲ号为矿体,Ⅱ号为矿化体。含矿岩石为花岗闪长斑岩、石英二长斑岩,岩石具斑状、局部碎裂结构,块状构造。金属矿化呈稀疏浸染状、细脉状分布。

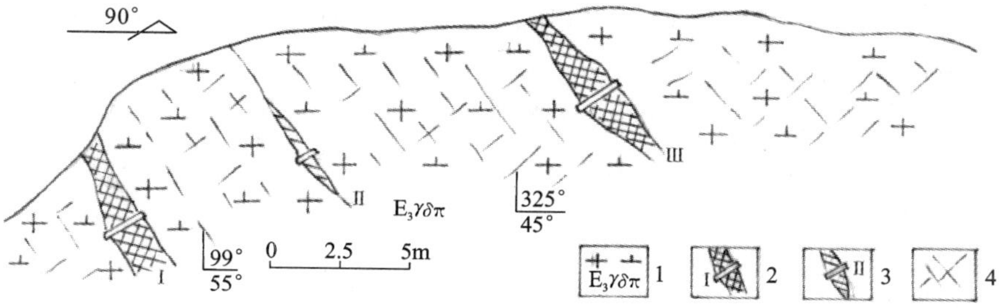

图 6-3　朗县子龙乡生浦铜矿化剖面图

1.渐新世花岗闪长斑岩;2.矿体及编号、采样位置;3.矿化体及编号、采样位置;4.节理

Ⅰ号矿体长 5m,宽 3m,品位:Cu0.32×10^{-2}、Au0.19×10^{-6}。

Ⅱ号矿化体长约 3.5m,宽 1m,品位:Cu0.12×10^{-2}、Au0.051×10^{-6},未达工业要求。

Ⅲ号矿体长 5.8m,宽 4m,品位:Cu0.34×10^{-2}、Au0.12×10^{-6}。

该矿为项目组在地质填图时发现,并进行了初步踏勘检查。根据矿化特征,该矿成因为与冈底斯岩浆弧钙碱性岩浆活动密切相关的斑岩型。其成矿条件良好,应为寻找铜、金为主的远景地区。

3. 钨矿

区内钨矿仅有接触变质—热液交代型白钨矿两处(5、29),为地质填图时发现,并进行了初步踏勘检查,为热液交代型白钨矿,暂列为矿化点。就其成矿地质条件,具有较好的找矿前景,值得进一步工作。其特征见表 6-1。

(三)黑色金属矿产

测区内黑色金属矿产有铁矿 1 处(11)、铬铁矿 2 处(58、60),及钛矿 2 处(36、63),共 5 处矿(化)点。现简述朗县朗镇鲁见沟铬铁矿点(60)如下,其余 4 处矿(化)点特征参见表 6-1。

朗县朗镇鲁见沟铬铁矿点(60):位于朗县西约 5km 的鲁见沟,坐标为东经 93°00′06″,北纬 29°03′09″,矿区海拔 3200m。由朗县至矿区有简易公路相通,交通较为方便。

矿区出露地层为白垩纪朗县混杂岩,为钙质板岩、粉砂质绢云板岩、千枚岩、变质长石石英杂砂岩等组成的复理石岩系,中夹结晶灰岩、大理岩、变中—基性火山岩及蛇纹石化超基性岩等构造块体。矿区含矿岩体超基性岩即为构造混杂岩中大小不等的构造块体,岩体中见有围岩构造透镜体。岩体长 2.5km,宽 0.2~0.4km,主要分布于雅鲁藏布江南侧,西延至雅鲁藏布江北岸。岩相单一,以斜辉橄榄岩为主,夹纯橄榄岩和单辉辉石岩;蛇纹石化、软玉化、滑石菱镁矿化、绿泥石化等强烈。

铬铁矿体赋存于超基性岩体纯橄榄岩中。矿区由 42 个矿体组成,其中 1 个在雅鲁藏布江北。单个矿体一般长 1~3m,宽 0.2~1.5m,呈似脉状、透镜状产出。铬铁矿矿石为致密块状、浸染状,脉石有蛇纹石、铬绿泥石、铬石榴石等。品位(10^{-2})Cr_2O_3 47.68~57.51,Fe_2O_3 2.51~4.61。雅鲁藏布江南 41 个矿体平均含(10^{-2})Cr_2O_3 50,Fe_2O_3 3.55,矿石质量较好,属冶金级矿石。

本矿为西藏第二地质大队 1971 年发现，1989 年至 1990 年又对该矿区开展了普查工作，未作储量计算。本项目在填图中见当地老乡已经进行开采，并见 100t 以上的商品矿堆（图版 XVII-7）。现暂时列为矿点。

（四）非金属矿产

测区非金属矿产有大理岩、花岗岩、片麻岩、粘土、蓝晶石类矿物（蓝晶石、红柱石、夕线石）、白云母、水晶、石墨、透闪石、绿柱石、电气石、刚玉、岫岩玉、石榴石等 16 种。

1. 大理岩

经初步工作，区内大理岩矿点有 4 处（24、40、45、62）。现简述米林县米林镇色苏大理岩（40）如下。其余大理岩矿点特征列于表 6-4。

米林县米林镇色苏大理岩矿点（40）：位于米林县米林镇色苏村 310°方向 2.1km 处，坐标为东经 94°21′39″，北纬 29°21′01″，海拔 3420m。有省道 S306 公路从矿点附近通过，交通较方便。

矿区含矿地层为念青唐古拉岩群八拉岩组（$Pt_{2-3}b.$）。其剖面岩石已达高绿片岩相变质，层序为：

6. 浅灰绿色片状绿帘角闪斜长岩　64m
5. 浅灰色片状石榴角闪绿帘石斜长变粒岩　140m
4. 浅米黄色中—厚层块状细晶大理岩　30m
3. 灰、灰白、白色中—厚层块状细—中晶大理岩　70m
2. 浅绿灰色角闪绿帘方解斜长变粒岩　125m
1. 灰绿色碎裂化斜长绿帘角闪片岩　113m

其中 3、4 层为矿体。大理岩经化学分析：3 层含 CaO51.39×10^{-2}、MgO0.14×10^{-2}、K_2O0.084×10^{-2}、Na_2O0.16×10^{-2}、$SO_3$0.22×10^{-2}；4 层含 CaO49.64×10^{-2}、MgO0.02×10^{-2}、K_2O0.058×10^{-2}、Na_2O0.13×10^{-2}、$SO_3$0.38×10^{-2}。矿体延伸长 2km，总厚 100m，呈层状、似层状产出。矿石为细—中晶大理岩，具粒状变晶结构，块状构造。颜色为浅米黄色、灰白色—无色，裂纹少，块度一般为 1～3m^3；经手工加工其质量极佳。

该矿为项目组在填图中发现，并作了踏勘检查。就分析结果，矿石可用于烧石灰和建筑材料、水泥原料等。其中色彩好，质地细腻者（汉白玉）可用作工艺雕刻原料。矿体裸露、易开采、易加工、交通方便，具有良好的开发前景。

2. 花岗岩

区内花岗岩类较多，资源丰富，质量较好，已被地方大规模开采利用者有 2 处（55、56），其特征见表 6-4。

表 6-4　1∶25 万林芝县幅非金属矿产矿（化）点特征表

矿点名称及编号	矿种	产地及地理坐标	地质矿产简况	类型	规模及评价	工作程度	资料来源
林芝县八一镇嘎拉大理岩（24）	大理岩	林芝县县城北西约 400m 处 东经 94°27′48″ 北纬 29°35′02″	矿体产于中元古代—新元古代真巴岩组中。矿体长 4000m，厚 150m，呈似层状产出，产状 32°∠35°。矿石为中—粗粒方解石大理岩，颜色灰白、白色，块度一般为 0.5～2m^3。连续拣块化学分析（10^{-2}）：CaO54.21、MgO0.087、K_2O0.077、Na_2O0.20、$SO_3$0.013、Cl0.018。化学分析矿石品级达一级至特级（CaO≥54×10^{-2}），有害杂质远低于工业指标，可作为冶金、化工原料，色好者可用作装饰材料	沉积变质型	矿点	踏勘检查	云南地调院

续表 6-4

矿点名称及编号	矿种	产地及地理坐标	地质矿产简况	类型	规模及评价	工作程度	资料来源
米林县比丁村大理岩(45)	大理岩	比丁村 100°方向,2km 处 东经 94°07′56″ 北纬 29°11′07″	矿体以断块形式产于朗县混杂岩中。矿体长 400～500m,厚 10～40m,呈似层状产出。矿石为细晶大理岩,岩石具粒状变晶结构,块状构造。颜色为灰、浅灰、无色,质地细腻,块度一般为 1～5m^3。已被当地老乡开采,用于烧石灰和建筑材料。其中色彩好,质地细腻者(汉白玉)可用作工艺雕刻原料	沉积变质型	矿点	踏勘检查	云南地调院
朗县洞嘎镇够屋大理岩(62)	大理岩	朗县县城 100°方向,7.5km 处 东经 93°09′22″ 北纬 29°01′57″	矿体即为中—巨厚层状中细晶大理岩,以构造岩片形式分布于朗县混杂岩中,与其他砂板岩呈断层接触。矿体呈巨厚层状块体,产状 190°∠70°,矿体长＞11km,宽 1～2.1km。矿石为浅灰、灰白色中细晶大理岩,3 件平均化学成分(10^{-2}):CaO49.74、MgO0.52、K_2O0.15、Na_2O 0.15、$SO_3$0.31。根据分析成果,达到水泥原料工业要求。据矿体规模初步估算资源量达 1 亿 m^3 以上	沉积变质型	矿点	踏勘检查	云南地调院
米林县扎西绕登乡甲马村花岗岩(55)	花岗岩	卧龙镇 175°方向,8.3km 处 东经 93°47′14″ 北纬 29°08′29″	含矿岩体为侵位于中元古代—新元古代八拉岩组中的早白垩世英云闪长岩。矿石为英云闪长岩,岩石具中细粒花岗结构,块状构造;岩石矿物成分由石英 20%、中长石 65%、黑云母 14%等组成。矿体长 8.7km,宽 0.05～2.1km,呈岩株状产出。颜色为灰白色、浅灰色,块度一般 1～3m^3。具有物理性能好、抗腐蚀、耐磨损等性能及水磨抛光后非常美观等特点。矿点规模较大,质地细腻,已被地方开采利用,作房屋建材石料,具有良好的开发利用前景	岩浆型	矿点	踏勘检查	云南地调院
米林县卧龙镇甲帮村花岗岩(56)	花岗岩	卧龙镇甲帮村 235°方向,1.7km 处 东经 93°46′18″ 北纬 29°07′43″	含矿岩体为侵位于中元古代—新元古代八拉岩组中的早白垩世中粒黑云二长花岗岩岩体。矿石为中粒黑云二长花岗岩,岩石具中粒花岗结构,块状构造,微显板状;岩石矿物成分由斜长石 44%、钾长石 22%、石英 24%、黑云母 8%组成。矿体长＞10km,宽＞4km。颜色为灰、浅灰色、灰白色,块度一般 4～6m^3。具有物理性能好、抗腐蚀、耐磨损等性能及水磨抛光后非常美观等特点。该矿点已为地方开采利用,用作房屋建材石料	岩浆型	矿点	踏勘检查	云南地调院
米林县扎西绕登乡甲马村片麻岩(44)	片麻岩	扎西绕登乡甲马村 210°方向,1.5km 处 东经 94°10′26″ 北纬 29°13′25″	矿体产于中元古代—新元古代八拉岩组中。镜下片麻岩石材为角闪斜长片麻岩,岩石具不等粒鳞片粒状变晶结构,片麻状构造;岩石矿物成分由斜长石 36%、石英 10%、黑云母 15%、绿帘石 25%、白云母 5%、绿泥石 6%组成;黑云母呈条纹状定向分布,石英略显眼球状,结构致密、坚硬。矿体(层)长＞2 000m,厚 200m,呈似层状。颜色为灰色,块度一般为 1～1.2m^3。石材完整性好,纹理清晰,沿片麻理极易劈开。具有物理性能好、抗腐蚀、耐磨损等特点,水磨抛光后非常美观。已为当地居民开采利用,用作房屋建筑石料	变质型	矿点	踏勘检查	云南地调院

续表 6-4

矿点名称及编号	矿种	产地及地理坐标	地质矿产简况	类型	规模及评价	工作程度	资料来源
林芝县八一镇毛纺厂粘土矿(21)	粘土	林芝县八一镇毛纺厂北东 600m 处 东经 94°22′37″ 北纬 29°39′45″	矿体赋存于晚更新世湖积物中,由两个矿体组成,长 60m,厚 23～35m,呈层状、似层状产出。矿石为粉砂质粘土、含粘土质粉砂。化学成分(10^{-2}) SiO_2 57.73,Al_2O_3 16.55,Fe_2O_3 3.76,CaO 3.47,MgO 1.64,K_2O 3.18,Na_2O 1.82,SO_3 0.14,烧失量 4.73。当地已开采利用	沉积型	矿点	踏勘检查	云南地调院
林芝县解放乡粘土矿(25)	粘土	林芝县城南 2.5km 东经 94°28′49″ 北纬 29°33′09″	矿体产于晚更新世湖积物中,由两个矿体组成,长 120m,厚 45.1m,呈层状、似层状产出。矿石为粉砂质粘土、含粉砂质粘土。化学成分(10^{-2}) SiO_2 67.09,Al_2O_3 14.01,Fe_2O_3 4.12,CaO 2.15,MgO 1.17,K_2O 2.33,Na_2O 1.91,SO_3 0.24,烧失量 3.27。当地已开采利用	沉积型	矿点	踏勘检查	云南地调院
米林县米林镇党组窝粘土矿(41)	粘土	米林县冈嘎大桥 118°方向 700m 处 东经 94°20′34″ 北纬 29°18′43″	矿体赋存于晚更新世湖积物中,由三个矿体组成,长 100m,厚 38.84m。呈层状、似层状产出。矿石为粉砂质粘土及粘土,化学成分(10^{-2}) SiO_2 51.72,Al_2O_3 17.54,Fe_2O_3 3.18,CaO5.96,MgO1.56,K_2O2.92,Na_2O1.35,SO_3 0.22,烧失量 9.16	沉积型	矿点	踏勘检查	云南地调院
林芝县百巴镇庄巴红柱石矿(10)	红柱石	林芝县白巴镇东 19km 处 东经 94°02′13″ 北纬 29°45′04″	矿体赋存于石炭系一二叠系来姑组层间破碎带中。矿体长>100m,宽 1.5～2m,呈透镜状产出。含矿岩石为红柱石板岩,岩石具鳞片柱状变晶结构,板状构造;由红柱石、绢云母、泥质组成。红柱石 13%～15%,断面宽 3～4mm,长 10～20mm,个别达 50mm	接触变质型	矿点	踏勘检查	云南地调院
林芝县八一镇科丁红柱石(12)	红柱石	林芝县八一镇尼西 19km 处 东经 94°10′37″ 北纬 29°45′11″	矿化体产于古新世黑云二长花岗岩与晚石炭世—早二叠世来姑组接触带内。矿体长>30m,宽 1m,呈层状、似层状产出。含矿岩石为红柱石板岩,岩石具鳞片柱状变晶结构,板状构造;由红柱石、绢云母、泥质组成。红柱石 8%～12%,断面宽 2mm,长 5～10mm,个别达 20～30mm	接触变质型	矿化点	踏勘检查	云南地调院
林芝县八一镇尼西红柱石矿(13)	红柱石	林芝县八一镇西 16km 处 东经 94°13′00″ 北纬 29°45′22″	矿体赋存于古新世黑云二长花岗岩与晚石炭世—早二叠世来姑组接触带中。矿体长>80m,宽 1.5m,呈似层状产出。含矿岩石为红柱石板岩,岩石具鳞片柱状变晶结构,板状构造;由红柱石、绢云母、泥质组成。红柱石 10%～12%,断面宽 2mm,长 5～10mm,个别达 20～30mm	接触变质型	矿点	踏勘检查	云南地调院
林芝县八一镇弄布卡夕线石(14)	夕线石	林芝县八一镇弄布卡 140°方向,平距 2.4km 东经 94°24′26″ 北纬 29°46′19″	矿体产于中元古代—新元古代真巴岩组中。矿体长>50m,宽 6m,呈层状、似层状产出。含矿岩石为夕线二云片岩,岩石具粒状变晶结构,片状构造;由夕线石、斜长石、石英、云母、锆石、石榴石组成。夕线石占 15%,断面信封状,宽 0.3～2mm,长 2～15mm	区域变质型	矿点	踏勘检查	云南地调院
林芝县八一镇觉木希仁蓝晶石(18)	蓝晶石	林芝县八一镇觉木希仁 219°方向,平距 600m 处 东经 94°14′45″ 北纬 29°38′08″	矿体赋存于中元古代—新元古代真巴岩组中,矿体规模不详。含矿岩石为石榴蓝晶富斜长黑云片岩,岩石具粒状鳞片变晶结构,片状构造;由蓝晶石、石榴石、斜长石、石英、黑云母组成。蓝晶石 12%,板状,粒径大小 1～2mm	区域变质型	矿点	踏勘检查	云南地调院

续表 6-4

矿点名称及编号	矿种	产地及地理坐标	地质矿产简况	类型	规模及评价	工作程度	资料来源
林芝县八一镇毛纺厂夕线石(20)	夕线石	林芝县八一镇毛纺厂 28°方向，平距 500km 处 东经 94°22′18″ 北纬 29°40′03″	矿体赋存于古新世黑云二长花岗岩与中元古代—新元古代真巴岩组外接触带，矿体规模不详。含矿岩石为石榴夕线长石黑云石英片岩，由夕线石、石榴石、斜长石、石英、云母组成。夕线石针柱状、毛发状，含量 10%，断面信封状，宽 0.3～2mm，长 2～15mm	接触变质型	矿点	踏勘检查	云南地调院
林芝普拉镇雪巴农场夕线石(22)	夕线石	林芝县普拉镇雪巴农场 290°方向，平距 900m 处 东经 94°24′56″ 北纬 29°36′13″	矿体产于中元古代—新元古代真巴岩组内，由两个矿体组成，长 150m，宽 15m，呈似层状产出。含矿岩石为二云夕线石英片岩、夕线二云片岩，岩石由夕线石、斜长石、石英、云母组成。夕线石针柱状、毛发状，含量 25%～35%。断面信封状，宽 0.5～2mm，长 2～15mm	区域变质型	矿点	踏勘检查	云南地调院
林芝县普拉镇真巴夕线石矿(23)	夕线石	林芝县普拉镇真巴 315° 方向，平距 250m 处 东经 94°27′28″ 北纬 29°35′06″	矿体产于中元古代—新元古代真巴岩组中。矿体长 100m，宽 10m，呈似层状产出。含矿岩石为含蓝晶夕线二云石英片岩，岩石由夕线石、蓝晶石、斜长石、石英、云母组成。夕线石针柱状、毛发状，含量 25%。断面信封状，宽 0.3～2mm，长 2～15mm	区域变质型	矿点	踏勘检查	云南地调院
林芝县普拉镇达格孜缺康夕线石(26)	夕线石	林芝县普拉镇达格孜缺康正西 300m 处 东经 94°28′30″ 北纬 29°32′11″	矿体赋存于中元古代—新元古代真巴岩组内。矿体规模不详。含矿岩石为夕线长石二云石英片岩，含石榴夕线斜长片麻岩，岩石由夕线石、石榴石、斜长石、石英、云母组成。夕线石针柱状、毛发状，含量 10%。断面信封状，宽 0.5～2mm，长 1～10mm	区域变质型	矿化点	踏勘检查	云南地调院
林芝县普拉镇达格孜夕线石(27)	夕线石	林芝县普拉镇达格孜 234°方向。平距 680m 处 东经 94°27′45″ 北纬 29°31′20″	矿体产于寒武纪片麻状黑云斜长花岗岩与中元古代—新元古代真巴岩组外接触带中。矿体长 100m，宽 13m，呈似层状产出。含矿岩石为黑云夕线石英片岩。夕线石针柱状、毛发状，含量 20%～25%，断面信封状，宽 0.5～3mm，长 1～15mm	接触变质型	矿点	踏勘检查	云南地调院
林芝县普拉镇贡嘎夕线石(28)	夕线石	林芝县普拉镇贡嘎东 东经 94°26′56″ 北纬 29°29′35″	矿体产于中元古代—新元古代贡嘎岩组中。由 3 个矿体组成，长 100m，宽 10m，呈似层状产出。含矿岩石为黑云夕线石英片岩。夕线石针柱状、毛发状，含量 18%，断面信封状，宽 0.3～3mm，长 2～13mm	区域变质型	矿点	踏勘检查	云南地调院
米林县扎西绕登乡尼马来嘎夕线石(33)	夕线石	米林县扎西绕登乡尼马来嘎牛场 311°方向，平距 1km 东经 93°56′17″ 北纬 29°27′09″	矿体赋存于中元古代—新元古代真巴岩组中。矿体规模不详。含矿岩石为二云夕线石英变粒岩，岩石具鳞片柱状变晶结构，弱片麻状构造，由夕线石、石英、云母组成。夕线石针柱状、毛发状，含量 20%，断面信封状，宽 0.5～3mm，长 2～15mm	区域变质型	矿点	踏勘检查	云南地调院
米林县扎西绕登乡奇民古古夕线石(34)	夕线石	米林县扎西绕登乡奇民古古牛场 250°方向，700m 处 东经 93°58′29″ 北纬 29°25′03″	矿体赋存于中元古代—新元古代八拉岩组中。矿体规模不详。含矿岩石为白云母夕线石英片岩，岩石具粒状鳞片纤维状变晶结构，片状构造，由夕线石、白云母、石英组成。夕线石针柱状、毛发状，含量 20%～25%，断面信封状，宽 0.5～3mm，长 1～15mm	区域变质型	矿点	踏勘检查	云南地调院

续表 6-4

矿点名称及编号	矿种	产地及地理坐标	地质矿产简况	类型	规模及评价	工作程度	资料来源
林芝县布久乡着马木错蓝晶石(35)	蓝晶石	林芝县布久乡268°方向,平距21.4km 东经94°11′47″, 北纬29°28′44″	矿体赋存于中元古代—新元古代念青唐古拉岩群中。矿体长200m,宽10m,呈似层状产出。含矿岩石为蓝晶夕线黑云石英片岩,岩石具鳞片变晶结构,片状构造,由蓝晶石、夕线石、石英、黑云母、白云母组成。蓝晶石10%,夕线石15%,断面宽1～2mm,长5～10mm,个别达20～30mm	区域变质型	矿点	踏勘检查	云南地调院
林芝县不久乡全国立蓝晶石(37)	蓝晶石	林芝县布久乡151°方向,平距6.2km 东经94°26′30″ 北纬29°26′28″	矿体赋存于中元古代—新元古代八拉岩组中。矿体长100m,宽10m,呈层状、似层状产出。含矿岩石为夕线石榴蓝晶斜长黑云片岩,岩石具粒状鳞片变晶结构,片状构造,由夕线石、蓝晶石、长石、石英、黑云母组成。蓝晶石20%,夕线石1%～2%;断面宽0.5～2mm,长5～10mm,个别达20mm	区域变质型	矿点	踏勘检查	云南地调院
米林县羌纳乡基浦蓝晶石矿(42)	蓝晶石	米林县羌纳乡基浦东约100km 东经94°23′34″ 北纬29°18′40″	矿体赋存于中—新元古代南迦巴瓦岩群中。矿体规模不详,含矿岩石为含夕线蓝晶石榴黑云斜长变晶糜棱岩,岩石由铁铝榴石、蓝晶石、斜长石、钾长石、石英、黑云母、夕线石、石墨组成。蓝晶石10%、夕线石2%,蓝晶石板柱状,断面宽0.5～2mm,长2～7mm,个别达10～20mm	区域变质型	矿点	踏勘检查	云南地调院
米林县米林镇热嘎蓝晶石(46)	蓝晶石	米林县米林镇热嘎林南东约1km 东经94°12′26″ 北纬29°15′22″	矿体产于中—新元古代南迦巴瓦岩群中。矿体规模不清。糜棱岩化发育。含矿岩石为斑杂状石榴蓝晶黑云石英片岩。蓝晶石13%～15%,铁铝榴石5%～12%,二者粒度1～10mm	区域变质型	矿点	踏检查勘	云南地调院
米林县米林镇雪嘎普蓝晶石(47)	蓝晶石	米林县米林镇雪嘎村146°方向,2.8km处东经94°16′30″ 北纬29°13′41″	矿体赋存于中一新元古代南迦巴瓦岩群中。矿体长250m,宽144m,呈层状、似层状产出。含矿岩石为片麻状含石榴蓝晶长英质糜棱岩,岩石具鳞片变晶结构,片麻状构造;岩石由蓝晶石、石榴石、钾长石、黑云母组成。蓝晶石10%～12%,板柱状,断面长7mm,宽1～4mm	区域变质型	矿点	踏勘检查	云南地调院
米林县米林镇雪嘎普夕线石(49)	夕线石	米林县米林镇雪嘎村131°方向,平距6km处 东经94°18′19″ 北纬29°12′49″	矿体赋存于中一新元古代南迦巴瓦岩群中。矿体长200m,宽82m,呈层状产出。含矿岩石为含蓝晶石榴夕线长英质糜棱岩,岩石具鳞片变晶结构,片麻状构造,岩石由夕线石、蓝晶石、长石、石英、黑云母、石榴石组成。夕线石12%、蓝晶石3%,夕线石针柱状、毛发状,断面信封状0.5～3mm,长1～15mm	区域变质型	矿点	踏勘检查	云南地调院
米林县米林镇查曲错蓝晶石(52)	蓝晶石	米林县米林镇雪嘎村129°方向,平距12.6km处 东经94°21′27″ 北纬29°10′31″	矿体赋存于中一新元古代南迦巴瓦岩群中。矿体长200m,宽134m,呈层状、似层状产出。含矿岩石为石榴蓝晶黑云钾长片麻岩,具鳞片变晶结构,片麻状构造,由蓝晶石、石榴石、钾长石、石英组成。蓝晶石10%,石榴石10%。蓝晶石板柱状,断面长7mm,宽1～4mm	区域变质型	矿点	踏勘检查	云南地调院

续表 6-4

矿点名称及编号	矿种	产地及地理坐标	地质矿产简况	类型	规模及评价	工作程度	资料来源
林芝县八一镇南白云母矿(19)	白云母	八一镇南 东经 94°18′54″ 北纬 29°41′36″	含矿花岗伟晶岩分布中元古代—新元古代真巴岩组中。呈透镜状、脉状产出，少数为不规则状。岩脉一般长 30～100m，厚 1～3m，最大脉长 150m，厚 5m，脉中间带为块状结构，占百分之几至十几，其余均为花岗文象结构。全脉矿化，但大片质好的白云母呈巢状，主要分布于块体的中心带，属间歇式气成型。白云母自然缺陷较多，出成率低，有效面积未超过 5cm×3cm	伟晶岩型	矿化点	踏勘检查	1:100万区调
林芝县八一镇白及弄巴白云母矿(15)	白云母	八一镇白及弄巴 283°方向，平距 2.5km 处 东经 94°24′19″ 北纬 29°45′23″	含矿花岗伟晶岩呈脉状侵位于中元古代—新元古代真巴岩组中。矿体赋存于该岩脉内，伟晶岩脉的规模因掩盖不详。含矿岩石为含电气石花岗伟晶岩，岩石具伟晶结构，块状构造，由长石 42%、白云母 10%、黑电气石 15%、石榴石 2%、石英 30%组成。白云母有效面积 12cm²，黑电气石棱柱状，玻璃光泽，长 1～10cm。该矿为地质填图中发现，并作了踏勘检查。白云母片大小已达工业原料Ⅲ级要求，并含电气石，可综合利用	伟晶岩型	矿点	踏勘检查	云南地调院
米林县米林镇西白过多透闪石矿(43)	透闪石	米林镇 270°方向，平距 13.75km 处 东经 94°04′53″ 北纬 29°11′50″	含矿变质超基性岩属中元古代—新元古代八拉岩组，分布面积约 0.8m²，北被雅鲁藏布江及第四系掩盖，北西延又于“江北”出露。矿体即为其中透闪石化强烈部分，呈群产出，可见矿体出露一般长 2～3m，宽 1～2m，呈似层状、透镜状、脉状产出。碎裂岩化、碳酸盐岩化发育。矿石为透闪石岩、透闪石化角闪岩，岩石具中细粒柱钎状结构，半定向构造，以柱钎状透闪石为主，核部有淡绿色阳起石残留，绿泥石和碳酸盐岩呈斑杂状富集。透闪石浅灰白色，玻璃光泽，半透明，针柱状或放射状集合体，单晶长 3～15mm，个别达 20～30mm，断面菱形：长 7mm，宽 1～4mm，含量 81%	区域变质型	矿点	踏勘检查	云南地调院
朗县洞嘎镇堆村透闪石矿(53)	透闪石	朗县朗镇 13°方向，平距 15.2km 处 东经 93°06′21″ 北纬 29°10′51″	矿体产于中元古代—新元古代八拉岩组中。可见矿体长 2.3km，宽 300m，呈层状、似层状产出。矿石为透闪石岩，岩石具粒柱状变晶结构，块状构造，由透闪石、绿泥石和金属矿物组成，以粒柱状透闪石为主。透闪石浅灰白色，玻璃光泽，半透明，针柱状或放射状集合体，单晶长 3～10mm，个别 15～25mm，断面菱形：长 7mm，宽 1～4mm，含量 92%，远超过工业要求(透辉石、透闪石矿物含量≥60%，1989，郑延力，樊素兰等编《非金属矿产开发应用指南》)	区域变质型	矿点	踏勘检查	云南地调院
林芝县八一镇舒果丁绿柱石矿(4)	绿柱石	八一镇舒果丁牛场 8°方向，平距 3.8km 处 东经 94°16′15″ 北纬 29°55′46″	矿体产于作拉错晚白垩世斑状黑云二长花岗岩体边缘花岗伟晶岩脉中。岩脉大致呈北东走向，所见矿石呈残块分布，面积约 0.25～0.4km²。含矿岩石为绿柱石铁锂云母花岗伟晶岩，岩石具粗粒巨晶花岗结构，块状构造，岩石矿物成分由微斜条纹长石 37%、斜长石 15%、石英 30%、铁锂云母 10%及绿柱石 8%等组成。绿柱石为海蓝色、淡蓝色，玻璃光泽，呈透明—半透明，摩氏硬度为 7.5～8，比重 2.63～2.91，六方柱状单晶为主，断面 $d=1～1.2$cm，长>2cm	伟晶岩型	矿点	踏勘检查	云南地调院

续表 6-4

矿点名称及编号	矿种	产地及地理坐标	地质矿产简况	类型	规模及评价	工作程度	资料来源
林芝县布久乡猪拉康石榴石矿(38)	石榴石	林芝县布久乡147°方向6.5km处 东经94°27′06″ 北纬29°26′00″	矿体赋存于中元古代—新元古代八拉岩组内。矿体长100m,宽10m,呈似层状、层状产出。含矿岩石为夕线蓝晶石榴斜长黑云片岩,岩石具粒状鳞片变晶结构,片状构造;由夕线石1%、蓝晶石10%、石榴石15%、长石35%、石英10%、黑云母25%等组成。石榴石粒径0.5～8mm,少数达8～12mm,多成褐红色,为铁铝榴石。作研磨材料	区域变质型	矿点	踏勘检查	云南地调院
米林县米林镇雪嘎普石榴石矿(48)	石榴石	米林县米林镇雪嘎村137°方向2.8km处 东经94°16′30″ 北纬29°13′41″	矿体赋存于中元古代—新元古代南迦巴瓦岩群中,由两个矿体组成。长80m,宽2～23m,呈层状、似层状产出。含矿岩石为方柱榴辉钙榴岩。石榴黑云角闪二长片麻岩,岩石具粒状变晶结构,粒状鳞片变晶结构,块状、片麻状构造;由石榴石、透闪石、透辉石、钾长石、石英组成。石榴石15%～35%,呈褐红色他形粒状,粒径0.5～8mm,具少量裂纹,为铁铝榴石。作研磨材料	区域变质型	矿点	踏勘检查	云南地调院
米林县米林镇尼池帮嘎石榴石矿(50)	石榴石	米林县米林镇雪嘎村131°方向9.25km处 东经94°19′47″ 北纬29°11′36″	矿体赋存于中元古代一新元古代南迦巴瓦岩群中。矿体长200m,宽85m,呈层状、似层状产出。含矿岩石为石榴黑云片岩,岩石具变余糜棱结构,片状构造;由石榴石20%～25%、更长石10%、石英25%、黑云母45%等组成。石榴石呈红色褐黄色,他形粒状,粒径2～3.5mm,具少量裂纹,为铁铝榴石。作研磨材料	区域变质型	矿点	踏检查勘	云南地调院

3. 片麻岩

区内片麻岩石材资源较丰富,当地居民已开采用作建筑楼、房砌墙、台阶(阶梯)用料。现已有米林县扎西绕登乡甲玛村片麻岩矿点1处(44),其特征见表6-4。

4. 粘土

区内粘土矿点有湖相沉积型3处(21、25、41),为晚更新世林芝湖泊沉积产物。因后期河流侵蚀破坏,分布零星而规模较小。依据3件粘土化学分析结果,已达砖瓦粘土化学成分要求,其中21、25号粘土矿当地已开采利用。粘土矿适宜露天开采,交通方便(表6-4)。

5. 蓝晶石类矿物(蓝晶石、夕线石、红柱石)

蓝晶石类矿物为无水铝硅酸盐矿物,属高铝矿物原料。其具有耐火性、抗热冲击力强、抗磨损、抗腐蚀及在高温条件下具一次不可逆性体积膨胀等特性,而被广泛应用于钢铁、陶瓷、建材工业及作冶金原料、保温材料等。

区内蓝晶石类矿点达21处(10、12、13、14、18、20、22、23、26、27、28、32、33、34、35、37、42、46、47、49、52)。其中蓝晶石、夕线石矿主要分布于雅鲁藏布江南岸米林至羌纳乡的南迦巴瓦岩群出露地带,即南起尼洋河与雅鲁藏布江汇合处的八拉,北至弄布卡的念青唐古拉岩群出露地区,为角闪岩相变质成因类型。红柱石产于尼西至雪巴农场一带石炭纪—二叠纪浅变质岩与古近纪花岗岩类接触带及其附近岩石中,为接触变质成因类型。因工作程度偏低,缺少化学分析和物性实验资料,对其规模、质量难于作出确切评价。但含矿率都达工业要求,可用作一般陶瓷、建材工业、保温材料。用于钢铁、冶金原料则需进一步工作。现将米林县扎西绕登乡加拉沙牛场夕线石(32)描述如下。其余各矿点的特征与之类似,列表于6-4。

米林县扎西绕登乡加拉沙牛场夕线石矿点(32):位于米林县扎西饶登乡加拉沙牛场北西方向100m处,坐标为东经93°45′21″,北纬29°23′21″,矿区海拔4320m左右,由S306线省道公路54km处,经乡村公路到天坡龙,再有一天马帮路抵达矿区,交通不便。

矿体赋存于中—新元古代真巴岩组中。含矿岩石为红柱石夕线黑云石英片岩、含红柱石夕线二云石英片岩、含榴夕线黑云石英片岩。矿体呈层状、带状分布,总体走向呈北东向延伸,产状330°∠45°。矿体延伸长大于2km,宽50～100m。矿石具粒状鳞片变晶结构,片状构造;岩石矿物成分由夕线石15%～20%、石英48%、黑云母10%、白云母15%～20%、红柱石、石榴石小于1%等组成。

夕线石为灰、灰白色,晶体呈针柱状、纤维状、毛发状或其集合体沿片理分布,粒径长轴小于5mm,短轴小于2mm,玻璃光泽,硬度7～7.5,比重3.23～3.27左右。矿石自然类型为含矿片岩类,矿床成因属于角闪岩相片岩—片麻(麻粒)岩建造区域变质夕线石矿床。

该矿点为项目组在地质填图时发现,并初步进行踏勘检查工作。夕线石原矿含量已达工业要求。含矿母岩为中—新元古代真巴岩组中高级变质岩,其分布范围广,现国内外“三石”(蓝晶石、夕线石、红柱石)被广泛开发利用,产品畅销,前景广阔,值得进一步工作。

6. 白云母

区内白云母矿有伟晶岩型矿点2处,均与侵位于中元古代—新元古代真巴岩组内的花岗伟晶岩脉有关。其中新发现1处(15),1∶100万资料1处(19)。白云母片大小已达工业原料Ⅲ级(有效面积≥$10cm^2$)要求,可作电子、光学、填充及涂料原料等,并伴生电气石可综合利用。有进一步工作价值。其特征列于表6-4。

7. 水晶

测区水晶矿有米林县卧龙镇喳个拉水晶矿点(30)1处。

矿点位于米林县卧龙镇北西约60km喳个拉垭口处,坐标为东经93°20′41″,北纬29°27′48″,矿区海拔5120m。仅有马帮小路相通,交通不便。

矿体赋存于早白垩世黑云二长花岗岩体的石英脉中。石英脉较发育,一般脉长1～1.5m,宽5～10cm。晶簇垂直于脉壁生长,单晶一般长2.5～3cm,d=1～1.5cm,透明度较好,晶形完整。

该矿点为项目组在地质填图时发现,并进行了初步踏勘检查。据当地群众所述,附近还有几个大岩洞,并有单晶水晶长大于10cm产出。暂列为矿点。

8. 石墨

区内石墨矿仅发现米林县米林镇雪嘎浦石墨矿点(51)1处。位于米林镇雪嘎浦,坐标为东经94°20′20″,北纬29°11′26″,矿区海拔3340m。仅有马帮小路相通,交通不便。

矿体赋存于中元古代—新元古代南迦巴瓦岩群中。含矿岩石为石墨夕线黑云片岩,岩层厚度200m,向南东陡倾。石墨为片状,目估含量15%左右,镜下为3%左右,片径d=1～3mm,分布不均。为区域动力变质成因。

本矿点为西藏第二地质大队1993年《1∶20万加查—林芝矿产报告》所列,地质填图中未做深入工作,暂列为矿点。

9. 透闪石

透闪石矿作为快烧节能的陶瓷,以及玻璃、冶金保护渣、造纸等工业新型矿物原料,已越来越引起重视,具有良好的开发利用价值和前景。因此,项目组在地质填图中非常重视该矿种的寻找,并发现了两处(43、53)(表6-4)。

10. 绿柱石

测区绿柱石矿有矿点两处(3、4)，均与花岗岩体边缘的花岗伟晶岩脉有关，现简述工布江达县措高乡油绿柱石矿点(3)如下。另一矿点见表6-4。

工布江达县措高乡油绿柱石矿点(3)：位于措高乡油东南4802m垭口西南约800m处，坐标为东经94°15′15″，北纬29°55′26″，矿区海拔4800m左右。经318线国道公路的工布江达县巴河镇至措高乡有里程约70km简易公路，再有2天的马帮路可达矿点，交通不便。

矿体产于作拉错晚白垩世斑状黑云二长花岗岩体边缘花岗伟晶岩脉中。岩脉大致呈北东走向，所见矿石呈残块分布，面积约0.25～0.3km²。含矿岩石为绿柱石铁锂云母花岗伟晶岩，岩石具粗粒巨晶花岗结构，块状构造，矿物成分由微斜条纹长石40%、斜长石15%、石英30%、铁锂云母7%及绿柱石5%～8%等组成。绿柱石为海蓝色、淡蓝色，玻璃光泽，呈透明—半透明状，摩氏硬度为7.5～8，比重2.63～2.91，六方柱状，断面d=1～1.2cm，长大于2cm(图版Ⅱ-5)。属伟晶岩型绿柱石矿床。

矿点为项目组在地质填图中发现。因工作环境恶劣，故未发现原生矿体。就其成矿地质条件甚佳，且绿柱石粒度较大，含量高、质量好等特点，可作为高中档宝石及较高级首饰等原材料。

11. 电气石

有工布江达县巴河镇连巴电气石矿点(2)1处。

矿点位于巴河镇2°方向11km处，坐标为东经93°40′12″，北纬29°57′50″，矿区海拔3340m左右。由巴河镇至矿点有到错高湖景区公路通过，里程约12km，交通方便。

矿体产于晚石炭世—早二叠世来姑组与晚二叠世蒙拉组的断层破碎带中。含矿岩石为含长石电气石岩，岩石具粒柱状结构，块状构造、柔褶皱构造；岩石矿物成分由电气石52%～76%、斜长石25%、石英3%及褐铁矿10%～14%组成。矿体一般厚0.5～1.22m，长度不详。呈透镜状、角砾状、囊状产出。电气石属镁电气石，呈褐色，粒柱状密集排布，显微镜下直径0.1～0.2mm，孔隙间为褐铁矿充填。为热液型。

矿点为项目组在测制剖面时发现，并作了踏勘检查，但缺少化学分析和物性实验。就其含量高，粒度细和硬度大特点，可作为研磨材料并进一步开发利用。

12. 刚玉

区内仅有林芝县百巴乡龙得刚玉矿点(9)1处。

矿点位于百巴镇145°方向5.9km，坐标为东经93°52′52″，北纬29°45′11″，矿区海拔3300m左右。有简易公路由林芝县八一镇沿尼洋河南侧向西可达矿点，交通方便。

矿化体产于古新世黑云二长花岗岩体与下石炭统诺错组的外接触带内。含矿岩石为刚玉红柱石黑云母角岩；岩石具柱片变晶结构、变斑状结构，块状构造，矿物成分由刚玉7%～10%、红柱石15%～20%、黑云母30%～40%、石英15%～20%及绢白云母等组成。角岩化发育。矿化体环绕岩体外接触带分布，长度不详，剖面控制厚15.87m，呈似层状产出，向北陡倾。刚玉呈无色—不均匀的靛蓝色，椭圆—桶状，粒度1～5mm，含量达工业要求。

矿点为项目组在测制剖面时发现，但缺少化学分析和物性实验。就其具粒度较细和硬度大的特点，可作为研磨原料矿产用的砂纸和砂布而进一步工作和开发利用。

13. 岫岩玉

测区岫岩玉矿仅有朗县朗镇下白若矿点(59)1处。

矿点位于朗镇265°方向4.1km处，坐标为东经93°01′53″，北纬29°02′23″，矿区海拔3120m。有S306线省道公路直抵矿区，交通便利。

岫岩玉产于朗县混杂岩中的超基性岩块内。可见矿体长大于60m，宽1～5m，呈透镜状、团块状、脉状产出。矿石为蛇纹岩，岩石具纤维鳞片状结构，块状构造；矿物成分由叶蛇纹石60%～70%、纤维蛇纹石20%～30%，及少量铬铁矿、方解石及磁铁矿斑点组成；块度一般为0.2～0.3m^3。岫岩玉化学成分(10^{-2})：SiO_2 35.64、MgO28、Cr_2O_3 0.001、Ni0.12、FeO2.82、S0.036、Sb0.22、Au0.50×10^{-6}、Cr_2O_3 0.0004。

矿点为项目组在测制下白若超基性岩体剖面时发现。岫岩玉颜色有浅绿、墨绿、黄绿、翠绿、灰、浅灰及绿黄等色。尤以翠绿色者质量较好，细腻，半透明状、油脂光泽，裂纹少，摩氏硬度4左右。总观其质量较好，可作为工艺雕刻原料等，应为以岫岩玉为主寻找宝玉石有远景的地区。

14. 石榴石

区内石榴石矿与元古代变质岩有关，发现有用于研磨材料的矿点3处(38、48、50)。其质地和特征见表6-4。

15. 紫牙乌

区内仅发现米林县羌纳乡茨巴村紫牙乌矿(39)1处。

矿点位于羌纳乡茨巴村北东3.5km处，坐标为东经94°28′09″，北纬29°25′05″，矿区海拔2950m。米林至派乡的公路从矿区通过，交通方便。

紫牙乌产于中—新元古代南迦巴瓦岩群中，含矿岩石为十字石榴二云石英片岩，石榴石沿片理分布(图版Ⅱ-6)。岩石矿物成分由石英45%、白云母25%、黑云母15%、铁铝榴石12%、十字石3%及副矿物电气石和金属矿物组成。矿体可见延伸长>15～20m，宽1.2m，呈透镜状、似层状产出，产状155°∠52°，围岩为眼球纹理状二云二长变晶糜棱岩。铁铝榴石，晶形主要为菱形十二面体，粒径一般0.3～0.6cm，个别达1～1.2cm，为深红、玫瑰色，半透明—透明，硬度7～7.5，相对密度4.2g/cm^3，折射率1.78～1.79。按颜色、透明度和粒度等物理性质达宝石级，定名为紫牙乌。矿点为地质填图时发现，是一个很有规模和远景的矿点，可露天开采，值得进一步工作。

(五) 冷泉、温泉

测区发现有进一步工作与开发利用价值的地下水冷泉(5)、地下热水温泉(8)各1处。

1. 冷泉

工布江达县峡龙镇宾格村冷泉(6)：位于宾格村南300m处，坐标为东经93°26′12″，北纬29°53′18″，泉眼海拔3320m，318线国道在泉点处通过。

泉水出露于尼洋河第四纪阶地下部，有泉眼25个，呈椭圆状分布，面积约8m^2。泉眼半径小者为1～2cm，大者达5～8cm，最大10cm。常年涌水，一般涌水量0.5L/s，雨季涌水量增大，水质清澈、透明，无色微甜，水温冰凉(图版Ⅻ-8)。

该泉水自地下涌出，为一承压泉，属上升泉。交通方便。若进一步工作和进行水质分析，可供开发利用为优质矿泉水。

2. 温泉

工布江达县仲沙乡吉普村温泉(8)，位于吉普村南东约2.2km处，坐标为东经93°20′42″，北纬29°44′06″，出露海拔3700m，北距318线国道20km，有简易公路通达温泉。

泉水出露于北西向断裂北东侧。有泉眼20个，具间歇喷水特点，涌水量0.2L/s，雨季涌水量增大，水温43℃。具淡硫磺气，pH值6.7，矿化度1.8g/L，水化学类型为HCO_3Cl-Na，为中温热水类型。

该泉水自地下涌出，属上升泉。附近百姓常来沐浴，有祛病健身功效。可供农业灌溉、饮用、治疗、洗涤，及人工孵化等利用。

三、区域成矿地质背景

测区由北至南分为工布江达断隆、冈底斯岩浆弧、雅鲁藏布江结合带、北喜马拉雅特提斯褶冲带、高喜马拉雅基底逆冲带5个构造单元。各单元成矿地质条件不同，形成矿产各具特点。

（一）工布江达断隆

工布江达断隆出露元古界半深海相含中基性火山岩复理石碎屑岩，前奥陶系含基性火山岩陆缘碎屑岩和石炭系—二叠系滨浅海—盆地边缘相陆缘碎屑岩；历经多期次变质作用，其变质强度分别达角闪岩相—绿片岩相，常形成蓝晶石类矿物，及石榴石等非金属矿产。晚白垩世、古近纪地壳重熔S型（斑状）花岗岩发育，在花岗岩及内外接触带硅化、黄铁矿化、电气石化强烈，出现Pb、Zn、Ag为主，伴生元素有Cu、Au、Sb、Cd、W、Mo、Sn等元素异常和中—低温铅、锌、银矿化及伟晶岩型白云母、绿柱石矿床。外接触带常有角岩化，形成红柱石矿、刚玉矿及白钨矿等矿产。

（二）冈底斯岩浆弧

冈底斯岩浆弧出露元古界变质岩系，其原岩为一套半深海相复理石和基性、超基性岩—中酸性火山岩-沉积碎屑岩建造。基性、超基性岩石化学成分具富镁高钙、低钛低钾的特征，岩石遭受多期次变质作用，其变质强度达角闪岩相；侏罗系叶巴组为一套岛弧型钙碱性火山岩，多底沟组为碳酸盐岩；新生界大竹卡组为磨拉石粗碎屑岩。中酸性侵入岩极其发育，并构成了冈底斯岩浆弧的主体。常形成与变质岩有关的蓝晶石类矿物、透闪石、大理岩、片麻岩，及石榴石等非金属矿产，以及与变基性—超基性岩类有关的金矿化；花岗岩中以早白垩世花岗闪长岩、英云闪长岩、斑岩为主，在花岗岩及内外接触带硅化、黄铁矿化、矽卡岩化强烈，常形成Cu、Mo、Pb、Zn、Ag为主，伴生元素有Au、W、Sb、Bi、Cd、As等元素异常，以及（斑岩型）铜、金、钼多金属矿床。晚白垩世花岗岩则为斑状、似斑状黑云二长花岗岩类，具较弱的Pb、Zn、Ag、Cu、Au、Sb、Cd、W、Mo、Sn异常显示和矿化。

（三）雅鲁藏布江结合带

雅鲁藏布江结合带出露白垩纪构造混杂岩。混杂岩由块体或基质两部分组成。块体为不同来源、不同时代、不同变形变质强度，不同大小的碎屑岩、大理岩及蛇纹石化超基性岩、变玄武岩；基质为白垩纪复理石；岩石历经多期次变质作用的叠加改造，其变质强度达低绿片岩相，多形成与蛇纹石化超基性岩有关的铬铁矿及岫岩玉等矿产。

（四）北喜马拉雅特提斯褶冲带

北喜马拉雅特提斯褶冲带出露新元古代—寒武纪变质岩系，其原岩为一套浅海相陆缘碎屑岩，经加里东期区域低温动力作用的强烈改造，达绿片岩相变质。由于受地域条件限制，目前尚未发现矿产。

（五）高喜马拉雅基底逆冲带

高喜马拉雅基底逆冲带出露元古代变质岩系，其原岩为一套半深海相含中酸性火山岩复理石碎屑岩，岩石历经多期次变质作用叠加改造，其变质强度达角闪岩相。形成蓝晶石类矿物、大理岩、石榴石，及紫牙乌、石墨等非金属矿产。

四、地球化学背景

据西藏自治区地质矿产局区调队，1994年《1:20万工布江达幅、朗县幅地球化学说明书》及杜光伟等(2001,《西藏冈底斯东段地球化学特征及其找矿意义》)，由北至南依次划为工布江达—八一镇水系沉积物地球化学Pb、Zn、Ag化探异常带、汤不拉—安布朗Cu、Mo多金属化探异常带及生浦—林芝Cu、Au异常带。

工布江达—八一镇Pb、Zn、Ag化探异常带(1)：位于冈底斯岩浆弧北缘，工布江达断隆范围内。元素组合以Pb、Zn、Ag为主，伴生元素有Cu、Au、Sb、Cd、W、Mo、Sn等。异常展布方向多与控矿断裂构造方向一致，受地层、构造、岩浆岩等复合作用的控制。主要化探异常有普多仁布Au(2)，热多抗日Pb(9)，冲九Ag(3)、Pb(4)，假巴依弄Cu(5)，错秋杠Pb(10)，更张CuPb(6)，见图6-1。经检查已发现更张热液型褐铁矿点(11)、帮达帮绳斑岩型钨矿化点(5)、江嘎普斑岩型金矿化点(1)，显示良好找矿前景。

汤不拉—安布朗Cu、Mo多金属化探异常带(2)：位于强昂多杰一带，呈北西向展布。带内发育侏罗纪中酸性火山岩系及白垩纪—古近纪中酸性(斑)岩等。元素组合以Cu、Mo、Pb、Zn、Ag为主，伴生元素有Au、W、Sb、Bi、Cd、As等，元素组合复杂，高温元素、中温元素并存，显示成矿作用具多期次叠加特点。主要化探异常有汤不拉Cu(1)、安布朗Au(8、12、13)、Ag(7、11)。经检查已发现强昂多杰(7)、斯弄朗(16)、安布朗(17)斑岩型铜钼金多金属矿(化)点，显示极好的找矿前景。

生浦—林芝Cu、Au化探异常带(3)：位于雅鲁藏布江断裂带北侧，冈底斯岩浆弧南缘。元素组合以Cu、Au为主，局部伴生有Pb、Zn、Ag、Cr、Ni、Co等异常。异常主要受雅鲁藏布江断裂及北侧侵入体的复合控制。主要化探异常有生浦Cu、Au(21)，巴拉(14)，多堆(15)，工字弄(17)，卓东(18)，多布次(19)，东风(20)，纳沙吉坡(22)Cu，八家钵(16)，卧龙(23)Au。经检查已发现生浦斑岩型铜矿化点(54)、里龙热液型铜金矿点(57)、马良拉热液型金矿化点(31)、嘎马寺钛铁矿化点(36)，显示较好的找矿前景。

五、成矿带划分及其特征

根据成矿地质背景、地球化学背景，结合区内矿产分布特点，将调查区金属矿产由北向南划分为两个成矿带：冈底斯—念青唐古拉铜(钼)、多金属成矿带(Ⅰ)，喜马拉雅铬、金成矿带(Ⅱ)和两个成矿亚带：工布江达—八一镇金、铅、锌、银多金属成矿亚带($Ⅰ_1$)，生浦—林芝铜(钼)、金多金属成矿亚带($Ⅰ_2$)(图6-1)。成矿带、成矿亚带与本区构造单元的空间展布范围一致。

(一) 冈底斯—念青唐古拉铜(钼)、多金属成矿带(Ⅰ)

该成矿带位于雅鲁藏布江断裂带以北广大地区。以元古界变质岩系为结晶基底，其上为古生界、中生界不整合覆盖。带内历经多期次构造运动，其中最强烈的是燕山运动，伴随大规模的中酸性岩浆喷发、侵位，形成了与之相关的矿产组合，在区内分别构成两条成矿亚带。

1. 工布江达—八一镇金、铅、锌、银多金属成矿亚带($Ⅰ_1$)

该成矿亚带位丁江达　打说　工布江堆以北，呈近东西向弧形展布。以元古代变质岩系为结晶基底，其上为古生界不整合覆盖。华力西晚期褶皱隆起，带内地层褶皱、断裂，形成一系列控岩控矿的复式向斜构造；燕山期—喜马拉雅期构造运动，产生大量的白垩纪—古近纪中酸性岩浆爆发、侵位，伴有Fe、Cu、Au、Ag矿化及伟晶岩化、角岩化、碎裂岩化、糜棱岩化。已知铁、钨、金矿化点3个，非金属矿点5个，绿柱石矿点2个，Cu、Pb、Au、Ag化探异常7处。

2. 生浦—林芝铜(钼)、金多金属成矿亚带($Ⅰ_2$)

该成矿亚带位于冈底斯主山脉一线，为冈底斯岩浆弧范围。元古代基性、超基性岩浆活动，对形成热液型有色金属、贵金属提供了重要的物质来源；白垩纪—古近纪中酸性岩浆活动十分强烈，构成长达1000km以上的中酸性杂岩带，伴有Cu(Mo)多金属和Au、Ag矿化，及角岩化、矽卡岩化、云英岩化、褐铁矿化，局部混合岩化、伟晶岩化、碎裂岩化、糜棱岩化。已知钛、铜、铜(钼)多金属、铜金、钨、金矿(化)点8个，非金属矿点25个，Cu、Au、Ag化探异常达15处之多。

（二）喜马拉雅铬、金成矿带(Ⅱ)

该成矿带位于雅鲁藏布江断裂带以南，大致范围以雅鲁藏布江结合带为主体，包括北喜马拉雅特提斯褶冲带、高喜马拉雅基底逆冲带的一部分，即雅鲁藏布江成矿亚带($Ⅱ_1$)。以元古代变质岩系为结晶基底，其上为下古生界、中生界不整合覆盖。白垩纪基性、超基性岩浆活动强烈，致使大量基性岩浆喷发及超基性岩浆侵入，伴有Cr、Ni、Au矿化及碎裂岩化、糜棱岩化。已知铬、钛矿化点3个，砂金矿化点1个，非金属矿点11个，岫玉矿点1个，紫牙乌矿点1个。

六、成矿规律及找矿方向

调查区已发现各种矿(化)点63个，其中黑色金属矿5个、有色金属矿6个、贵金属矿3个、铜金矿1个、非金属矿46个、冷泉1处、温泉1处。其时空分布规律和找矿方向较为清晰。

（一）成矿规律

沉积组合、地质构造、岩浆活动和变质作用等，明显控制各类矿产的形成与分布。

1. 受深大断裂控制的成矿带

区内雅鲁藏布江断裂带是印度板块与欧亚板块两个一级构造单元的分界，它起到了导岩、控矿作用。沿断裂带分布有基性、超基性岩带，它是Cr、Ni、Au和岫玉的赋矿母岩。断裂带沿袭早期裂谷带或板块结合带，经历了多期次构造活动，因而导致多期次岩浆活动，形成多期次的复合岩浆岩带，有利于黑色金属、有色金属矿化，并形成了雅鲁藏布江铬、金成矿亚带。

2. 岩浆侵入活动与成矿的关系

调查区从元古代—古近纪均有大规模的岩浆活动，岩浆岩主要沿深大断裂及构造单元边界分布，形成构造—岩浆岩带(雅鲁藏布江基性—超基性岩带、冈底斯中酸性岩带等)。构造—岩浆岩带控制了有关的内生矿(化)点的分布，为一有远景的成矿带。

基性—超基性岩与成矿的关系：元古代、白垩纪的基性—超基性岩主要分布于雅鲁藏布江流域，以斜辉辉橄岩、纯橄岩、单辉辉橄岩、辉石岩为主，分异好、$M/F>8\sim10$、Cr_2O_3丰度高且分布越不均匀的岩体，对Cr成矿最有利，并形成了隆村、鲁见沟熔离型铬矿。

中酸性岩与成矿的关系：白垩纪—古近纪中酸性岩主要分布于冈底斯岩浆弧内，以闪长岩、花岗闪长(斑)岩、二长花岗岩为主，斑岩次之，形成规模巨大的东西向中酸性岩带。岩体与围岩接触带具角岩化、硅化、黄铁矿化、青盘岩化，伴有Cu多金属矿化及Au矿化。于花岗闪长(斑)岩体外接触带形成强昂多杰、生浦斑岩型铜(钼)多金属矿床。

3. 火山活动与成矿的关系

测区火山活动普遍，其活动时期主要为元古代—侏罗纪，岩性从基性—中性—酸性演化，以多旋回的喷溢相为特征。元古代火山岩发育于拉日芝—林芝一带，以玄武岩、安山岩、流纹岩及火山碎屑岩为主，具Fe、Cu、Au矿化；古生代分布于工布江达断隆内，以喷溢相玄武岩为主，形成Pb、Zn、Ag、Cu、Fe、Au矿化；侏罗纪火山岩分布于强昂多杰—生浦一线，岩性为中酸性火山岩熔岩，赋存铜多金属矿产。

4. 沉积组合与成矿的关系

不同的沉积相和沉积组合是不同沉积环境及其演化的产物。沉积矿产既受沉积环境控制，也与沉积环境的演化有关。由于调查区沉积岩均卷入了变质作用，仅存分布于雅鲁藏布江及尼洋河两岸的第四系堆积物，于湖相堆积物中产有毛纺厂、党组窝、砖瓦厂等粘土矿，河流冲积物中形成朗县普曲沉积型砂金矿。

5. 变质作用与成矿的关系

调查区地层历经多期次变质作用的叠加改造，致使原岩达角闪岩相—绿片岩相变质，并赋存大量的变质成因的非金属矿，如嘎拉、比丁村、色苏、够屋变质型大理岩矿，下白若、茨巴村、堆村变质型岫玉矿、紫牙乌矿、透闪石矿等。

（二）找矿方向

矿产是构造—岩浆活动等综合因素的产物，因而不同类型的矿产总是与各种地质作用和发生部位密切相关。

（1）熔离型铬铁矿多赋存于分异好的斜辉辉橄岩—纯橄岩体内，找矿方向应放在雅鲁藏布江结合带中镁质超基性岩分布区。

（2）斑岩型铜（钼）多金属矿常产于花岗闪长（斑）岩、石英二长斑岩体与围岩内外接触带中，含矿斑岩体的侵入活动与火山-沉积建造密切相关，因此找矿方向应偏重于冈底斯岩浆弧火山岩分布区。

（3）热液型铅、锌、银矿主要矿赋存于古生界地层层间破碎带内，矿质来源与次级断裂和侵入体有关，所以找矿重点应着重于工布江达断隆区侵入体外围次级断裂发育地段。

（4）花岗岩、大理岩、砂、粘土矿在调查区分布较广，由于受目前或者当地经济技术条件的制约，所以找矿方向主要侧重于交通方便的雅鲁藏布江和尼洋河流域。

（三）找矿远景区

根据矿点和分布情况、与矿化有关的侵入体，构造层的分布情况、与矿化的侵入体，以及构造层的含矿性、控矿构造分析、地球化学异常、有利于矿化的地层（岩性）分布情况、围岩蚀变、矿点共生和矿化分布特征，初步圈定出找矿远景区 4 处（图 6-1），其中斑岩型铜（钼）多金属找矿远景区 1 处，斑岩型铜、金找矿远景区 1 处，热液型铜、金找矿远景区 1 处，伟晶岩型绿柱石找矿远景区 1 处。

1. 强昂多杰斑岩型铜（钼）多金属找矿远景区[1]

该找矿远景区位于工布江达县南强昂多杰—安布朗一带，面积约 750km^2。出露古元古代真巴岩组石英片岩、云母片岩、石英岩、大理岩，侏罗纪叶巴组变中酸性火山熔岩、变质砂板岩、大理岩；白垩纪—古近纪英云闪长岩、花岗闪长岩、二长花岗岩及斑岩侵入体。脉岩呈东西向、北西向两组断裂发育，黄铁矿化、硅化、绢云母化、青盘岩化普遍。沿断裂碎裂岩化、岩体接触带角岩化、褐铁矿化强烈。已发现铜（钼）多金属矿化点（7、16、17、）3 个，炼渣 1 处，与区域化探 Au（7、10、11）、Ag（6、9）异常吻合，是寻找铜（钼）多金属矿的极佳地段，可进一步开展大比例尺矿产普查工作。

2. 生浦斑岩型铜、金找矿远景区[2]

该找矿远景区位于朗县北西生浦—席浪店嘎一线，面积约 100km^2。出露中元古代—新元古代八拉岩组片麻岩、变粒岩、石英片岩、斜长角闪岩、大理岩，侏罗纪多底沟组大理岩、变质砂板岩；寒武纪斜长花岗岩、二长花岗岩、花岗岩，白垩纪—古近纪英云闪长岩、闪长岩、斜长花岗岩、花岗闪长（斑）岩、石英二长斑岩。北东向次级断裂发育，岩体接触带云英岩化、矽卡岩化、角岩化、黄铁矿化、黄铜矿化、孔雀石化、硅化、碳酸盐化、褐铁矿化、碎裂岩化强烈，显示成矿作用多期次叠加。已发现铜矿化点（54）1 个，废矿硐 3 个，与区域化探 Cu、Au 异常(21)重合较好，成矿条件相当有利，值得进一步开展矿点普查工作。

3. 里龙热液型铜、金找矿远景区[3]

该找矿远景区位于米林县卧龙—里龙一带，面积约 110km^2。出露中元古代—新元古代八拉岩组片麻岩、变粒岩、石英片岩、斜长角闪岩、大理岩；白垩纪石英闪长岩、英云闪长岩、二长花岗斑岩。北西向、北东向次级断裂发育，孔雀石化、铜矿化、黄铁矿化、褐铁矿化、硅化、青磐岩化普遍。沿次级断裂碎裂岩化强烈，局部发育糜棱岩。已发现铜、金矿点(57)1 个，Au 化探异常(20)1 处，石英闪长岩中 Cu、Zn、V 含量比维氏值偏高 1.9、1.3、1.8 倍。成矿条件较好，交通方便，可作为进一步铜、金找矿基地。

4. 舒果丁伟晶岩型绿柱石找矿远景区[4]

该找矿远景区位于林芝县尼西北侧夺嘎错附近，面积约 15km^2。出露石炭纪—二叠纪来姑组板岩、含砾板岩、变质砂岩夹变质含砾砂岩、砾岩，白垩纪黑云二长花岗斑岩。花岗伟晶岩脉发育。已发现绿柱石矿点(3、4)两个，具有潜在经济价值，值得进一步工作。

第二节　旅游资源与开发

一、旅游资源类型概况

测区自然风光神秘无限，旅游资源丰富，类型较全，组合好，景观奇，品位高，是西藏神秘之旅的地区之一，亦是西藏的江南。通过 1:25 万区域地质调查，在前人工作的基础上，将本区旅游资源由北向南划分为一河一江尼洋河流域风景名胜区和雅鲁藏布江流域风景名胜区 2 个(图 6-4)。

根据旅游资源的潜在功能和利用价值为主要依据，划分为自然景观和人文景观两大类，并以自然景观为主；依据景观的成因、状态和作用等，划分为①地学景观、②地史遗迹、③水文景观、④运动疗养休闲度假、⑤天象景观、⑥生物景观类和人文景观类基本类型、⑦人文景观、⑧民族风情、⑨土特产品 9 类和矿物岩石、地质构造遗迹、古人类遗迹、岩洞、化石、沙漠地质景观、花岗岩变质岩地质景观、古冰川遗迹、峡谷、瀑布、江河湖地质景观、现代山岳冰川地质景观及登山地、温泉及冷泉地质景观、观赏林、古树名木、奇花异草、珍禽异兽、气象气候、古迹摩崖石刻、宗教寺庙、藏寨及磨房、民族风情、民族艺术与文化、名优特产与食俗等 24 种，共 123 处景点(图 6-4、表 6-5)。

表 6-5　1:25 万林芝县幅旅游资源一览表

编号	类型	景观名称	地理位置	旅游地质资源简况	评价
1	水文景观类	皮康村中流砥柱	工布江达县皮康村东南318线国道川藏公路上的尼洋河中游 东经 93°07′ 北纬 29°58′25″ 高 3525m	山高沟深，河流湍急，为尼洋河第一大峡谷；急流中突兀一巨石，为白垩纪花岗岩，上有“中流砥柱”四字；巨石高出水面约 6m，宽约 5m；背靠神佛山，相传这块巨石是工布地区的守护神——工尊德姆修炼时的座椅。国道公路旁有一亭子可观赏	西藏古道、风景河段已开发为拉萨—林芝沿途旅游景点
2	水文景观类	龙普现代冰川	工布江达县龙普 东经 93°12′～93°16′ 北纬 29°58′25″～30°00′ 高 4800～5540m	冰川长约 600～>2000m，面积约 8km^2，有 4 个以上的冰裂缝、冰川湖泊，景色迷人壮观，为山岳冰川，是很好的优质淡水资源；冰川考察研究空白区域	观赏、运动和登山探险、冰川地质地貌考察资源

续表 6-5

编号	类型	景观名称	地理位置	旅游地质资源简况	评价
3	地史遗迹类	拉弄普古生物孢粉化石	工布江达县拉弄普西北 东经 93°22′58″ 北纬 29°58′26″ 高 4150m	产于海相上二叠统蒙拉组(P_3m)含粉砂质绢云板岩中，孢粉 *Leiotriletes*(光面三缝孢，图版Ⅳ-1)、*Punctatisporitesminutus*(微小斑点三缝孢，图版Ⅳ-2)	古生物化石遗迹点、地质科普与考察旅游资源
4	生物景观类	拉龙村原始森林景区	工布江达县拉龙村 东经 93°22′～93°33′ 北纬 29°53′～29°59′ 高 3300～4400m	原始森林面积约 60km²，以松树、青冈、杜鹃等植物资源为主；是自然雕造的生态环境优美的森林乐园，轻松漫步，享受休闲	观赏林、森林氧吧生态游等旅游资源
5	水文景观类	错嘎现代冰川	工布江达县巴勒牛场西北 东经 93°30′～93°31′11″ 北纬 29°29′～29°30′ 高 4880～5400m	冰川长 1000m，面积约 1km²，周围有 7 个冰川湖泊，为山岳冰川，是很好的优质淡水资源；冰川考察研究空白区域	观赏、运动和登山探险冰川地质地貌考察资源
6	人文景观类	嘎拉古堡烽火台	工布江达县嘎啦村 东经 93°46′26″ 北纬 29°59′29″ 高 3395m	古堡烽火台已残破不全；南为错曲郎格曲水域，两岸茂密森林，有水电站、铁索桥、冰川漂砾独立石高 6～25m 等，是通往著名风景区巴松错(错高湖)的要道景区点之一	观赏自然景观与人文景观资源
7	生物水文运动疗养休闲度假类	罗结曲原始森林河流自然风景区	工布江达县落池村(赫巴)罗结曲 东经 93°58′～94°14′ 北纬 29°55′～30°00′ 高 3520～4400m	罗结曲两岸原始森林面积约 132km²，以松、冷杉、青冈、杜鹃、杨柳、古柏等植物为主，树木高大挺拔壮观。罗结曲旅游资源丰富，山清水绿，风光旖旎，环境保持着天然本色，有构成奇特的地貌的山势，山体的岩石，高山上银装素裹，冰川风光十分引人入胜；构成美妙水景的河流、冰川湖泊、瀑布等水域风光，周围青山环抱，构成高山峡谷自然风光特色的景观组合，河流、湖泊中尚有美味可口的高原鱼类等；具有地方特色的原始莽林茂密的松树、草甸、夏秋季各色野花五彩缤纷，犹如花的海洋；野生动物黄鸭、白鸟等；这里离著名风景区巴松错(错高湖)风景区不远，交通方便，是开发山地生态旅游和登山探险胜地之一	生态旅游、观赏、运动疗养休闲度假和登山探险、冰川地质地貌考察资源等旅游资源
8	地史遗迹类	冷布龙巴古冰川地质遗迹	林芝县八一镇北平距 32km 冷布龙巴 东经 94°16′～94°27′45″ 北纬 29°56′～30°00′ 高 4000～4500m	出露第四系更新统冰川堆积砂、砾、泥砾等。冰川遗迹东西向长＞18km，宽 500～＞1500m，地貌景观奇特，形成多级冰碛垅、鼓丘台地陡崖、冰川巨大漂砾(花岗岩＞10m)等，有错那母、错果木、江达错等冰川湖泊；碧水、蓝天、雪山、森林、草地交相辉映，形成高原独有的自然风光；是当地藏民天然牧场地。之东侧久日港郎牛场北花岗岩陡崖见落差约 300m 的两级小瀑布群景观	生态旅游、观赏、运动和登山探险地质科普与考察旅游资源
9	水文景观类	冷布雅拉现代冰川	工布江达县与林芝县交界冷布雅拉南 东经 94°15′18″～94°16′37″ 北纬 29°55′～29°58′ 高 4320～5440m	冰川长 2300m，面积约 4km²，周围有 4 个秀美的冰川湖泊，冰舌末端高度伸入森林，形成冰川修剪线，为山岳冰川，是很好的优质淡水资源；冰川考察研究空白区域	观赏、运动和登山探险、冰川地质地貌考察资源

续表 6-5

编号	类型	景观名称	地理位置	旅游地质资源简况	评价
10	生物景观类	木坝弄巴猴活动区	工布江达县木坝村(莫巴村) 东经 93°50′～93°55′ 北纬 29°55′～30°00′ 高 3400～4800m	主要分布于错曲郎格曲以南，森林面积约 65km²，主要为茂密松树、樱桃、栎、杜鹃等植物资源与地质自然景观；是自然雕造的生态环境优美的森林乐园	野生动物栖息地、科普与考察资源
11	水文景观类	布朵弄巴现代冰川	工布江达县与林芝县山脊交界周围 东经 93°55′～94°00′18″ 北纬 29°54′～29°58′45″ 高 4400～5400m	冰川长 600～2000m，面积约 11km²，周围有 7 个冰川湖泊，是很好的优质淡水资源；地形雪线低到 4400m 伸入森林中，形成冰川修剪线；冲九弄巴、布朵弄巴冰舌末端高度伸入森林，形成冰川修剪线；特征表明本区现代冰川属海洋性冰川	观赏、运动和登山探险、冰川地质地貌考察资源
12	水文景观类	芦堆现代冰川	工布江达县芦堆牛场南 东经 93°43′11″～93°45′52″ 北纬 29°54′09″～29°55′16″ 高 4680～5683m	尼洋河北与错曲郎格曲南山脊，面积约 3km²，冰川长 800～1200m，为山岳冰川，是很好的优质淡水资源；冰川考察研究空白区域	观赏、运动和登山探险、冰川地质地貌考察资源
13	生物景观类	帮久青冈原始森林景区	工布江达县帮久村 东经 93°39′22″～93°42′ 北纬 29°52′～29°58′ 高 3216～4400m	巴河水系以东，原始森林面积约 44km²，主要以青冈、桦、松及水域风光，藏药红景天等植物资源分布区；是自然雕造的生态环境优美的森林乐园，轻松漫步，享受休闲	观赏林、森林氧吧生态游、科普与考察等旅游资源
14	水文景观类	加得错现代冰川	工布江达县加得错西南 东经 93°01′～93°04′48″ 北纬 29°53′32″～29°55′ 高 5120～5700m	冰川长 4km，面积约 9km²，发育冰陡崖、冰裂缝、凹坑等，周围有 4 个冰川湖泊，为山岳冰川，是很好的优质淡水资源；冰川考察研究空白区域	观赏、运动和登山探险、冰川地质地貌考察资源
15	生物景观类	金普—卡热普原始森林景区	工布江达县金村西南金普—卡热普 东经 93°07′～93°19′ 北纬 29°50′～29°54′35″ 高 3400～4800m	尼洋河以南，原始森林面积约 68km²，主要以桦、松、杜鹃等植物资源为主；是自然雕造的生态环境优美的森林乐园	观赏林、森林氧吧生态游等旅游资源
16	人文景观类	工布江达县—嘎丁村综合旅游区	工布江达县—峡龙乡嘎丁村 东经 93°14′～93°22′ 北纬 29°53′～29°55′ 高 3370～3600m	有宗教寺庙嘎多岗寺、扎西曲林寺、历史候鸟的阿沛庄园、工布江达县都市旅游、土特产品、汉族后裔及汉字碑记的百余穴墓室、尼洋河水域风光、民族风情综合区等景区景点	川藏古道重要驿站、重要史料价值、生态旅游等旅游资源

续表 6-5

编号	类型	景观名称	地理位置	旅游地质资源简况	评价
17	水文景观类	宾格村(扎玛村)冷泉	工布江达县宾格村318线国道公路南50m处 东经93°26′08″ 北纬29°53′16″ 高3320m左右	泉水出露于第四纪河床冲积阶地中(图版Ⅻ-8),见泉眼约20～25个,泉眼半径大者5～8cm,小者1～2cm,总涌水量0.5L/s,属承压型上升泉;泉南为尼洋河、沙地及河中沙洲、农场,西距工布江达县20km,交通方便,区位条件好,可开发为工布江达县近郊农业生态旅游业休闲观光旅游点等	地质科普与考察、开发农家乐生态游等旅游资源
18	生物景观类	林达村一嘎让村原始森林景观区	工布江达县林达村一嘎让村 东经93°25′～93°41′ 北纬29°49′～29°53′56″ 高3200～4600m	尼洋河以南,原始森林面积约128km²,主要为松、白桦、青冈、竹、杜鹃等植物资源;林达村南节补普平距18km;山顶有现代冰川(5682m),沟谷较直,气象万千;是自然雕造的生态环境优美的森林乐园,轻松漫步,享受休闲;可考虑开发旅游景区	生态旅游、观赏林、森林氧吧生态游等旅游资源
19	人文景观类	巴河镇综合旅游区	工布江达县巴河镇 东经93°37′～93°42′ 北纬29°51′～29°52′ 高3210～3250m	尼洋河北岸,面积约10km²,巴河镇海拔3216m左右。有高原鱼类、特产藏香猪、古堡烽火台、渡口、吊桥、水域风光、民族风情综合区等景区景点,是通往著名风景区巴松错(错高湖)的要道及景区点之一	川藏古道重要驿站、生态旅游等旅游资源
20	地史遗迹类	舒果丁古冰川地质遗迹	林芝县八一镇舒果丁牛场 东经93°12′～94°17′45″ 北纬29°51′～29°45′09″ 高3980～4500m	出露第四系更新统冰川堆积砂、砾、泥砾等。冰川遗迹近南北向长7.5km,宽300～>2500m,地貌特征明显,形成冰川冰碛垅、鼓丘台地陡崖、冰川巨大漂砾(花岗岩>8m)、冰川U形谷,见冰碛垅高5～8m,冰川谷中为森林松、古柏、杜鹃等植物资源,古柏高5～8m以上,两侧山上为花岗岩形态各异的地质地貌景观,内有12个以上的冰川湖泊,极具旅游观赏和地学科考旅游资源价值	生态旅游、观赏、运动和登山探险地质科普与考察旅游资源
21	地学景观类	夺松花岗岩奇特地质地貌景观	林芝县八一镇夺松牛场一带 东经94°10′～94°18′ 北纬29°51′～29°56′37″ 高4200～5324m	出露晚白垩世似斑状花岗岩,面积约130km²。由花岗岩组成的形态各异的奇特地质地貌、西藏古柏、古冰川遗迹、冰川U形谷、冰川巨大漂砾、大小冰川湖泊21个、花岗伟晶岩中的矿物绿柱石(海蓝宝石)(图版Ⅱ-5)、高原鱼类、冬虫夏草等构成;其中夺嘎错冰窖湖泊海拔4 380m左右,湖长>2.5km,宽500～1100m,形似人耳,湖水较深清澈透明显碧绿色,高原鱼类穿梭游弋,冰湖上游旁沙滩平地,下游出水处有一较高鼓丘,湖泊风光优美引人;是集地质、生物、水文于一体的自然景观,极具科考、开发旅游价值	地文景观、水文景观、生物景观、运动疗养休闲度假类,观赏和登山探险、地质科普与考察旅游资源
22	水文景观类	唐不朗现代冰川	工布江达县唐不朗西南 东经93°00′～93°02′26″ 北纬29°48′～29°53′ 高5230～5912m	冰川长>2km,面积约12km²,发育冰陡崖、冰裂缝、凹坑等,周围有2个冰川湖泊,为山岳冰川,是很好的优质淡水资源;冰川考察研究空白区域	观赏、运动和登山探险、冰川地质地貌考察资源
23	人文景观类	德庆村德庆寺	工布江达县德庆村 东经93°18′12″ 北纬29°48′32″ 高3510m左右	为有名的宗教寺庙,寺庙周围为竹林、白桦林、松等植物林木葱茏,峰峦环抱,环境清幽;小河中有突兀巨石高8～12m,野生动物猴等活动区	旅游观光、宗教建筑及文化旅游资源

续表 6-5

编号	类型	景观名称	地理位置	旅游地质资源简况	评价
24	人文景观类	吾巴古堡烽火台	林芝县吾巴 318 线国道公路北 东经 93°47′52″ 北纬 29°48′21″ 高 3200m	古堡烽火台已残破不全；是拉萨通往林芝风景区的要道景点之一；有尼洋河畔风光、人文景观等资源	古道史料价值、观赏自然景观与人文景观资源
25	生物景观类	堆龙村原始森林景区	林芝县堆龙村(的弄)北扎的弄巴 东经 93°52′～93°58′ 北纬 29°48′～29°52′ 高 3200～4800m	尼洋河以北，原始森林面积＞40km²，扎的弄巴两岸原始森林遮天蔽日，主要以松、白桦、青冈、竹、杜鹃等植物资源为主；南为 318 国道公路及尼洋河畔风光；是自然雕造的生态环境优美的森林乐园	观赏林、森林氧吧生态游等旅游资源
26	生物景观类	白马供药用植物分布区	林芝县八一镇更张弄巴白马供 东经 94°04′～94°09′ 北纬 29°47′～29°53′ 高 3350～4800m	森林半坡生长藏药材红景天、手掌参、冬虫夏草、贝母等植物资源，面积约 80km²；周围青山绿水与雪山雪峰交相辉映，环境清幽	药用植物、生态旅游、登山探险、科普考察旅游资源
27	水文景观类	药儿朗错现代冰川	工布江达县药儿朗错—错拉果 东经 93°02′～93°07′37″ 北纬 29°46′19″～29°48′32″ 高 5080～6286m	冰川长＞2km，面积约 10km²，有冰裂缝、凹坑等，周围有 11 个以上的冰川湖泊，为山岳冰川，是很好的优质淡水资源；地质地貌景观蔚为壮观，冰川考察研究空白区域	观赏、运动和登山探险、冰川地质地貌考察资源
28	生物景观类	锅普猴活动区	工布江达县锅普一带 东经 93°12′～93°19′ 北纬 29°45′～29°49′ 高 3600～4800m	面积约 80km²。野外见有灰色脖子上带白花猴子活动，猴体长 40cm，重约 5～6kg，为珍稀动物，极具科考价值；森林主要为樱桃、栎、杜鹃等植物资源，另有地质构造平卧褶皱遗迹等，是集生物、地质、水文于一体的自然景观	野生动物栖息地、地质科普与考察旅游资源
29	生物景观类	更张弄巴原始森林景区	林芝县八一镇更张弄巴 东经 94°00′～94°08′ 北纬 29°44′～29°53′ 高 3100～4800m	原始森林面积约 160km²，主要为松、冷杉、青冈、栎、竹林、杜鹃等植物，还产药材资源红景天、手掌参等。更张弄巴属山川河谷地貌，植物资源丰富，尤以绮丽苍茫的原始森林为最，靠近国道公路，交通方便；旅游资源潜力较大，有生物景观类、地学景观类和水文景观类；随海拔升高植被垂直分带明显，3500m 以下为针、阔叶混交林带，竹木葱茏，还有夏秋季各色野花五彩缤纷；山顶奇特的地质地貌的山势与岩石地层；山高水急的峡谷风光，河水在河谷中冲突激荡，奔腾咆哮；“农家乐”休闲观光旅游、森林浴等，是山地生态旅游的好去处	观赏林、森林氧吧生态游、地质科普与考察等旅游资源
30	生物景观类	尼西弄巴原始景区森林	林芝县八一镇尼西村尼西弄巴 东经 94°12′～94°17′ 北纬 29°15′～29°25′ 高 3040～4500m	尼洋河以北，原始森林面积约 80km²，沿尼西弄巴两岸原始森林密布，以松、冷杉、青冈、栎、古柏、竹、杜鹃等植物资源为主，有寺庙、邮电所、食宿店等	森林氧吧生态游等旅游资源，已开发为风景区

续表 6-5

编号	类型	景观名称	地理位置	旅游地质资源简况	评价
31	生物人文景观类	日及木错度假村	林芝县八一镇日及木错 东经 94°23′～94°30′ 北纬 29°41′～29°52′ 高 3100～4400m	面积约 $220km^2$，有茂密的原始森林景观；金竹林、藏药材红景天、手掌参、雪莲花、岩羊、鹿、高原鱼类等资源；日及木错冰川湖泊海拔 4068m 左右，湖近长椭圆形，长 3km，宽 400～900m，上游还有长 2km、宽 200～500m 的呈北东—南西走向的错昂冰川湖泊；风光优美，当地已开发为度假村	自然雕造的生态环境优美的森林乐园，观赏林、森林氧吧生态游等旅游资源
32	生物景观类	白拉原始森林景区	工布江达县百巴乡白拉 东经 93°30′～93°45′ 北纬 29°40′～29°50′ 高 3200～4800m	尼洋河以南，原始森林面积＞$184km^2$，主要以松、桦、青冈、栎、竹、水电站、克拉曲水域风光等构成，是很好的生态旅游资源；是自然雕造的生态环境优美的森林乐园	观赏林、森林氧吧生态游等旅游资源
33	天象景观类	尼西云雾景观区	林芝县八一镇尼西村 318 国道公路 东经 94°14′48″ 北纬 29°45′09″ 高 3040～5638m	在尼西尼洋河畔是看云雾景观的好地方，云雾从河谷涌起，迎风飘荡，把河谷和林海遮得若隐若现；云雾变化万千，给人冥想，令人流连驻足，百看不厌，遐想联翩，不愿离去	西藏古道与观赏云雾景观旅游资源
34	地学生物景观类	更张观赏奇石及高原鱼类分布区	林芝县八一镇更张村 东经 93°04′ 北纬 29°44′ 高 3093～3100m	尼洋河以北，出露第四系河流相砾石、砂砾及砂土层。观赏石原料有变质岩：石炭系—二叠系复理石沉积板岩、含砾板岩、变质含砾砂岩、千枚岩等，名曰尼洋河石（纹理和造型石山川水奇石）；尼洋河中高原鱼类有江鱼、冷水鱼等，江鱼大者长＞80cm。一般长 30～50cm，重 1.5～3kg，鱼鳞片细小肉嫩鲜美，是当地特有鱼种，可品尝河水煮鲜鱼；观赏石是一种自然资源，是一种特殊的经济矿产资源，应合理开发利用	“活着”的石文化与开发奇石旅游地质商品、垂钓旅游资源
35	水文景观类	美木错现代冰川	工布江达县美木错 东经 93°08′15″～93°12′33″ 北纬 29°43′42″～29°48′32″ 高 5040～5638m	冰川长 800～2000m，面积约 $11km^2$，发育冰陡崖，周围有 11 个冰川湖泊，为山岳冰川，是很好的优质淡水资源；冰川考察研究空白区域	观赏、运动和登山探险、冰川地质地貌考察资源
36	水文景观类	吉普村温泉	工布江达县仲沙乡吉普村 东经 93°20′42″ 北纬 29°44′06″ 高 3700m	国道公路至温泉有简易公路。泉眼约 16～20 个，涌水量 0.2L/s，温度 43℃，pH 值 6.7，矿化度 1.8g/L，水化学类型 HCO_3Cl-Na，为中温热水类型；周围林木葱茏，峰峦环抱，泉水温暖宜人，可开发为温泉休闲度假区	温泉旅游度假村资源
37	水文景观类	忠普—几日现代冰川	工布江达县与林芝县忠普—几日 东经 93°23′48″～93°30′ 北纬 29°40′42″～29°47′38″ 高 4960～5682m	冰川长 800～2800m，面积约 $13km^2$，周围有 12 个冰川湖泊，为山岳冰川，是很好的优质淡水资源；冰川考察研究空白区域	观赏、运动和登山探险、冰川地质地貌考察资源
38	生物景观类	强昂多杰植物动物分布区	工布江达县仲沙乡强昂多杰 东经 93°04′～93°16′ 北纬 29°41′～29°46′ 高 3750～5718m	面积约 $168km^2$。有雪莲花、手掌参、工布江达杓兰（兰花，图版Ⅰ-7）、岩羊、鹿等植物动物资源；周围环境有现代冰川、冰川湖泊，是登山探险、科考和生态旅游资源	观赏野生奇花异草药用植物、动物分布区及科考旅游资源

续表 6-5

编号	类型	景观名称	地理位置	旅游地质资源简况	评价
39	生物景观类	邦格原始森林峡谷地质地貌景区	工布江达县邦格巴朗曲一带 东经 93°10′～93°19′ 北纬 29°41′～29°46′ 高 3600～4800m	原始森林面积＞36km²，为松、青冈、桦、竹、杜鹃等植物资源；邦格—扎门达勒卡巴朗曲两岸地势陡峻，青山绿水与峡谷相连，气象万千，令人难以忘怀	观赏林、森林氧吧生态游等旅游资源
40	人文景观类	贡巴古堡	工布江达县仲沙乡贡巴 东经 93°21′33″ 北纬 29°43′09″ 高 3720m	出露地层为海相前奥陶系基性—中基性火山岩、片岩、千枚岩、石英岩等及第四系冲积堆积阶地砾、砂砾、砂等。古堡已残破不全；吉普两岸林木葱茏，峰峦环抱，风光秀丽	观赏自然景观与人文景观资源
41	水文景观类	盈鸡现代冰川	林芝县得布弄巴盈鸡东 东经 93°43′22″～93°45′07″ 北纬 29°40′～29°43′09″ 高 4920～5692m	冰川长 400～1900m，面积约 6km²，冰川中有冰裂缝，周围有 5 个冰川湖泊，为山岳冰川，是很好的优质淡水资源；冰川考察研究空白区域	观赏、运动和登山探险、冰川地质地貌考察资源
42	生物景观类	则弄原始森林景区	林芝县则巴村（镇巴村）南 东经 93°44′～93°56′ 北纬 29°27′～29°47′ 高 3200～4800m	尼洋河以南，原始森林面积约 256km²，沿则弄小河两岸原始森林密布，以松、冷杉、杜鹃等植物资源为主，上游有念久现代冰川，中游有高原鱼类，下游有岩石矿物刚玉、红柱石等；是集生物、地质、水文于一体的自然景观	观赏林、森林氧吧生态游等旅游资源
43	生物景观类	沙嘎村金竹林分布区	林芝县尼洋河以南沙嘎村南一带 东经 94°02′～94°12′ 北纬 29°41′～29°44′ 高 3100～3700m	尼洋河以南，森林面积约 68km²，以松、金竹林、青冈等植物资源为主，金竹高＞3m；是自然雕造的生态环境优美的森林乐园，轻松漫步，享受休闲	观赏林、森林氧吧生态游等旅游资源
44	水文景观类	果勒曲—邦子果现代冰川	工布江达县果勒曲—邦子果南 东经 93°00′～93°05′ 北纬 29°39′39″～29°42′19″ 高 4950～5880m	冰川长 900～＞2000m，面积约 12km²，发育冰陡崖、冰裂缝等，周围有 8 个冰川湖泊；其中邦子果冰湖长 1.1km，宽＞200m，为山岳冰川，是很好的优质淡水资源；冰川考察研究空白区域	观赏、运动和登山探险、冰川地质地貌考察资源
45	水文景观类	米亏弄巴现代冰川	工布江达县冈底斯山脉北 东经 93°09′30″～93°11′37″ 北纬 29°38′17″～29°40′22″ 高 4840～5635m	冰川长 700～3800m，面积约 5km²，是很好的优质淡水资源；冰舌地貌景观十分壮观；冰川考察研究空白区域	观赏、运动和登山探险、冰川地质地貌考察资源

续表 6-5

编号	类型	景观名称	地理位置	旅游地质资源简况	评价
46	生物景观类	曲布药用植物红景天、手掌参分布区	工布江达县吉普河曲布一带 东经 93°24′～93°30′ 北纬 29°36′～29°42′ 高 3800～4600m	面积＞$108km^2$，其中沿吉普河原始森林面积约 $12km^2$，药用植物红景天、手掌参、贝母等分布于吉普河两岸半坡；河两侧青山绿水与雪山冰峰交相辉映，环境清幽，风光秀丽	观赏林、森林氧吧生态游等旅游资源
47	水文景观类	进普日现代冰川	工布江达县进普南 东经 93°30′～93°35′ 北纬 29°39′22″～29°44′16″ 高 4650～5680m	冰川长 700～＞3000m，面积约 $12km^2$，有冰裂缝、冰陡崖，周围有 4 个大小不等冰川湖泊，为山岳冰川，是很好的优质淡水资源；冰川考察研究空白区域	观赏、运动和登山探险、冰川地质地貌考察资源
48	生物景观类	北永弄巴高原鱼类分布区	林芝县北永弄巴 东经 94°00′～94°04′ 北纬 29°31′～29°46′ 高 3093～4550m	北永弄巴小河长＞31km，水中有高原冰湖鱼、江鱼类；两岸原始森林松、青冈、竹林、西藏古柏、杜鹃等植物茂密；青山夹道，一步一景，集雄、奇、秀、幽为一体的胜景	观光、生态旅游、科考旅游等功能和价值
49	人文景观类	尼洋河畔八一镇综合旅游区	林芝县八一镇(林芝地区行署驻地) 东经 94°18′～94°25′ 北纬 29°37′～29°43′ 高 3000～3200m	面积约 $100km^2$，有世界柏树王园(图版Ⅱ-2)、西藏电话第一村八一镇公众村古生态园、八一镇都市综合旅游区(图版Ⅰ-5)、八一镇珠峰茶楼、西藏农牧学院与高原生态研究所、土特产品大核桃、江鱼、都市农家乐、观赏石、尼洋河畔风光等旅游景区景点	西藏古道重要驿站、重要史料价值、生态旅游、运动疗养休闲度假等旅游资源
50	生物景观类	安布朗高原鱼类分布区	工布江达县安布朗曲(茶拉朗)中游一带 东经 93°15′～93°21′ 北纬 29°32′～29°41′ 高 3850～4624m	安布朗小河两岸为森林密布，峡谷与雪山冰峰相映，大自然色彩绚丽，气势雄伟；河流长＞18km，河中分布着高原鱼类；曼朗错冰川湖泊长 2.3km，宽 400～700m，湖中游鱼如织，分外宁静，湖畔风光秀美，每值春季，湖四周鲜花烂漫，冈底斯山雪峰倒影湖中，景色宜人	生态旅游、观赏、运动和登山探险、冰川地质地貌考察资源
51	水文景观类	斯弄朗—白诺弄巴现代冰川	工布江达县冈底斯山脉北斯弄朗东 东经 93°11′48″～93°16′33″ 北纬 29°35′25″～29°40′25″ 高 4900～5890m	冰川长 700～2400m，面积＞$12km^2$，发育冰裂缝，是很好的优质淡水资源；冰川地貌景观蔚为壮观，可作为登山探险、科考旅游资源；冰川考察研究空白区域	观赏、运动和登山探险、冰川地质地貌考察资源
52	水文景观类	金朗现代冰川	工布江达县金朗南 东经 93°20′03″～93°24′33″ 北纬 29°35′16″～29°38′45″ 高 4900～5888m	冰川长 800～2300m，面积约 $12km^2$，发育冰裂缝、冰陡崖，壮丽雄伟，周围有 11 个以上的冰川湖泊，是很好的优质淡水资源；冰川考察研究空白区域	观赏、运动和登山探险、冰川地质地貌考察资源

续表 6-5

编号	类型	景观名称	地理位置	旅游地质资源简况	评价
53	水文景观类	穷岗现代冰川	工布江达县冈底斯山脉北巴朗沟穷岗东 东经 93°09′33″～93°11′30″ 北纬 29°35′19″～29°36′35″ 高 5180～5707m	冰川长 700～1500m，面积＞5km²，是很好的优质淡水资源；冰川气势雄伟壮观；蓝天白云、雪山雪峰风景优美；冰川考察研究空白区域	观赏、运动和登山探险、冰川地质地貌考察资源
54	水文景观类	打布—龙通现代冰川	林芝县打布—龙通 东经 93°40′15″～93°44′26″ 北纬 29°34′29″～29°39′55″ 高 4650～5500m	冰川长 500～＞2200m，面积约 10km²，周围有 13 个冰川湖泊，是很好的优质淡水资源；在打布一带地形雪线低到 4650m 伸入松树林中，形成冰川修剪线，特征表明现代冰川属海洋性冰川；冰峰雄伟壮观，景色迷人，可作为登山探险、科考旅游资源；冰川考察研究空白区域	生态旅游、观赏、运动和登山探险、冰川地质地貌考察资源
55	生物景观类	夺学玛牛场高原鱼类分布区	林芝县则弄小河中游夺学玛牛场一带 东经 93°46′～93°50′ 北纬 29°30′～29°39′ 高 3700～4200m	则弄冰川谷小河长＞18km，有高原鱼、冰湖鱼类；河谷两侧为茂密原始森林松树等植物资源；冰川湖泊湖水澄碧，峰峦叠嶂，湖中游鱼穿梭，分外宁静，四周原始森林掩映；春夏之季，河谷与湖四周鲜花烂漫，令人乐不思蜀、流连忘返	生态旅游、观赏林、森林氧吧生态游等旅游资源
56	水文景观类	夏穷木多现代冰川	工布江达县夏穷木多 东经 93°31′15″～93°33′03″ 北纬 29°35′55″～29°38′06″ 高 5290～6010m	冰川长＞1200m，面积＞3km²，周围有 11 个冰川湖泊，是很好的优质淡水资源；冰峰呈金字塔状雄伟壮观，景色迷人，可作为登山探险、科考旅游资源；冰川考察研究空白区域	观赏、运动和登山探险、冰川地质地貌考察资源
57	生物景观类	日朗药用植物分布区	工布江达县日朗上游一带 东经 93°12′～93°18′ 北纬 29°31′～29°38′ 高 4000～5200m	面积＞126km²，冰川谷中高原牧场较多，冬虫夏草生长在两岸半坡及冰川谷地和高山草甸和灌丛中。夏至前后采挖虫草人较多，能为当地经济带来效益	观赏、运动和登山探险、冰川地质地貌考察等旅游资源
58	水文景观类	曼朗现代冰川	工布江达县冈底斯山山脊曼朗南 东经 93°19′22″～93°22′22″ 北纬 29°30′51″～29°32′06″ 高 5020～5500m	冰川长 300～1300m，面积约 4km²，周围有 7 个以上的冰川湖泊，是很好的优质淡水资源；其中曼朗错冰川湖泊海拔 4620m 左右，呈长椭圆形北西-南东向长 2.3km，宽 400～700m，景色迷人；冰川考察研究空白区域	生态旅游、观赏、运动和登山探险、冰川地质地貌考察资源
59	生物景观类	夺松野生动物活动区	林芝县结龙巴夺松牛场一带 东经 94°09′～94°16′ 北纬 29°31′～29°38′ 高 3600～5090m	面积约 153km²，原始森林主要为松、冷杉、青冈、竹、栎、杜鹃等植物资源，野外见较多熊、獐等野生动物活动	野生动物栖息地、地质科普与考察旅游资源
60	生物景观类	耙榨牛场高原鱼类分布区	林芝县克拉曲上游耙榨牛场一带 东经 93°37′～93°41′ 北纬 29°28′～29°39′ 高 3722～4362m	为克拉曲上游冰川河谷，长＞19km，有高原鱼、冰湖鱼类及松、杜鹃森林等；克耙错仁冰川湖泊断续长 6.8km，宽 200～600m，南为念久冰川，构成高山湖泊、森林、奇峰异石苍茫俊秀的自然景观，是集地质、生物、水文于一体的自然景观资源，极具观光、休闲度假和生态旅游、科考、开发旅游等功能和价值	生态旅游、观赏、运动和登山探险、冰川地质地貌考察资源

续表 6-5

编号	类型	景观名称	地理位置	旅游地质资源简况	评价
61	水文景观类	夹古朗现代冰川	工布江达县夹古朗冈底斯山山脊 东经 93°10′45″～93°12′41″ 北纬 29°30′45″～29°34′25″ 高 5000～5697m	冰川长 700～1500m，面积约 $5km^2$，周围有 10 个以上冰川湖泊，景色迷人，可作为登山探险、科考旅游资源；冰川考察研究空白区域	观赏、运动和登山探险、冰川地质地貌考察资源
62	人文景观类	林芝县—立定村综合旅游区	林芝县城—立定村 东经 94°26′～94°30′ 北纬 29°27′～29°35′ 高 2960～3200m	面积约 $50km^2$，有古桑树王（图版Ⅱ-3）、达孜寺、原始森林、近郊农家乐、江河汇合处水域风光、雅鲁藏布江结合带地质构造等生物、人文、民族风情与土特产品、水文、地学与地史遗迹等景观类资源	西藏古道、生态旅游、地质科普与考察、山水风光观赏等资源
63	生物景观类	巴朗药用植物分布区	工布江达县巴朗上游 东经 93°05′～93°11′ 北纬 29°28′～29°37′ 高 4400～5400m	面积＞$162km^2$，冰川谷中为高原牧场较多，冬虫夏草生长在高山草甸和灌丛中。夏至前后采挖虫草人多，能为当地经济带来效益；周围冈底斯山脉山岳冰川发育，蔚为壮观	观赏、运动和登山探险、冰川地质地貌考察等资源
64	水文生物景观类	比朗现代冰川药用植物区	加查县坝乡比朗 东经 93°00′37″～93°04′26″ 北纬 29°24′38″～29°28′19″ 高 5100～5824m	冰川长 700～1800m，面积＞$4.3km^2$，发育冰裂缝，有 1 个冰川湖泊，是很好的优质淡水资源；周围有药用植物雪莲花等植物资源分布；可作为登山探险、科考旅游资源；冰川考察研究空白区域	观赏、运动和登山探险、冰川地质地貌考察等旅游资源
65	生物景观类	巴拉劣果药用植物分布区	米林县巴拉劣果 东经 93°10′～93°14′ 北纬 29°27′～29°32′ 高 4600～5633m	面积＞$60km^2$，药用植物雪莲花分布于高山半坡碎石中，周围有冰川地质地貌景观，雪山冰峰十分壮观；可作为登山探险、科考旅游资源	观赏、运动和登山探险、冰川地质地貌考察等旅游资源
66	水文景观类	来木果现代冰川	林芝县凳雇果南来木果 东经 93°38′07″～93°42′50″ 北纬 29°28′06″～29°30′35″ 高 4670～5560m	冰川长 500～＞1500m，面积约 $6km^2$，发育冰裂缝，周围有 12 个冰川湖泊，是很好的优质淡水资源；冰峰雄伟壮观，景色迷人，可作为登山探险、科考旅游资源；冰川考察研究空白区域	观赏、运动和登山探险、冰川地质地貌考察资源
67	生物景观类	屈说波药用植物分布区	林芝县屈说波一带 东经 94°12′～94°20′ 北纬 29°28′～29°20′ 高 3100～4200m	面积约 $71km^2$，为原始森林密布区，有松、竹林、红景天、手掌参、贝母、参三七、青冈、菌类等植物资源；是自然雕造的生态环境优美的森林乐园	观赏林、森林氧吧生态游等旅游资源
68	人文景观类	布久喇嘛岭寺朝圣旅游区	林芝县 S306 线林（芝）—泽（当）省道公路旁布久乡 东经 94°21′～94°25′ 北纬 29°27′～29°29′ 高 2943～3200m	第四系河流相砾石、砂砾及砂土层；堆积阶地陡崖高25～36m。面积约 $26km^2$。周围青山绿水，环境清幽，有布久寺、喇嘛宁庙、摩崖石刻、原始森林景区、民族风情、宗教文化、山庄等人文、生物、民族风情与土特产品、水文、地学与地史遗迹等景观类资源	观赏、历史文化价值、疗养休闲度假、民族风情等旅游资源

续表 6-5

编号	类型	景观名称	地理位置	旅游地质资源简况	评价
69	生物景观类	扎门错药用植物分布区	林芝县与米林县交界扎门错冰湖一带 东经 94°04′～94°12′ 北纬 29°27′～29°35′ 高 4200～5392m	面积约 186km²，有高原雪莲花、贝母、冬虫夏草等植物资源；周围大小冰川湖泊众多，湖畔风光秀丽，夏秋之季，四周高原花卉五彩缤纷，冰川侵蚀地貌和堆积地貌发育，构成湖泊奇峰异石苍茫俊秀的自然景观	观赏、运动和登山探险、冰川地质地貌考察等资源
70	水文景观类	念久现代冰川	林芝县与米林县交界山脊念久 东经 93°35′41″～93°40′26″ 北纬 29°24′19″～29°28′06″ 高 4360～6060m	冰川长 1000～>4500m，面积>16km²，发育冰裂缝、冰陡崖；周围有克粑错仁、门错嘎、春玖、恰多错、嘎沙错仁等 9 个以上冰川湖泊，是很好的优质淡水资源；冰湖中有高原冷水鱼类等资源；南部在卧布汤牛场北，冰舌末端 4880m高度伸入森林形成冰川修剪线，东部在喇嘛念冰舌低到 4360m 与森林线相差仅 200 多米；特征表明念久现代冰川属海洋性冰川；金字塔冰峰雄伟壮观，景色迷人，冰川考察研究空白区域	生态旅游、观赏、运动和登山探险、冰川地质地貌考察等旅游资源
71	生物景观类	剥么比你药用植物分布区	林芝县剥么比你一带 东经 94°10′～94°17′ 北纬 29°24′～29°28′ 高 4000～4800m	面积约 91km²，沿不确郎波龙巴两岸原始森林松等资源密布，生长海拔 4000m 以上半坡的高山草甸和灌木丛中均有冬虫夏草分布，采挖季节 5～8 月；独特的冰川地貌构成高山湖泊、原始森林风光秀美的自然景观	观赏、运动和登山探险、冰川地质地貌考察等资源
72	生物景观类	岗巴拉药用植物分布区	米林县扎西绕登乡岗巴拉一带 东经 93°56′～94°06′ 北纬 29°23′～29°29′ 高 4000～4900m	面积>71km²，冬虫夏草生长在高山草甸和灌木丛中，夏至前后采挖人众多，能为当地经济带来效益；周围冰川湖泊湖畔风光秀丽，夏秋之季，四周高原花卉五彩缤纷，冰川侵蚀地貌和堆积地貌发育，构成湖泊奇峰异石苍茫俊秀的自然景观	观赏、运动和登山探险、冰川地质地貌考察等资源
73	生物景观类	龙冬药用植物分布区	米林县比扑曲上游龙冬一带 东经 93°25′～93°32′ 北纬 29°20′～29°29′ 高 3600～4600m	面积>132km²，为原始森林与河流峡谷分布区，半坡分布着药用植物红景天、手掌参、贝母等植物资源；高山水急的峡谷风光；是自然雕造的生态环境优美的森林乐园和典型峡谷景观	观赏林、登山探险、森林氧吧生态游等旅游资源
74	生物景观类	恰多错药用植物分布区	米林县与林芝县冈底斯山脊恰多错冰湖两侧一带 东经 93°39′～93°45′ 北纬 29°22′～29°29′ 高 4200～5654m	面积>126km²，沿冰川 U 形河谷及半坡分布着药用植物资源红景天、手掌参、冬虫夏草、贝母等，海拔 4400m 以上分布雪莲花，采挖季节一般为 5～9 月；周围念久冰川与恰多错、嘎沙错仁等冰川湖泊构成风景美妙的生物、水文、地学与地史遗迹、运动疗养休闲度假类景观	观赏、运动和登山探险、冰川地质地貌考察等资源
75	人文水文景观类	猪拉康江河交汇处风景名胜区	林芝县 S306 线林(芝)—泽(当)省道公路旁猪拉康东 东经 94°27′15″ 北纬 29°26′04″ 高 2940m	立有江河汇合处 RIVERS MEETING 石碑 2 处，公路西侧半坡有现代通信铁塔(高>20m)与藏族转经塔，附近有地史遗迹雅鲁藏布江结合带地质构造遗迹、颜色漂亮的石榴石，渡口、沙滩，站此观赏点极目远望，江河与青山、雪山等构成的美妙水域景观尽收眼底	生态旅游、西藏古道、地质科普与考察、山水风光观赏等资源

续表 6-5

编号	类型	景观名称	地理位置	旅游地质资源简况	评价
76	水文景观类	加仓国现代冰川	米林县加仓国—啊祟国牛场 东经 93°14′30″～93°16′11″ 北纬 29°20′38″～29°24′29″ 高 5180～5584m	冰川长 600～>1000m，面积约 $4km^2$，发育冰裂缝、冰陡崖，周围有 3 个冰川湖泊，是很好的优质淡水资源；冰川侵蚀地貌和堆积地貌发育，构成湖泊奇峰异石苍茫俊秀的自然景观；可作为登山探险、科考旅游资源；冰川考察研究空白区域	观赏、运动和登山探险、冰川地质地貌考察等资源
77	生物景观类	工字坝嘎高原鱼类分布区	朗县工字弄中上游工字坝嘎一带 东经 93°10′～93°13′ 北纬 29°07′～29°21′ 高 3080～4339m	工字弄山川河谷植物资源丰富，绮丽苍茫的原始森林景色秀丽，河中分布着美味可口的高原鱼类；在上游河谷平坝较宽的草甸水泽，绿草碎花，游鱼清晰可见，与蔚蓝的天空、雪山雪峰相映，是很好的旅游资源	生态旅游、观赏林、森林氧吧生态游等旅游资源
78	水文景观类	错补现代冰川	米林县明业松多牛场错补冰湖东南 东经 93°41′～93°42′ 北纬 29°19′～29°20′ 高 4650～5120m	冰川长 1200m，面积约 $1.3km^2$，周围有 7 个冰川湖泊，是很好的优质淡水资源；冰川考察研究空白区域；冰川下为幽蓝的错补冰川湖泊，呈长椭圆形南东-北西走向延伸，长>2km，宽 100～300m；构成气势磅礴、雄伟奇丽的美景	观赏、运动和登山探险、科考等旅游资源
79	生物景观类	吓那—施木达高原鱼类分布区	米林县扎西绕登乡吓那—施木达一带 东经 93°52′～93°58′ 北纬 29°20′～29°28′ 高 3300～4500m	扎西绕登乡罗补绒河中上游及冰川湖泊中分布着众多的高原鱼类冷水鱼，可在河边可垂钓及烧烤；河流长>16km；绿草如茵、夏花遍野，交通较方便，是很好的生态旅游资源	生态旅游、观赏林、森林氧吧生态游等旅游资源
80	地史遗迹类	巴嘎石斧	米林县岗嘎大桥—派乡公路巴嘎村东北 东经 94°25′19″ 北纬 29°31′09″ 高 3010～3050m	出露第四系更新统砾石、砂砾，砂土，厚>80m。石斧产在 5 级阶地上，5 级阶地高出现代雅鲁藏布江江面 125.5m，阶面宽>765m；发现的石斧形态各异长 13～>23cm，下部宽 8～12cm，原料用变粒岩、花岗岩类等岩石打制而成（图版 Ⅸ-3），巴嘎沟尚有高原鱼类江鱼、冷水鱼、观赏奇石、岩石矿物、泥石流灾害遗迹、原始森林景观等资源	地质科普与考察、石文化与开发奇石旅游地质商品、垂钓旅游资源
81	地史遗迹类	岗嘎大桥地质地貌景区	米林县岗嘎大桥公路沿线一带 东经 94°19′～94°24′ 北纬 29°18′～29°22′ 高 2940～3000m	雅鲁藏布江结合带地质构造长>15km、原始森林、近郊农家乐、江河水域风光等地史遗迹与地学、生物、人文、民族风情与土特产品、水文等景观类资源；当地已在大桥东修建综合旅游景区点	西藏古道、生态旅游、地质科普与考察、山水风光观赏等资源
82	生物景观类	夺卡龙多原始森林景区	米林县浪门觉一带夺卡龙多沟 东经 94°13′～94°21′ 北纬 29°19′～29°23′ 高 2940～4400m	雅鲁藏布江西北岸一带，原始森林面积>$75km^2$，主要以松、冷杉、青冈、栎、杜鹃、松茸、贝母、虫草等资源为主，有林区公路通往；是自然雕造的生态环境优美的森林乐园，轻松漫步，享受休闲	生态旅游、观赏林、森林氧吧生态游等旅游资源

续表 6-5

编号	类型	景观名称	地理位置	旅游地质资源简况	评价
83	生物景观类	怕嘎木—多烈彩牛场药用植物分布区	米芝县怕嘎木—多烈彩牛场一带 东经 93°12′～93°20′ 北纬 29°14′～29°20′ 高 4000～5000m	面积>144km²，最高海拔 5396m；半坡高山草甸和灌木丛中冬虫夏草发育分布较广；此外，周围冰川地质地貌冰川 U 形谷、冰斗、角峰、刃脊等甚为壮观，冰川湖泊多达 35 个，里牛场(4200m)，见长约 70m，厚约 2m 白色大理岩(汉白玉)；构成湖泊奇峰异石苍茫俊秀的自然景观	生态旅游、观赏、运动和登山探险、冰川地质地貌考察等资源
84	生物景观类	普龙村原始森林景区	米林县卧龙镇普龙(浦龙)村一带 东经 93°30′～93°37′ 北纬 29°10′19″～29°25′ 高 3000～4600m	沿小河两岸植物资源丰富，原始森林面积>192km²，尤以绮丽苍茫的原始森林为最，夏秋季各色野花五彩缤纷；山高水急的峡谷风光、高原鱼类等自然资源；是自然雕造的生态环境优美的森林乐园，轻松漫步，享受休闲	登山探险、科考、观赏林、森林氧吧生态游等旅游资源
85	生物景观类	罗补绒原始森林鹦鹉景观区	米林县扎西绕登乡罗补绒河 东经 93°52′～94°07′ 北纬 29°12′～29°23′ 高 2940～4500m	原始森林面积>140km²，有松、冷杉、青冈、栎、杜鹃等植物资源；鹦鹉分布于扎村河两岸 3100m 左右的地方，是当地特产之一；两岸青山绿水，山势陡峻奇特，景色迷人，是自然雕造的生态环境优美的森林乐园	可开发森林生态科考、悬崖峭壁攀岩、森林氧吧等旅游资源
86	人文景观类	西藏林芝民用飞机场	米林县帮宗村(帮仲村) 东经 94°20′ 北纬 29°18′ 高 2950m	出露第四系河湖相砾石、砂砾、粘土质砂等。目前飞机场是西藏最好的生态机场之一；附近为雅鲁藏布江及沙洲平坝、原始森林等；有雅鲁藏布江结合带地质构造、近郊农家乐、江河水域风光等地史遗迹与地学、生物、人文、民族风情、水文等景观类资源及综合旅游景区景点	生态旅游、地质科普与考察、山水风光观赏等资源
87	生物景观类	堆村—切村原始森林猴药用植物分布区	朗县雅鲁藏布江北工字弄堆村—切村一带 东经 93°04′～93°09′ 北纬 29°08′～29°18′ 高 3120～5314m	原始森林面积约 60km²，有松、桦、青冈、竹、樱桃、杉、柏、杜鹃、红景天、手掌参、贝母等植物；有江村、嘎贡村、堆村、切多村、切村、吉吉村 6 个自然村庄；堆村海拔 4000m 一带见有猴群等动物分布；上游有典型的冰川 U 形谷、角峰、刃脊、冰川湖泊等地质地貌景观，雪山雪峰蓝天白云相映景色秀丽	观赏林、森林氧吧生态游、运动和登山探险、冰川地质地貌考察等旅游资源
88	地学景观类	江中浦花岗岩奇特地质地貌景区	米林县雅鲁藏布江西北岸江中浦 东经 93°19′～93°28′ 北纬 29°09′～29°14′ 高 3050～5322m	面积>134km²，江中浦两岸原始森林密布，山崖陡峻，形成花岗岩形态各异的奇特地质地貌，典型花岗岩峰林地质地貌；上游为冰川 U 形谷地形地貌，发育冰川湖泊；6 月 4000m 一带郎热桑巴高大的杜鹃树红、白杜鹃花丛，芬芳吐蕊，密密成林及矮小的香柏树、草地上花团争艳吐蕊，甚是美丽，3412m 那么动松桑巴柏树苍翠成林，杜鹃花点缀其间，景色宜人，3400m 以下至江中村，原始森林茂密，松栎成林，毛竹丛生，山崖陡峻，英云闪长岩形成壮美的峰林地貌，让人流连忘返，3214m 左右白格齿桑巴一带，岩石形成浑圆状、球状风化地质地貌壮观雄伟，江中村周围为典型的花岗岩峰林地貌，之上林木挺立，迎风沐雨，雄伟神奇	生态旅游、地质景观、水文景观、生物景观、观赏和登山探险、地质科普与考察旅游资源

续表 6-5

编号	类型	景观名称	地理位置	旅游地质资源简况	评价
89	人文景观地学景观类	直美弄彩绘、摩崖石刻岩洞景区	米林县雅鲁藏布江北直美弄 东经 93°28′～93°30′ 北纬 29°10′～29°12′ 高 3000～3550m	花岗岩陡壁上有 2 个点彩绘摩崖石刻佛像，栩栩如生；直美弄小河两岸原始森林茂密，河中上白洞地方为一花岗岩岩洞(东经 93°28′50″，北纬 29°11′18″，高 3270m 左右)，洞高约 20m，洞能容纳 200 人以上，有雕刻、彩绘佛像，经幡招展，为藏族人民朝圣聚集地；还有单嘎水电站(160kW)等人文景观及水域风光、花岗岩地质地貌景观等；是集地质、生物、水文于一体的自然景观，是生态旅游的好去处，极具科考开发旅游价值	观赏及历史文物和艺术研究价值景区、观赏林、生态旅游、地质科普与考察等旅游资源
90	生物景观类	兴布沟原始森林景区	米林县卧龙镇仙村兴布沟 东经 93°37′～93°42′ 北纬 29°09′～29°17′ 高 3000～4600m	第四系砾石、砂砾、砂土层，高阶地厚＞20m。原始森林面积＞120km²，有参天大树松、杉、青冈、栎及竹、杜鹃等植物资源分布，夏秋季各色野花五彩缤纷；上游有典型冰川 U 形谷地质地貌遗迹，野外见最粗的松树可 3 人合抱一棵树；是集地质、生物、水文于一体的自然景观，具科考、开发旅游价值及生态旅游的好去处	可作为观赏林、森林氧吧生态游、运动和登山探险、科考等旅游资源
91	地学景观类	甲玛村奇特地质地貌区	米林县扎西绕登乡甲玛村(五一公社)一带 东经 94°08′～9°12′ 北纬 29°12′～29°15′ 高 3000～4350m	位于雅鲁藏布江北岸高山地带。学蹲普沟两岸原始森林茂密，山顶地质地貌景观形态奇特，沟中有冰川漂砾等地史遗迹。可在米林县南伊珞巴民族乡内南伊村观赏此景；具有地学、地史遗迹类、科考、森林景观等旅游资源	地质科普与考察、观赏、森林生态游等旅游资源
92	人文地史生物景观类	扎西绕登乡旅游景区	米林县岗扎公路扎西绕登乡 东经 94°00′～94°07′ 北纬 29°12′～29°15′ 高 2940～3100m	出露第四系河流相砾石、砂砾、砂土层。人文景观有扎西绕登寺(有 561 年历史)、扎西绕登乡水电站、腔达彩绘摩崖石刻等；地史遗迹有雅鲁藏布江蛇绿岩、沙漠沙滩景观等；及原始森林、水域风光等。腔达彩绘摩崖石刻分布在网结状变晶麋棱岩化角闪斜长片麻岩陡壁上，石刻为彩绘佛像，石刻佛像离地高＞2m，雕刻极为精致，雕刻年代无法考证，但彩绘佛像已经风蚀雨浸有残缺不全现象，说明它们已历尽人间沧桑	森林氧吧生态游、观赏及历史文物和艺术研究价值景点疗养休闲度假民族风情等旅游资源
93	生物景观类	鲁普原始森林景区及冬虫夏草分布区	米林县石母村(神普村)西北足鲁一带 东经 93°49′～93°56′ 北纬 29°10′～29°15′ 高 2950～4 400m	沿鲁普小河两岸原始森林面积约 56km²，森林茂密高大有松、杉、青冈、竹、杜鹃等植物资源；4000m 以下杜鹃树高大，每年 5～8 月各色的杜鹃花开组成花的海洋(图版Ⅰ-6)，如此绝色美景令人难忘；4400m 以上，为虫草分布区，5～6 月为挖虫草季节，能为当地经济带来极大的效益；林芝杜鹃为西藏特有种，株型优美，具有独特的观赏价值	观赏林、森林氧吧生态游等旅游资源
94	人文地学类	本宗村彩绘摩崖石刻	米林县卧龙镇本宗村(奔中村)西雅鲁藏布江北岸 东经 93°34′45″ 北纬 29°10′18″ 高 3010m	出露花岗岩、花岗闪长岩、英云闪长岩、闪长岩等。花岗岩陡壁上有彩绘摩崖石刻佛像栩栩如生；可作为旅游观赏及历史文物和艺术研究价值景点；另有雅鲁藏布江大桥人文景观及水域风光、花岗岩地质地貌景观等；是集地质、生物、水文于一体的自然景观，是生态旅游的好去处，具科考和开发旅游价值	观赏及地质科普考察旅游资源景点

续表 6-5

编号	类型	景观名称	地理位置	旅游地质资源简况	评价
95	人文地学景观类	仙村彩绘摩崖石刻	米林县仙村西北 2km 雅鲁藏布江北岸 东经 93°37′54″ 北纬 29°10′ 高 3050m	出露花岗岩。花岗岩陡壁上有两个点相隔不远 5 处以上的彩绘石刻，为菩萨佛像等，藏民朝圣地之一，此外听卧龙镇人大主席说此地有美丽的传说故事，可作为旅游观赏及历史文物和艺术研究价值景点；还有雅鲁藏布江水域风光、花岗岩地质地貌景观、沙滩、观赏奇石等；是集人文、地质、生物、水文于一体的自然景观	有较高的历史文物和艺术研究价值、观赏、地质科普考察等旅游资源
96	地学景观类	才巴村观赏奇石分布区	米林县里龙乡才巴村雅鲁藏布江一带 东经 93°44′～93°48′ 北纬 29°08′～29°10′ 高 2960～3050m	出露第四系砾石、砂砾、砂土层。沿雅鲁藏布江边及半坡分布着各种颜色形态奇异的观赏石工艺美术原材料；岩石类型为沉积岩、变质岩、岩浆岩等。观赏石是一种自然资源、是一种特殊的经济矿产资源，应合理开发利用大自然留给人类的珍贵遗产，并在保护中开发资源；另有雅鲁藏布江水域风光、花岗岩变质岩地质地貌景观、沙滩、村庄、森林等；是集地质、水文、人文、生物于一体的自然景观	石文化与开发奇石旅游地质商品、垂钓、观赏、地质科普与考察等旅游资源
97	地学景观类	堆米—章达村沙漠景观区	米林县堆米—章达村雅鲁藏布江两岸一带 东经 93°48′～93°55′ 北纬 29°08′～29°11′ 高 2950～3100m	出露第四系风积物砂。沿江面积＞5km²；形成沙丘、沙垅、沙滩等地貌景观；分布高度高于村庄高度，反映了这是高原特殊地理环境下产生的一种自然现象的新构造运动的迹象；章达村堆米村等地还有古老的核桃树、柳树等生物奇景观类及雅鲁藏布江边观赏奇石资源；是集地质、水文、人文、生物于一体的自然景观	地质科普与考察、山水风光观赏等旅游资源
98	水文景观类	卓贡姆牧场现代冰川	米林县巴嘎普曲卓贡姆牧场西南 东经 94°26′07″ 北纬 29°13′39″ 高 4800～5000m	发育在喜马拉雅山脉北侧，长 450m，面积＞0.5km²，是很好的优质淡水资源。在雅鲁藏布江北岸彩门村公路一带可观赏、拍摄冰川景观；冰川考察研究空白区域	观赏、运动和登山探险、冰川地质地貌考察资源
99	生物景观类	雪嘎村生态旅游风景名胜景区	米林县 S306 线林(芝)—泽(当)省道公路雪嘎村(雪卡村)东南雪嘎浦沟 东经 94°15′～94°23′03″ 北纬 29°09′27″～29°15′ 高 2941～3885m	雪嘎浦沟长＞16km，上游及两侧有 8 个冰川湖泊，沟口上游端垭口为雪嘎山口(3885m)；沟两侧原始森林面积＞66km²，以松、桦、青冈、竹林为主；林泽公路东南侧种植桃树林，桃花盛开景观独特，沟中有丰富的高铝矿物蓝晶石等岩石矿物，在离公路 2km 左右地方有神山寺庙等人文景点、地史遗迹地貌景观奇特，为当地庙会集聚地，亦是研究雅鲁藏布江结合带的重点地区之一；是自然雕造的生态环境优美的森林乐园	生态旅游观赏林、森林氧吧生态游等旅游资源
100	人文景观类	米林县综合旅游区	米林县 S306 线林(芝)—泽(当)省道公路米林镇 东经 94°12′～94°14′ 北纬 29°11′24″～29°14′24″ 高 2940～3000m	出露第四系河流相砾石、砂砾、砂土。面积约 6km²。有苍翠郁郁森林、雅鲁藏布江及江心沙洲水域风光、雅鲁藏布江观景区路、星级涉外旅游点、土特产品、民族风情等组成丰富多彩的综合性旅游景区点，通讯交通方便，可供开发利用的旅游资源十分丰富	地质科普与考察、山水风光观赏等旅游资源

续表 6-5

编号	类型	景观名称	地理位置	旅游地质资源简况	评价
101	生物景观类	南伊珞巴民族旅游风景名胜区	米林县南伊珞巴民族乡 东经 94°11′～94°15′ 北纬 29°05′～29°11′16″ 高 2936～3500m	纳伊普曲自然保护区面积＞110km²，位于喜马拉雅山北侧雅鲁藏布江中下游。有著名的纳伊普曲茂密的原始森林、南伊珞巴新村、扎贡沟生态旅游区、扎贡沟千年云杉王、岩洞佛像、“神水”、古墓、南伊电站、地质构造遗迹等，是自然雕造的生态环境优美的森林乐园；被列为西藏重点旅游区	开发为国家森林公园、观赏林、森林氧吧生态游、地质科普与考察等旅游资源
102	生物景观类	日旭—甲格原始森林景区	米林县 S306 线林（芝）—泽（当）省道公路日旭村—甲格村一带 东经 93°25′～93°30′ 北纬 29°01′～29°10′ 高 3000～4800m	分布于雅鲁藏布江东南侧，原始森林面积＞84km²，有松、杉、青冈、栎、竹、杜鹃等植物资源分布；夏秋季各色野花五彩缤纷，雅鲁藏布江和甲格、日旭支流中有高原鱼类、观赏石等分布	生态旅游、观赏林、森林氧吧生态游等旅游资源
103	地学景观类	麦村沙漠景观及观赏奇石分布区	米林县 S306 线林（芝）—泽（当）省道公路卧龙镇麦村（墨）公路沿线 东经 93°39′～93°43′ 北纬 29°08′～29°09′48″ 高 2950～3100m	出露第四系风积物砂。沿雅鲁藏布江两岸、林泽公路沿线分布，面积＞6km²；麦村东公路沿线沙漠已达 3100 多米的高度上，对公路危害大，已采取沿沙护坡工程拦截风沙；沿江还有观赏奇石分布；雅鲁藏布江边的风成沙丘链自然奇观旅游资源，可开发建设成雅鲁藏布江地区旅游自然风景区，将它转变为促进边地经济发展的资源，让人们欣赏神秘的自然风光，是开发沙漠地学景观和科普资源旅游地	地质科普与考察、山水风光观赏等旅游资源
104	生物景观类	卧龙镇原始森林景区	米林县 S306 线林（芝）—泽（当）省道公路卧龙镇 东经 93°38′～93°45′ 北纬 29°02′～29°09′ 高 3000～4700m	原始森林面积＞150km²，植物资源丰富，有松、杉、桦、青冈、栎、柳、古柏、竹、杜鹃、松茸、虫草等；雅鲁藏布江及其支流有江鱼、冷水鱼；森林中水系上游有典型冰川 U 形谷等 13 个以上的地质地貌遗迹和冰川湖泊；现今卧龙镇已开发具有一定规模的多功能乡镇开发区；是生态旅游的好去处	生态旅游、观赏林、森林氧吧生态游等旅游资源
105	地学景观类	甲帮村—里龙乡沙漠景观区	米林县 S306 线林（芝）—泽（当）省道公路甲帮村—里龙乡雅鲁藏布江两岸 东经 93°14′～93°22′ 北纬 29°07′～29°09′33″ 高 2950～3050m	出露第四系风积物砂。面积＞12km²；甲帮村沙漠景观长＞3.5km，宽 1～1.7km，形成典型的沙丘沙垅沙滩等地貌景观（图版Ⅹ-2），高原的风沙现象是高原上升，气候变干寒，在特定的地理环境下出现的一种自然现象；公路两侧还见有西藏古柏树林分布，树高＞8m，直径＞1m，为西藏特有树种；雅鲁藏布江边的风成沙丘链自然奇观旅游资源，可开发建设成雅鲁藏布江地区旅游自然风景区之一，将它转变为促进边地经济发展的资源，让人们欣赏神秘的自然风光，是开发沙漠地学景观和科普资源旅游胜地	可开发沙漠地学景观和科普资源旅游和开发建设成雅鲁藏布江地区旅游自然风景区
106	生物地学景观类	里龙普曲高原鱼观赏石原始森林景区	米林县里龙乡里龙普曲 东经 93°50′～94°00′ 北纬 29°00′～29°08′ 高 2960～4600m	沿里龙普曲小河两岸原始森林面积＞34km²，森林密布有松、杉、青冈、竹、杜鹃等植物资源，雅鲁藏布江和里龙普曲河中有高原鱼类江鱼、冷水鱼、观赏石、玉石等分布	观赏林、森林氧吧生态游等旅游资源

续表 6-5

编号	类型	景观名称	地理位置	旅游地质资源简况	评价
107	生物景观类	仲沙普鹦鹉动物分布区	米林县S306线林(芝)—泽(当)省道公路仲沙村仲沙普一带 东经93°57′～94°00′ 北纬29°08′～29°11′ 高3000～3200m	原始森林为茂密高大的松、杉、青冈、竹等植物资源，面积约16km²，野外见成群的鹦鹉飞来飞去，叫声脆丽，羽毛艳丽，为当地特有产地之一	作为观赏动物和科考等旅游资源
108	生物地学景观地史遗迹类	玉松台地质遗迹、古人类化石、风景自然景区	米林县S306线林(芝)—泽(当)省道公路玉松台 东经94°02′40″～94°05′ 北纬29°10′～29°12′ 高2933～3367m	雅鲁藏布江南岸公路边白过多有第四纪古人类遗迹林芝智人 *Homo sapiens* 古人类化石头盖骨牙齿等(图版Ⅸ-5、Ⅸ-6)、雅鲁藏布江蛇绿岩地质遗迹、玉松台奇异地质地貌、雅鲁藏布江水域风光、玉松普曲原始森林和现代冰川景观等；另据当地藏族人讲玉松台这个地方有一个美丽的传说，大意是飞来的山峰或石头……此地周围环境优美，山势奇特，公路大桥边3367m小山峰独立拔地而起，高出地表300多米，气势雄伟壮观，与地质构造有关的奇异地貌景观资源，具有作为旅游资源开发价值的地学景观旅游资源，供游人观赏的拳头景点	自然雕造生态环境优美的乐园，生态旅游西藏古道观赏林、森林氧吧生态游、地质科普与考察山水风光观赏等旅游资源
109	水文景观类	雪嘎浦现代冰川	米林县雪嘎村雪嘎浦沟西南 东经94°16′18″～94°17′43″ 北纬29°09′52″～29°10′39″ 高4700～5280m	发育在喜马拉雅山脉北侧，长550～1200m，面积约1.1km²，周围有2个以上的冰川湖泊，是很好的优质淡水资源；此景在雅鲁藏布江北岸多荣村公路一带可观赏壮美的冰川景观；冰川考察研究空白区域	生态旅游、观赏、运动和登山探险、冰川地质地貌考察资源
110	水文景观类	帮比浦现代冰川	米林县帮比浦东与墨脱县界附近 东经94°17′27″～94°19′11″ 北纬29°03′26″～29°04′49″ 高4500～5076m	冰川发育在喜马拉雅山脉西侧，长400～1300m，面积约1.8km²，周围有冰川湖泊蚌错等5个，是很好的优质淡水资源；冰川西侧为著名的纳伊普曲自然风景保护区；冰川考察研究空白区域	观赏、运动和登山探险、冰川地质地貌考察资源
111	地史遗迹类	白若村雅鲁藏布江结合带景观区	朗县S306线林(芝)—泽(当)省道公路雅鲁藏布江白若村(下白若)两岸 东经93°00′～93°03′ 北纬29°01′～29°05′ 高3126～4314m	出露第四系砾石、砂砾、粘土层及朗县混杂岩砂泥质复理石沉积变质砂岩、板岩、千枚岩、石英岩、片岩等及变质超基性岩、蛇纹岩、蛇纹片岩等蛇绿混杂岩。雅鲁藏布江结合带长>3km；有岫玉、铬铁矿、蛇纹岩及雅鲁藏布江水域风光等，具有科研考察、观光旅游价值	西藏古道、生态旅游、地质科普与考察、山水风光观赏等资源
112	人文景观类	朗县综合旅游区	朗县S306线林(芝)—泽(当)省道公路雅鲁藏布江南岸 东经93°04′～93°05′ 北纬29°02′32″～29°04′49″ 高3080～3280m	出露第四系砾石、砂砾、粘土层，古近系—新近系、渐新统—中新统砾岩、砂砾岩、砂岩、板岩及白垩纪花岗闪长岩。面积约6.8km²，有朗堆庄园、朗县民族风情综合区、都市旅游、雅鲁藏布江水域风光、地质遗迹古孢粉、雅鲁藏布江结合带等景区景点	西藏古道、生态旅游、地质科普与考察、山水风光观赏等资源

续表 6-5

编号	类型	景观名称	地理位置	旅游地质资源简况	评价
113	地学景观类	衣群蘑菇石	朗县 S306 线林—泽省道公路洞嘎镇衣群雅鲁藏布江西公路旁 东经 93°09′11″ 北纬 29°04′42″ 高 3050m	分布于雅鲁藏布江西岸，岩石为花岗岩类岩石，高>3m，形似蘑菇，上有喇嘛堆；雅鲁藏布江水域风光；具观赏、科研价值	西藏古道、地质科普与考察、山水风光观赏等资源
114	生物地学景观类	工字弄原始森林奇特花岗岩地质地貌景观区	朗县雅鲁藏布江工字弄 东经 93°09′～93°14′ 北纬 29°05′～29°20′ 高 3080～4600m	原始森林面积>88km²，以松、杉、青冈、樱桃、柏、杜鹃等植物资源为主；工字弄属山川河谷地貌，植物资源丰富，尤以绮丽苍茫的原始森林为最，交通方便，旅游资源开发潜力较大，有生物景观类、地学景观类和水文景观类；夏秋季各色野花五彩缤纷，山顶奇特的花岗岩、变质岩地质地貌、山高水急的峡谷风光、河水在河谷中冲突激荡，奔腾咆哮；工字弄小河两侧支流上游还有甲过朗错冰川湖泊等 20 余个；现有工字弄水电站、达木村闽朗公园等，是山地生态旅游的好去处	生态旅游、观赏林、森林氧吧生态游、地质科普与考察、山水风光观赏等旅游资源
115	地学景观类	热米浦花岗岩奇特地质地貌景区	朗县雅鲁藏布江西北岸热米浦 东经 93°17′～93°22′ 北纬 29°02′～29°06′ 高 3040～5107m	出露花岗岩，面积>60km²。热米浦两岸林木深幽，有松、柏等植物资源分布，花岗岩岩石节理发育，形成突兀的典型的花岗岩峰林地质地貌奇观，上缀松柏，雄峻奇美	生态旅游、观赏林、森林氧吧生态游、地质科普与考察等旅游资源
116	地学景观类	工就柴嘎观赏奇石分布区	米林县雅鲁藏布江南工就柴嘎 东经 93°21′～93°23′ 北纬 29°02′32″～29°05′ 高 3000～3070m	出露第四系砾石、砂砾、粘土层。沿雅鲁藏布江边及公路沿线分布着各种颜色形态奇异的观赏石工艺美术原材料；岩石类型为沉积岩、变质岩、岩浆岩。观赏石是一种自然资源、是一种特殊的经济矿产资源，应合理开发利用大自然留给人类的珍贵遗产，并在保护中开发资源，可作为旅游商品资源	观赏、石文化与开发奇石旅游地质商品、地质科普与考察等旅游资源
117	水文景观类	尼玛浦现代冰川	米林县甲格村尼玛浦南 东经 93°24′37″～93°29′ 北纬 29°00′～29°01′ 高 4700～5262m	冰川长 300m～>1800m，面积>7km²，是很好的优质淡水资源；冰川下尼玛浦为冰川 U 形谷，两岸原始森林密布，奇特花岗岩地质地貌等，可作为森林景观、攀岩、登山探险、科考等旅游资源；冰川考察研究空白区域	观赏、运动和登山探险、冰川地质地貌考察资源
118	生物景观类	则单嘎药用植物分布区	米林县卧龙镇真多（增多）村则单嘎一带 东经 93°30′～93°38′ 北纬 29°00′～29°08′ 高 3400～5520m	面积约 190km²，有药用植物冬虫夏草、雪莲花、贝母、松茸、杜鹃等丰富的植物资源；沿沟两侧半坡虫草发育，5～7 月采挖季节时有来自四川、甘肃、昌都、拉萨、八一镇等地民工在此采挖虫草，人数约 150 人，每人每天平均可挖 50～100 棵虫草，最多的挖到 400 多棵；周围有 30 个以上的冰川湖泊，清澈透明的冰川湖泊中见有形态奇异的高原鱼类，肉质细腻，美味可口，实为不可多得的山珍	生态旅游、观赏林、森林氧吧生态游等旅游资源

续表 6-5

编号	类型	景观名称	地理位置	旅游地质资源简况	评价
119	水文景观类	阿马错东现代冰川	米林县甲帮村东南阿马错东西南 东经 93°47′45″～93°48′49″ 北纬 29°00′～29°00′39″ 高 4650～5160m	冰川北东-南西向长 1100m，面积＞1km²，发育冰陡崖，周围有 5 个以上的冰川湖泊，是很好的优质淡水资源；其中阿马错东冰川湖泊呈肾状长 2.5km，宽 200～450m，冰川下为作许南协拉普沟茂密原始森林松、冷杉、青冈、竹、杜鹃等植物，冰舌末端高度伸入森林形成冰川修剪线，特征表明属海洋性冰川；可作为森林景观、登山探险、科考等旅游资源；冰川考察研究空白区域	观赏、运动和登山探险、冰川地质地貌考察资源
120	水文景观类	丁伦帮嘎现代冰川	米林县普雄牛场丁伦帮嘎沟西南 东经 94°00′48″～94°02′58″ 北纬 29°03′39″～29°05′03″ 高 4500～5500m	冰川长 650～＞2000m，面积约 4.5km²，有冰陡崖高 40～70m，周围有 5 个冰川湖泊；冰川下玉松普曲、丁伦帮嘎沟两岸森林密布，地貌奇特，可作为森林景观、登山探险、科考等旅游资源；冰川考察研究空白区域	观赏、运动和登山探险、冰川地质地貌考察资源
121	水文景观类	朗则浦现代冰川	米林县普雄牛场朗则浦沟西南 东经 94°00′48″～94°02′36″ 北纬 29°00′～29°03′21″ 高 4380～51 008m	冰川长 550～2350m，面积＞8km²，发育冰裂缝，冰陡崖高 24～56m，周围有 7 个以上的冰川湖泊，是很好的优质淡水资源；在玉松台、扎西绕登乡公路上可观赏蔚为壮观的冰川地貌景观；冰川下玉松普曲、朗则浦沟两岸原始森林茂密，地貌景观奇特，可作为森林景观、登山探险、科考等旅游资源；冰川考察研究空白区域	生态旅游、观赏、运动和登山探险、冰川地质地貌考察资源
122	水文景观类	白拉普现代冰川	米林县普雄牛场白拉浦沟南 东经 94°04′05″～94°06′ 北纬 29°01′14″～29°03′18″ 高 4410～5200m	冰川长 900～＞2000m，面积＞2km²，有 2 个冰川湖泊，是很好的优质淡水资源；冰川下玉松普曲两岸为茂密的原始森林；可作为森林景观、登山探险、科学考察等旅游资源；冰川考察研究空白区域	观赏、运动和登山探险、冰川地质地貌考察资源
123	生物景观类	来果桥原始森林名胜风景区	米林县南伊珞巴民族乡来果桥一带 东经 94°08′～94°20′ 北纬 29°00′～29°05′ 高 3060～＞4400m	原始森林面积＞132km²，以杉为主，次为松、青冈、栎、杜鹃等植物资源。红豆杉是该区重点保护区。生态旅游有珞巴族民族风情风俗、水域风光、森林氧吧、登山探险等；是自然雕造的生态环境优美的森林乐园	生态旅游、观赏林、森林氧吧生态游等旅游资源

二、旅游资源评价

(1) 林芝地区旅游资源丰富多彩，范围大，品位较高，集雄、奇、秀、幽、险于一地，具较高观赏旅游价值。

(2) 科学考察研究价值。区内气候气象，垂直分带的植被，名贵花木，珍稀动物，复杂的地质构造和得天独厚的矿产资源，历史遗迹以及民风民俗、宗教文化等，都对地质、地理、林业、生物、医学、社会学、旅游业的专家学者和自然爱好者们具有强烈的吸引力，是国内外专家学者和自然爱好者向往考察和研究的神秘地区。

(3) 具登山探险的特殊价值。药儿朗错雪山(6286m)、念久雪山(6060m)、野冻杠热雪山(6010m)、斯弄朗雪山(6132m)、邦子果雪山(6084m)等地登山探险旅游路线是区内一项极富刺激性的旅游项目，多是人迹罕至的原始森林和洪荒僻壤的峰峦脊岭，充满着艰辛和神奇，挑战极限，战胜自我，对游客体力和意志的考验贯穿全程，这正是登山探险旅游活动的目的和意义所在。

(4) 保持完好的原始自然环境。景区内人烟稀少，现尚未工业污染，森林覆盖面积较大，夏季气候宜人，是避暑消夏的好地方，游人在此可以尽情享受大自然的美妙风光和森林浴等。

(5) 有很好的旅游地理区位条件。林芝八一镇距拉萨 400 余千米均为柏油路面，318 线国道和 S306 线省道公路从景区通过，还有通往县乡村、景区、景点公路。目前改造完成的柏油路 S306 线及林芝民用飞机场的建设，将极大地改善区内的交通条件。各风景区与附近几个重要的景区(点)如错高湖旅游区、雅鲁藏布江民俗风情旅游区、雅鲁藏布大峡谷世界级自然和人文徒步探险旅游区等均位于雅鲁藏布江流域和尼洋河流域，沿 318 线国道和 S306 线省道公路旁侧呈带状分布；这些景区景点都各具特色，自成体系，可共同构成一个整体的、大规模的旅游片区——雅鲁藏布江旅游区。

三、旅游资源开发建议

测区旅游资源丰富，是我国西部大开发战略最具前景的资源富集区，是世界上集旅游观光、登山、探险、攀岩、漂流、森林氧吧、科学考察为一体的极佳场所。现在，区内旅游业面临非常好的发展机遇：一是国际旅游业正在兴起；二是国内旅游市场发展迅速，潜力巨大。国际上非常看好中国的旅游市场。近 20 年来，中国从一个旅游资源大国发展成亚洲第一旅游大国；到 2020 年，中国将从亚洲第一旅游大国建设成为世界旅游强国。旅游已成为人们重要的消费领域，面对即将到来的旅游高潮，我们应该加大对旅游业的投入，作好发展大旅游的规划，拓展发展旅游的新路子，加大对外的宣传力度等，迎接区内旅游业的黄金时期的到来。现代旅游正在向求新、求知、求异方向发展。区内具有得天独厚的资源优势，区位条件优越，为做好该项工作，特建议如下。

(1) 建议将尼洋河流域风景名胜区和雅鲁藏布江流域风景名胜区列为重点开发旅游区，尽快组织有关专家对调查区内风景区进行综合性资源考察和评价，加强旅游资源调研，作好多学科协同的旅游区划工作，统一规划，分期开发、建设和管理。

(2) 在本区适时开展夏令营、森林浴、修养、度假、科考、探险、民俗、文化、徒步、自驾车、自行车、攀岩、漂流、近郊农家乐、果园生态旅游等具有民族特色的活动；精心开发培育各具特色的拳头景点，突出生态特色、构建生态旅游线，发展特色旅游，景区(点)要力求创精品、树名牌，推行精品旅游线。

(3) 八一镇夺松、江中浦、玉松台、热米浦等地宝贵的地学旅游资源要研究深透，并可在八一镇夺松、公路沿线林芝县八拉、猪拉康、岗嘎大桥一带、朗县混杂岩蛇绿混杂岩等地有特殊地质自然景观的地方，可考虑建立地质公园(自然公园)或地质旅游景点；在尼洋河和雅鲁藏布江河谷地段可建立生物、河谷地貌景点和景区；如八一镇尼洋河畔风情长廊、猪拉康江河汇合观景点、朗县雅鲁藏布江缝合带混杂岩蛇绿混杂岩地貌、朗县—米林某地干热河谷或干热河谷灌丛等。

(4) 观赏石以其特有的神韵被越来越多的人们接受、钟爱和收藏，并已逐渐形成了集文化、旅游、商贸于一身的一项事业，其发展前景不可限量。区内雅鲁藏布江石(有宝玉石)和尼洋河石观赏石资源丰富，石质细腻，纹图自然天成，具有独特的形象美、色彩美和含蓄美等，是人见人爱的赏石新一族，能为地方带来知名度和财政收入。应重视研究开发石文化与开发奇石旅游地质商品和贸易，建成集观赏石、宝玉石等于一体的八一国际商贸批发城，并可在八一镇举办观赏石展(全国或林芝地区)。应合理开发利用大自然留给人类的珍贵遗产，并在保护中开发资源。

(5) 观赏石是一种自然资源、是一种特殊的经济矿产资源。研究开发矿石、岩石、观赏石等地质旅游商品，做好特色化、系列化、精品化，充分体现旅游商品的纪念价值。

(6) 吉普村温泉可利用开发建成温泉旅游、森林浴等度假村；但应保护周围的生态环境，科学开采，合理利用地热资源是关系到可持续利用的大问题。

(7) 对区内重要的、有保护价值的地质地貌遗迹进行规划，使区内地质地貌遗迹得到有效保护；在规划开发中，要强化环境保护，严禁乱砍乱伐森林、狩猎和乱采乱挖矿产资源。在保护中求发展，在发展中求保护。以市场为导向，统筹安排建设项目，分层次、分重点地进行科学规划。

(8) 大力推广地质科普游。目前的旅游大多限于名山大川，文物古迹游，对地质科普游未引起重视。景区内可以搞一些启智项目，开发一些地质旅游产品，在传统的神话解说中注入科学的血液，这不仅是目前乃至是今后发展旅游的总趋势。变神话故事为启智教育游，向人们宣传资源的形成、旅游欣赏价值，并激发国民对旅游区的自觉保护意识。

(9) 区内得天独厚的生态资源，动物、植物的多样性，以及神奇的自然景观，显示出具有巨大的开发潜力。将林芝地区风景区开发成生态旅游区，推行生态旅游：果园生态游、密林幽径游、观赏消闲游、医疗保健游等，走向自然、认识自然、保护自然，以及由拉萨—工布江达县—林芝—岗嘎大桥—派乡—米林县—朗县—泽当回拉萨的“一江两河”环形旅游路线，并建立以地学研究、教学、旅游为一体的林芝地区地方级或国家级的地质公园。

第三节 区域环境地质

资源和环境是人们赖以生存、繁衍和发展的基本条件。地质环境的形成是地壳表层岩石圈和大气圈、水圈、生物圈之间，长期不断进行能量转移和物质交换而逐步建立相对平衡的开放系统的历史演化过程。资源与环境是地球科学的两大主题。随着资源的开发利用、工业化和城市化的进程，自然环境遭到不恰当的开发破坏，已严重影响到人类生活的质量，个别地区甚至已直接影响到人类的生存，给人类自己的后代留下了巨大的后患和恶果。因此，地球科学自然地跨入了人类与环境的领域，建立了环境地质学等相关学科。

1:25 万林芝县幅区域环境地质调查，主要是进行物理性地质作用引发和控制的环境地质问题调查，并以狭义地质灾害调查为主，包括内营力地质灾害(地震、断裂活动、地壳升降及形变等)和外营力地质灾害(滑坡、崩塌和泥石流、河道淤塞、水土流失、地面沉降与塌陷、水库渗漏、大型地下工程的岩石层位变形等)。

测区位于西藏东南部雅鲁藏布江中下游大拐弯西侧，是一个有林芝县、工布江达县、米林县、朗县、八一镇“四县一中心镇”中小城市较密集的地区；气候以高原温带半湿润季风气候区为主，亚热带、温带及寒带气候并存的多种特殊季风气候区，年降雨量 493～2000mm；地貌类型复杂，主要由高原雪山、河谷盆地组成，西北高，东南低，北部和南部为水网较密布的尼洋河中下游流域和雅鲁藏布江中下游流域地区，西藏“一江两河”的雅鲁藏布江和尼洋河汇集于此。区内地质背景复杂，花岗岩、变质岩出露广泛；第四纪沉积堆积物主要分布于江河沿岸地区；新构造活动强烈，断裂构造发育。由于青藏高原强烈的构造隆升，复杂而快速的环境变迁，区内复杂的地质、气候和地理等因素，以及人类活动的影响，产生了具本区特征的环境地质灾害。

一、环境地质灾害特征

(一) 滑坡、崩塌和泥石流灾害

测区地势陡峻，山高谷深，江河水流湍急，加之近年来随着国民经济的发展，人为破坏森林植被、采石、采矿破坏表土结构，每到雨季，极易形成滑坡、崩塌、泥石流、山洪暴发等地质灾害。如 318 线国道公路工布江达县浪嘎村(图版Ⅹ-8)、S306 县省道公路朗县西、米林县洞阿普(图版Ⅹ-7)、桑白村、学不切、圣壁当嘎、及新修公路、八一镇足木等地，由于人类经济活动的影响，导致山体边坡角度变陡而使山体失去稳定性，特别是在顺向坡、破碎带、充水厚层坡积物推移失稳等条件下，当下暴雨时产生滑坡、崩塌和泥石流。另外，调查区高山主要由花岗岩类和变质岩类组成，受本区湿润多雨气候影响，花岗岩类风化程度远较变质岩类强，因此表现出差异较大的地质灾害特征，地质灾害主要为大面积的水土流失和群发性的泥石流、崩塌；泥石流和崩塌主要发生于大小冲沟、各类公路沿线，如米林县岗嘎大桥西北平距3.5km处林区公路旁、强大木冲沟半嘎牛场东南1.3km路旁、才巴村秋巴邦嘎冲沟、工布江达县贡巴东南金朗冲沟、县城东北各娘朗牛场冲沟等地，每逢雨季，必有路壁崩塌和小型泥石流群发，冲毁公路和人行小路或淤积阻塞交通。

（二）风沙灾害

荒漠化是人类面临的十大问题之首，已受到世界各国的高度重视。我国是沙漠化较严重的国家之一。荒漠化是干旱、半干旱和干旱半湿润地区由于气候变化和人类活动等影响引起的土地退化，使土地生物和经济生产潜力下降或减少，甚至消失；这种土地退化包括风蚀、水蚀致使土壤物质流失，土壤理化和生物特性或经济特征退化及自然植被丧失。沙漠化是荒漠化的一种类型，即沙质荒漠化。区内沙漠化是在第四纪地质时期自然因素所形成和人工再造作用的结果，主要分布在朗县和米林县干旱地带。

雅鲁藏布江是一条典型的深切割的构造河谷。调查区沙漠化土地主要分布在雅鲁藏布江朗县—米林县沿江两岸一带，分布海拔2900～3200m，在分布形式上都成各不相连的小片状，以米林县里龙乡、扎西绕登乡、米林镇、羌纳乡等地境内沿江一带最为严重。夏季行走在沙滩上，酷似在沙漠中行走一般，雨季水冲沙压一片荒，砾石累累遍河床；其危害性表现在失去植被阻挡的沙漠化土地在风力作用下形成风沙或风沙天气，直接危害着绿洲农田、牧场、水利、交通设施的安全和人民生活；由于土地沙漠化，致使流沙压埋道路(图版Ⅹ-1)，风沙流和尘暴还经常影响汽车的运行。

（三）洪涝灾害

测区内水系发育，每年7—9月雨季时节，洪水灾害常发生在江、河及其大的支流流域，经常冲毁和淹没公路、桥梁、农田、村庄等，对人民群众的生产生活带来严重灾害，并造成极大的经济损失；如2001年7月27日在尼洋河旁的阿沛村遭受洪涝灾害，工布江达县委县政府紧急动员，全县各族人民连续奋战3天，将阿沛村搬迁，并在福建省的援助下援建了阿沛新村。

（四）地震灾害

测区处于藏南地震带上，地震地质环境跨越了冈底斯—念青唐古拉陆块和雅鲁藏布江结合带及喜马拉雅地块等多个地质构造单元；各级构造单元受规模较大的断裂切割和控制，地震活动与这些构造单元之间的边界断裂带的活动有着密切的关系。区内断裂构造较多，其中雅鲁藏布江缝合带是一条狭窄的强烈的构造变动带，为多期次活动性断裂；在尼洋河、林芝县城南等地第四纪堆积物中发现断层，根据地层变形特征推测为第四纪活动性断层。据中国地震台网测定，2003年8月18日17时03分03.8秒，在西藏墨脱与波密间(北纬29.6°，东经95.6°)发生5.7级地震，可见区内地震活动频繁，且近期还在活动，因此，区内地震又是一个较大的自然地质灾害之一，应加强观测和研究。

二、对防灾、减灾工作建议

诸如上述，区内地质灾害具多样性而频繁。因此，搞好防灾、减灾工作是一项十分艰巨和必要的任务。针对地质灾害的种类和特点，建议采取以下办法和措施。

(1) 对于滑坡、崩塌和泥石流灾害，应有计划地进行森林采伐、采石、采矿、采砂，保持生态平衡，合理利用自然资源，以及对公路和各种建筑的设计规划时，要综合考虑灾害因素，最大限度地避免或减少灾害的发生，保护自然资源和人民生命财产安全。

(2) 对于风沙灾害，从雅鲁藏布江流域实际出发，雅鲁藏布江流域是重要的农牧区。因此，应因地制宜，做好规划，采取生物措施、工程措施与农艺措施相结合；坚持依法保护和防治荒漠化，使生态环境保护和建设法制化，工程设计、施工和管理科学化；积极进行水土保持型生态农业建设，以防治水土流失为中心，以土地资源合理利用为前提，建设基本农田、植被（植树造林）和发展经济林果、养殖业为主导，达到农、林、牧、果综合发展，达到生态经济良性循环的目的；合理利用土地，逐步做到宜农则农，宜牧则牧，宜林则林，宜果则果，正确处理好人口、环境与资源开发的关系。

（3）对于洪涝灾害，要采取防止江、河及其大的支流流域出现特大洪水淹没村庄、城镇的应急措施和必要物质储备，并在重点防洪的同时，兴建防洪水利枢纽灌溉等工程。

（4）对于地震灾害，在重大建设工程和可能发生严重次生灾害的建设工程，必须进行地震安全性评价，达到抗震设防要求。可在城市乡村规划中或灾后重建中避开危险地带，减少灾害损失，如在活动断裂带可规划为绿化防护带，工业与民用建筑应避开断裂带或危险地带。应重视远场地震效应，防止高层建筑有不同程度的裂开受损。城市中，尤其是八一镇，应作好城市的防震减灾工作，必须将地震科学（地震危险性分析）、工程科学（易损性分析）和社会经济科学（社会财富的结构、总量及其分布）结合起来，对未来震灾作出定量化的预测，找出其薄弱环节予以改正，将地震灾害减到最小；如果对震灾定量化的工作有深入的理解，地震发生之前，可以根据造成震灾的主要因素进行预防和准备，可以心中有数地对发布地震预报的风险进行分析；地震发生之后，立即对震灾大小及地理分布了解，及时并有针对性地开展救灾、救济等工作。

第七章　结束语

1∶25万林芝县幅区域地质调查，系中国地质调查局新一轮国土资源大调查为填补青藏高原空白区，提高西藏自治区地质研究程度，加速西藏自治区的经济开发，为国民经济建设和科研、生产、教学提供基础地质资料，而下达的区域地质调查重点项目之一。

本报告以丰富的实际资料为依据，在学习并充分运用前人资料与成果基础上，以新理论、新观点、新技术、新方法为指导，在极其艰难的情况下，经过工作者艰苦努力，在调查区地层、岩石、构造和矿产、旅游等基础地质方面均取得了一些突破性的进展，为西藏“一江两河”东部地区的地学研究、找矿、旅游资源开发、环境保护，以及地方经济发展提供了较为丰富的基础地质资料。经过3年的艰苦工作，取得如下主要成果。

（一）地层与沉积岩方面

（1）基本查明了调查区的地层分布，并运用现代地层学的多重地层划分对比，合理划分了岩石地层区划，基本查明了地层叠置关系。运用现代地层学和沉积学理论，以岩石地层单位为基础，除第四纪地层外，全区共划分了正式岩石地层单位6个组、3个岩组、4个岩群和5个非正式岩石地层单位2个段、2个亚群、1个混杂岩带。除新建岩组3个，并按新建地层单位要求，进行定义、延伸变化、时限和正层型剖面等描述外；还填绘了若干具有特殊成因、标志、成分等非正式岩石地层单位，并在地质图上予以表示。

（2）在第四系分布区运用多重地层填图方法，对第四纪堆积物进行了成因地层、地貌地层、生物地层、年代地层等特征与属性的综合研究，并首次采用磁性地层方法对第四系进行研究。

（3）依据在林芝县贡嘎南获Sm-Nd同位素成果模式年龄1509Ma和^{40}Ar-^{39}Ar同位素等时线年龄949±6.49Ma，及米林县雪嘎村东南尼池帮嘎获Sm-Nd同位素等时线年龄1182±150Ma和模式年龄1814Ma、1372Ma两组，结合邻区同位素年龄资料，从而确定调查区元古代结晶基底的存在。

（4）在工布江达县东北巴母果砂板岩中采获晚二叠世 *Leiotriletes* sp.，*Punctatisporites minutus* 孢粉和虫迹，其岩性组合与墨竹工卡县门巴区德忠地区的蒙拉组相当；因此，化石的首次发现，对确定其时代提供了依据，结合其他地质特征将“旁多群”解体为松多岩群（AnOS.）、诺错组（C_1nc）、来姑组（C_2P_1l）和蒙拉组（P_3m），使本区晚古生代地层的划分更为合理。

（5）在朗县雅鲁藏布江结合带混杂岩内新发现早白垩世孢粉 *Erlianpollis* sp.，*Brevimonosulcites* sp.，*Triporopollenites* sp.，*Pinuspollenites elongus*，*Pinuspollenites labdacus* cf. *maximus*，*Podocarpidites* cf. *amplus*，*Triporoletea* cf. *reticulatus* 等；二叠纪牙形刺？*Diplognathodus augustus* Igo，？*Diplognathodus lanceolatus* Igo；奥陶纪—三叠纪牙形刺?? *Ozarkodina* sp.，?? *Cypridodella* sp.；为雅鲁藏布江结合带朗县混杂岩的组成提供了新的资料。

（6）米林县雅鲁藏布江南公路白过多第四纪古人类遗迹林芝智人 *Homo sapiens* 古人类化石头盖骨牙齿等的新发现，及在岗嘎大桥—派乡公路巴嘎村东北第四系更新统5级阶地上新发现的石斧，为研究青藏高原第四纪地质作用和古环境古气候变化规律及青藏高原古人类活动提供了珍贵资料。

（二）火山岩方面

（1）通过对火山岩岩石学、岩石化学和岩石地球化学及各类系列图解判别等综合研究，初步查明了测区火山岩的时空分布特点及其形成的构造环境。

（2）对调查区元古代、前奥陶纪、中—晚侏罗世、白垩纪的火山岩的岩石学、岩石化学、岩石地球化学、时空分布及构造环境进行了深入的研究。其中首次发现元古代八拉岩组中具科马提岩特征的基性—超基性火山岩，对研究本区大地构造演化和找矿均具有重要意义。

（三）侵入岩方面

（1）通过对侵入岩的岩石学、岩石化学、岩石地球化学特征和时空分布规律研究，依据同位素年龄资料等，共圈出105个侵入体，时代上划分为元古代、寒武纪、早白垩世和晚白垩世、古近纪古新世、始新世、渐新世7个岩浆活动侵入时期。

（2）元古代变质超基性岩、寒武纪片麻状花岗岩的新发现，是早期构造演化的记录，为研究冈底斯岩浆岩带的形成、演化提供了重要新资料。

（3）依据花岗岩岩石学、岩石化学及岩石地球化学、同位素资料，划分为早白垩世同熔型花岗岩、晚白垩世同构造S型花岗岩、古新世碰撞—造山型花岗岩，始新世、渐新世造山期后浅色花岗岩组合，为冈底斯岩浆弧的构造演化及成矿专属性研究充实了更丰富的岩浆活动的基础资料。

（4）在1:25万林芝县幅区域地质调查中，首次在朗县吉登许超基性岩石中新获得辉石^{40}Ar-^{39}Ar同位素等时线年龄995.94±12.70Ma、辉石年龄谱视年龄T_p=997.38±1.23Ma、T_{tg}=958.30±19.2Ma，初始值(^{40}Ar-^{36}Ar)$_0$=299.5±14.95Ma，这为雅鲁藏布江缝合带蛇绿岩的形成环境与时代及构造演化提供了新的重要的基础资料。

（四）变质岩方面

（1）运用变质岩石学的新理论，搜集了较多的宏观变形特征资料，并系统采集了各类样品，对变质岩石学、岩石化学、矿物学、变质相、变质相系进行了较深入系统的研究。并划分了变质岩带、变质岩亚带9个及4个韧性剪切糜棱岩带。

（2）首次在拉日芝—林芝区域动力热流变质带中发现可能为花岗—绿岩带麻粒岩，为雅鲁藏布江结合带和冈底斯陆块的构造演化提供了新的资料。

（3）米林一带南迦巴瓦岩群中麻粒岩、石榴透辉石岩（榴辉岩）、榴闪岩类等的发现，表明南迦巴瓦高压麻粒岩相已延入本区。为南迦巴瓦构造结的进一步研究提供了珍贵的基础资料。

（五）地质构造方面

（1）调查区地跨冈底斯陆块、雅鲁藏布江结合带、喜马拉雅陆块东部南迦巴瓦构造结的西侧，为一强烈挤压、碰撞、旋扭走滑、急剧伸展隆升及地质构造极其复杂的造山带。通过区域地质调查，系统搜集了较为丰富的地质构造方面的资料，基本查明了调查区褶皱、断层、韧性剪切带的展布、规模、形态、产状和性质及区域地质构造特征，对今后的地质研究和资源评价具有一定的指导作用。

（2）报告运用板块构造理论，以及构造变形分析法和历史构造分析法，对测区沉积建造、岩浆活动、变质作用、构造变形相、构造变形相序列、地球物理、构造变形期次、构造事件和大地构造环境的综合分析，将测区划分为4个二级构造单元、5个三级构造单元和4个韧性剪切带，并从时、空两个方面探讨了区域地质构造演化历史。

（3）通过对东西向茄子弄—滚没—色苏断裂、近南北向夺松—比丁伸展走滑（主剥离）断裂及珞巴村—来果桥伸展剥离断层等的研究，认为南迦巴瓦构造结的强烈抬升，使近东西向狭窄强烈构造变动的雅鲁藏布江结合带发生构造变位。其西朗县—洞弄浦一带夹持于白垩纪与念青唐古拉岩群间的构造混杂岩带，出露宽2～3.5km；主剥离断裂以东，向北位移达18km，出露仅有数百米宽的串珠状绿片岩相的蛇绿岩、变基性—超基性岩等，夹持于念青唐古拉岩群和新元古代—寒武纪肉切村岩群、南迦巴瓦岩群之间。从而否定了前人认为结合带和南侧三叠系向东变质逐渐加深，并过渡为深变质岩系的认识。

（4）重视了区内伸展断裂和区内南北向脆性断裂的研究，特别是珞巴村—来果桥伸展断裂的确定，为藏南拆离系的北东延展提供了新资料。

（六）区域矿产与旅游资源、灾害地质方面

(1) 在前人工作的基础上，全区共发现金、铜、钼、铁、钨、铬、钛、绿柱石、水晶、电气石(碧玺)、刚玉、石榴石(紫牙乌)、岫岩玉、白云母、透闪石、粘土、大理岩(汉白玉)、花岗岩、片麻岩、蛇纹岩、高铝矿物(蓝晶石、红柱石、夕线石)、石墨、地下热水、地下水、砂、砾建筑原材料等矿产地63处，其中55处为新发现；共圈定出铜、铅、锌、金、银、钼等化探异常23个。

(2) 通过区域地质矿产调查，基本查明了区内矿产种类及其分布地域，较客观地总结了区内矿产分布规律，初步将调查区划分出2个成矿带及2个成矿亚带，圈定出了4个找矿远景区。其中强昂多杰铜钼金多金属、生浦铜金具有斑岩成矿特征，具有较好的找矿前景。里龙铜金、雅鲁藏布江沿岸孔雀石铜矿化有可能与元古代绿岩有关，值得重视。舒果丁一带绿柱石宝玉石与造山期后含萤石黄玉浅色花岗岩有关，并具有较好的找矿前景。区内南迦巴瓦岩群、念青唐古拉岩群中众多的蓝晶石、夕线石、石榴石和工布江达—八一镇一带的红柱石，以及百巴龙得的刚玉等，为今后西藏“一江两河”及林芝地区的矿产资源开发提供了重要线索。

(3) 通过调查，编制了为社会发展、国民经济建设服务的旅游资源地质图，首次将本区旅游资源划分为尼洋河流域风景名胜区和雅鲁藏布江流域风景名胜区，旅游景点有矿物岩石、地质构造遗迹、古人类遗迹、岩洞、化石、沙漠地质景观、花岗岩变质岩地质景观、古冰川遗迹、峡谷、瀑布、江河湖地质景观、现代山岳冰川地质景观及登山地、温泉及冷泉地质景观、观赏林、古树名木、奇花异草、珍禽异兽、古迹摩崖石刻、宗教寺庙、藏寨及磨房、民族风情、民族艺术与文化等。并建议由拉萨—工布江达县—林芝—岗嘎大桥—派乡—米林县—朗县—泽当回拉萨的“一江两河”环形旅游路线。并建议建立以地学研究、教学、旅游为一体的林芝地区地方级或国家级的地质公园。

（七）地质图方面

1∶25万林芝县幅地质图采用计算机数字化地质图工作流程和技术要求编制。并突出了调查区各地层分区的岩石地层单位说明、旅游资源略图、矿产资源图、变质岩主要矿物名称符号及代号等，充分发挥调查成果的社会效益，力求较好地实现地质工作为国民经济和社会发展的多功能、全方位服务及向社会提供优质的地学信息提供基础资料。

综上所述，1∶25万林芝县幅区域地质调查项目经全体工作者共同努力取得了较丰富的地质矿产成果，但仍需深入解决的地质问题还很多，难度也大。因受地形、通行条件限制，加之部分地带浮土、植被覆盖严重，使某些地质构造问题的深入研究和样品采集尚感不足。值得一提的是，在地质调查中发现矿产线索较多，但因限于人力、地形条件及通行条件和技术水平，对区内的矿产工作研究深感欠缺，还有待进一步开展普查找矿工作和区域成矿规律的综合调查研究与专项调查研究工作。建议今后对冈底斯斑岩铜矿带东延较有远景的强昂多杰铜钼矿点加强普查工作，可望有较大突破。此外，对雅鲁藏布江结合带北侧冈底斯陆块南缘的具科马提岩的元古代绿岩带中之铜、金矿化也应加强普查，可望在Cu、Au、Ni找矿工作中取得较好效果。

由于学习运用新理论、新方法不够，工作地又为新区，业务水平有限，因此，本书中的缺点和谬误在所难免，敬请批评指正。

主要参考文献

安才旦.西藏之旅[M].广州:广东旅游出版社,2000.

陈安泽.论国家地质公园[C]//陈安泽,卢云亭,陈兆棉.国家地质公园建设与旅游资源开发——旅游地学论文集第八集.北京:中国林业出版社,2002:15-31.

陈克强.1:5万填图方法成果选编(一)[M].武汉:中国地质大学出版社,1995.

陈克强,汤加富.构造地层单位研究[M].武汉:中国地质大学出版社,1995.

陈诗才.洞穴景观形成的旅游地质特点分析[C]//陈安泽,卢云亭,陈兆棉,等.旅游地学的理论与实践——旅游地学论文集第三集.北京:地质出版社,1997:41-49.

陈诗才.风景与旅游开发的新思考和新认识[C]//陈安泽,卢云亭,陈兆棉,等.旅游地学的理论与实践——旅游地学论文集第三集.北京:地质出版社,1997:88-95.

陈诗才.中国自然风景的美学特征[C]//陈安泽,卢云亭,陈兆棉.国家地质公园建设与旅游资源开发——旅游地学论文集第八集.北京:中国林业出版社,2002:377-385.

陈万勇.西藏林芝盆地新生代晚期的自然环境[J].古脊椎动物与古人类,1980,18(1):52-58.

陈应明,和中华,杨淑胜,等.云南中甸县格咱地区的旅游资源[C]//陈安泽,卢云亭,陈兆棉.国家地质公园建设与旅游资源开发——旅游地学论文集第八集.北京:中国林业出版社,2002:300-307.

陈兆棉.区域地质填图中的旅游资源调查评价[J].中国区域地质,1995(3):212-219.

陈兆棉.区域地质填图中的旅游资源调查评价[C]//陈安泽,卢云亭,陈兆棉,等.旅游地学的理论与实践——旅游地学论文集第三集.北京:地质出版社,1997:18-31.

陈兆棉,赵洪伟.旅游资源地质图的编制及图式图例[C]//陈安泽,卢云亭,陈兆棉.国家地质公园建设与旅游资源开发——旅游地学论文集第八集.北京:中国林业出版社,2002:18-122.

成都地质矿产研究所.青藏高原南部空白区及川滇黔地区地质调查成果专辑[J].沉积与特提斯地质,2005,25(1-2):1-221.

程力军,李志,刘鸿飞,等,冈底斯东段铜多金属成矿带的基本特征[J].西藏地质,2001(1):43-53.

地质矿产部直属单位管理局.沉积岩区 1:5万区域地质填图方法指南[M].武汉:中国地质大学出版社,1991.

地质矿产部直属单位管理局.花岗岩区 1:5万区域地质填图方法指南[M].武汉:中国地质大学出版社,1991.

地质矿产部直属单位管理局.变质岩区 1:5万区域地质填图方法指南[M].武汉:中国地质大学出版社,1991.

丁林,钟大赉.西藏南迦巴瓦峰地区高压麻粒岩相变质作用特征及其构造地质意义[J].中国科学(D)辑,1999,29(5):385-397.

杜光伟,程力军,赵咸明.西藏冈底斯东段地球化学特征及其找矿意义[J].西藏地质,2001(1):73-79.

冯庆来,叶玫.造山带区域地层学研究的理论、方法与实例剖析[M].武汉:中国地质大学出版社,2000.

冯天驷.风景水资源的分类与主要景观资源分布概况[C]//陈安泽,卢云亭,陈兆棉,等.旅游地学的理论与实践——旅游地学论文集第三集.北京:地质出版社,1997:189-195.

郭建强.地质公园调查方法初探[C]//陈安泽,卢云亭,陈兆棉.国家地质公园建设与旅游资源开发——旅游地学论文集第八集.北京;中国林业出版社,2002:41-49.

韩郁菁.变质作用 P-T-t 轨迹[M].武汉:中国地质大学出版社,1993.

贺同兴,卢良兆,李树勋,等.变质岩岩石学[M].北京:地质出版社,1988.

后立胜,许学工.地质公园及其旅游开发建议[C]//陈安泽,卢云亭,陈兆棉.国家地质公园建设与旅游资源开发——旅游地学论文集第八集.北京:中国林业出版社,2002:79-86.

金性春. 板块构造学基础[M]. 上海:上海科学技术出版社,1984.
靳是琴,李鸿超. 成因矿物学概论[M]. 长春:吉林大学出版社,1984.
李昌年. 火成岩微量元素岩石学[M]. 武汉:中国地质大学出版社,1992.
卢云亭. 生态旅游与可持续旅游发展[C]//陈安泽,卢云亭,陈兆棉,等. 旅游地学的理论与实践——旅游地学论文集第三集. 北京:地质出版社,1997:101-111.
马丽芳. 中国地质图集[M]. 北京:地质出版社,2002.
毛国政,胡敬仁,谢尧武. 拉萨地区叶巴组的特征及形成环境[J]. 西藏地质,2002(1):12-18.
梅燕雄. 地质公园规划建设的若干问题探讨[C]//陈安泽,卢云亭,陈兆棉. 国家地质公园建设与旅游资源开发——旅游地学论文集第八集. 北京:中国林业出版社,2002:72-78.
孟祥化. 沉积建造及其共生矿床分析[M]. 北京:地质出版社,1979.
潘桂棠,陈智梁,李兴振,等. 东特提斯地质构造形成演化[M]. 北京:地质出版社,1997.
潘桂棠,丁俊. 青藏高原及邻区地质图 1:150 万说明书[M]. 成都:成都地图出版社,2004.
潘桂棠,李兴振,王立全,等. 青藏高原及邻区大地构造单元初步划分[J]. 地质通报,2002,21(11):701-707.
单文琅,宋鸿林,傅昭仁,等. 构造变形分析的理论、方法和实践[M]. 武汉:中国地质大学出版社,1991.
沈凛梅. 风景水资源在旅游业中的地位和作用[C]//陈安泽,卢云亭,陈兆棉,等. 旅游地学的理论与实践——旅游地学论文集第三集. 北京:地质出版社,1997:196-198.
苏学军,段国玺,彭兴阶,等. 西藏乃东—米林地区雅鲁藏布江结合带的地质特征及构造演化[J]. 地质通报,2006,25(6):700-707.
孙艺惠,郑培昕. 地质公园旅游开发利用[C]//陈安泽,卢云亭,陈兆棉. 国家地质公园建设与旅游资源开发——旅游地学论文集第八集. 北京:中国林业出版社,2002:87-94.
孙忠军,任天祥,向运川. 西藏冈底斯东段成矿系列区域地球化学预测[J]. 中国地质,2003,30(1):105-112.
陶奎元,杨祝良,沈加林. 地质遗迹登录评价体系的研究[C]//陈安泽,卢云亭,陈兆棉. 国家地质公园建设与旅游资源开发——旅游地学论文集第八集. 北京:中国林业出版社,2002:123-138.
王全海,王宝生,李金高,等. 西藏冈底斯岛弧及其铜金多金属矿带的基本特征与远景评估[J]. 地质通报,2002,21(1):35-40.
王仁民,贺高品,陈珍珍,等. 变质岩原岩图解判别法[M]. 北京:地质出版社,1987.
王志光. 我国地质公园的功能性分类方案及开发战略[C]//陈安泽,卢云亭,陈兆棉. 国家地质公园建设与旅游资源开发——旅游地学论文集第八集. 北京:中国林业出版社,2002:64-71.
西藏自治区地质矿产局. 西藏自治区区域地质志[M]. 北京:地质出版社,1993.
西藏自治区测绘局. 西藏自治区地图册(1996 年第一版)[M]. 北京:中国地图出版社,2000.
西藏自治区测绘局. 西藏自治区地图册[M]. 北京:中国地图出版社,2005.
夏代祥,刘世坤. 西藏自治区岩石地层[M]. 武汉:中国地质大学出版社,1997.
辛建荣,李福祥. 地质公园的概念、分类、功能与建立[C]//陈安泽,卢云亭,陈兆棉. 国家地质公园建设与旅游资源开发——旅游地学论文集第八集. 北京:中国林业出版社,2002:57-63.
徐朝雷. 中浅变质岩区填图方法[M]. 太原:山西科学教育出版社,1990.
1:25 万区域地质调查试点图幅和填图方法研究项目办公室. 1:25 万区域地质调查填图方法研究项目中期成果专辑[J]. 中国区域地质增刊,1998.
尹光侯,张留清,包钢,等. 西藏林芝地区第四系新知[J]. 地层学杂志,2005,29(增刊):626-630.
尹光侯,包钢,杨淑胜,等. 西藏林芝地区林芝岩群麻粒岩及时代讨论[J]. 沉积与特提斯地质,2006,26(3):8-15.
张德全,孙贵英. 中国东部花岗岩[M]. 武汉:中国地质大学出版社,1988.
张旗,周国庆. 中国蛇绿岩[M]. 北京:科学出版社,2001.

张儒瑗，从柏林.矿物温度计和矿物压力计[M].北京：地质出版社，1983.
赵振华.微量元素地球化学原理[M].北京；科学出版社，1997.
郑延力，樊素兰.非金属矿产开发应用指南[M].西安：陕西科学技术出版社，1992.
钟大赉，等.滇川西部古特提斯造山带[M].北京：科学出版社，1998.
周维屏，陈克强，简人初，等.1:5万区调地质填图新方法[M].武汉：中国地质大学出版社，1993.
周详，曹佑功，朱明玉，等.西藏板块构造—建造图及说明书(1:150 万)[M].北京：地质出版社，1989.
中国地质调查局.青藏高原区域地质调查——野外工作手册[M].武汉：中国地质大学出版社，2001.
中国地质调查局.青藏高原首批 1:25 万区域地质调查成果专辑[J].地质通报，2004，23(1)：1-96.
中国地质调查局.青藏高原区域地质调查成果专辑[J].地质通报，2004，23(5-6)：411-524.
中国地质科学院成都地质矿产研究所.1:150 万青藏高原及邻区地质图[M].北京：地质出版社，1988.
中国科学院青藏高原综合科学考察队.西藏岩浆活动和变质作用[M].北京：科学出版社，1981.
中国科学院青藏高原综合科学考察队.西藏第四纪地质[M].北京：科学出版社，1983.
中国科学院青藏高原综合科学考察队.西藏地层[M].北京：科学出版社，1984.
邹永生.遵循自然规律，保护地质遗迹[C]//陈安泽，卢云亭，陈兆棉.国家地质公园建设与旅游资源开发——旅游地学论文集第八集.北京：中国林业出版社，2002：16-167.

图版说明及图版

图版 I

1.念久(6060 m)冰川地貌

2.各拉垭口（5234 m）现代冰川

3.错高湖中——神岛

4.高山天然牧场及牦牛群

5.尼洋河畔林芝地区所在地——八一镇

6.林芝杜鹃是西藏的特有属种，株型优美具独特观赏价值

7.工布江达县西藏杓兰（*Cypripedium tibeticum* King ex Hemsl）

图版Ⅱ

1.米林县八布及扛高山植物——“垫状点地梅”

2.林芝县八一镇西藏巨柏胸径2.76m，树高45m

3.林芝县城尼洋河畔桑树王

4.林芝雪莲花（长65cm）

5.工布江达县错高乡油绿柱石原生矿

6.米林县羌纳乡茨巴村公路旁产于片岩中紫牙乌（$Pt_{2-3}Nj.^{a}$）

7.林芝县真巴岩组（$Pt_{2-3}\hat{z}.$）片岩中蓝晶石

8.2002年8月4日中国地调局局长寿嘉华、副局长张洪涛、成都地调中心主任丁俊等一行莅临本项目野外工作区指导、检查工作和慰问

图版Ⅲ

1.林芝县城一带片麻岩中榴闪岩、麻粒岩残留体

2.米林县玉松公路边辉石角闪岩中麻粒岩残留体(深色者)

3.林芝县峨塘一带贡嘎岩组（$Pt_{2-3}g.$）中混合岩

4.林芝县峨塘一带贡嘎岩组（$Pt_{2-3}g.$）中均质混合岩

5.林芝县峨塘一带贡嘎岩组（$Pt_{2-3}g.$）中条带混合岩

6.米林县雪嘎村糜棱岩化片麻岩（$Pt_{2-3}Nj.^{a}$）中麻粒岩残留体

7.米林县南伊乡电站肉切村岩群（$Pt_3\epsilon R.$）伸展斜卧褶皱

8.米林县南伊乡电站肉切村岩群（$Pt_3\epsilon R.$）中斜歪褶皱

图版Ⅳ

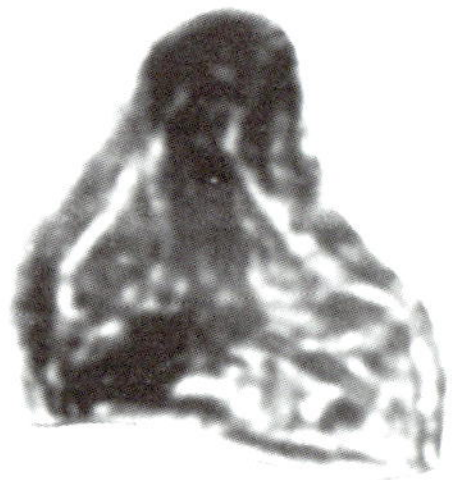

1.工布江达县巴母果板岩（P_3m）中孢粉：光面三缝孢未定种*Leiotriletes* sp. (P_3)×800

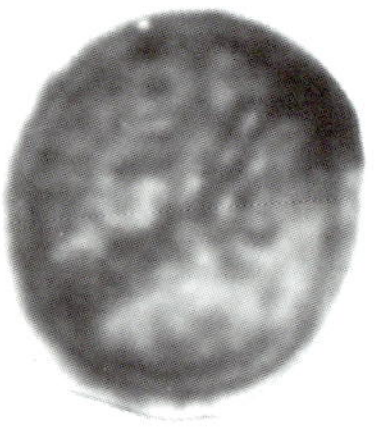

2.工布江达县巴母果板岩（P_3m）中孢粉：微小斑点三缝孢*Punctatisporites minutus* Kosanke (P_3) ×800

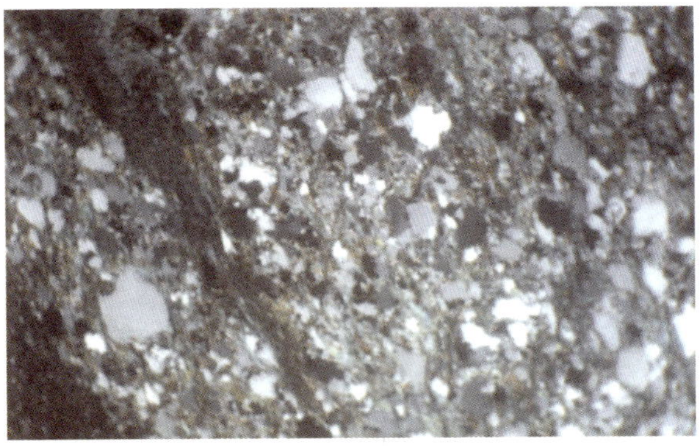

3.额巴村（伟巴村）片理化变质含泥砾砂砾质石英砂岩，变余砾质砂状结构，片理化构造（P_3m）　正交偏光×32

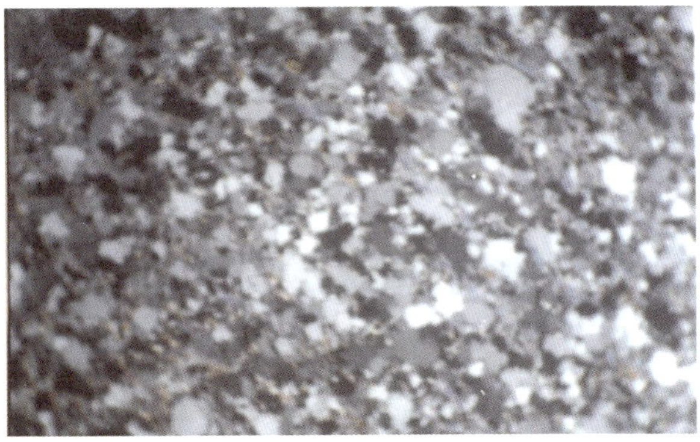

4.额巴村（伟巴村）片理化变质中—细粒石英砂岩，变余中—细粒砂状结构，片理化构造（C_2P_1l）　正交偏光×32

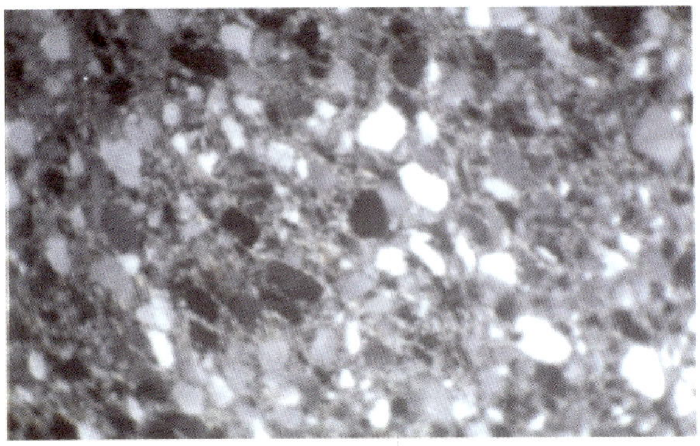

5.喀巴村（伟巴村）变质中—细粒石英砂岩，变余中—细粒砂状结构，层状构造（C_2P_1l）　正交偏光×32

6.林芝县果园新村公路边来姑组（C_2P_1l）含砾砂岩特征

7.林芝县果园新村公路边来姑组（C_2P_1l）含砾层块状构造

8.工布江达县共巴来姑组（C_2P_1l）变质砂岩厚砂岩特征

图版Ⅴ

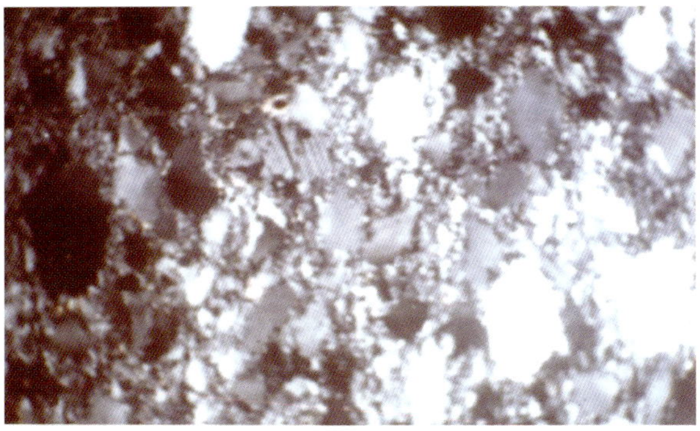

1.喀巴村（伟巴村）变质中—粗粒石英砂岩，变余中—粗粒砂状结构，层状构造（C_2P_1l）　正交偏光×32

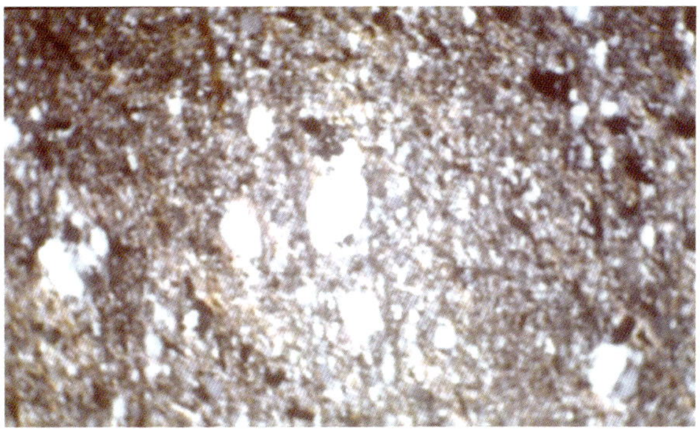

2.额巴村（伟巴村）片理化变质不等粒石英砂岩，变余不等粒砂状结构，片理化构造（C_1nc）　正交偏光×32

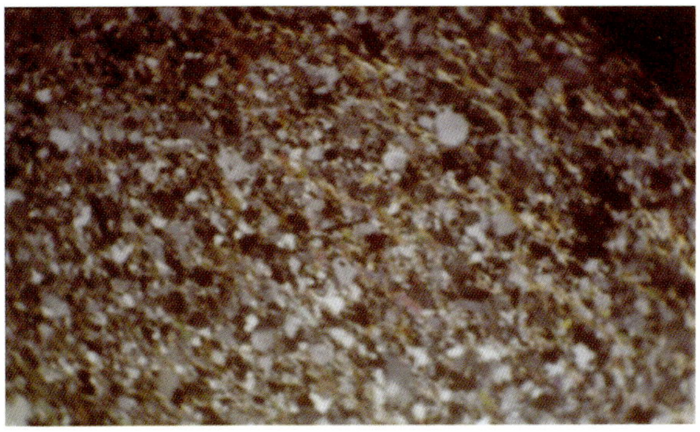

3.额巴村（伟巴村）片理化变质细粒长石石英砂岩，变余细粒砂状结构，片理化构造　正交偏光×32

4.工布江达县林达诺错组（C_1nc）变质砂岩、板岩互层及褶皱特征

5.工布江达县共巴诺错组（C_1nc）砂板岩层面波痕

6.工布江达县巴河公路边来姑组（C_2P_1l）复理石CDE段

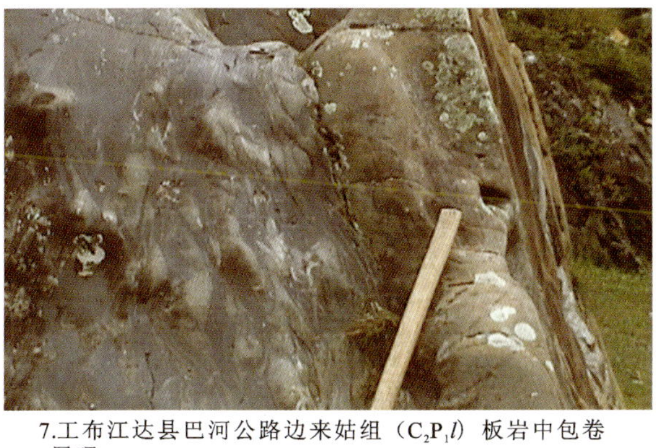

7.工布江达县巴河公路边来姑组（C_2P_1l）板岩中包卷层理

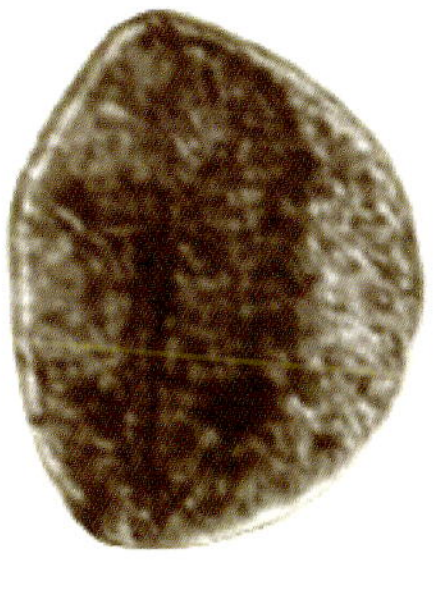

8.朗县朗村公路板岩中孢粉：二连粉未定种 *Erlianpollis* sp. (K_1)　×700

图版Ⅵ

1.朗县朗村公路板岩中孢粉：短单沟粉未定种
Brevimonosulcites sp. (K_1) ×700

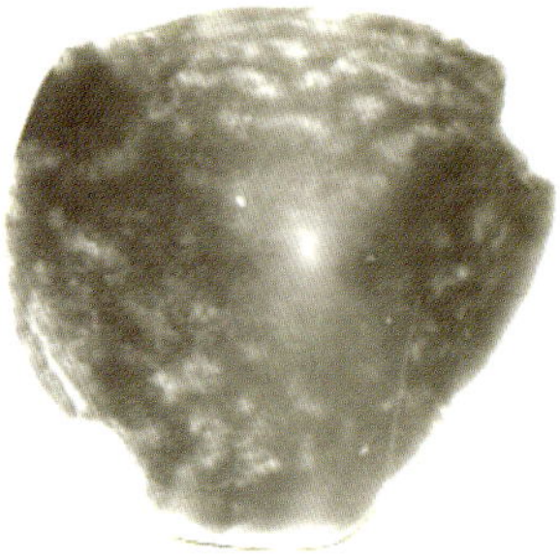

2.朗县朗村公路板岩中孢粉：二连粉未定种
Erlianpollis sp. (K_1) ×700

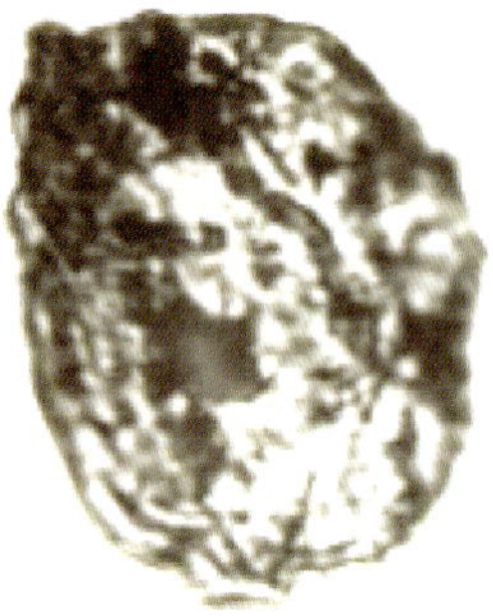

3.朗县朗村公路板岩中孢粉：三孔粉属未定种
Triporopollenites sp. (K_1) ×700

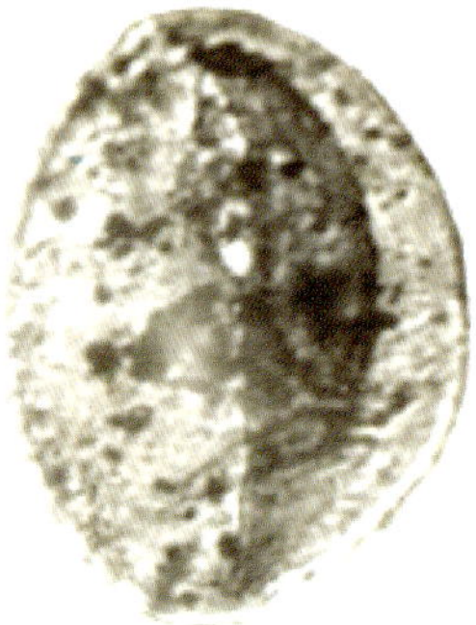

4.朗县朗村公路板岩中孢粉：短单沟粉未定种
Brevimonosulcites sp. (K_1) ×700

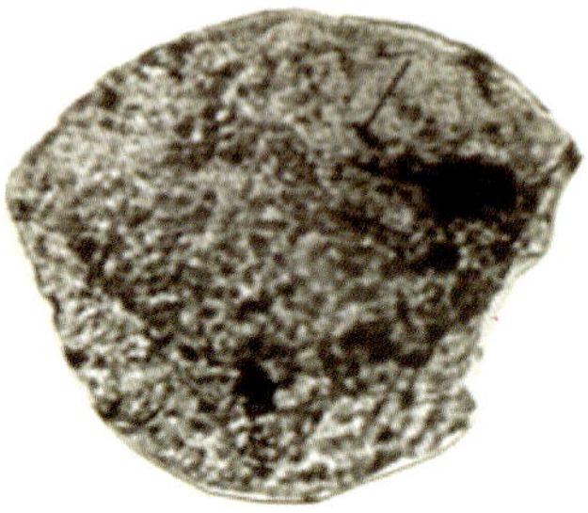

5.朗县朗村公路板岩中孢粉：二连粉未定种
Erlianpollis sp. (K_1) ×700

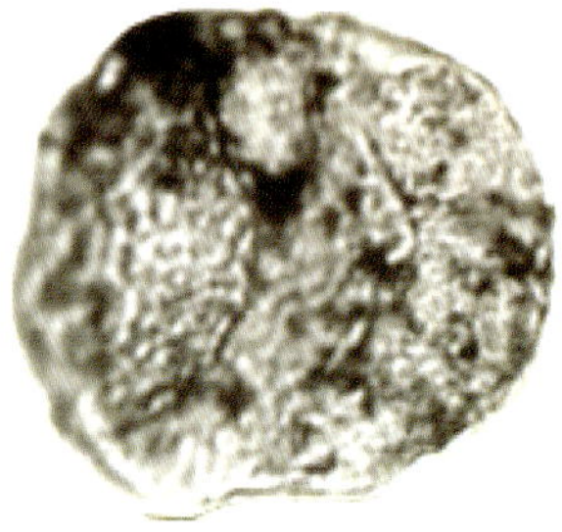

6.朗县朗村公路板岩中孢粉：拟云杉粉未定种
Picerites sp. (K_1) ×700

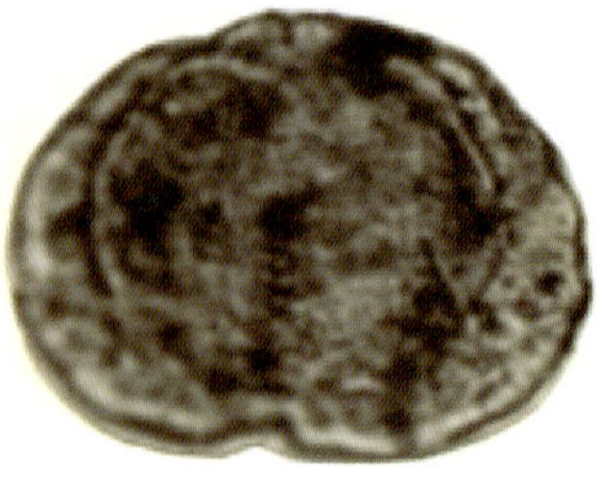

7.朗县朗村公路板岩中孢粉：雪松粉未定种
Cedripites sp. (K_1) ×700

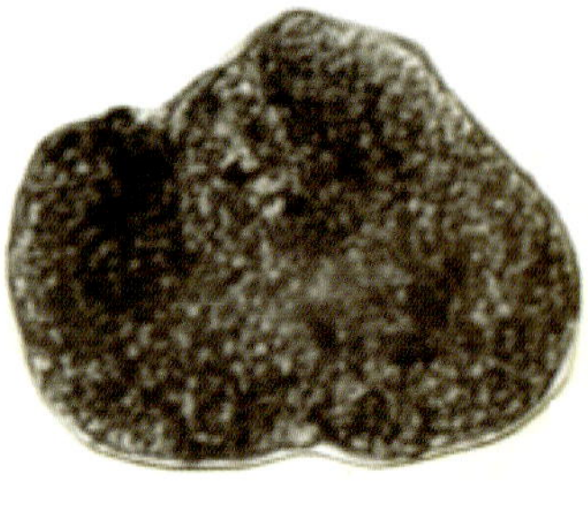

8.朗县朗村公路板岩中孢粉：双束粉未定种
Pinuspollenites sp. (K_1) ×700

图版Ⅶ

1.朗县朗村公路板岩中孢粉：大云杉粉
Piceaepollenites gigantea Wang (K_1) ×700

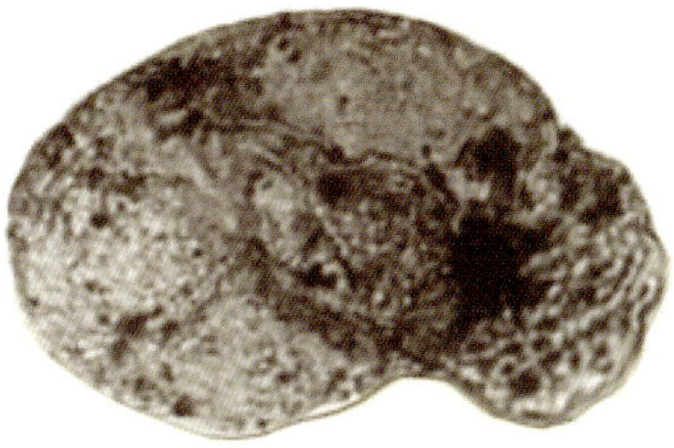

2.朗县朗村公路板岩中孢粉：伸长双束粉
Pinuspollenites elongus Norton (K_1) ×700

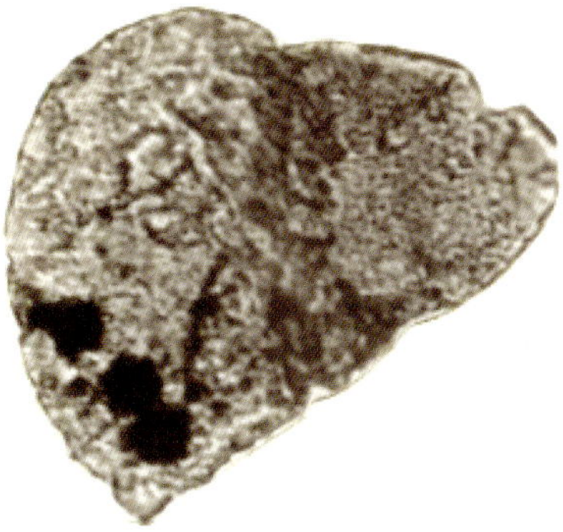

3.朗县朗村公路板岩中孢粉：宽大罗汉松粗比较种
Podocarpidites cf. *amplus* Zhao (K_1) ×700

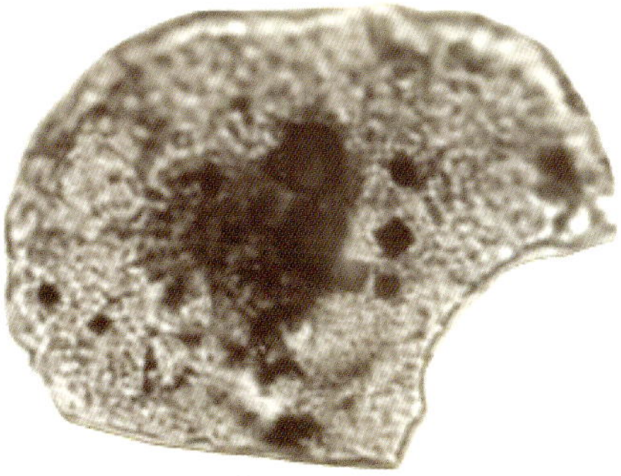

4.朗县朗村公路板岩中孢粉：古松柏粉未定种
Palaeoconiferus sp. (K_1) ×700

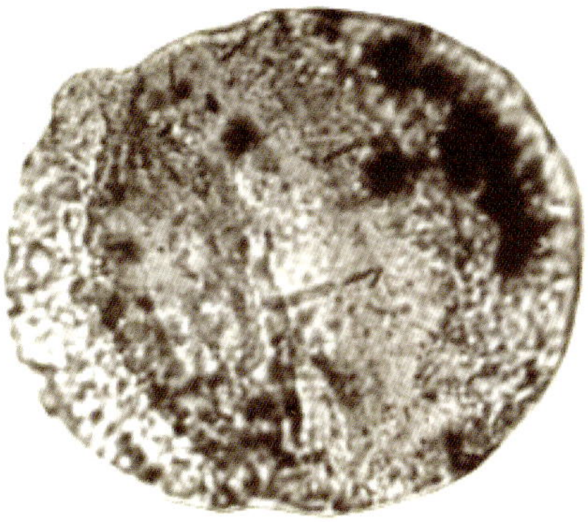

5.朗县朗村公路板岩中孢粉：大型双束松粉
Pinuspollenites labdacus cf. *maximus* Potoie ×700

6.米林县纳伊普曲沟口朗县混杂岩复理石基质中夹绿片岩

7.米林县纳伊普曲沟口朗县混杂岩复理石

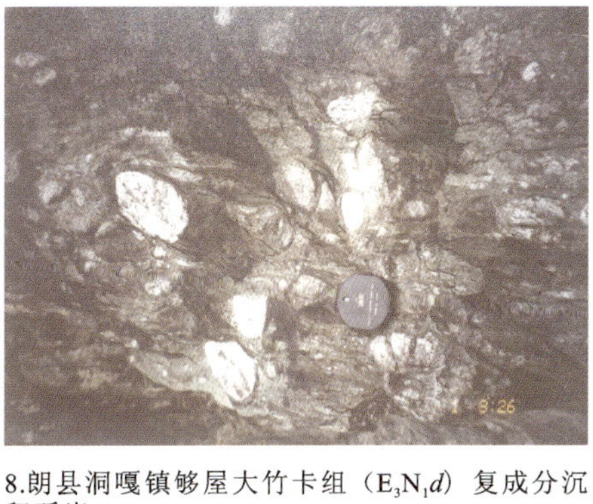

8.朗县洞嘎镇够屋大竹卡组（E_3N_1d）复成分沉积砾岩

图版Ⅷ

1.朗县洞嘎镇够屋大竹卡组（E_3N_1d）与早白垩世花岗闪长岩（$K_1\gamma\delta$）呈沉积不整合接触关系

2.林芝县砖瓦厂一带更新世湖积（Qp^l）层理及其变形特征

3.林芝县砖瓦厂一带更新世湖积层(Qp^l)中小断层

4.八一镇毛纺厂一带更新世湖积(Qp^l)中水平层理

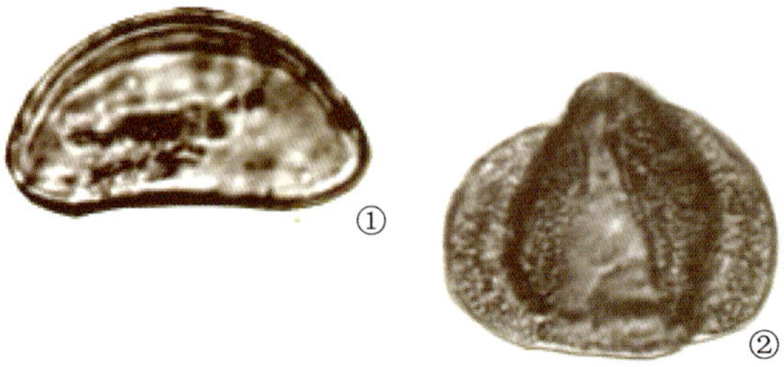

5.米林县党纽窝孢粉①.水龙骨科Polypodiaceae(Qp^3) ×700；②.松属未定种*Pinus* sp. (Qp^3) ×700

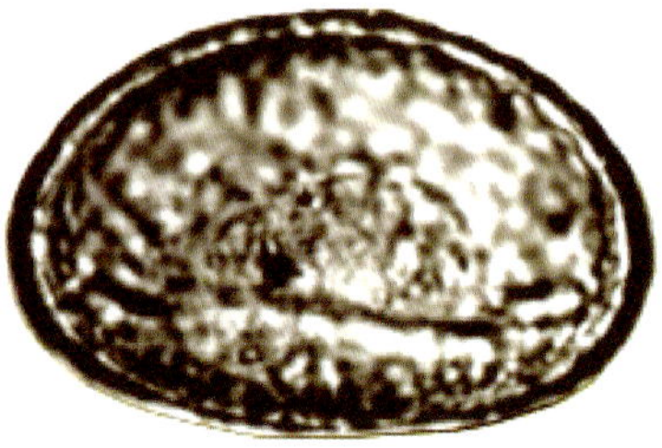

6.米林县党纽窝孢粉：水龙骨比较种*Polypodium* cf. *niponicum* Mett. (Qp^3) ×700

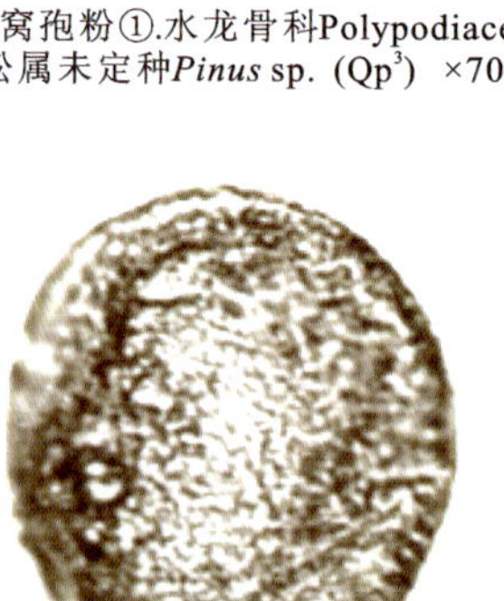

7.米林县党纽窝孢粉：云南铁杉比较种 *Tsuga* cf. *yunnanensis* Mast. (Qp^3) ×700

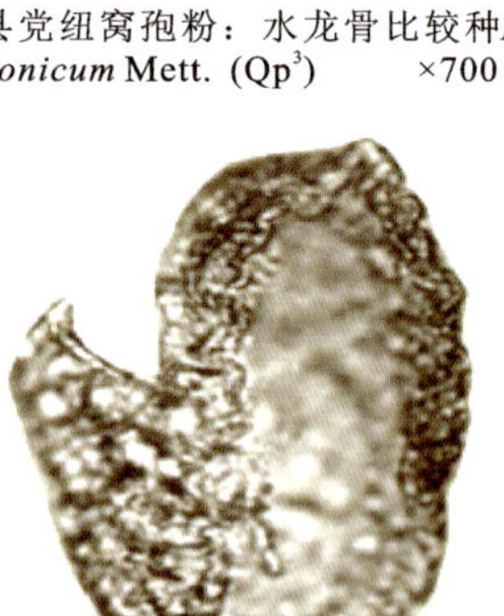

8.米林县党纽窝孢粉：云南铁杉比较种 *Tsuga* cf. *yunnanensis* Mast.(Qp^3) ×700

图版Ⅸ

1.米林县党纽窝孢粉：松属未定种*Pinus* sp.
Tsuga cf. *yunnanensis* Mast.(Qp^3) ×700

2.林芝县百巴镇尼洋河发育三级堆积阶地

3.米林县巴嘎村东北阶地上石斧

4. 米林雅鲁藏布江发育三级堆积阶地

5.米林县白过多第四纪古人类遗迹林芝智人
*Homo sapiens*出土地貌

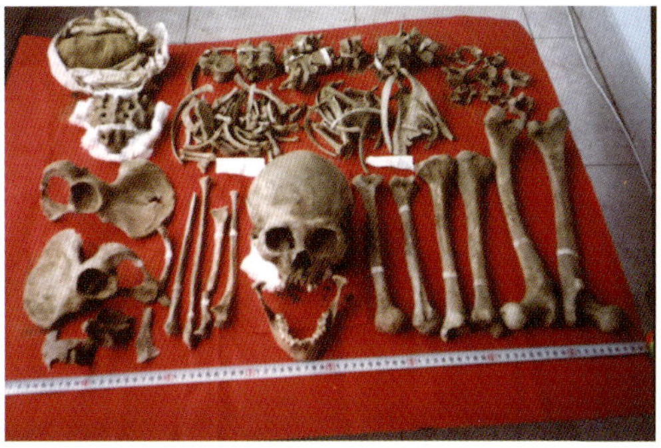

6.米林县白过多第四纪古人类遗迹林芝智人
*Homo sapiens*出土头盖骨等

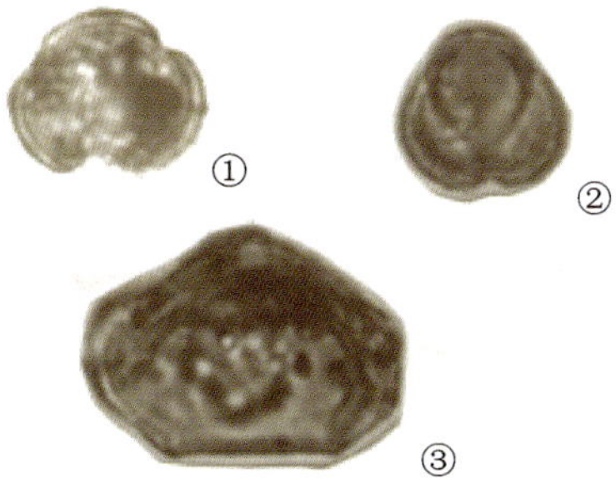

7.①、②蒿属*Artemisia* ×800；③胡桃粉属未定种
Juglanspollenites sp. (Cz) ×800

8.米林县甲格一带雅鲁藏布江边沙丘链

图版X

1.米林县麦村一带雅鲁藏布江边沙丘爬山坡及沙丘掩埋公路

2.米林县甲帮村沙漠地貌（海拔2960～3020m）

3.米林县岗巴扛高原冰川终碛、冰湖及湖畔风光（海拔4360m）

4.米林县喜马拉雅山则单嘎冰湖及U形谷地貌（海拔4600m）

5.米林县冈底斯山岗巴扛鼓丘及冰湖地貌（海拔4600m）

6.工布江达县冈底斯山安布朗套叠冰斗（海拔4760m）

7.米林县甲格一带雅鲁藏布江边泥石流

8.工布江达县巴河镇西4km处泥石流

图版XI

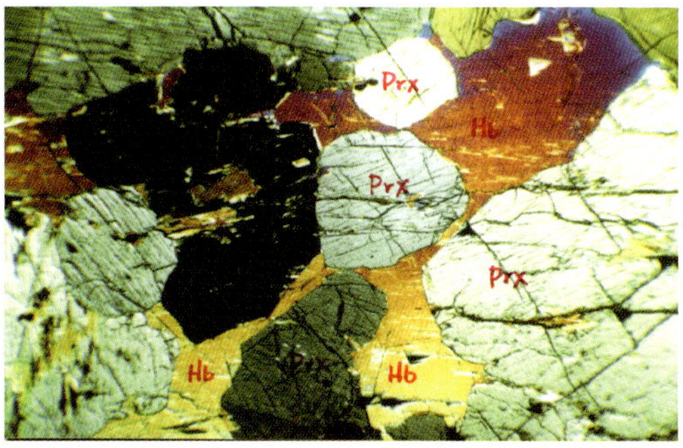

1.米林县白过多东角闪紫苏透辉麻粒岩，镶嵌变晶结构　　正交×61

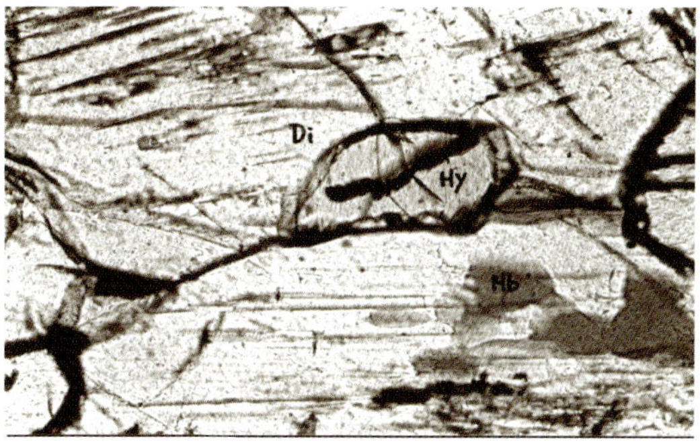

2.米林县白过多紫苏角闪透辉麻粒岩，透辉石（Di）中包含浑圆他形紫苏辉石（Hy）、角闪石(Hb)交代透辉石(Di)　　单偏光×150

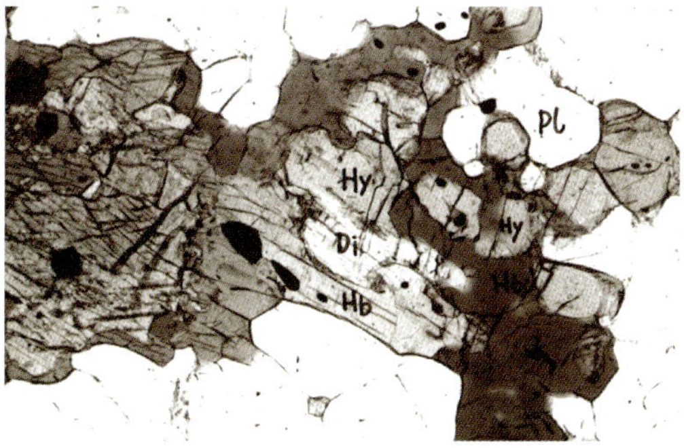

3.米林县白过多紫苏透辉角闪斜长麻粒岩，紫苏辉石（Hy）→透辉石（Di）→普通角闪石（Hb）反应边　　单偏光×61

4.工布江达县巴朗黑云二长花岗岩（$K_1\eta\gamma\beta$）与花岗闪长岩（$K_1\gamma\delta$）侵入体之间的脉动侵入接触关系

5.林芝县则弄似斑状黑云二长花岗岩（$K_2\pi\eta\gamma\beta$）中钾长石斑晶

6.林芝县果园新村公路边黑云二长花岗岩（$E_1\eta\gamma\beta$）侵入于来姑组（C_2P_1l）中

7.米林县基浦含夕线蓝晶石榴黑云斜长质变晶糜棱岩，蓝晶石具夕线石反应边，示减压增温　　单偏光×61

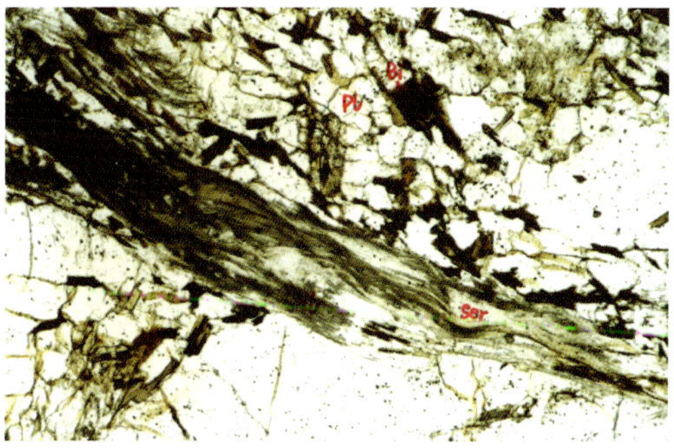

8.米林县拉巴结果石榴夕线黑云斜长质糜棱岩，由夕线石绢云母构成剪切褶劈理，细—微晶镶嵌斜长石黑云母构成弱应变域 单偏光×61

图版Ⅻ

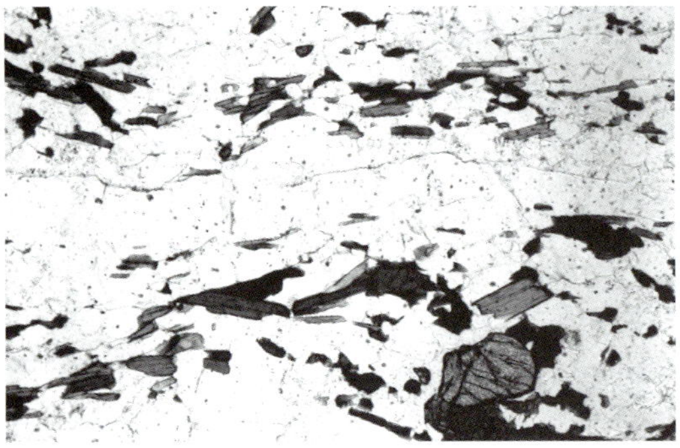

1.米林县帮宗普松布牧场北石榴角闪黑云二长花岗质变晶糜棱岩（$Pt_{2-3}Nj.^{a}$），变余流状纹理构造和细微晶镶嵌变晶结构　单偏光×61

2.米林县尼池帮嘎雪嘎村南迦巴瓦岩群斜长片麻岩（$Pt_{2-3}Nj.^{a}$）中褶皱

3.米林县帮宗普松布牧场北石榴角闪黑云二长花岗质变晶糜棱岩（$Pt_{2-3}Nj.^{a}$），变余流状纹理构造及石英矩形条带，（反映了高温恢复结晶作用）正交×61

4.米林县尼池帮嘎雪嘎村长英质糜棱岩的"σ"碎斑对称示左旋走滑（$Pt_{2-3}Nj.^{a}$）

5.米林县雪嘎村雪嘎浦南迦巴瓦岩群（$Pt_{2-3}Nj.^{a}$）中石香肠构造

6.米林县雪嘎浦南迦巴瓦岩群（$Pt_{2-3}Nj.^{a}$）中石香肠构造

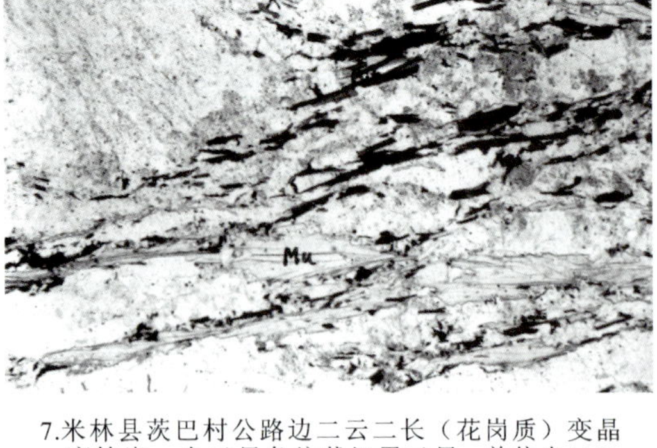

7.米林县茨巴村公路边二云二长（花岗质）变晶糜棱岩，白云母条纹截切黑云母　单偏光×61

8.米林县南伊乡电站肉切村岩群（$Pt_3\epsilon R.$）中斜歪褶皱

图版XIII

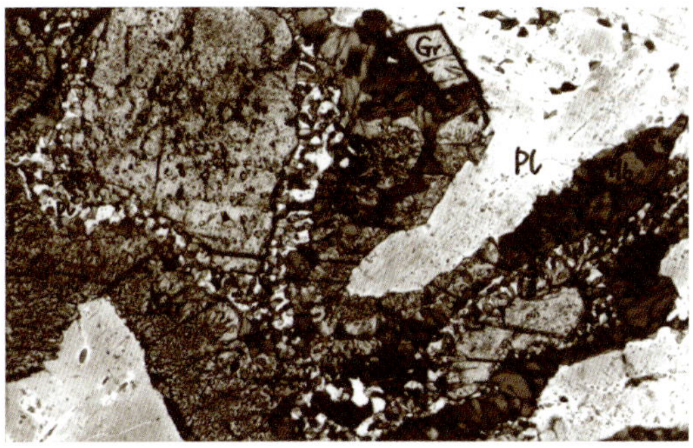

1.米林县留各浦变质辉绿岩，变余辉绿结构，普通辉石变晶显透辉石又依次出现文象交生角闪石斜长石石榴石环边　　单偏光×61

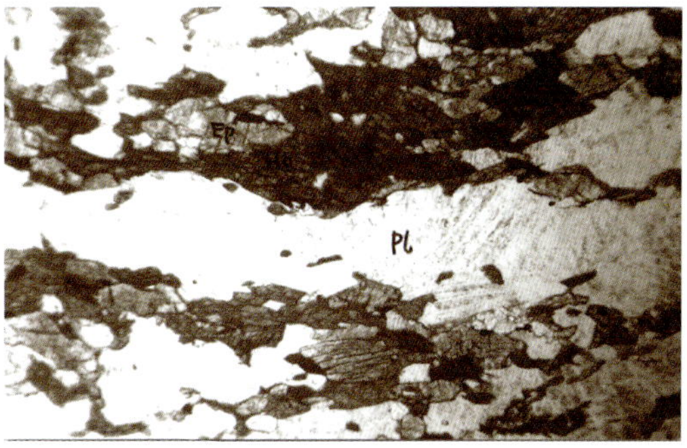

2.米林县帕布工巴片状绿帘角闪斜长岩，角闪石与斜长石呈显微条纹、条痕状聚集　　单偏光×24

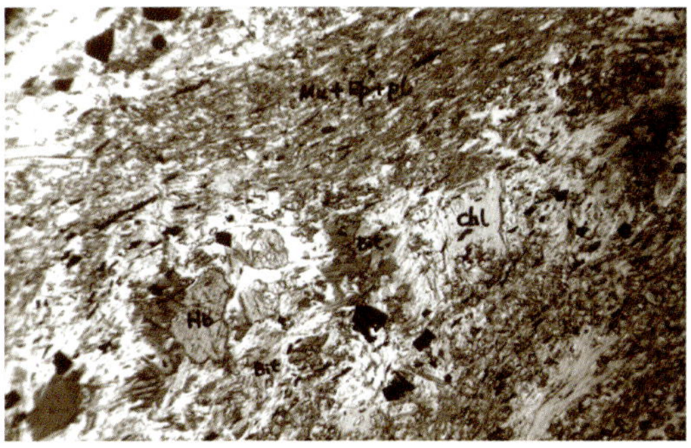

3.米林县岗嘎大桥东北1.35km处绿帘白云母角闪斜长构造片岩，角闪石多呈碎斑退变为黑云母绿泥石，斜长石多呈基质被白云母绿帘石取代　　单偏光×24

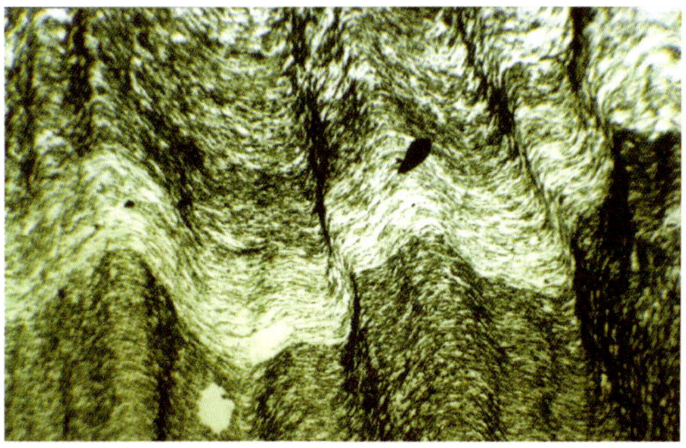

4.朗县津巴褶劈状炭质泥质千枚岩（K*L*），$S_2 \perp S_1$ // SO　　单偏光×24

5.含石榴黑云变晶绢云千枚岩，黑云母包含$S_2 \perp S_1$为低压高温变质　　单偏光×61

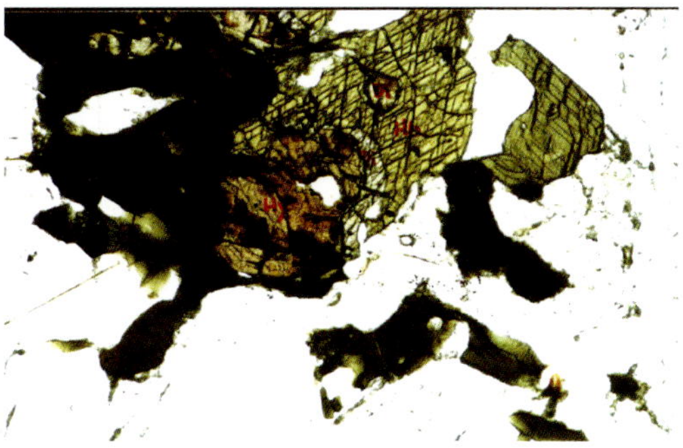

6.米林县嘎马日啊南公路边紫苏透辉角闪斜长麻粒岩（Pt_2—3b.），紫苏辉石→透辉石→角闪石反应边　　单偏光×61

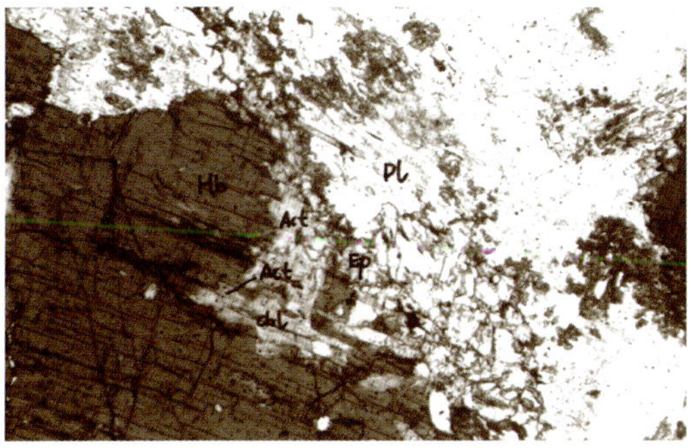

7.米林县作许东公路边黑云角闪斜长片麻岩（$Pt_{2-3}b.$），普通角闪石→阳起石→绿泥石绿帘石（退变质反应边）　　单偏光×61

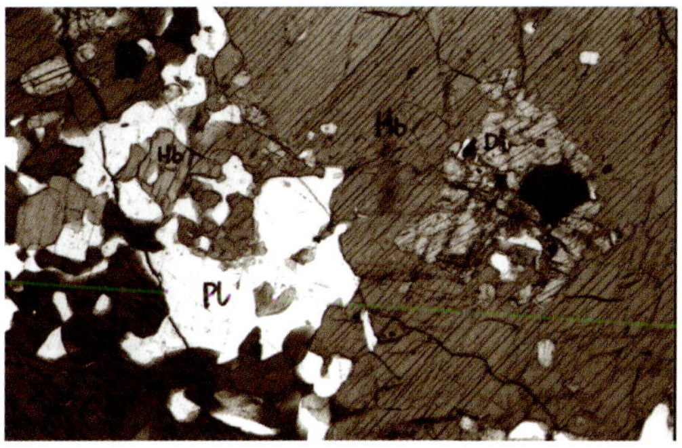

8.米林县比丁村南尼射普含透辉黑云角闪斜长片麻岩（$Pt_{2-3}b.$），角闪石中残留透辉石及文象交生角闪石斜长石石英　　单偏光×61

图版 XIV

1.米林县腔达西角闪斜长片麻岩（$Pt_{2-3}b.$），网结状、斜长石核幔构造　　正交×61

2.林芝县卓木村公路一带念青唐古拉岩群中角闪岩呈角砾状构造

3.米林县岗嘎大桥西南公路边斜长角闪质变晶糜棱岩，早世代角闪石呈网结，黑云母与斜长石呈网纹状　　单偏光×24

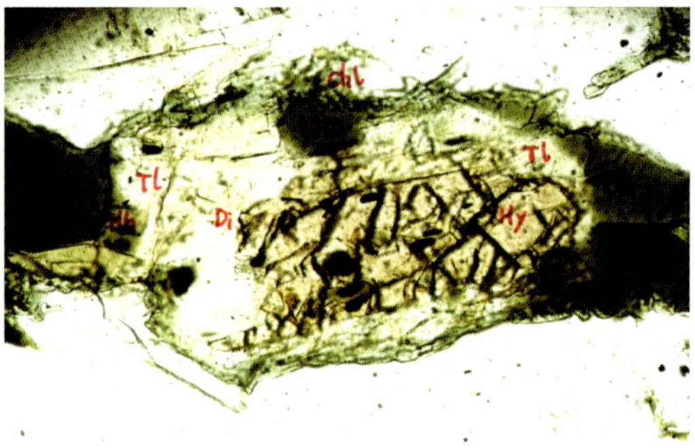

4.米林县甲帮村西紫苏角闪斜长麻粒岩（$Pt_{2-3}b.$），斜方辉石→透辉石→透闪石→普通角闪石反应边　　单偏光×61

5.米林县甲玛村东北糜棱岩化角闪石岩，网状构造，核部角闪石和边部为阳起石组成环带构造　　单偏光×61

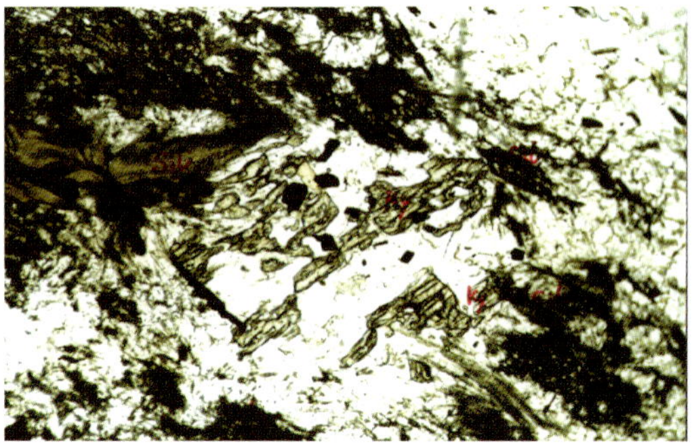

6.米林县密比北含蓝晶夕线黑云斜长变粒岩，夕线石中残留柱状蓝晶石　　单偏光×61

7.林芝县念青唐古拉岩群（$Pt_{2-3}N.$）斜长角闪岩中同斜背形

8.念青唐古拉岩群（$Pt_{2-3}N.$）中褶叠层

图版 XV

1.念青唐古拉岩群八拉岩组（$Pt_{2-3}b.$）中不协调褶皱

2.念青唐古拉岩群八拉岩组（$Pt_{2-3}b.$）中“W”状褶皱

3.念青唐古拉岩群（$Pt_{2-3}N.$）中肿缩式窗棱构造

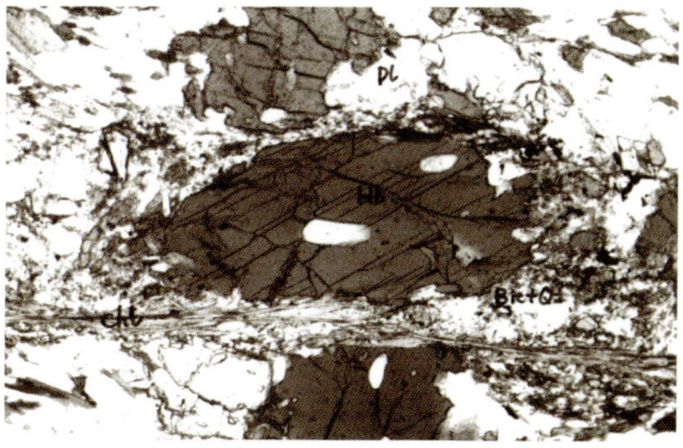

4.斜长角闪质糜棱岩，残碎斑斜长石+普通角闪石，基质黑云母+石英，定向绿泥石组成非透入性剪切条带3期不同世代矿物组合　　正交×61

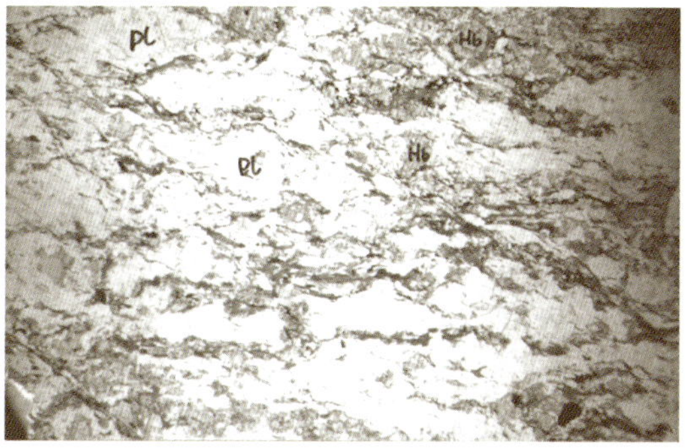

5.米林县力底东北英云闪长质糜棱岩，网结条痕状构造，残碎斑角闪石斜长石呈网结状，退变质黑云母石英等呈交织—条痕状网纹单偏光×61

6.朗县尼米达北透闪构造片岩，具碎斑基质固态流变，碎斑为透辉石蛇纹石化，基质为定向排列透闪石　　正交×24

7.工布江达县仲沙沟来姑组（C_2P_1l）中直立尖尖棱褶皱

8.工布江达县阿沛桥一带来姑组（C_2P_1l）中直立紧闭褶皱

图版 XVI

1.米林县岗嘎大桥东北1.4km处千片状糜棱岩，角闪石呈网结状残斑，基质黑云母绿泥石绿帘石绢云母斜长石组成网纹状，角闪石具黑云母反应边　　　　单偏光×61

2.米林县罗布英云闪长质变晶糜棱岩，斜长石细粒化动态重结晶后出现亚颗粒构造　正交×61

3.第四系河谷阶地堆积辫状水系

4.构造岩浆环（$K_1\eta\gamma\beta$、$K_1\gamma\delta o$）

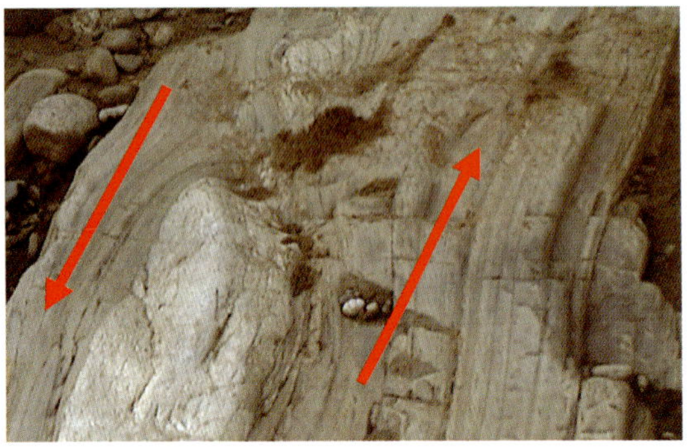

5.工布江达县巴河蒙拉组（P_3m）绢云绿泥千糜岩中左旋变质砂岩透镜体

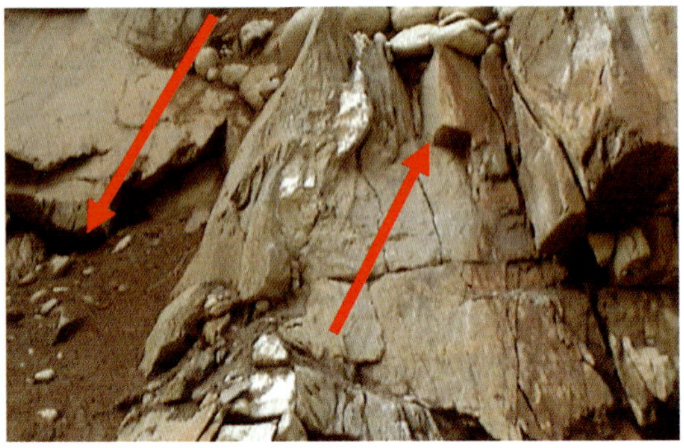

6.工布江达县巴河蒙拉组（P_3m）千糜岩中变质砂岩“σ”呈左旋雁行排列

7.林芝县拉格村一带诺错组（C_1nc）中直立紧闭褶皱

8.诺错组（C_1nc）砂板岩中紧闭褶皱样式

图版XVII

1.米林县比定浦发育近南北向脆—韧性构造破碎带

2.雅鲁藏布江带中的剪切多米诺骨牌构造

3.朗县北断裂带中“σ”碎斑

4.朗县洞嘎镇西4km朗县混杂岩中强应变带

5.雅鲁藏布江结合带中I型构造置换

6.朗县洞嘎镇西4km朗县混杂岩中右旋碎斑

7.朗县鲁见沟铬铁矿采矿场

8.工布江达县宾格村318国道公路南冷泉